国家职业教育药学专业教学资源库配套教材

高等职业教育药学专业课-岗-证一体化新形态系列教材

药物制剂辅料与包装材料

主　编　邱妍川
　　　　方丽波
　　　　柴翠元

高等教育出版社·北京

内容提要

本书为国家职业教育药学专业教学资源库配套教材、高等职业教育药学专业课－岗－证一体化新形态教材。

本书参照高等职业教育药学类专业最新教学标准和药学有关职业标准，结合药用辅料与药品包装材料发展现状，参考《中华人民共和国药典》（2020年版），根据高职高专药学类专业学生特点与培养要求编写而成。第一至八章重点介绍药用辅料的种类、选用原则和代表品种的应用；第九至十一章重点介绍药品包装材料的类型、性质和对药品质量的影响。教材编写突出"必需、够用"的原则，注重与药物制剂技术、药剂学等相关课程知识的衔接，插入了大量对接岗位的应用实例，以强化学生职业素养养成和专业技术积累。

本书配套有一体化的教学资源，包括微视频、辅料彩色图片、在线测试习题等，可通过扫描二维码在线学习，在提升学习兴趣的同时，也为学习者提供更多自主学习的空间；同时，还附有指导性教学大纲，并建设有教学课件。此外，本书还配套有数字课程，可登录智慧职教（www.icve.com.cn），在"药物制剂辅料与包装材料"课程页面在线观看、学习；教师也可利用职教云平台（zjy2.icve.com.cn）一键导入该数字课程，开展线上线下混合式教学（详见"智慧职教"服务指南）。

本书可作为高职高专药学、药品生产技术、药品质量与安全、药品经营与管理专业教学用书，也可供相关专业技术人员参考。

图书在版编目（CIP）数据

药物制剂辅料与包装材料 / 邱妍川，方丽波，柴翠元主编.--北京：高等教育出版社，2021.7
　　ISBN 978-7-04-055330-7

　　Ⅰ.①药…　Ⅱ.①邱…②方…③柴…　Ⅲ.①药剂－辅助材料－高等职业教育－教材②药品－包装材料－高等职业教育－教材　Ⅳ.①TQ460

中国版本图书馆CIP数据核字（2020）第272959号

YAOWU ZHIJI FULIAO YU BAOZHUANG CAILIAO

| 策划编辑 | 吴　静 | 责任编辑 | 吴　静 | 封面设计 | 王　鹏 | 版式设计 | 张　杰 |
| 插图绘制 | 李沛蓉 | 责任校对 | 刘丽娴 | 责任印制 | 刁　毅 | | |

出版发行	高等教育出版社	网　　址	http://www.hep.edu.cn
社　　址	北京市西城区德外大街4号		http://www.hep.com.cn
邮政编码	100120	网上订购	http://www.hepmall.com.cn
印　　刷	河北鹏盛贤印刷有限公司		http://www.hepmall.com
开　　本	787mm×1092mm　1/16		http://www.hepmall.cn
印　　张	20.5		
字　　数	440千字	版　　次	2021年7月第1版
购书热线	010-58581118	印　　次	2021年7月第1次印刷
咨询电话	400-810-0598	定　　价	58.00元

本书如有缺页、倒页、脱页等质量问题，请到所购图书销售部门联系调换
版权所有　侵权必究
物 料 号　55330-00

"智慧职教"是由高等教育出版社建设和运营的职业教育数字教学资源共建共享平台和在线课程教学服务平台,包括职业教育数字化学习中心平台(www.icve.com.cn)、职教云平台(zjy2.icve.com.cn)和云课堂智慧职教 App。用户在以下任一平台注册账号,均可登录并使用各个平台。

● **职业教育数字化学习中心平台(www.icve.com.cn):**为学习者提供本教材配套课程及资源的浏览服务。

登录中心平台,在首页搜索框中搜索"药物制剂辅料与包装材料",找到对应作者主持的课程,加入课程参加学习,即可浏览课程资源。

● **职教云平台(zjy2.icve.com.cn):**帮助任课教师对本教材配套课程进行引用、修改,再发布为个性化课程(SPOC)。

1. 登录职教云,在首页单击"申请教材配套课程服务"按钮,在弹出的申请页面填写相关真实信息,申请开通教材配套课程的调用权限。

2. 开通权限后,单击"新增课程"按钮,根据提示设置要构建的个性化课程的基本信息。

3. 进入个性化课程编辑页面,在"课程设计"中"导入"教材配套课程,并根据教学需要进行修改,再发布为个性化课程。

● **云课堂智慧职教 App:**帮助任课教师和学生基于新构建的个性化课程开展线上线下混合式、智能化教与学。

1. 在安卓或苹果应用市场,搜索"云课堂智慧职教"App,下载安装。

2. 登录 App,任课教师指导学生加入个性化课程,并利用 App 提供的各类功能,开展课前、课中、课后的教学互动,构建智慧课堂。

"智慧职教"使用帮助及常见问题解答请访问 help.icve.com.cn。

《药物制剂辅料与包装材料》编写人员

主　编　邱妍川　方丽波　柴翠元

副主编　蒲世平　黄福荣　刘　阳

编　者（按姓氏汉语拼音排序）

柴翠元　（淮南联合大学）

戴若萌　（合肥职业技术学院）

方丽波　（合肥职业技术学院）

黄福荣　（楚雄医药高等专科学校）

李子静　（山东医学高等专科学校）

刘　巧　（重庆医药高等专科学校）

刘　阳　（重庆医药高等专科学校）

聂　阳　（广东食品药品职业学院）

蒲世平　（四川卫生康复职业学院）

邱妍川　（重庆医药高等专科学校）

孙　川　（乐山职业技术学院）

序

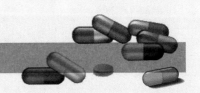

由重庆医药高等专科学校朱照静教授领衔的"国家职业教育药学专业教学资源库"于2016年获教育部立项;按照现代药学服务"以患者为中心""以学生为中心"的设计理念,整合国内48家高职院校、医药企业、医疗机构、行业学会、信息平台的优质教学资源,采用"互联网+教育"技术,设计建设了泛在药学专业教学资源库。该资源库有丰富的视频、音频、微课、动画、虚拟仿真、PPT、图片、文本等素材,建设有专业园地、技能训练、课程中心、微课中心、培训中心、素材中心、医药特色资源等七大主题资源模块,其中医药特色资源包括药师考试系统、医院药学虚拟仿真系统、药品安全科普、医药健康数据查询系统、行业院企资源,构筑了立体化、信息化、规模化、个性化、模块化的全方位专业教学资源应用平台,实现了线上线下、虚实结合泛在的学习环境。

为进一步应用、固化和推广国家职业教育药学专业教学资源库成果,不断提升药学专业人才培养的质量和水平,国家职业教育药学专业教学资源库建设委员会、全国药学专业课程联盟和高等教育出版社组织编写了国家职业教育药学专业教学资源库配套新形态一体化系列教材。

该系列教材充分利用国家职业教育药学专业教学资源库的教学资源和智慧职教平台,以专业教学资源库为主线、智慧职教平台为纽带,整体研发和设计了纸质教材、在线课程与课堂教学三位一体的新形态一体化系列教材,支撑药学类专业的智慧教学。

该系列教材具有编者队伍强大、教改基础深厚、示范效应显著、配套资源丰富、纸质教材与在线资源一体化设计的鲜明特点,学生可在课堂内外、线上线下享受无限的知识学习,实现个性化学习。

该系列教材是专业教学资源库建设成果应用、固化和推广的具体体现,具有典型的代表性、引领性和示范性。同时,可推动教师教学和学生学习方式方法的重大变革,进一步推进"时时可学、处处能学"和"能学、辅教"资源库建设目标,更好地发挥优质教学资源的辐射作用,体现我国教育公平,满足经济不发达地区的社会、经济发展需要,更好地服务于人才培养质量与水平的提升,使广大青年学子在追求卓越的路上,不断地成长、成才与成功!

复旦大学教授、中国工程院院士

2019年5月

前　言

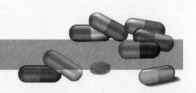

　　"药物制剂辅料与包装材料"是高职高专药品生产技术专业的核心课程,也是其他药学类专业的辅助课程。本教材参照最新专业教学标准和职业标准,结合药用辅料与药品包装材料发展现状,根据高职高专药学类专业学生特点与培养要求编写而成。教材第一至八章重点介绍药用辅料的种类、选用原则和代表品种的应用;第九至十一章重点介绍药品包装材料的类型、性质和对药品质量的影响等。教材编写突出"必需、够用"的原则,注重与药物制剂技术、药剂学等相关课程知识的衔接,以药用辅料的用途和药品包装材料的种类为主线,由浅入深地组织教学内容,并插入大量对接岗位的应用实例,具有实用性、灵活性、针对性等特点。

　　本教材将《中华人民共和国药典》(2020年版)的相关标准融入其中,并结合目前药品生产实际,有选择性地介绍了不同药用辅料和包装材料代表品种的性状、特点、生产应用举例与注意事项,做了必要的归纳和总结,增加了药品包装材料与药物相容性试验等内容,使读者对药物制剂辅料与包装材料涉及的相关问题有一个全面和完整的了解。

　　本教材对接高职高专药学类专业学习需求,纸质教材除包含教学内容外,还附有指导性教学大纲,并配套有一体化的数字资源,包括微视频、彩色图片、在线测试习题、教学课件等,可通过扫描二维码在线观看学习,在提升学习兴趣的同时,也提供更多自主学习的空间。此外,本教材还配套有数字课程,可登录智慧职教(www.icve.com.cn),在"药物制剂辅料与包装材料"课程页面在线学习;教师也可利用职教云平台(zjy2.icve.com.cn)一键导入该数字课程,开展线上线下混合式教学。

　　本教材共十一章,涵盖液体制剂、无菌制剂、固体制剂、半固体制剂、新型给药系统、生物制品生产用辅料和纸类、玻璃、金属、塑料及复合药包材等内容。其中第一章由邱妍川编写;第二章由聂阳编写;第三章第一至四节由刘阳编写,第五至六节由黄福荣编写;第四章由方丽波编写;第五章第一至四节由柴翠元编写,第五至七节由孙川编写;第六章由戴若萌编写;第七章由蒲世平编写;第八章由刘巧编写;第九章第一、二节由邱妍川编写,第三、四节由柴翠元编写;第十章第一至五节由李子静编写,第六至七节由戴若萌编写;第十一章由黄福荣编写;教学大纲由邱妍川编写。全书配套视频由邱妍川和刘巧制作。

　　因编者水平所限,疏漏之处在所难免,敬请读者批评指正,以便再版时改正和提高。

编者

2020 年 6 月

目　录

二维码视频资源目录

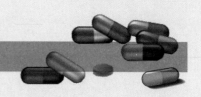

第一章
药物制剂辅料概论

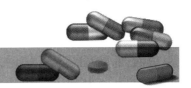

学习目标

- 掌握药物制剂辅料的定义、分类及药用辅料在药物制剂中的作用。
- 熟悉我国药物制剂辅料的标准及法规。
- 了解国内外药物制剂辅料的发展状况及国外药物制剂辅料的管理。

思维导图

第一节　药物制剂辅料概述

一、药物制剂辅料的定义与分类

(一) 药物制剂辅料的定义

药物供给临床使用时,需要制成适宜于患者使用的形式,通称为药物剂型,简称剂型。参照《中华人民共和国药典》(简称《中国药典》)及部颁标准,为治疗或预防疾病,根据药物特点及患者需求,制成的剂型的具体品种,称为药物制剂,简称制剂。制剂通常包含发挥治疗作用的活性物质(原料药物)和有助于原料药物赋形、稳定、有效的非活性物质,即药物制剂辅料或药用辅料。

药物制剂辅料或药用辅料是指制剂生产与处方调配过程中所加入的除原料药物以外的赋形剂和附加剂。例如,某药厂生产的色甘酸钠滴眼液处方中包含色甘酸钠、乙二胺乙酸二钠、磷酸二氢钠、磷酸氢二钠、氯化钠、聚乙烯吡咯烷酮、羟苯乙酯及注射用水等成分,其中色甘酸钠为主药,其余 7 种物质均为药用辅料。

研究者认为,药用辅料是制剂生产的必需品。例如,片剂生产过程中,除药物组分外,根据药物性质和用药目的等需要加入填充剂、黏合剂、润湿剂、崩解剂、润滑剂等药用辅料,才能压制成符合片剂质量要求的制剂;注射剂生产过程中,需加入 pH 调节剂、渗透压调节剂及抑菌剂等,才能更好地保证制剂的稳定、安全、有效。

不能单纯地将药用辅料看作一种惰性或无活性的成分,实际上,筛选药用辅料十分重要。例如,在设计维生素C注射液处方时需考虑,维生素C分子中含有烯二醇结构,在干燥状态下较为稳定,而在溶液中,烯二醇结构易被氧化生成黄色双酮化合物,虽仍有药效,但会迅速进一步氧化、断裂,生成一系列有色的无效物质。因此,可在处方中加入抗氧剂等药用辅料,延缓氧化还原反应的发生,确保维生素 C 注射液的疗效。

　　每一种剂型的研究,都离不开科技的进步、工艺的创新及新型材料的应用等。随着医药行业的发展,药用辅料品种越来越多,除人们广为熟悉的药用辅料外,还有新药用辅料和特殊药用辅料。新药用辅料是指在中国境内首次作为药用辅料应用于生产和制剂的物质或材料,已有药用辅料首次改变给药途径、提高使用量时,均应按新药用辅料管理。特殊药用辅料是指来源于动物内脏、器官、皮毛和骨骼的药用辅料。

　　药用辅料的生产、储存和应用应符合相关规定:① 药用辅料应符合药用要求。② 药用辅料应在使用途径和使用量下经合理评估后,对人体无毒害作用;化学性质稳定,不易受温度、pH 和保存时间等因素的影响,与主药无配伍禁忌;不影响药物的含量、疗效、安全与制剂的检测。尽量筛选使用较小剂量即能发挥较大作用的辅料。③ 同一药用辅料用于不同给药途径的制剂时,应根据临床用药要求制定质量控制项目,且重点考察安全性指标。④ 药用辅料的残留溶剂、微生物限度、热原和无菌等应符合相关要求。

视频

药用辅料≠
无活性成分

知识拓展

药用辅料中的混合物

　　药用辅料中一部分是以其中某种主要化合物命名的混合物,其组成影响药物制剂的质量。例如,具有表面活性作用的辅料十二烷基硫酸钠是以十二烷基硫酸钠为主的烷基硫酸钠混合物;液体制剂中常用的抑菌剂苯扎氯铵是氯化二甲基苄基烃铵的混合物;而苯扎溴铵则是溴化二甲基苄基烃铵的混合物;可压性蔗糖是由蔗糖与其他辅料共结晶制得的。药用辅料硬脂酸镁是固体制剂中常用的润滑剂,虽称为硬脂酸镁,但实质上是硬脂酸镁和棕榈酸镁的混合物。不同厂家的润滑剂硬脂酸镁中,硬脂酸镁与棕榈酸镁的相对含量不同,相差 20% 以上。因此,不同厂家生产的润滑剂硬脂酸镁的质量属性势必不同。

(二)药物制剂辅料的分类

　　药物制剂辅料可根据来源、制剂形态、化学结构、剂型及用途等分类。

　　1. 按辅料来源分类　　可分为天然物、半合成物和全合成物。如淀粉是天然高分子聚合物,也是自然界来源最丰富的可再生物质,属于天然药用辅料;羟丙甲纤维素是纤维素衍生物,具有乳化、黏合、增稠和助悬等作用,属于半合成药用辅料;聚乙二醇是聚醚高分子化合物,可应用于医药、卫生、食品和化工等众多领域,在药物工业中用于提高药物的分散性、成膜性、润滑性、缓释性等,属于全合成药用辅料。

　　2. 按制剂形态分类　　可分为液体、半固体、固体和气体制剂药用辅料。每种药用辅料具有各自的特点,特别是液体和固体制剂药用辅料,品种繁多,如液体制剂药用辅料有水、乙醇、甘油、聚山梨酯 80 等,品种不同,应用差异较大,因此这种分类方式看不出药用辅料的共性。

3. 按化学结构分类　可分为酸类、碱类、盐类、醇类、酚类、酯类、醚类、纤维素类、单糖类、双糖类、多糖类等。此种方法主要根据每类药用辅料在化学结构上的共性分类，但由于各个药用辅料具有各自的理化特性，所以用途各异。以纤维素类为例，各纤维素的衍生物理化性质不同，用途各异。

4. 按制剂剂型分类　可分为溶液剂、混悬剂、乳剂、注射剂、滴眼剂、散剂、颗粒剂、胶囊剂、片剂、软膏剂、栓剂、丸剂等药用辅料。此种分类方式，药用辅料对应不同剂型，虽有助于在学习药剂学知识的同时，更好地熟悉每种剂型主要药用辅料的种类和特点，但同一种药用辅料在学习过程中存在重复性大的缺点。

5. 按用途分类　可分为溶媒、增溶剂、助溶剂、助悬剂、乳化剂、抗氧剂、抑菌剂、润湿剂、助流剂、抛射剂、增塑剂、包衣材料、软膏基质、栓剂基质等近 50 种类型。主要根据药用辅料在制剂处方中起到的作用进行分类，各个辅料虽然理化性质不完全相同，但作用机制和基本用途相同，体现了专一性和实用性。如抗氧剂，虽然品种多、理化特性各异，但它们都有失去电子被氧化的还原性。

二、药物制剂辅料在药物制剂中的作用

要开发与生产疗效好、毒副作用小、便于使用和储存的剂型与制剂，除与生产技术、制药设备、制备工艺、质量控制密切相关外，还取决于药用辅料质量的优劣、筛选的合理性与科学性等。因此，有研究者认为，药剂学也可看成是开发药用辅料在各种剂型和制剂中科学、合理应用的学科。新辅料的研究与应用推动了新剂型、新制剂的发展，由此看出药用辅料对药物制剂的重要性。

(一) 药物制剂辅料是制备药物制剂的必要条件

要将药物制成适合于患者使用的最佳给药形式，发挥预期的治疗或预防效果，需要依赖药用辅料来实现，药用辅料是使药物成型并发挥作用的前提和基础。有些药剂制备时，需要药用辅料帮助其成型，如小剂量药物维生素 B_1，每次摄入量为 10 mg，如不使用淀粉、糊精等稀释剂作为药用辅料，则无法压制成片，更谈不上临床用药安全、有效。有些药剂制备时，加入适宜的药用辅料，有利于制备过程的顺利进行，如液体制剂中加入助悬剂、乳化剂提高制剂的稳定性，固体制剂中加入助流剂、润滑剂改善药物粉体性质利于生产等。有些药物若不使用药用辅料制成适宜的剂型，则容易受到胃肠道环境的破坏，如从动物胰脏中提取的胰酶，若直接服用，则在胃部会被破坏，若用肠溶包衣材料将其制备成肠溶衣片，可避免胃部环境的影响，使其在肠中发挥消化脂肪的作用。有时运用药用辅料将药物制成各种剂型，有利于药物的携带、运输、储存。如提取中药材中的有效成分，精制浓缩，制成颗粒剂、胶囊剂和片剂后，成品较原药材体积小、重量轻。药用辅料还可以掩盖或消除某些药物的不良味道，如黄连味苦，制成包衣片后，可掩盖其苦味。

药用辅料在制剂制备过程中起着至关重要的作用，在赋予各种制剂形态的同时，也保证了药物和剂型的质量稳定，是制备药物制剂的必要条件。

（二）药物制剂辅料影响药物制剂的稳定性

有效性、安全性和稳定性是对药物制剂的基本要求，而稳定性又是保证有效性和安全性的重要基础。药物制剂稳定性一般包括物理稳定性、化学稳定性和生物稳定性。制剂在生产、储存过程中，由于多种原因，稳定性往往会受到影响。为提高药物制剂的稳定性，在进行新药研究与开发过程中必须考察环境因素和处方因素，其中通过筛选药用辅料得到最佳处方的方法成为改善药物制剂稳定性的重要途径，而错误地选择药用辅料会加速制剂的不稳定。

1. 影响理化稳定性　物理稳定性是指制剂的物理性能发生变化，药用辅料可影响制剂的物理性质，包括结晶长大、晶型变化、崩解时限等。例如，混悬剂中的固体微粒粗化、沉降和结块属于物理不稳定现象，加入助悬剂、絮凝剂等药用辅料可减慢混悬剂微粒沉降速度，增加分散介质黏度，尽量避免难溶性固体微粒结块，是改善物理不稳定现象的常见方法。

化学稳定性是指由于水解、氧化、聚合等化学降解反应，药物含量（或效价）、色泽等发生变化。一些药物由于含有不稳定结构，如酯类、苷类、酚类、多羟基药物及含多个不饱和双键药物，在一定条件下易发生水解、氧化等化学反应，而药用辅料的加入可改变pH或某些金属离子的影响等，从而影响药物化学稳定性。如酯类药物盐酸普鲁卡因盐水解可生成对氨基苯甲酸与二乙胺基乙醇，此分解产物无明显的麻醉作用，且pH环境对水解反应有较大影响，因此可通过向溶液中加入pH调节剂的方法加以改善。阿司匹林在极少量水分、碱性物质存在时，即能发生水解反应，故将其制备成片剂时，不宜用偏碱性的硬脂酸镁，而应使用滑石粉作润滑剂。制剂中若药物由于发生化学反应而以一定速率降解，通常这些降解反应的速率取决于反应物的浓度、空气中的氧、水分、光线和催化剂等条件。在很多情况下，赋形剂与附加剂可对药物降解反应速率产生一定的影响。如聚乙二醇能促进软膏中氢化可的松的分解，当聚乙二醇用作阿司匹林栓剂基质时，亦可促进阿司匹林的水解，生成水杨酸和乙酰聚乙二醇。另外，采用介电常数低的溶媒，如甘油、乙醇、丙二醇等，可减慢水解速率。如用介电常数较低的60%丙二醇制成的苯巴比妥钠注射液，稳定性提高，有效期可达1年。

2. 影响生物稳定性　生物稳定性是指制剂由于受微生物污染，出现发霉、腐败。如乳剂的酸败、糖浆剂的发霉等。药物剂型中特别是液体制剂，如糖浆剂、合剂、乳剂、混悬剂等，由于多数以水为溶剂，所以易受微生物污染。固体制剂如片剂、丸剂等，亦有微生物污染和繁殖的可能。制剂中含有营养性成分，如糖类、蛋白质，更易成为微生物滋长繁殖的温床；粉针、输液、滴眼剂可因瓶塞松动，多次抽取药液或反复启塞使用致使污染；乳剂、混悬剂因含营养成分而提供了易受污染的条件；眼用软膏剂常因生产上消毒除菌不严，易微生物污染。为解决这些难题，可通过加入抑菌剂等药用辅料来控制微生物的生长。

（三）药物制剂辅料改变制剂的毒副作用

筛选适宜的药用辅料，可在提高制剂疗效的同时，降低药物的毒副作用。如抗癌药物丝裂霉素 C,用乙基纤维素、聚乙烯和铁酸盐等辅料制成磁性微球,可使药物集中作用到靶部位、靶器官,降低全身性毒副作用。

药用辅料并非惰性物质,临床上相当一部分的不良反应是由辅料引起的。

药用辅料本身的毒副作用可影响制剂安全性。如阿斯巴甜是食品、药品常见的矫味剂,它比一般的糖甜约 200 倍,但热量更低,因此常作为蔗糖的替代品,用于含片、咀嚼片及其他制剂。由于阿斯巴甜在机体内可代谢成苯丙氨酸,所以含有此辅料的药品不宜予苯丙酮尿症患者服用,因该类患者肝中缺乏苯丙氨酸羟化酶,无法将苯丙氨酸转化为酪氨酸,会导致大脑内苯丙氨酸聚集,经转氨酶的作用转化为苯丙酮酸,从而影响患者的大脑,甚至引起智力障碍和癫痫,并使患者出现皮肤白化、头发变黄、尿液有鼠臭味等症状。又如,聚山梨酯 80 作为注射液常用的增溶剂,也可引起各种不良反应,包括过敏反应、中性粒细胞减少及溶血现象等。

药用辅料与主药发生配伍变化可影响制剂安全性。如维生素 C 可作抗氧剂使用,浓度通常为 0.01%~0.1%,可作助溶剂使用,用以提高药物的溶解度,但当维生素 C 作为辅料用于复方丹参注射液时,会使复方丹参注射液颜色变深、浑浊、降效;无水硫酸钙用于金霉素、土霉素、四环素及半合成多西环素等抗生素制剂时,会形成不溶性、难吸收的络合物。

(四) 药物制剂辅料影响药物的体内外过程

1. 药用辅料可改变药物的给药途径 同一药物应用药用辅料不同,可制成不同的剂型,从而可改变其给药途径与作用方式。如硫酸镁,制成溶液剂具有导泻作用,制成注射剂可用于治疗惊厥、子痫、尿毒症、破伤风与高血压脑病,其中溶液剂选用纯化水为溶剂,注射剂选用注射用水为溶剂,两种剂型仅选用溶剂就存在较大差异,制成的药物制剂的给药途径与作用速率也存在较大差异。有些药物制成口服剂型对胃刺激性过大,或肝首过效应明显,可选用适宜药用辅料制成非口服剂型,改变给药途径,避免上述情况发生。

2. 药物制剂辅料影响药物的吸收

(1) 控制药物的释放速率:改变辅料可改变或调节药物制剂中主药在体内外的释放速率。不同辅料可制成各种速效或长效制剂,选用适宜的辅料制成水溶性注射剂、液体制剂、气雾剂、舌下含片等剂型,可达到速释、速效目的;制成油溶性注射剂、植入剂、缓释片等剂型,可达到缓释、长效目的。如用羟丙甲纤维素作为骨架材料制备缓释片,可因羟丙甲纤维素遇水形成凝胶而延缓片剂中有效成分的释放,且羟丙甲纤维素的黏度不同对释放的影响也会存在差异。如分别用同一黏度不同类型和同一类型不同黏度的羟丙甲纤维素制备磷酸川芎嗪缓释片,结果发现随着羟丙甲纤维素黏度增大,药物释放速率逐渐减慢。又如,以乙基纤维素为主要材料制备控释型固体分散体,发现随着乙基纤维素黏度的增加,固体分散体中药物释放速率减慢,说明乙基纤维素黏度越大,水越难渗透,药物释放越慢。

(2) 影响药物的滞留时间:适宜的辅料可延长某些药物在胃肠道、眼等部位的滞留时间,有利于药物吸收。如滴眼剂通常可加入高分子材料聚维酮、羟丙甲纤维素、羟乙纤维素、羧甲纤维素钠等增加溶液黏度,从而延长药物在眼部停留的时间,增加其吸收。一些密度相对较小的材料如脂肪醇类、酯类或蜡类,以及调节药物释放的材料如乳糖、甘露醇等可制备胃内漂浮制剂,延长药物在胃内的滞留时间,使其持续释药,有利于提高药物的生物利用度。如三七胃漂浮片采用羟丙甲纤维素、十六醇、轻质药用碳酸钙、乙基纤维素等辅料,实现药物在胃内的停留,可增加药物吸收。

(3) 影响外排转运体的外排作用:P-糖蛋白(P-gp)是一种跨膜糖蛋白,广泛分布于肝、肾上腺、肠黏膜、脑和睾丸的毛细血管内皮细胞中。大量研究表明,许多药物口服生物利用度低的主要原因与P-gp介导的外排作用有关,而一些药用辅料可有效地抑制P-gp的外排作用。如非离子型表面活性剂、聚乙二醇(PEG)、β-环糊精衍生物等,可在一定程度上抑制P-gp的活性,进而影响药物在体内的吸收和疗效。PEG 300的聚氧乙烯基团通过改变P-gp所在区域细胞膜极性头部的流动性,实现对P-gp活性的抑制,且随着PEG浓度的增加,细胞膜流动性显著降低,对P-gp的抑制作用逐渐增加。

课堂讨论

列举一个与书中不同的药用辅料影响药物吸收的具体案例。

3. 药物制剂辅料影响药物的分布 分布是药物吸收后进入靶器官的过程,药物分布与疗效有着密切关系。采用现代药物制剂技术,应用适宜的药用辅料得到药物载体,将药物嵌入载体形成药物载体复合物,可改变药物在体内的分布,实现靶向作用。目前靶向治疗作用的研究更多集中于抗癌药物制剂的研发中,这主要是由于抗癌药物在杀死癌细胞的同时,往往可能对正常细胞也产生一定程度的危害,若将药物嵌入载体中,能使药物选择性地浓集于作用部位,更为精确地命中目标,减少毒副作用。药物载体主要为大分子物质,如脂质体、乳剂、蛋白质、可生物降解高分子物质、生物合成物等。如以卵磷脂和胆固醇为主要材料,将抗癌药物阿霉素制成脂质体微球,给药后发现,提高了靶部位的血药浓度,降低了全身性毒副作用,治疗效果显著。

载体技术在许多疾病的治疗中发挥着越来越重要的作用,一些包括药物在内的体外生物活性大分子,由于体内转运障碍,难以进入细胞内,不能发挥疗效。研究人员运用病毒载体、细胞穿膜肽、纳米金等新载体材料,运载药物等进入细胞内,较好地解决了问题。病毒载体具备传送其携带的基因组进入其他细胞并进行感染的分子机制,包括反转录病毒、腺病毒、慢病毒、腺相关病毒及杆状病毒等;细胞穿膜肽(CPPs)是一种新型的药物递送工具,由不多于30个氨基酸残基组成的小分子多肽,能够携带比其分子量大100倍的外源性大分子进入细胞;纳米金是指金的微小粒子,其直径在1~100 nm,具有高电子密度、介电特性和催化作用,能与多种生物大分子结合,且不影响其生物活性。如用新型还原敏感型可断裂PEG和细胞穿膜肽TAT共同修饰紫杉醇脂质体,实验显示有较强的体外促细胞凋亡作用。主要原因为:一方面,新型还原敏感型可断裂PEG保留了脂质体的长循环功能,可控地使PEG脱离脂质体表面,克服了普通 PEG 妨碍脂质体入胞的缺陷;另一方面,细胞穿膜肽 TAT 可介导脂质体进入细胞内,最终使制剂既具有良好的肿瘤靶向性,又具有可控、高效的入胞能力。

(五)新药用辅料的开发改善药物制剂质量

随着医药科技的发展,新的药用辅料不断涌现,替代传统药用辅料,进行制剂研发与生产,提高制剂质量。如我国以往制备复方新诺明片所用药用辅料主要有淀粉、糊精等老辅料,药物溶出时间长,溶出速率慢,而后采用优良辅料羟丙甲纤维素进行制备后,溶出时间与速率得到了很大改善。又如国产布洛芬片剂的生物利用度低,为国外优质产品的 50%,应用羟丙甲纤维素等优良新辅料后,仅 1~2 min 药物溶出度便达到 70% 以上,与国外优质产品生物等效。

目前,生物医药发展速度很快,传统药用辅料的范畴发生改变,新的抗体或其他新概念产品也纳入药用辅料中。研究人员已充分认识到药用辅料对药品生物有效性的影响。如肠包衣药物提高了药物疗效,改善了药品生物有效性。

新辅料的不断涌现,在提高制剂质量的同时,推动了药物制剂向高效、速效、长效("三效")和毒性小、不良反应小、剂量小("三小")方向发展。药物制剂在新辅料的开发与应用中,不断突破,发挥着越来越重要的作用。

第二节　药物制剂辅料的发展状况

一、国内药物制剂辅料的发展状况

我国药用辅料应用历史悠久,最先是随着药物的出现而发展起来的。晋代皇甫谧的《针灸甲乙经》记载"伊尹以亚圣之才,撰用《神农本草》,以为《汤液》",即早在商代就有了以水为溶剂制备的汤剂,这是世界上最早出现的剂型。我国的药物制剂及其辅料的创用远在西方医学奠基人希波克拉底(公元前 460—前 370 年)和格林(公元 131—201 年)之前。公元 142—219 年,东汉张仲景所著的《伤寒论》和《金匮要略》,收载了包含栓剂、洗剂等在内的 10 余种剂型,运用了动物胶、蜂蜜、淀粉、汤、醋、植物油、动物油等多种药用辅料。公元 281—683 年,晋代葛洪的《肘后备急方》,唐代孙思邈的《备急千金要方》和《千金翼方》及王焘的《外台秘要》,介绍了铅硬膏、蜡丸、浓缩丸、锭剂等剂型,论述了药物制剂加工、炮制及质量控制等内容,收载了水、酒、醋、动物油脂、淀粉、蜂蜜等丰富多样的辅料。公元 1518—1593 年,明代李时珍著《本草纲目》,专列"修治"一项,即专章论述制剂及其辅料,共收载中药辅料数十种,在总结医药知识与实践经验的同时,也为我国制剂及药用辅料的发展奠定了基础。公元 1662—1723 年,即清代康熙年间,张睿著《修事指南》,专论炮制方法及其辅料,辅料有了进一步发展。

虽然我国应用药用辅料较早,但自鸦片战争开始,由于当时社会影响,药用辅料的发展非常缓慢,几乎处于停滞状态。1953 年,我国颁布了第一部《中国药典》,在注射剂、片剂、丸剂等剂型的制备中,明确说明所需使用的辅料,但此时我国药用辅料的整体水平已与发达国家相距甚远。

20 世纪 80 年代初,我国口服固体辅料包括淀粉、糖粉、糊精、乳糖、硬脂酸镁等开始得到广泛应用。但其本身规格不全,质量不稳定,品种较少,使制备的制剂外观、硬度、崩解度、溶出度及生物利用度等均欠佳。20 世纪 80 年代后,在国家医药管理部门领导和支持下,由全国科研单位、大专院校、生产企业合力试制药用辅料。过去我国尚不能生产的新剂型、新制剂得到批量生产,新辅料的开发与应用得到很大程度的提升。

由于我国药用辅料行业起步较晚,很长一段时间里,药用辅料行业存在小、散、乱的现象,少数辅料由药厂生产或兼产,大部分辅料尚分散在化工、轻工、粮油、水产、食品等行业生产,缺乏严格的药用标准。随着国内多起药源性事件的发生,如"铬超标胶囊""齐二药事件"等,都与药用辅料的安全性密切相关,药用辅料越来越引起人们的重视。同时,在国内医药市场需求等因素的推动下,我国药用辅料行业开始进入发展时期,但与国外药用辅料行业相比仍然存在诸多问题。

(一) 国内药用辅料生产厂家数量少

我国专门从事药用辅料生产的企业较少,由于行业门槛低,许多辅料生产企业由食品添加剂企业或化工企业转型而来,这类企业通常缺乏对药用辅料生产的严格管理制度和产品质量控制。陶氏化学公司、FMC 集团、巴斯夫股份公司、卡乐康中国公司、德国瑞登梅尔父子公司等国外企业占据了国内绝大部分的高端辅料市场,国内企业生产的一些实现出口的辅料,多是以工业级或食品级出口,其附加值也远低于药用辅料。《2016—2021 年中国药用辅料行业现状分析与发展前景研究报告》显示,我国现有药用辅料生产企业约 400 家,其中专业从事药用辅料生产的仅占 23% 左右,其他大部分为化工或食品加工企业。国内辅料企业大多发展时间短,规模比较大的有湖南尔康制药股份有限公司、安徽山河药用辅料股份有限公司、山东聊城阿华制药股份有限公司、山东瑞泰新材料有限公司、曲阜市天利药用辅料有限公司、湖州展望药业有限公司等。

随着医药行业对药用辅料产业发展的重视,一些企业开始研制新型辅料并投入生产。珠海国佳新材股份有限公司投资的凝胶产业化基地是目前国内最大的凝胶产业化基地,也是国内首家从事生物高分子凝胶研究、应用及产业化的高新技术产业基地。部分企业开始开发由多种辅料组合的预混辅料。预混辅料多功能集合、节约时间与成本的特点受到国内市场的青睐,也促进了制药行业的发展。我国整体药用辅料水平尚低,现有药用辅料生产厂家对新药用辅料技术研究投入并不到位,仍主要是对国外专利到期产品进行仿制,难以自主研发新型药用辅料。

(二) 国内药用辅料品种少且创新不足

据相关统计,2014 年我国制剂使用的药用辅料有 540 余种,而西方发达国家生产的药用辅料已超过 1 200 种,且质量均符合《欧洲药典》或《美国药典》标准,保证了欧美国家药物制剂的生产质量及全球领先水平。有文献报道,近 10 年国际上开发的药用辅料达 300 多种,其中片剂辅料 70 余种,新剂型、新系统及其他制剂用辅料 100 余种。这些新辅料品种一般由欧美国家或地区的专业药用辅料企业进行研制、生产和推广。

我国在化学原料药的生产上并不比欧美等发达国家落后,在制剂生产上却与发达国家差距较大,其中重要原因在于国产药用辅料品种开发和生产上的落后,用于高端技术产品的药用辅料基本被欧美企业垄断。国内大多数制药企业在生产中对药用辅料的要求和应用重视程度远远不够,药用辅料仅被视为药品生产的"配角"。

(三) 药用辅料业需要专业机构协调管理

2006 年 3 月 23 日,原国家食品药品监督管理局印发了《药用辅料生产质量管理规范》,即药用辅料行业的 GMP 认证规范,然而最终此规范并未强制执行。

2020 年 3 月,国家药品监督管理局发布了新的《药品注册管理办法》,要求对药品制剂选用的辅料及直接接触药品的包装材料和容器进行关联审评,可以基于风险提出对辅料及直接接触药品的包装材料等企业进行延伸检查,说明了国家对药用辅料安全性的重视。因此,设立专业机构强化对我国药用辅料生产及应用的监管十分必要。

(四) 新药用辅料的应用与研究有待提高

目前,传统药物制剂已不能满足患者的需求,越来越多的新型制剂不断涌现,与之相匹配的是对新型药用辅料的生产与应用。我国现有的药厂中,绝大多数是中小型制药企业。部分厂家从成本、效益等诸多因素考虑,使用的仍是多年未变的传统老辅料,国内对于新药用辅料的理化性质、药用辅料与各种药物的配伍、结合先进设备与工艺、多种辅料在某一方面应用的对比等尚无深入系统的研究。尽管我国开发和生产了一部分新辅料,但品种仍然很少,规格、剂型不全,远远不能适应新剂型、新制剂的开发生产及提高药物制剂质量的要求。如很多新药用辅料虽然已经在国外广泛应用,但是在国内尚无注册。这在一定程度上大大地限制了国内制剂企业对新剂型、新技术的产业化应用,成为制约我国药物制剂发展的重要因素。

近几年,国家加大了对药用辅料行业的政策力度。2012 年,药用辅料行业被列入《医药工业"十二五"发展规划》的五大重点领域之一。2016 年,国家工业和信息化部发布的《医药工业发展规划指南》中强调要支持新药用辅料的开发与应用,为我国辅料行业带来了广阔的发展前景。同时,仿制药一致性评价也进一步改善了目前我国辅料的现状,促使制药企业由追求低成本向追求高质量、高稳定性转变。

二、国外药物制剂辅料的发展状况

国外最早记载药物制剂及药用辅料的使用是在公元前 1552 年的《伊伯氏纸草本》中,收载了散剂、膏剂及丸剂等多种剂型的制备方法及用途。公元 131—201 年,古罗马学者格林创造了格林制剂,为西方医药学发展奠定了基础。19 世纪欧洲工业革命,制药机械的发展和药物制剂生产推动了药用辅料的研究与开发。

近年来,发达国家的制药工业发展迅速,制药水平大幅度提升,开发了微囊、微球、脂质体及透皮给药系统等新剂型,促使药用辅料进一步得到发展。全球药用辅料市场主要分布在欧洲与北美,欧洲和北美在药用辅料的监管、数量、质量、功能创新等方面均居世界前列,引领全球药用辅料行业的发展。

(一)重视药用辅料的开发和合理应用

国外发达国家重视制药新技术的研究,而现代新剂型、新技术很大程度依赖药用辅料的开发。如美国 ALZA 公司 1982 年由于开发了聚醇和聚酯的共聚物控释材料,并出售控释技术、控释制剂,全面扭转了上年亏损状况,其中主体是由于新型控释材料的研制。国外药用辅料生产企业密切结合生产实际,为研制制剂新剂型、新品种服务,为提高产品质量服务,包括研究新辅料的理化性质及其如何适用于制剂的开发和生产;研究辅料与药物的配伍特性,得到最佳辅料配方;进行辅料间的配伍研究,结合各国生产实际,设计最佳复合辅料,如微晶纤维素与乳糖配合、微晶纤维素与羧甲纤维素钠配合等。

(二)供应辅料规格品种齐全

目前,国外被认可上市的药用辅料有上千种,而新药用辅料还在逐年增加,如日本旭化成公司的微晶纤维素 Avicel PH-101、德国罗姆公司的尤特奇 L30 D-55 等,涉及微囊、毫微囊等成囊材料,微球、毫微球、脂质体载体材料,缓释材料,包合物材料,前体药物载体材料,固体分散体载体材料等。同时,国外辅料生产商还开发了一系列品种,如聚乙二醇系列、聚羧乙烯系列、聚乙烯吡咯烷酮系列、聚氧乙烯烷基醚系列、聚丙烯酸树脂系列、聚丙交酯系列等高分子聚合物,黄原胶、环糊精等生物合成多糖类辅料,淀粉甘醇酸钠、预胶化淀粉、纤维素系列等半合成辅料,海藻酸、红藻胶、卡拉胶等植物提取辅料,甲壳素、甲壳糖等动物提取辅料,规格齐全,可充分适应不同新剂型、新制剂的需要,有力地推动了制药工业的发展。

(三)严抓药用辅料的质量与安全性

国外严抓药用辅料的生产管理及质量要求。如美国的药用辅料主要由专业生产厂家进行生产并实行 GMP 管理,其 GMP 标准是参考国际药用辅料协会(IPEC)出台的供各国参考的药用辅料 GMP 标准,美国食品药品监督管理局(FDA)负责对药用辅料生产企业进行监督检查。其生产环境和设备优良,检测手段齐全,测试仪器先进,质量标准完善,因而质量高而稳定。IPEC 是由辅料生产者和使用者组成的世界性组织,是唯一代表辅料工业生产和使用两端的商贸组织。目前 IPEC 有 200 多个成员单位,美国有 40~50 个,欧洲的数量大致与美国相同,日本有 100 个左右。IPEC 的任务是促进制定药用辅料的质量标准,并在制定过程中协助管理者、其他卫生部门及药典委员会工作,最终促进药用辅料标准在世界各国的统一协调和承认。药用辅料生产企业的行政管理人员可定期参加协会的相关研讨,这也为管理者提供了技术上的支持与实践经验,对其制定政策大有裨益。2006 年,首次出版了《IPEC-PQG 药用辅料生产质量管理规范指南》,2017 年,由 IPEC 和药品质量小组(PQG)进行联合修订,为药用辅料行业提供了适用的生产质量管理规范。

发达国家对药用辅料的安全性非常重视。如美国 FDA 对药物中拟用的新药用辅料进行风险效益评估,并对这些化合物建立安全性等准入制度;欧盟在制定的制药起始材料的草案中,要求欧洲所有制药企业所用的起始物质必须在 GMP 要求的条件下生产。2002 年,美国 FDA 批准了关于发展药用辅料的临床前研究指导草案,对药用辅料研究与开发的规范化起到了具体的指导作用。该草案推荐研发公司对新药用辅料进行风险评估,对特定给药途径的药用辅料,需限定药用辅料安全服用量、最大服用量等,并需对药用辅料进行最长达 3 个月的安全测试,同时还要进行急性毒性、长期毒性等实验,对局部用药和肺部给药的药用辅料还需进行致敏性实验等。

三、新药用辅料的发展状况

进入 20 世纪后,发达国家紧密结合生产实际,注重新辅料的研究,包括:① 药用辅料的改良。如预胶化淀粉、羧甲纤维素钠等,使药物能干法直接压片并改善药物流动性与可压性等。② 新的高分子辅料不断涌现。如不同黏度的系列高分子聚合物、羟丙甲纤维素类、聚乙烯醇、树脂类、卡波姆等,分别用于不同剂型的黏合、控释、包衣、乳化、助悬、凝胶等。③ 预混辅料的问世。常见药用辅料多为单一化合物,性能和特点固定,所起作用相对固定。但随着众多新药物的诞生,新的设备和生产工艺的出现,新的法规对稳定性、安全性的要求等,均对药用辅料的功能提出了更多、更高的标准,使得现有的单一药用辅料难以完全满足所有需求,从而出现了由多种单一药用辅料按比例组合的预混辅料。预混辅料大多数只是发生物理形态的变化,而没有出现化学反应,其中每一种单一药用辅料都保持着原有的化学性质,因此其毒副作用和安全性均没有变化。但每一种预混辅料并不是简单地将几种单一药用辅料任意混合,其过程如同新药开发一样,需要进行处方筛选,调整药用辅料之间的比例,考虑与药物的兼容性等。如经典预混辅料欧巴代(OPADRY),主要以羟丙甲纤维素、羟丙纤维素、乙基纤维素、邻苯二甲酸聚乙烯醇酯等高分子聚合物为主要成膜材料,辅以聚乙二醇、丙二醇、柠檬酸三乙酯等作为增塑剂,加上色素成分等组成。④ 3D 打印制剂辅料的研发。近年来,3D 打印技术不断被沿用到各个领域,由起初的 3D 打印机延伸到后来的汽车制造、服装、食品、航空航天、生物技术、建筑等。3D 打印在药物制剂中可以解决传统固体制剂中的某些问题。2015 年,由 Aprecia 制药公司开发研究的通过 3D 打印技术制备的抗癫痫药物左乙拉西坦速溶片被美国 FDA 批准上市,这也标志着 3D 药物制剂打印技术可用于制剂生产领域且具备可实现性。3D 打印固体制剂的基本原理是熔融挤出,沉积成型,但是并不是所有的熔融原料都适用于药物制剂中。3D 打印药物制剂中的挤出耗材必须是人体食入无害或容易被人体排泄的材料,所以对材料的要求比较高。Solanki N 等尝试使用共聚维酮 VA64 和陶氏化学公司开发的热熔挤出专用辅料（Affinisol^{TM}15）、聚乙烯醇 – 聚乙二醇共聚物等不同的聚合物和药物混合进行热熔挤出，制备可用于打印的材料，结果显示使用共聚维酮 VA64 和 Affinisol^{TM}15进行 1∶1 混合可得到适合于 3D 打印和快速药物释放的聚合物系统。Genina N 等用不同规格的乙烯 – 醋酸乙烯酯共聚物（EVA）作为主要辅料加入主药进行热熔挤出实验，发现某些规格的 EVA 是用于 3D 打印固体制剂较为合适的材料。

新药用辅料未来的发展方向主要集中于优良的缓释、控释材料，优良的肠溶、胃溶材料，高效的靶向给药载体，具有良好的流动性、可压性、抗黏性的填充剂和润滑剂，无毒高效的透皮吸收促进剂，适合多种药物制剂需要的预混辅料，适应 3D 打印技术的制剂辅料。

知识拓展

新药用辅料的开发途径

新药用辅料的开发途径可分为 3 类：① 开发新的化合物或对原有辅料进行化学修饰。如新化合物辅料中很多是高分子聚合物，包括聚乙二醇、聚羧乙烯、聚乙烯吡咯烷酮等，通过改变这些聚合物的聚合度可获得一系列的新化合物辅料。② 对原有辅料进行物理修饰。物理修饰可改变单个药用辅料颗粒的性质，同时也轻微改变亚颗粒的性质。如流动性较差的 α- 乳糖，经喷雾干燥处理后，获得的 α- 乳糖球形颗粒，其具有良好的流动性及可压性，可用于直接压片。③ 共处理辅料，是将两种或多种药用辅料通过共同干燥、喷雾干燥、快速干燥或共同结晶等预混操作方式混合，使药用辅料在亚颗粒状态反应，产生功能协同作用，同时弥补单个药用辅料的不足之处。

第三节　药物制剂辅料的管理

一、国内药物制剂辅料的管理

为进一步加强药用辅料生产使用的监管，确保药品质量安全，我国陆续制定了药用辅料生产质量管理规范、药用辅料注册制度、药用辅料质量标准等系列管理办法，并逐步建立了行业相关法律规范。

（一）药用辅料标准

国家药用辅料标准是指国家为保证药用辅料质量所制定的质量指标、检验方法及生产工艺等技术要求，包括国家药品监督管理部门颁布的《中国药典》和其他药用辅料标准。其中《中国药典》处于核心地位，但其记载数量有限。近年来，国家对药用辅料日益重视,药用辅料标准的修订成为《中国药典》修订工作的重要组成部分。如《中国药典》(2015年版)首次将药用辅料与制剂通则等分离出来,形成《中国药典》四部,收载药用辅料270种,较2010年版新增135种、修订97种;而《中国药典》(2020年版)收载的药用辅料已增至335种,较2015年版新增65种、修订212种。

目前,《中国药典》(2020年版)进一步强化了对药用辅料安全性的控制,紧跟国际先进标准发展趋势,重点增加了制剂生产常用药用辅料标准,完善了药用辅料自身安全性和功能性指标,如新增了"动物来源药用辅料指导原则""预混与共处理药用辅料质量控制指导原则"等,逐步健全药用辅料国家标准体系,促进药用辅料质量提升,进一步保证制剂质量。

我国目前正在使用的药用辅料近600种,《中国药典》(2020年版)并未达到全覆盖,且我国药用辅料标准系列化不够,在高端药用辅料、注射用及生物制品等高风险品种的药用辅料标准的制定上也难以满足行业要求。而《美国药典》按照功能将药用辅料分为数十个类别,既包括传统药用辅料,也包括现代制剂辅料,适应了药用辅料向系列化、精细化发展的趋势,方便制药企业选用。《中国药典》中药用辅料标准是药用辅料生产企业的基本门槛,这些标准的增加,对国内药用辅料企业而言是一个挑战,国内药用辅料生产企业和进口辅料代理经营企业加强质量管理迫在眉睫。

(二) 药用辅料管理法规

随着国家对药用辅料重视度的日益提升,我国药用辅料监管的法规体系逐渐充实与完善。

1998—2010年,原国家药品监督管理局、国家食品药品监督管理局两次修订并发布了《药品生产质量管理规范》(简称《规范》),《规范》中要求辅料应按品种、规格、批号分别存放,并由经授权的人员按照规定的方法进行取样、检测。

1999年3月12日,原国家药品监督管理局局务会审议通过了《仿制药品审批办法》《进口药品管理办法》,要求制剂处方中药用辅料应说明来源并提供质量标准,并对特殊辅料在处方中所起的作用加以说明;当药品处方中辅料有变化时,须同时报送修改理由及其说明、修改所依据的实验研究资料,以及生产国国家药品主管当局批准此项修改的证明文件。

2001年2月28日,第九届全国人民代表大会常委会第二十次会议发布的《中华人民共和国药品管理法》中指出,生产药品所需的辅料必须符合药用要求。

2002年10月15日,原国家药品监督管理局局务会议审议通过的《药品注册管理办法》(试行)中提出,为申请药品注册而进行的药物临床前研究包括剂型选择、处方筛选、制备工艺、检验方法、质量指标、稳定性及药理、毒理、动物药代动力学等项目。

2005年7月,为加强药用辅料的质量管理,原国家食品药品监督管理局组织、草拟了《药用辅料注册管理办法(试行)》,并且在社会上公开征集意见;2006年3月,出台了《药用辅料生产质量管理规范》;2010年9月,草拟了《药用原辅材料备案管理规定》,要求注射用辅料和新型辅料实行注册管理,同时实行备案管理;2012 年 8 月,印发了《加强药用辅料监督管理的有关规定》。原国家食品药品监督管理局在 2007—2008 年印发的《血液制品疫苗生产整顿实施方案》《中药、天然药物注射剂基本技术要求》《化学药品注射剂基本技术要求(试行)》和《多组分生化药注射剂基本技术要求(试行)》中对相应剂型辅料的供货、检验、使用提出了要求,指出注射剂所用辅料的种类及用量应尽可能少,尚未批准供注射途径使用的辅料,除特殊情况外,均应按新药用辅料与制剂一并申报。

2015 年 8 月 9 日,国务院发布的《关于改革药品医疗器械审评审批制度的意见》中明确提出实行药品与药用辅料关联审批,将药用辅料单独审评审批改为在审批药品注册申请时一并审评审批;2016 年 8 月,原国家食品药品监督管理总局(CFDA)先后发布了《关于药包材药用辅料与药品关联审评审批有关事项的公告》和《关于发布药包材药用辅料申报资料要求(试行)的通告》;2017 年,原国家食品药品监督管理总局起草了《原料药、药用辅料及药包材与药品制剂共同审评审批管理办法(征求意见稿)》,提出建立以药物制剂(以下简称制剂)质量为核心,原料药、药用辅料及药包材(以下简称原辅包)为质量基础,原辅包与制剂共同审评审批的管理制度,对原辅包不单独进行审评审批。制剂在国家食品药品监督管理总局[①]药品审评中心通过专业审评后,根据需要组织核查单位对该制剂使用的原辅包启动现场检查和注册检验工作,现场检查和注册检验应当符合相关规定。境外制剂企业单独提出进口制剂申请的,可视情况对原辅包一并启动现场检查工作。制剂完成专业审评、现场检查及注册检验(如有需要)且均符合要求的,该制剂通过技术审评后,送国家食品药品监督管理总局[②]审批,符合要求的批准上市并允许原辅包在该制剂中使用;制剂未通过技术审评的,停止对该制剂使用的原辅包的审评。这些通告的发布意味着我国药用辅料的注册从原来的单独审评审批正式向关联审评审批管理模式转变。

药用辅料管理法规强化了药用辅料市场的管理,但同时也表现出了一些问题。《药用辅料生产质量管理规范》《药用辅料质量标准》和《加强药用辅料监督管理的有关规定》这些直接与药用辅料关联的法规,内容可实施性不强,法律法规中的很多规定只关注原则性问题,具体的实施措施没有详尽的程序性说明。如《药用辅料生产质量管理规范》中规定,药品制造所需的物料,必须要达到药品、包装等相关的标准,且不能对药品的质量造成影响,可是条文中并未对具体的标准进行详细说明。

(三) 药用辅料安全性管理

一些药用辅料具有潜在毒性,即使是已上市产品中的辅料也可能会对患者造成严重的毒性反应。这种毒性反应可能是辅料本身存在安全隐患,如丙二醇可产生高渗透压、乳酸性酸中毒、中枢神经系统抑制、溶血、局部静脉炎及呼吸、心脏毒性反应;也可能是由于药用辅料纯度对药品安全性产生了影响。有些辅料杂质结构不明确,可能与药物有物理、化学和药理方面的相互作用;或者杂质间相互发生化学反应,产生不确定的新杂质,这些新的杂质进一步与药物或杂质发生新的作用,加剧产品

---

①② 　现为国家药品监督管理局。

的安全隐患。如羟丙基 –β– 环糊精很可能在运输或储存中发生键断裂产生 β– 环糊精，后者会使脂肪增溶进入血液产生析晶，从而导致肾坏死等。因此，应做好辅料的安全性管理。

　　药用辅料安全性评价主要是指以药用辅料为试验对象所做的药理毒理学试验的技术评价。2005 年，我国参照美国 FDA 关于药用辅料非临床安全性评价的指导原则，发布了《药用辅料的非临床安全性评价技术指导原则》。文件规定制剂辅料应为正式的药用标准辅料，应有合法的来源。目前虽仍存在使用非药用辅料的现象，但从一定程度上提升了国内用药安全性。

二、国外药物制剂辅料的管理

（一）美国对药用辅料的管理

　　美国 FDA 规定药用辅料只有符合以下情况才能直接用于药品：① 该药用辅料属于"通常认为是安全的"；② 某种已批准的新药申请中含有该药用辅料；③ 该药用辅料通过了食品添加剂的申请。《美国药典》已将《辅料生产质量管理规范》列入附录，要求新药用辅料若要申请被国家处方集收载，必须按照 GMP 进行生产。

　　美国的药用辅料实行药物主文件（DMF）管理，DMF 分为 5 类，其中第Ⅳ类为药用辅料或生产这些物质的原材料等的管理。

知识拓展

美国药用辅料 DMF 的监管方式

　　DMF 制度是美国 FDA 进行药用原辅料包材管理的一种制度，FDA 并不对 DMF 持有人提交的 DMF 做批准与不批准决定，而是当有新药临床试验申请、新药上市申请、简略新药申请、其他 DMF、出口申请或前述申请的修订和补充申请需要参考该 DMF 时，对之进行关联审评。DMF 作为持有人提交给 FDA 的备案材料，其中包含人用药品在生产、加工、包装或存储中所用设备、工艺或物质的详细保密信息，通过这种方式，可以在支持上述申请的同时，不向申请人泄露 DMF 的内容。另外，DMF 的提交并不是由法律或 FDA 规章强制要求的，而完全是持有人的自愿行为。

（二）欧盟对药用辅料的管理

　　与美国 FDA 的管理方式不同，欧盟对药用辅料并未实行 DMF 管理制度。对于《欧洲药典》已收录的药用辅料，申请人可向欧洲药品质量管理局（EDQM）递交资料，申请《欧洲药典》适用性证书，获得批准的品种可以在数据库中查询。对于新药用辅料或《欧洲药典》之外的药用辅料，欧盟没有单独的审批途径，而是将药用辅料作为制剂的一部分，与制剂的上市申请一并提交、审评。

（三）日本对药用辅料的管理

日本药用原辅料主文件（MF）制度始于 2005 年 4 月对日本《药事法》的修订，MF 的类型包括原料药、中间体、医药产品材料、新辅料和新的预混辅料、医疗器械材料及容器和包装材料。日本药品注册审查中强调药用辅料不得影响制剂的使用剂量、疗效及制剂的检验，要求添加药用辅料制得的制剂能够保证稳定性和溶解性，若存在药效发挥不完全、影响安全性、影响制剂质量等问题，则不得使用。

课堂讨论
比较我国与美国药用辅料管理上的区别。

自 测 题

一、名词解释

1. 药用辅料
2. 新药用辅料
3. 特殊药用辅料

二、简答题

1. 药物制剂辅料的作用体现在哪些方面？
2. 《中国药典》（2020 年版）中药物制剂辅料部分与《中国药典》（2015 年版）相比，有哪些变化？

在线测试

第二章
表面活性剂

- 掌握表面活性剂的定义与分类,各种表面活性剂的适用范围。
- 熟悉表面活性剂的基本理论,常用表面活性剂的性质、特点、复配原则。
- 了解表面活性剂在制药领域的适用范围,根据药物、剂型特点与要求选择适宜的表面活性剂。

思维导图

第一节　表面活性剂概述

一、表面活性剂的定义

表面活性剂是一种具有很强表面活性,加入少量即可使溶液体系的表面张力明显降低的物质。它具有不对称的分子结构,整个分子可分为两部分,一部分为亲油的非极性基团,又称为亲油基或疏水基;另一部分为亲水的极性基团,又称为亲水基,因此表面活性剂分子具有两亲性,如图 2-1 所示。

图 2-1　表面活性剂分子模型

表面活性剂亲水基主要是由一些电负性较强的原子团或原子组成,有磺酸、羧酸、氨基或胺基及其盐等;亲油基主要为较长的碳氢键结构,其碳原子数大多在 8~20。例如,肥皂是脂肪酸钠,其碳氢链是亲油基,—COONa 为亲水基团,如图 2-2 所示。

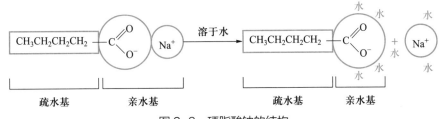

图 2-2　硬脂酸钠的结构

由于同时具有亲水性和亲油性,表面活性剂溶于水后会在水 – 空气界面定向排列,亲水基团朝向水,亲油基团朝向空气。低浓度时,表面活性剂多数集中在表面形成单分子层;当表面层的浓度远高于溶液内的浓度时,溶液的表面张力降低到水的表面张力之下,溶液的表面性质发生改变,最外层呈现非极性烃链性质,有较低的表面张力,表现为良好的润湿性、乳化性和起泡性。

二、表面活性剂的分类

表面活性剂品种较多,品种与品种之间存在较大差异,可以按其不同特点进行分类。

(一) 按解离性分类

按照表面活性剂解离性不同可分为离子型表面活性剂和非离子型表面活性剂。离子型表面活性剂又可按产生电荷的性质分为阴离子型、阳离子型和两性离子型表面活性剂(图 2-3)。

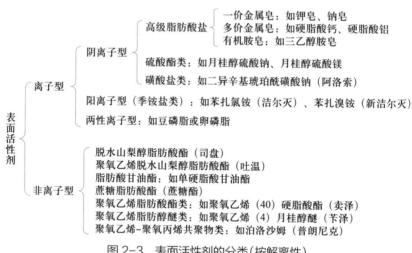

图 2-3　表面活性剂的分类(按解离性)

(二) 按溶解性分类

按在水和油中的溶解性不同,表面活性剂可分为水溶性表面活性剂和油溶性表面活性剂,前者占绝大多数,油溶性表面活性剂虽然种类不多,但其作用变得日益重要。

(三) 按分子量分类

按分子量不同可分为 3 种类型:分子量大于 1×10^4 者称为高分子表面活性剂,分子量为 $1 \times 10^3 \sim 1 \times 10^4$ 者称为中分子表面活性剂,分子量为 $1 \times 10^2 \sim 1 \times 10^3$ 者称为低分子表面活性剂。其中,高分子表面活性剂还可根据来源分为天然、半合成及合成高分子表面活性剂(图 2-4)。

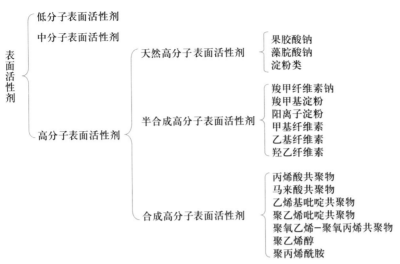

图2-4 表面活性剂的分类(按分子量)

常用的表面活性剂大多数是低分子表面活性剂;中分子表面活性剂一般为聚醚型的,即聚氧丙烯与聚氧乙烯缩合的表面活性剂,在工业中占有特殊地位;高分子表面活性剂的表面活性并不突出,但在乳化、增溶,特别是分散或絮凝性能上有独特之处。

三、表面活性剂的性质

(一) 胶束

1. 胶束的形成 表面活性剂在水中低浓度时,由于其两亲性而在水－空气界面产生定向排列而形成单分子层;随着浓度增加,表面活性剂表面吸附达到饱和,其分子即转入溶液内部,致使表面活性剂分子亲油基团之间相互吸引和缔合形成亲水基团朝外、亲油基团朝内的分子聚集体,称为胶束。胶束大小通常在1~100 nm,可呈球状、棒状、六角束状、板状或层状等多种结构,如图2-5所示。在高浓度的表面活性剂水溶液中,如有少量非极性溶剂存在,则可能形成反向胶束,即亲水基团朝内,亲油基团朝向非极性液体。

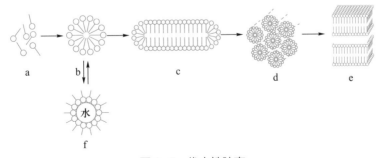

图2-5 代表性胶束

a. 单体;b. 球状胶束;c. 棒状胶束;d. 六角胶束;e. 层状胶束;f. 反向胶束

2. 临界胶束浓度 表面活性剂分子缔合形成胶束的最低浓度称为临界胶束浓度（CMC）。到达临界胶束浓度时，单位体积内胶束数量和表面活性剂的总浓度几乎成正比，随着浓度的增加，分散系统由真溶液变成胶体溶液，增溶作用增强，起泡性能和去污力加大，渗透压、导电度、密度和黏度等突变，出现丁达尔现象等理化性质的变化。表面活性剂的临界胶束浓度因表面活性剂的化学结构、溶液中加入的电解质与非电解质、pH、温度的不同而改变。

在一定湿度和浓度范围内，表面活性剂胶束的分子缔合数较稳定，但因表面活性剂不同而异。离子型表面活性剂的缔合数在 10~100，少数大于 1 000；非离子型表面活性剂的缔合数一般较大，如月桂醇聚氧乙烯醚在 25℃时的缔合数为 5 000。具有相同亲水基的同系列表面活性剂，亲油基团越大，则 CMC 越小。当达到 CMC 时，溶液的表面张力基本上为最小值；在达到 CMC 后，胶束数量与表面活性剂的总浓度基本成正比，继续增加表面活性剂浓度，只会增加溶液中胶束的数目或每个胶束的分子聚集数，并不能使溶液的表面张力进一步降低。不同表面活性剂的 CMC 不同，通常为 0.02%~0.5%，常用表面活性剂的 CMC 如表 2-1 所示。

表 2-1 常用表面活性剂的 CMC

名称	测定温度 /℃	CMC/(mol·L^{-1})
氯化十六烷基三甲铵	25	1.6×10^{-2}
辛基磺酸钠	25	1.5×10^{-1}
辛基硫酸酯	40	1.36×10^{-1}
十二烷基硫酸酯	40	8.6×10^{-2}
十四烷基硫酸酯	40	2.4×10^{-2}
十六烷基硫酸酯	40	5.8×10^{-4}
十八烷基硫酸酯	40	1.7×10^{-4}
硬脂酸钾	50	4.5×10^{-4}
油酸钾	50	1.2×10^{-3}
月桂酸钾	25	1.25×10^{-2}
十二烷基磺酸酯	25	9.0×10^{-3}
聚氧乙烯(6)月桂醇醚	25	8.7×10^{-5}
二异辛基琥珀酰磺酸钠	25	1.24×10^{-2}
氯化十二烷基胺	25	1.6×10^{-2}
对 - 十二烷基苯硝酸钠	25	1.4×10^{-2}
聚山梨酯 20	25	6.0×10^{-2}
聚山梨酯 40	25	3.3×10^{-2}
聚山梨酯 60	25	2.8×10^{-2}
聚山梨酯 65	25	5.0×10^{-2}
聚山梨酯 80	25	1.4×10^{-2}

名称	测定温度 /℃	CMC/(mol·L⁻¹)
聚山梨酯 85	25	2.3×10^{-2}
二甲基癸基甘氨酸钠	23	1.6×10^{-2}
三甲基十二烷基甘氨酸钠	29	1.1×10^{-3}
N,N- 二乙醇基十二烷基甘氨酸	40	1.1×10^{-2}
N,N- 二乙醇基十四烷基甘氨酸	40	1.4×10^{-2}

(二)亲水亲油平衡值

1. 亲水亲油平衡值的定义　表面活性剂分子中亲水、亲油基团对水或油的综合亲和力称为亲水亲油平衡值,简称 HLB 值。HLB 值是个相对值,限定在 0~40。其中非离子型表面活性剂的 HLB 值范围为 0~20,完全由疏水碳氢基团组成的石蜡分子的 HLB 值为 0,完全由亲水性的聚氧乙烯基组成的聚氧乙烯的 HLB 值为 20;水溶性较强的十二烷基硫酸钠的 HLB 值为 40。HLB 值越低,表面活性剂亲油性越强;HLB 值越高,亲水性越强。常用表面活性剂的 HLB 值如表 2-2 所示。

表 2-2　常用表面活性剂的 HLB 值

表面活性剂	HLB 值	表面活性剂	HLB 值
油酸	1.0	聚山梨酯 85	11
二硬脂酸乙二酯	1.5	聚氧乙烯(8)硬脂酸酯(卖泽 45)	11.1
三油酸山梨坦(司盘 85)	1.8	聚氧乙烯 400 单油酸酯	11.4
三硬脂山梨坦(司盘 65)	2.1	聚氧乙烯 400 月桂酸酯	11.6
卵磷脂	3	烷基芳基磺酸盐	11.7
单硬脂酸丙二酯	3.4	油酸三乙醇胺	12
单硬脂酸甘油酯	3.8	聚氧乙烯氢化蓖麻油	12~18
油酸山梨坦(司盘 80)	4.3	聚氧乙烯烷基酚	12.8
丙二醇单月桂酸酯	4.5	西黄菁胶	13
硬脂山梨坦(司盘 60)	4.7	聚氧乙烯脂肪醇醚	13
蔗糖酯	5~13	聚氧乙烯 400 硬脂酸酯	13.1
单油酸二甘酯	6.1	聚山梨酯 21	13.3
棕榈山梨坦(司盘 40)	6.7	聚山梨酯 60	14.9
阿拉伯胶	8	聚山梨酯 80	15
月桂山梨坦(司盘 20)	8.6	聚氧乙烯壬烷基酚醚(乳化剂 OP)	15
明胶	9.8	聚山梨酯 40	15.6
聚山梨酯 81	10	月桂醇聚氧乙烯醚(平平加 O)	15.9
聚山梨酯 65	10.5	泊洛沙姆 188	16

表面活性剂	HLB 值	表面活性剂	HLB 值
聚氧乙烯月桂醇醚(平平加 20)	16	油酸钠	18
聚氧乙烯十六醇醚	16.4	油酸钾	20
聚山梨酯 20	16.7	N– 十六烷基 –N– 乙基吗啉基乙基硫酸钠	25~30
聚氧乙烯月桂醚(卖泽 35)	16.9	十二烷基硫酸钠	40

2. 亲水亲油平衡值的计算　在实际工作中,通常两种或两种以上表面活性剂合并使用以满足制剂的需求。非离子型表面活性剂的 HLB 值具有加和性,混合表面活性剂的 HLB 值计算如下:

$$HLB=\frac{HLB_A \times W_A + HLB_B \times W_B}{W_A + W_B}$$

式(2-1)

式(2-1)中 HLB_A、HLB_B 分别表示 A、B 两种表面活性剂的 HLB 值,W_A、W_B 分别表示 A、B 两种表面活性剂的重量或混合比例。但上式不适用于离子型表面活性剂。

(三) 昙点和克拉夫特点

1. 昙点　某些含聚氧乙烯基的非离子型表面活性剂,其溶解度开始随温度上升而加大,到某一温度后其溶解度急剧下降,溶液出现浑浊,这种现象称为起昙或起浊,此转变温度称为昙点或浊点。当温度回降到昙点以下时,溶液又可恢复澄明。起昙是由于温度升高,聚氧乙烯型非离子型表面活性剂的亲水基团中位于外侧的氢原子与水分子形成的氢键断裂,从而使溶解度下降,但当温度降低至昙点以下时,氢键可重新形成。昙点是此类表面活性剂使用时温度的高限。

非离子型表面活性剂在聚氧乙烯链长相同时,昙点随碳氢链的增长而降低;当碳氢链长相同时,昙点随聚氧乙烯链增长而升高。此类表面活性剂的昙点大部分在70~100℃;某些表面活性剂由于不纯,可具有双重昙点。盐类或碱性物质的加入能使表面活性剂的昙点降低。但并非所有含聚氧乙烯基的非离子型表面活性剂都有起昙现象,如泊洛沙姆 188、泊洛沙姆 108,由于其本身溶解度较大,在常压时看不到起昙现象。

具有昙点的表面活性剂在制剂制备过程中,若遇到加热或高温灭菌时应特别注意,因为当温度达昙点后,会析出表面活性剂,其增溶作用及乳化性能会下降,还可能使被增溶物析出或使乳剂破坏。

2. 克拉夫特点　表面活性剂的溶解度一般随温度升高而增大,当温度上升到某一值后,溶解度急剧增加,此时的温度称为克拉夫特点(Krafft point),其对应的溶解度即为该表面活性剂的 CMC。克拉夫特点是离子型表面活性剂应用时温度的低限,即只有在温度高于克拉夫特点时,表面活性剂才能更大程度地发挥作用。例如,十二烷基硫酸钠和十二烷基磺酸钠的克拉夫特点分别约为 8℃和 70℃,前者适合在室温下应用,而后者在室温时发挥的作用不够充分。

（四）生物学性质

1. 对生物膜的影响　通常浓度较低的表面活性剂因具有降低表面张力的作用，能使固体药物与胃肠道体液间的接触角变小，增加药物的润湿性而加速药物的溶解和吸收。但当表面活性剂的浓度增加到 CMC 时，药物被包裹或镶嵌在胶束内不易释放，只能以游离的分子形式吸收，反而减慢了药物的吸收。

表面活性剂可溶解生物膜的脂质，增加上皮细胞的通透性，改善药物的吸收，但高浓度的表面活性剂也可能使膜蛋白变性，影响药物的吸收。部分药物使用表面活性剂促进药物吸收的应用如表 2-3 所示。

表 2-3　使用表面活性剂促进药物的吸收

药物名称	表面活性剂
维生素 A	十二烷基硫酸钠
肝素	二辛基琥珀酸硫酸钠
碘仿	聚山梨酯 80
酚磺酞	二辛基琥珀酸硫酸钠
水杨酸胺	去氢胆酸钠
核黄素	十二烷基硫酸钠
水杨酸	聚山梨酯 80
硫脲	烷基苯磺酸盐

2. 与蛋白质的相互作用　蛋白质分子结构中含有氨基、羧基，为两性化合物，可因外界 pH 的不同带上负电或正电，从而与阳离子型或阴离子型表面活性剂发生电性结合。此外，蛋白质二维结构中的盐键、氢键和疏水键可能被表面活性剂破坏，减弱蛋白质各残基之间的交联作用，使螺旋结构变得无序或受到破坏，导致蛋白质发生变性失活。

3. 毒性和刺激性　各种表面活性剂的毒性大小，一般排序为阳离子型 > 阴离子型 > 非离子型，两性离子型表面活性剂因在不同 pH 环境中荷电情况不同表现出不同强度的毒性。表面活性剂的毒性大小还与给药途径有关，用于静脉注射给药的表面活性剂应比用于口服给药的表面活性剂毒性小。

离子型表面活性剂不仅毒性大，且有较强的溶血作用，故一般只限于外用。非离子型表面活性剂也有溶血作用，但一般较轻微。常用表面活性剂溶血作用的顺序为聚氧乙烯基醚 > 聚氧乙烯烷芳基醚 > 聚氧乙烯脂肪酸酯 > 聚山梨酯；聚山梨酯的溶血作用顺序为：聚山梨酯 20 > 聚山梨酯 60 > 聚山梨酯 40 > 聚山梨酯 80。目前聚山梨酯类表面活性剂只用于某些肌内注射液中。

表面活性剂外用时对皮肤、黏膜有一定的刺激性，非离子型表面活性剂的刺激性最小。表面活性剂刺激性的大小还与表面活性剂的品种、浓度及聚氧乙烯基的聚合度有关。同类产品中浓度越大，刺激性越强；聚合度越大，亲水性越大，则刺激性越小。

四、表面活性剂的复配原则

表面活性剂相互间或与其他化合物的混合使用称为复配。表面活性剂复配的总原则:通过几种表面活性剂的复配,可使制剂或配方的效果更好,各类表面活性剂之间具有较好的配伍性,或者说相容性。表面活性剂的复配主要起到以下作用:① 提高表面活性剂的性能,复配体系通常具有比单一表面活性剂更优越的性能。② 降低表面活性剂的应用成本。一方面,复配可降低表面活性剂的总用量;另一方面,利用价格低廉的表面活性剂(或添加剂)与成本高的表面活性剂复配,可降低成本较高的表面活性剂的用量。③ 减少表面活性剂的用量等于减少了废物的排放,对一些生物降解性能差的表面活性剂,通过复配还可提高其生物降解性。

(一) 与无机电解质配伍

在离子型表面活性剂中加入与表面活性剂有相同离子的无机盐,可以降低同浓度溶液的表面张力,还可降低表面活性剂的 CMC,并可使溶液的最低表面张力降得更低,即达到全面增效作用。无机盐对离子型表面活性剂表面活性的影响,主要是由于反离子压缩了表面活性剂离子头的离子氛厚度,减少了表面活性剂离子头之间的排斥作用,从而使表面活性剂更容易吸附于表面并形成胶团,促使溶液表面张力与 CMC降低。

无机盐对非离子型表面活性剂的性质影响较小。当浓度较小时(例如小于0.1 mol/L),非离子型表面活性剂的表面活性几乎没有显著变化。只是在无机盐浓度较大时,表面活性才显示变化,但较离子型表面活性剂的变化小得多。

(二) 与极性有机物配伍

在实际应用的表面活性剂配方中,为调节配方的应用性能,常加入极性有机物。脂肪醇与表面活性剂分子形成混合胶束后,对碳氢化合物的增溶量增加,一般碳原子数在 12 以下的脂肪醇有较好效果。一些多元醇如果糖、木糖、山梨醇等也有类似效果。与之相反,一些短链醇不仅不能与表面活性剂形成混合胶束,还可能破坏胶束的形成,如 $C_1 \sim C_6$ 的醇等。

水溶性及极性较强的极性有机物分两种情况:一类如尿素、$N-$ 甲基乙酰胺、乙二醇、1,4- 二氧六环等,一般使表面活性剂的 CMC 升高,表面活性下降;另一类强极性的、水溶性的添加物,如果糖、木糖及山梨糖醇、环己六醇等,则使表面活性剂的 CMC降低。

(三) 表面活性剂相互配伍

1. 非离子型表面活性剂与离子型表面活性剂混合 在离子型表面活性剂中加入非离子型表面活性剂,将使其表面活性提高。在非离子型表面活性剂中加入离子型表面活性剂,则溶液的 CMC 下降,表面活性增加,且昙点升高。阴离子型表面活性剂与非离子型表面活性剂的相互作用强于阳离子型表面活性剂与非离子型表面活性剂的相互作用。

2. 阴离子型表面活性剂与阳离子型表面活性剂混合　一般认为阴、阳离子型表面活性剂在水溶液中不能混合,两者在水溶液中相互作用会生成沉淀或絮状物,从而产生负效应,甚至失去表面活性。研究发现,在一定条件下,阴、阳离子型表面活性剂复配体系具有很高的表面活性,显示出极大的增效作用。为防止阴、阳离子型表面活性剂混合产生沉淀,可采用以下 3 种方式:① 以阴离子型表面活性剂为主,加入少量阳离子型表面活性剂。② 选择含有聚氧乙烯基的阳离子型表面活性剂,这样有利于降低分子的电荷密度,从而减弱离子间的强静电作用。同时,由于聚氧乙烯链的亲水性和位阻效应减弱了阳离子型与阴离子型表面活性剂之间的相互作用,从而对沉淀和凝聚起到明显抑制作用。③ 在复配体系中加入溶解度较大的非离子型表面活性剂。

3. 碳氢表面活性剂与碳氟表面活性剂混合　碳氟表面活性剂是目前所有表面活性剂中表面活性最高的一类,也是化学稳定性和热稳定性最好的一种,具有很多碳氢表面活性剂无法取代的特殊用途。然而,由于碳氟表面活性剂合成困难、价格高,实际应用受到很大限制。因此,通过碳氟表面活性剂与碳氢表面活性剂的复配,可减少碳氟表面活性剂的用量而保持其表面活性。碳氢表面活性剂与碳氟表面活性剂的混合同样涉及离子型与非离子型、阴离子型与阳离子型的相互配伍。碳氟表面活性剂离子型与非离子型的混合与同为碳氢链表面活性剂时相似。碳氟表面活性剂阳离子型与阴离子型的混合存在以下规律:① 加入异电性碳氟表面活性剂可减少碳氟表面活性剂的用量,降低使用成本。② 异电性碳氢表面活性剂的加入可使原来表面张力较高的碳氟表面活性剂的表面张力降低。

五、表面活性剂在药剂中的应用

不同 HLB 值的表面活性剂在药剂中发挥多样的应用。HLB 值在 1~3 的表面活性剂可使泡沫液层表面发生取代,适合作消泡剂;HLB 值在 3~8 和 8~16 的表面活性剂可保护液滴膜,适合作油包水型(W/O 型)和水包油型(O/W 型)乳化剂;HLB 值在 7~9 的表面活性剂可消除气体膜,适合作润湿剂与铺展剂;HLB 值在 12~18 的表面活性剂,可降低气体膜张力,适合作起泡剂;HLB 值在 15~18 的表面活性剂,可形成胶束,适合作增溶剂;HLB 值在 13~16 的表面活性剂,具有润湿、渗透、分散、乳化、增溶、起泡等综合作用,适合作去污剂。此外,有些阳离子型和两性离子型表面活性剂可使蛋白质变性,适合作消毒剂。

(一) 增溶剂

表面活性剂在水溶液中达到 CMC 后,一些水不溶性或微溶性药物在胶束溶液中的溶解度可显著增加,形成透明胶体溶液,这种作用称为增溶。具有增溶作用的表面活性剂称为增溶剂,被增溶的物质称为增溶质。非极性药物可完全进入胶束内烃核非极性环境而被增溶;极性分子则以其非极性基插入胶束烃核,极性基伸入胶束的亲水基中;一些极性较强的分子,由于分子两端都有极性基团,可完全被胶束的

▶ 视频

表面活性剂
的应用

亲水基团所增溶。挥发油、脂溶性维生素、甾体激素等许多难溶性药物常可采用增溶剂,形成澄明溶液并提高浓度。如甲酚皂液在水中溶解度只有 2%,用硬脂酸钠增溶到 50%。

增溶发生在胶束形成的溶液中。由于胶束内核与周围溶剂有不同的介电性质,增溶质根据自身的化学结构,特别是极性基团与非极性基团的比例及其在增溶质分子中的位置,以不同的方式进入胶束,其增溶形式主要有 3 种。① 被疏水内核包藏:适用于非极性药物的增溶,如苯和甲苯可完全进入胶束的疏水中心区内而被增溶。② 定向穿插:适用于半极性药物的增溶,如水杨酸这类带极性基团的分子,以其非极性基插入胶束的疏水中心区,极性基团则伸入球状胶束外缘的亲水栅状层中被增溶。③ 被亲水栅状层吸附或形成氢键:适用于极性药物的增溶,如对羟基苯甲酸等,由于分子两端都有极性基团,可完全被球状胶束外缘亲水栅状层所吸附而增溶;或在含聚氧乙烯的增溶剂中,因药物含较强电负性原子而与聚乙二醇基形成氢键得到增溶。

作为增溶剂,要确保胶束的形成,在关注胶束体积和胶束数量的同时,还要关注增溶剂与药物混合的顺序。一般认为,将增溶剂与被增溶药物先行混合要比增溶剂先与水混合效果好。

当加入一定量的水稀释时,也可能导致溶液发生浑浊,原因是稀释后可导致药物、水及增溶剂三者间比例的改变,可通过实验制作药物、增溶剂及水的三元相图来确定增溶剂的用量。另外,温度也是重要因素,如对聚氧乙烯醚型非离子型表面活性剂,温度升高,聚氧乙烯基水化作用减弱,CMC 降低,胶束聚集数增加,有助于非极性药物的增溶。

(二) 乳化剂

两种或两种以上不相混溶的液体组成的体系,其中一种液体以液滴分散在另一种液体中,这一过程称为乳化,形成的体系称为乳剂。具有乳化作用的表面活性剂称为乳化剂。表面活性剂能降低油 – 水界面张力,从而使乳剂易于形成,同时表面活性剂的分子能在分散相液滴周围形成保护膜,防止液滴相互碰撞时的聚结合并,从而提高乳剂的稳定性。

表面活性剂的 HLB 值可决定乳剂的类型。亲油性强的表面活性剂(HLB 值 3~8)通常作为油包水型乳化剂,亲油性强的表面活性剂(HLB 值 8~18)通常作为水包油型乳化剂。不同种类的油乳化时所需的 HLB 值不同,乳化各种油所需 HLB 值如表 2–4 所示。欲制成稳定的乳剂,需通过实验选择 HLB 值适宜的表面活性剂。

(三) 润湿剂

表面活性剂可降低固体药物和润湿液体之间的界面张力,使液体能黏附于固体表面并在固 – 液界面上定向排列,排除固体表面所吸附的气体,降低润湿液体与固体表面间的接触角,使固体被润湿,即表面活性剂可作润湿剂。作为润湿剂的表面活性剂,分子中的亲水基与亲油基应该具有适宜的平衡,其 HLB 值一般在 7~9 并应有合适的溶解度。

表 2-4　乳化各种油所需 HLB 值

油相物质	油包水型	水包油型
硬脂酸	—	17
鲸蜡醇	—	13
羊毛脂	8	15
液状石蜡(重)	4	10.5
液状石蜡(轻)	4	10~12
有机硅化合物	—	10.5
棉籽油	—	7.5
植物油	—	7~12
芳香挥发油	—	9~16
凡士林	4	10.5
蜂蜡	5	10~16
石蜡	4	9

(四) 起泡剂和消泡剂

一些含有表面活性剂的溶液,当剧烈搅拌时可产生稳定大量的泡沫,这些有产生泡沫作用的表面活性剂称为起泡剂。这些表面活性剂通常有较强的亲水性和较高的 HLB 值,能吸附在液–气表面,降低液体表面张力,增加液体黏度,从而使泡沫形成并稳定。在药剂中主要用于皮肤、腔道、黏膜给药的制剂中,通过产生持久稳定的泡沫,使药物在用药部位均匀分散且不易流失。

有些中药水浸出液,因含有天然两亲物质如皂苷、蛋白质、树胶等高分子化合物,在蒸发浓缩或剧烈搅拌时产生大量泡沫,给操作带来许多困难,可加入少量 HLB 值为 1~3 的亲油性较强的表面活性剂,吸附在泡沫表面,顶走原来的起泡剂。同时,由于其本身碳链短不能形成坚固的液膜,使泡沫迅速破坏,这种用来消除泡沫的表面活性剂称为消泡剂。

(五) 去污剂

去污剂或称洗涤剂是用于除去污垢的表面活性剂,HLB 值多为 13~16。常用的去污剂有油酸钠和其他脂肪酸的钠皂、钾皂、十二烷基硫酸钠或烷基磺酸钠等阴离子型表面活性剂。

(六) 消毒剂和杀菌剂

多数阳离子型表面活性剂和两性离子型表面活性剂都可用作消毒剂,这些表面活性剂强烈作用于细菌生物膜上的蛋白质,使之变性或破坏而达到消毒和杀菌作用。这些消毒剂在水中都有比较大的溶解度,如苯扎溴铵为一种常用广谱杀菌剂,主要用于皮肤消毒、局部湿敷和器械消毒。

第二节　离子型表面活性剂

表面活性剂按其能否解离分为离子型、非离子型，前者又分为阴离子型、阳离子型和两性离子型。阴离子型表面活性剂起表面活性作用的是阴离子部分，阳离子型表面活性剂起表面活性作用的是阳离子部分。两性离子型表面活性剂分子结构中同时具有正电荷和负电荷基团，因介质 pH 的不同而呈现不同的表面活性剂性质，在碱性溶液中呈现阴离子型表面活性剂的性质，在酸性溶液中呈现阳离子型表面活性剂的性质。

一、阴离子型表面活性剂

（一）肥皂类

肥皂类是高级脂肪酸盐，通式为 $(RCOO^-)_n M^{n+}$。脂肪酸烃链 R 一般在 C_{11}~C_{17}，多为油酸、硬脂酸、月桂酸等。根据 M 的不同，可分为以下几类：① 一价碱金属皂，如硬脂酸钠、硬脂酸钾等；② 二价及多价碱土金属皂，如硬脂酸钙、双硬脂酸铝等；③ 有机胺皂，如三乙醇胺皂等。其中，一价碱金属皂和有机胺皂为 O/W 型，二价及多价碱土金属皂为 W/O 型。本类表面活性剂有良好的乳化性能，但易被酸和钙、镁盐破坏，具有一定的刺激性，常用作软膏剂的乳化剂。

油酸钠（十八烯酸钠）

【性状】　本品为白色至微黄色粉末状或块状物（彩图 1）。本品在温水中易溶，在90% 乙醇中略溶，碘值应不低于 60，过氧化值应不大于 10。

【应用】　本品具有乳化、润滑、助渗等作用，在药剂中用作乳化剂、增溶剂、起泡剂、透皮吸收促进剂和乳膏剂、油膏剂的基质。用于制造乳膏剂、栓剂、乳剂等，常与其他基质合用以调节其硬度。

【安全性】　半数致死剂量，即 LD_{50}（兔，静脉注射）为 0.455 mg/kg，不作内服用。外用对皮肤和黏膜无刺激性。置于密闭、避光容器中，储存于阴凉干燥处。

彩图 1

岗 位 对 接

一、辅料应用分析

地塞米松乳膏

处方组成：棕榈酸地塞米松 20.0 g，卵磷脂 24.0 g，油酸钠 0.5 g，豆油 300 ml，甘油 5.0 g，纯化水加至 1 000 ml。

制备方法:将棕榈酸地塞米松、卵磷脂、油酸钠加入豆油中,水浴加热至40~75℃,保温,为油相。另取纯化水 500 ml 加入甘油,水浴加热至 80℃,加入油相,加压乳化,持续搅拌直到冷却至室温,即得。

分析:棕榈酸地塞米松为主药,卵磷脂、油酸钠、豆油为油相,卵磷脂和油酸钠为 O/W 型乳化剂,甘油为保湿剂,纯化水为水相。

二、使用指导

油酸钠混入高级不饱和酸易促进腐败,与苛性碱作用易变为乳浊状,与碱金属外的金属离子反应,生成金属盐沉淀。

硬　脂　酸　钙

彩图 2

【性状】　本品为白色粉末(彩图 2),在水、乙醇或乙醚中不溶。

【应用】　本品在药物制剂中的应用是作为片剂和胶囊剂的润滑剂,一般用量为1.0%,浓度不超过 1.0%。尽管它有很好的抗黏着性和润滑性,但其助流性较差。本品亦可用作乳化剂、稳定剂和助悬剂,以及化妆品和食品的添加剂。

【安全性】　本品用于口服制剂中,通常认为安全、无毒、无刺激性。

岗 位 对 接

一、辅料应用分析

缓泻咀嚼片

处方组成:酚酞 64 g,糖粉 750 g,可可粉 350 g,滑石粉 60 g,硬脂酸钙 12 g,10% 明胶溶液适量。

制备方法:取酚酞、糖粉、可可粉混匀,用 10% 明胶溶液制成软材,过 8 目筛,于 50~55℃ 干燥后,过 16 目筛,得干颗粒。将硬脂酸钙和滑石粉(100 目)加于干颗粒中,混匀,压片,即得。

分析:本制剂为咀嚼片,适用于便秘,酚酞为主药,糖粉、可可粉为填充剂兼矫味剂,滑石粉、硬脂酸钙为润滑剂,10% 明胶溶液为黏合剂。

二、使用指导

本品宜储存于低温、通风、干燥的地方,注意防潮并远离火源,不能与腐蚀性气体接触,与强酸、氧化剂有配伍禁忌。

(二)硫酸化物

硫酸化物系硫酸化油和高级脂肪醇酯类,通式为 $ROSO_3M^+$,其中,脂肪烃链 R 在 $C_{12} \sim C_{18}$。常用的有十二烷基硫酸钠、硫酸化蓖麻油、十六烷基硫酸钠(鲸蜡醇硫酸钠)、十八烷基硫酸钠(硬脂醇硫酸钠)等。本类表面活性剂有较强的乳化能力,较耐酸和钙、镁盐,故主要作为外用软膏的 O/W 型乳化剂,有时作为片剂等固体制剂的润湿剂和增溶剂。

十二烷基硫酸钠(月桂醇硫酸钠,SDS)

彩图 3

【性状】　本品为白色至淡黄色结晶或粉末(彩图 3),有特征性微臭。本品在水中易溶,在乙醚中几乎不溶。

【应用】　本品在酸、碱性溶液和硬水中均有效,广泛地用作制剂的乳化剂、去污剂、分散剂、润湿剂、起泡剂,用于片剂、颗粒剂、胶囊剂、乳膏剂、皮肤清洁剂等,常用量为 0.5%~2%。SDS 可与某些高分子阳离子药物产生作用而致沉淀,对黏膜有刺激性。

【安全性】　本品广泛地应用于药物制剂和化妆品生产中。它能对皮肤、眼睛、黏膜、上呼吸道、胃产生刺激作用,长期、反复使用本品可导致皮炎。长期吸入可引起呼吸系统过敏反应,导致严重的呼吸道功能紊乱,并对肝、肾有明显的毒性反应。细菌诱变试验为阴性。不能用于人体静脉注射,对人的口服致死量为 0.5~5.0 g/kg。

> **课堂讨论**
>
> 　　用洗衣粉洗衣服可能引起手部伤害,出现皮肤干燥、皲裂或过敏等现象,试分析洗衣粉洗净衣服的过程,结合洗衣粉的主要成分说明伤手的原因及护手方法。

知识拓展 //

十二烷基硫酸钠的危害与防护

一、危害

1. 健康危害　易飘飞,具急性毒性,对黏膜、上呼吸道有刺激性,对眼和皮肤有刺激作用。

2. 燃爆危险　可燃,具刺激性和致敏性。受高热分解可放出有毒的气体。

3. 有害燃烧产物　一氧化碳、二氧化碳、硫化物、氧化钠。

二、应急处理

1. 皮肤接触　脱去污染的衣物,用大量流动清水冲洗。

2. 眼睛接触　提起眼睑,用流动清水或生理盐水冲洗,尽快就医。

3. 吸入　脱离现场至空气新鲜处。如呼吸困难,给予吸氧,尽快就医。

4. 食入　饮足量温水,催吐,尽快就医。

5. 灭火方法　消防人员须佩戴防毒面具,穿全身消防服,在上风向灭火。

三、安全操作

1. 密闭操作,加强通风;使用防爆型的通风系统和设备。

2. 操作人员佩戴自吸过滤式防尘口罩、化学安全防护眼镜,穿防毒物渗透工作服,戴橡胶手套。

3. 远离火种、热源,工作场所严禁吸烟。

4. 避免产生粉尘,避免与氧化剂接触。

岗 位 对 接

一、辅料应用分析

O/W 型乳膏基质

处方组成:白凡士林 250 g,丙二醇 120 g,硬脂醇 220 g,单硬脂酸甘油酯 17 g,十二烷基硫酸钠 15 g,羟苯甲酯 0.1 g,羟苯丙酯 0.1 g,纯化水 378 g。

制备方法:将十二烷基硫酸钠、丙二醇、羟苯甲酯与羟苯丙酯溶于纯化水,水浴加热至 75℃,为水相;另取白凡士林、硬脂醇、单硬脂酸甘油酯水浴加热至 75℃,熔化,为油相;在搅拌下缓缓将水相加入油相,并搅拌至冷凝,即得。

分析:本基质水相有十二烷基硫酸钠、丙二醇、羟苯甲酯、羟苯丙酯与纯化水,其中十二烷基硫酸钠为 O/W 型乳化剂,丙二醇为保湿剂,羟苯甲酯与羟苯丙酯为防腐剂,纯化水为水相;油相有硬脂醇、单硬脂酸甘油酯、白凡士林,硬脂醇和单硬脂酸甘油酯为弱的 W/O 型乳化剂,起辅助乳化和稳定、增稠的作用,白凡士林有润滑作用。

二、使用指导

本品与阳离子型表面活性剂反应失去作用,即使低浓度也会使其沉淀。它不像肥皂,能与稀酸和钙、镁离子配伍。与 pH 低于 2.5 的酸、某些生物碱盐类有配伍反应,遇铅盐会沉淀。易使镀锡气雾剂容器腐蚀和穿孔。应在阴凉、干燥处密封储存。

硫酸化蓖麻油(土耳其红油)

【性状】 本品为黄色或深棕色黏稠油状液体(彩图 4),有微臭,在水中极易溶解。

【应用】

1. 乳化剂 可用作 O/W 型外用乳剂的乳化剂。
2. 其他应用 用作去污剂和润湿剂,可代替肥皂(对肥皂过敏时)洗涤皮肤。

【安全性】 本品安全、无毒,对皮肤、黏膜无刺激性。

彩图 4

岗 位 对 接

一、辅料应用分析

润 肤 香 脂

处方组成:单硬脂酸甘油酯 20 g,鲸蜡 10 g,聚乙二醇 400 20 g,橄榄油 50 g,硫酸化蓖麻油 5 g,明胶 3 g,尼泊金甲酯和尼泊金丙酯各 0.5 g,香精适量,纯水加至 1 000 g。

制备方法:将单硬脂酸甘油酯、鲸蜡和橄榄油加在一起,水浴 75℃加热熔混作油相。硫酸化蓖麻油、聚乙二醇 400、明胶、尼泊金甲酯和尼泊金丙酯加在一起加热至同温作水相。在搅拌下将油相缓慢加入水相中混合,待温度降至 45℃ 时,加入香精,继续搅拌至冷凝,即得。

分析:油相有单硬脂酸甘油酯、鲸蜡和橄榄油,硫酸化蓖麻油为 O/W 型乳化剂,明胶为增稠剂,尼泊金甲酯和尼泊金丙酯为防腐剂。

二、使用指导

本品加热即分解,分离成硫酸和蓖麻油酸。水溶液遇 Ca^{2+}、Mg^{2+} 等盐类即析出沉淀。

(三) 磺酸化物

磺酸化物包括脂肪族磺酸化物、烷基芳基磺酸化物、烷基萘磺酸化物等,通式为 $RSO_3^-M^+$。常用的有二辛基琥珀酸磺酸钠(阿洛索–OT)、二己基琥珀酸磺酸钠、十二烷基苯磺酸钠等。本类表面活性剂渗透力强,易起泡和消泡,去污力好,为优良的洗涤剂,其在酸性水溶液中稳定,但水溶性及耐酸和钙、镁盐性比硫酸化物差。胆石酸盐亦属此类,如甘胆酸钠、牛黄胆酸钠等,常作为单脂肪酸甘油酯的增溶剂和胃肠道中脂肪的乳化剂使用。

二辛基琥珀酸磺酸钠(阿洛索–OT)

彩图 5

【性状】　本品为白色蜡样柔软性固体(彩图 5);味苦,类似辛醇样的特臭;微吸湿。易溶于极性或非极性溶剂中,1 g 能缓慢溶于 70 ml 水中,水溶液呈中性,遇硬水也不产生沉淀。能与醇或甘油混溶,易溶于四氯化碳、石油醚、二甲苯、液状石蜡、戊醇、油酸、苯甲酸等有机溶剂中。在适宜条件下,形成高黏度有机凝胶,在水相和油相中都能形成胶团。

【应用】

1. 乳化剂　常用洗剂或与其他乳化剂合用制作乳膏剂。

2. 润湿剂　能降低肠道内液体的表面张力,口服后在肠道内可使水和脂肪类物质浸入粪便,促其软化,一般在服后 1~2 天显效。也可用作润湿剂及制剂原料药。

3. 其他应用　有杀精子和略有杀菌的效能,可增加苯酚、甲酚、乙基间苯二酚、硫柳汞及升汞的作用。

【安全性】　本品毒性较低。

岗 位 对 接

一、辅料应用分析

多库酯钠片

处方组成:多库酯钠 100 g,微晶纤维素 130 g,羧甲淀粉钠 20 g,十二烷基硫酸钠 2 g,8% 淀粉浆适量,硬脂酸镁 1.0 g,制成 1 000 片。

制备方法：取处方量的多库酯钠、微晶纤维素、羧甲淀粉钠、十二烷基硫酸钠，加 8% 淀粉浆适量，湿法制粒，干燥，整粒，与硬脂酸镁混匀，压片，即得。每片含多库酯钠 100 mg。

分析：本品是非刺激性轻泻药，口服后在肠道内促使水和脂肪类物质浸入粪便，从而发挥软化粪便的作用。微晶纤维素为填充剂，羧甲淀粉钠为崩解剂，8% 淀粉浆为黏合剂，十二烷基硫酸钠为辅助崩解剂，硬脂酸镁为润滑剂。

二、使用指导

在水中，室温时，先膨胀后分散，加热能加速。中等浓度电解质能促使本品自水溶液中沉淀。不能与 pH 9.0 以上的碱液配伍，应密闭储存。

十二烷基苯磺酸钠（月桂基苯磺酸钠）

【性状】　本品为浅黄色结晶（彩图 6），微具硫黄臭，有吸湿性；易溶于水，难溶于乙醇、三氯甲烷（氯仿）和丙酮，可溶于热乙醇。水溶液呈碱性。

【应用】　本品具有乳化、渗透、去污作用，在药剂中主要用作乳化剂，用于配制杀虫剂、杀菌剂等外用制剂和环境消毒制剂。本品在日化工业中用于制造重垢型洗涤剂、餐具洗涤剂、织物洗涤剂等。使用浓度一般为 0.05%~0.3%。

【安全性】　本品有微毒性，不能作内服制剂，对皮肤和黏膜有刺激性，作外用制剂时应注意使用浓度。

彩图 6

岗 位 对 接

一、辅料应用分析

高效消毒剂

处方组成：聚维酮碘（PVP–I）95 g，苹果酸 4.7 g，十二烷基苯磺酸钠 0.3 g。

制备方法：按处方称取 PVP–I、苹果酸和十二烷基苯磺酸钠，混合制成 100 g，即得。可在干燥状态下使用，也可溶于水使用。

分析：PVP–I 为主药，可杀灭医院感染常见细菌，对害虫主要是触杀作用，并能抑制虫卵的孵化；苹果酸为 pH 调节剂；十二烷基苯磺酸钠为稳定剂。

二、使用指导

本品不能与氧化剂、强酸、阴离子型表面活性剂配伍使用。本品宜置于密封容器中，储存于阴凉、干燥处，注意防潮。

二、阳离子型表面活性剂

阳离子型表面活性剂又称阳性皂,是季铵化合物,分子结构的主要部分是一个五价的氮原子。常用的有苯扎氯铵(洁尔灭)、苯扎溴铵(新洁尔灭)、度米芬、氯己定(洗必泰)等。本类表面活性剂水溶性好,耐酸、碱,有很强的杀菌、防腐作用,但因毒性较大,故主要用于皮肤、黏膜、手术器械的消毒,某些产品还可以作为抑菌剂用于眼用溶液。

苯 扎 溴 铵

彩图 7

【性状】　本品为淡黄色胶状物(彩图 7),低温时可逐渐形成蜡状固体,极易潮解,具芳香臭,味极苦。易溶于水和乙醇,微溶于丙酮,不溶于乙醚和苯。水溶液呈碱性反应,振摇时产生大量泡沫。性质稳定,加热不易分解。对金属、橡胶、塑料制品无腐蚀作用,不污染衣服。

【应用】

1. 杀菌剂　本品为阳离子型表面活性剂类广谱杀菌剂,穿透力强,杀菌力强,为苯酚的 300~400 倍。浓度在 0.1% 以下对皮肤无刺激性。用于手术前皮肤消毒、黏膜和伤口消毒、手术器械消毒,常用浓度为 0.01%~0.1%。用于滴眼液的防腐浓度为 0.01%;创面消毒用 0.01% 溶液;皮肤及黏膜消毒用 0.1% 溶液;手术器械消毒用 0.1% 溶液(内加 0.5% 亚硝酸钠以防生锈)煮沸 15 min,再浸泡 30 min。

2. 灭藻剂　苯扎溴铵用于灭藻有高效、毒性小、不受水硬度影响、使用方便、成本低等优点,是迄今工业循环水处理常用的非氧化性灭藻剂。

3. 其他应用　苯扎溴铵还可以用于防腐、乳化、去垢、增溶等。

【安全性】　无刺激,毒性低,作用快,使用安全。

课堂讨论

　　阳离子型表面活性剂广泛地应用于口腔、咽喉感染的辅助治疗及皮肤、创伤感染和外科器械消毒。请列举生活中的阳离子型表面活性剂产品,并说明使用方法和特点。

岗 位 对 接

一、辅料应用分析

碳酸氢钠滴耳液

处方组成:碳酸氢钠 50 g,甘油 300 ml,苯扎溴铵 1 g,纯化水加至 1 000 ml。

制备方法:将碳酸氢钠溶于适量纯化水中,滤过,加苯扎溴铵溶解,加甘油及纯化水至全量,即得。

分析:碳酸氢钠滴耳液适用于软化耵聍(耳垢)及冲洗耳道,碳酸氢钠、甘油为主药,可利用其膨胀、发酵作用,软化不易取出的耵聍栓塞。耵聍往往呈现酸性反应,用碳酸氢钠滴耳液滴耳时,产生中和作用,进而除掉耵聍,因此碳酸氢钠兼具pH 调节剂作用。甘油的加入使药效保持长久,并具有润滑剂作用。苯扎溴铵为防腐剂,纯化水为溶媒。

　　二、使用指导

　　本品对革兰氏阳性菌作用最强,但对铜绿假单胞菌、抗酸杆菌和细菌芽孢无效。遇肥皂及其他阴离子型表面活性剂、有机物(如血清、脓液)等,作用减弱。

度 米 芬

　　【性状】 本品为白色或微黄色片状结晶(彩图8);无臭或微带特臭,味苦;有吸湿性。水溶液经振摇,则发生泡沫。在乙醇或三氯甲烷中极易溶解,在水中易溶,在丙酮中略溶,在乙醚中几乎不溶。

彩图 8

　　【应用】 消毒剂和防腐剂:本品抗菌谱广,消毒作用较苯扎溴铵稍强,有效杀菌浓度为 0.005%~0.01%,1:5 000 的溶液在 5 s 内即可杀灭铜绿假单胞菌。对皮肤和黏膜无刺激性,用于手术前皮肤消毒,医疗器械及外科、皮肤科、泌尿科、妇产科、耳鼻喉科的消毒灭菌,亦可制成口含片供咽喉、口腔消毒。

　　常用浓度或剂量:外用时浓度为 0.05%~0.5%;用于滴眼液的防腐,浓度为0.005%~0.01%,最高可达 0.05%;含片 0.5 mg/ 片,每 2~3 h 含化 1~2 片。

　　【安全性】 本品消毒效力强,毒性小,禁与肥皂等阴离子型表面活性剂及碘酊、氢氧化碱、毒扁豆碱、荧光素钠、普鲁卡因等配伍。

岗 位 对 接

　　一、辅料应用分析

度米芬含片

　　处方组成:度米芬 5 g,甘露醇 250 g,微晶纤维素 100 g,阿斯巴甜 10 g,糊精30 g,薄荷脑 1.0 g,滑石粉 1.0 g,80% 乙醇适量,日落黄适量,制成 1 000 片。

　　制备方法:取处方量的度米芬、甘露醇、微晶纤维素、阿斯巴甜、糊精和日落黄适量混匀,加黏合剂 80% 乙醇适量,湿法制粒,干燥,整粒,薄荷脑以 80% 乙醇溶解后喷洒于颗粒表面,与滑石粉混匀,压片,每片含度米芬 0.5 mg。

　　分析:度米芬为主药,用于急性和慢性咽炎、扁桃体炎、鹅口疮、口腔黏膜感染。甘露醇、微晶纤维素、糊精为填充剂,阿斯巴甜、薄荷脑为矫味剂,日落黄为着色剂,滑石粉为润滑剂。

二、使用指导

本品可被某些赋形剂吸附而失效,如度米芬口含片,加硬脂酸镁作润滑剂的功效极差,改用滑石粉后,度米芬的药效不受影响。在碱性环境中其作用增强,在肥皂、合成洗涤剂、酸性有机物质、脓血存在的情况下则效力下降。器械消毒时加0.5% 亚硝酸钠,可防止器械生锈。

三、两性离子型表面活性剂

两性离子型表面活性剂的分子结构中同时含有正、负离子基团,在碱性水溶液中呈现阴离子型表面活性剂的性质,起泡性好,去污力强;在酸性水溶液中呈现阳离子型表面活性剂的性质,杀菌作用强。

(一)合成的两性离子型表面活性剂

本类表面活性剂阴离子部分是羧酸盐,阳离子部分为胺盐或季铵盐。由胺盐构成者即为氨基酸型 $R—NH_2CH_2CH_2—COO—$;由季铵盐构成者即为甜菜碱型 $R—N^+(CH_3)_2—CH_2—COO—$。

氨基酸型在等电点时亲水性减弱,并可能产生沉淀。因此,为了充分发挥其表面活性作用,必须在偏离等电点 pH 的溶液中使用。十二烷基双(氨乙基)–甘氨酸盐酸盐为氨基酸型两性离子型表面活性剂,杀菌作用强且毒性比阳离子型表面活性剂小,1% 水溶液的消毒能力强于同浓度的苯扎溴铵、氯己定和 70% 乙醇,但毒性低于阳离子型表面活性剂。

甜菜碱型在酸性、碱性或中性溶液中均易溶,在等电点时也无沉淀,而且其渗透力、去污力及抗静电等性能也较好,因此也常用作乳化剂、柔软剂。

(二)天然的两性离子型表面活性剂

目前,卵磷脂是从大豆和蛋黄中提取纯化制得,分为大豆磷脂(豆磷脂)和蛋黄磷脂(蛋磷脂),分子中负电荷基团是磷酸型阴离子,正电荷基团是季铵盐型阳离子。

卵磷脂为透明或半透明黄色或黄褐色油脂状物质,对热敏感,置 60℃ 以上数天会变成不透明褐色,在酸和碱及酯酶作用下易水解。因卵磷脂含有两个疏水基团,故不溶于水,但可溶于乙醚、三氯甲烷、石油醚等有机溶剂。卵磷脂有很强的油脂乳化能力,可将油滴分散得细小,形成稳定、不易破裂的乳滴。卵磷脂因毒性小、生物相容性好,是制备注射用乳剂及脂质体制剂的主要辅料。现已开发出氢化或部分氢化卵磷脂。

大 豆 磷 脂

【性状】 本品为黄色至棕色的半固体、块状体(彩图 9)。本品在乙醚或乙醇中易溶,在丙酮中不溶,酸值应不大于 30,碘值应不小于 75,过氧化值应不大于 3.0。本品

彩图 9

有供注射用规格。

【应用】　本品可作乳化剂、增溶剂、润湿剂及脂质体的辅料。常用于胃肠道和静脉给药制剂的乳化剂，溶液剂的增溶剂和乳化剂，脂质体的制备及混悬剂的润湿剂等。

【安全性】　通常认为本品无毒、无刺激、非敏感性。小鼠静脉注射的 LD_{50} 值为 7.028 g/kg，体外试验无溶血现象，豚鼠无过敏反应。

岗 位 对 接

一、辅料应用分析

康莱特注射液

处方组成：注射用薏苡仁油 100 g，注射用大豆磷脂 15 g，注射用甘油 25 g，注射用水加至 1 000 ml。

制备方法：取处方量注射用大豆磷脂、注射用甘油及注射用水适量，分散混合均匀制成分散相，再取注射用薏苡仁油，水相和油相分别加热至 60~70℃，经高压均质机充分乳化，制成 1 000 ml，滤过，灌装，灭菌，即得。

分析：注射用薏苡仁油为主药，用于非小细胞肺癌及原发性肝癌，配合放、化疗有一定的增效作用，对中、晚期肿瘤患者具有一定的抗恶病质和镇痛作用。注射用大豆磷脂为乳化剂，注射用甘油为等渗调节剂。

二、使用指导

本品遇氧化剂和较强的酸、碱发生氧化分解；遇酯酶水解；受热或在微生物作用下降解。对眼睛有刺激性，储运和操作过程中应注意通风和防护。本品在空气中不稳定，粉状磷脂易吸湿，潮解后氧化酸败、变质。应密封、避光、低温（−15℃以下）保存。

蛋黄卵磷脂

【性状】　本品为乳白色或淡黄色粉末状或蜡状固体（彩图 10），具有轻微特臭，触摸时有滑腻感。本品在乙醇、乙醚、三氯甲烷或石油醚中溶解，在丙酮和水中几乎不溶。

彩图 10

【应用】

1. 乳化剂　本品为天然的表面活性剂，用乳化剂可形成稳定的 O/W 型乳剂，但由于卵磷脂极易氧化，见光后颜色极易变深，使乳剂不美观，所以常在通惰性气体条件下制乳，或加入适量的维生素 E 为抗氧剂。

2. 脂质体膜材　本品是构成脂质体的主要化学成分。本品能经受热压灭菌不被破坏，不会产生致热、降压、刺激性等副作用，被公认为一种理想的可供注射用材料。

3. 其他药用　本品具有乳化、分散、助渗、润湿等特性，并对皮肤和黏膜有很强的亲和力。在药剂中用作分散剂、润湿剂、稳定剂、透皮吸收促进剂、前体药物制剂载体剂等,广泛地用于液体制剂(注射液、脂质体、乳剂等)、半固体制剂(乳膏剂、油膏剂等)、固体制剂(片剂、颗粒剂、胶囊剂等)和前体药物制剂的制造。

4. 相关领域　在日化工业,本品用于制造霜剂、洗发水等化妆品和其他日化产品。本品也是食品添加剂,用作乳化剂、抗氧剂等,用于制造奶油、速溶奶粉、巧克力、面包、饼干、蛋糕、冰激凌等多种食品。

【安全性】　本品是细胞膜的组成部分,无毒、无刺激、非敏感性。用于局部治疗剂时,本品是一种非刺激性及非敏感性物质。

岗 位 对 接

一、辅料应用分析

紫杉醇脂质体

处方组成:紫杉醇25 mg,卵磷脂660 mg,二硬脂酰磷酸甘油77 mg,三氯甲烷-甲醇(3∶1)混合溶液5 ml,磷酸盐缓冲液20 ml。

制备方法:分别称取紫杉醇、卵磷脂、二硬脂酰磷酸甘油并完全溶解于三氯甲烷-甲醇(3∶1)混合溶液,置于磨口梨形烧瓶中,于50℃水浴、100 r/min 条件下,减压蒸去有机溶剂,使卵磷脂成半透明或白色蜂巢状膜,用磷酸盐缓冲液20 ml 充分水化薄膜,15 000 psi 高压均质循环2~3 次,分别过200nm、100 nm 的聚碳酸酯膜各两次,即得。

分析:紫杉醇为主药,卵磷脂、二硬脂酰磷酸甘油为脂质体膜材,三氯甲烷-甲醇(3∶1)混合溶液为溶剂。

二、使用指导

本品遇氧化剂和较强的酸或碱发生氧化、分解等反应,也能被酯酶水解,对蛋白质、蛋黄过敏者禁用。对眼睛有刺激性,储运和操作过程中应注意通风和防护。本品应密封、避光、低温(-15℃以下)保存。

第三节　非离子型表面活性剂

非离子型表面活性剂分子由亲水性基团(多元醇,如甘油、山梨醇、聚乙二醇等)和亲油基团(长链脂肪酸或长链脂肪醇,以及烷基、芳基等)以酯键或醚键结合而成。溶于水时不发生解离,稳定性高,不易受强电解质和酸、碱的影响,与其他类型表面活性剂能混合使用,相容性好,在各种溶剂中均有良好的溶解性,在固体表面不发生强烈吸附。非离子型表面活性剂大多呈浆状或液态,在水中的溶解度随温度升高而降低,具有良好的表面活性,毒性低,广泛地用于外用制剂、口服制剂和注射剂,个别品种也用于静脉注射剂。

一、脂肪酸甘油酯类

脂肪酸甘油酯由甘油与饱和或不饱和的脂肪酸经酯化反应而制得,主要有单脂肪酸甘油酯、二脂肪酸甘油酯、三脂肪酸甘油酯,常用的有硬脂酸甘油酯、油酸甘油酯、棕榈酸甘油酯、肉豆蔻酸甘油酯、月桂酸甘油酯。它们易溶于三氯甲烷、乙醚或苯等有机溶剂,溶于石油醚,几乎不溶于水或乙醇;呈微酸性,在中性的水中几乎不发生水解,而在热、酸、碱及酶等作用下易水解成甘油和脂肪酸。它们与皮肤的相容性极好,且无毒性,但其表面活性较弱,HLB 值为 3~4,常作 W/O 型辅助乳化剂。为充分发挥其乳化性能,常与少量亲水性强的表面活性剂复配使用。

单硬脂酸甘油酯

【性状】 本品为白色或几乎白色的蜡状硬团块、粉末或片状(彩图 11),无臭、无味或轻微脂肪臭味。不溶于水,可溶于热乙醇、乙醚、三氯甲烷、异丙醇、苯、甲醇、热丙酮、矿物油和不挥发油中。借助于少量肥皂或其他表面活性剂,可分散于热水中。HLB 值为 3.8,自乳化甘油单硬脂酸酯的 HLB 值为 5.5。

彩图 11

【应用】

1. 乳化剂或辅助乳化剂 在水中不能分散,是一种 W/O 型乳化剂,如加少量的其他表面活性剂,则成为 O/W 型乳化剂,能乳化其他油类。本品不是有效的乳化剂,但为优良的润滑剂,与其他的脂肪混合,使所得的乳膏等制剂增滑、细腻,制成的基质非常稳定,冷冻不被破坏,达 −10℃ 也不析出水分,而一般的硬脂酸基质冷冻后即被破坏。

2. 其他应用 在药剂中还用作稳定剂、润滑剂、抗黏剂、增溶剂、分散剂、消泡剂等,用于油膏、乳膏、栓剂、洗剂、贴剂、片剂等的制备。可用作食品中的抗黏剂、油中色素的分散剂、脂肪中固体的分散剂、磷脂的溶剂等;在日化工业中主要用作乳化剂、润滑剂,用于制备霜剂、洗发水、洗涤剂等。

【安全性】 本品无毒,对皮肤和黏膜无刺激性,广泛地用于口服和局部用制剂。

岗 位 对 接

一、辅料应用分析

复方克霉唑乳膏

处方组成:克霉唑 15 g,尿素 150 g,硬脂酸 12.5 g,单硬脂酸甘油酯 17.0 g,蜂蜡 5.0 g,地蜡 75.0 g,液状石蜡 410.0 ml,白凡士林 67.0 g,双硬脂酸铝 10.0 g,氢氧化钙 1.0 g,羟苯乙酯 1.0 g,纯化水加至 1 000 ml。

制备方法:分别称取硬脂酸、单硬脂酸甘油酯、蜂蜡、地蜡、白凡士林、双硬脂酸铝加热至 85℃ 熔化,为熔融液,将克霉唑分散于液状石蜡,加入熔融液,混匀,为油相;另取尿素、氢氧化钙、羟苯乙酯溶于适量纯化水,加热至 80℃,并在搅拌下倒入油相,冷却至室温,即得。

分析：克霉唑、尿素为主药，硬脂酸、单硬脂酸甘油酯、蜂蜡、地蜡、液状石蜡、白凡士林均为油相。一部分硬脂酸与氢氧化钙形成钙皂，作 W/O 型乳化剂，未反应的硬脂酸可在皮肤表面形成硬脂酸膜，有保护作用，并带有珠光而美观；双硬脂酸铝作 W/O 型乳化剂；单硬脂酸甘油酯和蜂蜡为弱的 W/O 型乳化剂，起辅助乳化和稳定、增稠的作用；地蜡可调节软膏剂的稠度；白凡士林可增加润滑性；羟苯乙酯为防腐剂；纯化水为水相。

二、使用指导

本品需置于密闭容器内并储藏于阴凉、干燥、避光处。如果储藏在温暖的条件下，单硬脂酸甘油酯会由于含有痕量水与酯皂化而引起酸值增加，故需加入有效的抗氧剂，如 2,6- 二叔丁基 -4- 甲基苯酚（BHT）和没食子酸丙酯。

二、多元醇型

多元醇型非离子型表面活性剂是指由脂肪酸与含有多个羟基的多元醇（如乙二醇、甘油季戊四醇、脱水山梨醇、蔗糖与带有—NH$_2$ 或—NH 的氨基醇及带有—CHO 的糖类）进行酯化反应而生成的酯类，这类表面活性剂具有良好的乳化性能和对皮肤的滋润性能。

（一）蔗糖脂肪酸酯

蔗糖脂肪酸酯简称蔗糖酯，是蔗糖与脂肪酸反应生成的一类化合物，包括单酯、二酯、三酯、多酯。蔗糖酯为白色至黄色油状、膏状、蜡状或粉末状，不溶于水或油，溶于丙二醇、乙醇及一些有机溶剂，水中和甘油中加热可形成凝胶；室温下稳定，但高温时分解及产生蔗糖焦化，易水解。蔗糖酯的表面活性不及阴离子型表面活性剂，起泡性也较低，但对油和水均起乳化作用，HLB 值为 3~16，单酯 HLB 值为 10~16，二酯 HLB 值为 7~10，三酯 HLB 值为 3~7。蔗糖酯生物可降解，对人体无害，易为人体吸收，不刺激皮肤，常用作 O/W 型乳化剂和分散剂，一些高脂肪酸的蔗糖酯是常用的阻滞剂。

蔗糖硬脂酸酯

彩图 12

【性状】　本品为白色至淡黄褐色的块状固体或粉末（彩图 12），无臭或略有臭，无味。本品在热的正丁醇、三氯甲烷或四氢呋喃中溶解，在水中极微溶解。本品酸值应不大于 5.0。

【应用】　本品可作乳化剂、润湿剂、分散剂、增溶剂和润肤剂等，用于化妆品、食品、医药工业中；作食品乳化剂和食品保鲜剂时用量为 1~1.5 g/kg；还可用于洗涤剂、纤维加工、农牧业及罐头制品等。

【安全性】　本品安全无毒，对皮肤和黏膜无刺激性，在人体内可分解成蔗糖和脂肪酸而被机体利用。

岗 位 对 接

一、辅料应用分析

双氯芬酸钠乳膏

处方组成:双氯芬酸钠 30 g,蓖麻油 100 g,二甲硅油 50 g,十八醇 50 g,蔗糖硬脂酸酯 S-5 40 g,硬脂酸 100 g,纯化水加至 1 000 ml。

制备方法:取处方量蓖麻油、二甲硅油、十八醇、硬脂酸加热至 80℃熔化为油相,另将蔗糖硬脂酸酯 S-5 分散于适量纯化水中加热溶解至 80℃为水相,将水相缓缓倒入油相,不断搅拌至乳白色半固体状,室温下搅拌至冷凝,分次加入双氯芬酸钠,混匀,制成 1 000 g,即得。

分析:双氯芬酸钠为非甾体类抗炎药,起效较快,主要通过抑制前列腺素的合成而产生镇痛、抗炎、解热作用。蓖麻油、二甲硅油、十八醇、硬脂酸均为油相,纯化水、蔗糖硬脂酸酯 S-5 为水相。蔗糖硬脂酸酯 S-5 为主要乳化剂,十八醇为弱的 W/O 型乳化剂,起辅助乳化和稳定、增稠的作用。

二、使用指导

本品易潮解结块,需密封,在干燥处保存。高温时可分解或发生蔗糖的焦化,在酸、碱和酶的作用下可水解成游离脂肪酸和蔗糖。

(二)脂肪酸山梨坦

脂肪酸山梨坦亦称脱水山梨醇脂肪酸酯、山梨醇酐脂肪酸酯,商品名司盘(Span)。根据脂肪酸种类不同,分为月桂山梨坦(司盘 20)、棕榈山梨坦(司盘 40)、硬脂山梨坦(司盘 60)、三硬脂山梨坦(司盘 65)、油酸山梨坦(司盘 80)和三油酸山梨坦(司盘 85)等多个品种,其结构如图 2-6 所示。

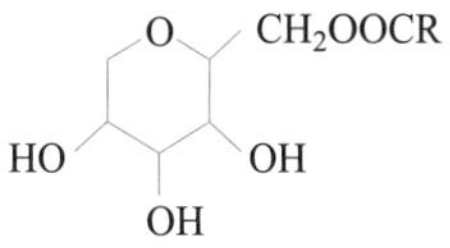

司盘类通常是黏稠状、白色至黄色的油状液体或蜡状固体,不溶于水,易溶于乙醇,在酸、碱和酶的作用下容易水解,亲油性强,是常用的 W/O 型乳化剂。司盘类可应用多种脂肪酸与脱水山梨醇酯化,得到一系列的化合物(表 2-5)。

$RCOO^-$ 为脂肪酸根

图 2-6　脂肪酸山梨坦化学结构通式

表 2-5　司盘类化合物的理化性质

名称	形态	臭味	溶解性	密度/(g·ml⁻¹)	HLB 值
司盘 20	淡黄色至黄色黏稠液体	轻微异臭	不溶于冷水,能分散于热水中,可溶于甲醇、乙醇、乙醚、乙酸乙酯、苯胺、四氯化碳中	1.03	8.6
司盘 40	黄褐色蜡状固体	特臭,稍刺激	不溶于冷水,能分散于温水,溶于四氯化碳、乙酸乙酯等	1.00~1.05	6.7

续表

名称	形态	臭味	溶解性	密度/(g·ml⁻¹)	HLB 值
司盘 60	淡黄色至黄褐色蜡状固体	微臭	不溶于冷水,能分散于温水,微溶于乙醇,溶于液状石蜡、乙醇、甲醇等有机溶剂中	0.98~1.03	4.7
司盘 65	褐色蜡状固体	稍刺激	不溶于水,微溶于四氯化碳、乙醚、乙酸乙酯、甲苯等	0.96	2.1
司盘 80	淡黄色至黄色黏稠液体	轻微异臭	能分散于水中,能和醇混匀,不溶于丙二醇	1.00	4.3
司盘 85	琥珀色油状液体	特臭,稍刺激	能分散于水中,溶于醇、丙酮、乙醚、乙酸乙酯、液状石蜡等	0.92~0.98	1.8

月桂山梨坦(司盘 20)

彩图 13

【性状】　本品为淡黄色至黄色油状液体(彩图 13),有轻微异臭。本品在乙酸乙酯中微溶,在水中不溶。本品的酸值应不大于 8,羟值应为 330~358,碘值应不大于 5,皂化值应为 158~170(皂化时间 1 h)。

【应用】　乳化剂:本品具有良好的乳化、稳定性能,对人体无害,在食品、医药、涂料、塑料和化妆品等工业生产中用作乳化剂与增溶剂。

【安全性】　通常认为本品无毒、无刺激性,偶有致皮肤过敏的报道,每日用量不超过 25 mg/kg。

岗 位 对 接

一、辅料应用分析

鱼 肝 油 乳

处方组成:鱼肝油 500 g,司盘 20 10 g,聚山梨酯 80(吐温 80)10 g,糖精钠 0.1 g,羟苯乙酯 0.5 g,纯化水加至 1 000 ml。

制备方法:将鱼肝油与司盘 20 研匀,为油相;另取纯化水 250 ml 加入聚山梨酯 80 搅匀,为水相;将水相加入油相,用力沿一个方向研磨制成初乳。在初乳中加入糖精钠水溶液、羟苯乙酯,加纯化水至全量,搅匀,即得。

分析:鱼肝油为主药,用于维生素 A 缺乏症和维生素 D 缺乏症。司盘 20、聚山梨酯 80 为乳化剂,糖精钠为矫味剂,羟苯乙酯为防腐剂。

二、使用指导

司盘类表面活性剂很少单独使用,常与其他水溶性表面活性剂复配,尤其与聚山梨酯类复配最为有效。如用聚山梨酯 20 作 O/W 型乳剂,加入司盘 20,则更为稳定。改变两者的比例,可得 O/W 型或 W/O 型乳剂。司盘类表面活性剂在弱酸、弱碱中稳定,在强酸、强碱条件下易皂化。应在阴凉、干燥处密封保存。

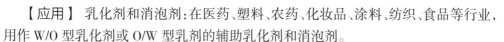

硬脂山梨坦(司盘60)

【性状】 本品为淡黄色至黄褐色蜡状固体(彩图14),有轻微气味。本品在乙酸乙酯中极微溶,在水或丙酮中不溶。本品的酸值应不大于10,羟值应为235~260,碘值应不大于10,过氧化值应不大于5,皂化值应为147~157。

【应用】 乳化剂和消泡剂:在医药、塑料、农药、化妆品、涂料、纺织、食品等行业,用作W/O型乳化剂或O/W型乳剂的辅助乳化剂和消泡剂。

【安全性】 通常认为本品无毒、无刺激性,偶有致皮肤过敏的报道,每日用量不超过25 mg/kg。

彩图14

岗 位 对 接

一、辅料应用分析

炉甘石乳剂

处方组成:炉甘石40 g,氧化锌30 g,司盘60 63 g,聚山梨酯60 37 g,花生油300 ml,苯氧乙醇5 g,纯化水加至1 000 ml。

制备方法:将花生油、氧化锌、炉甘石与司盘60研匀,为油相;另取纯化水250 ml加入聚山梨酯60搅匀,为水相;将水相加入油相,用力沿一个方向研磨制成初乳。在初乳中,加入苯氧乙醇,加纯化水至全量,搅匀,即得。

分析:炉甘石、氧化锌为主药,用于急性瘙痒性皮肤病。聚山梨酯60为主要乳化剂,司盘60为反型乳化剂(W/O型),苯氧乙醇为防腐剂,纯化水为溶媒。

二、使用指导

司盘60很少单独使用,与聚山梨酯类复配最为有效;在弱酸、弱碱中稳定,在强酸、强碱条件下易皂化;应在阴凉、干燥处密封保存。

油酸山梨坦(司盘80)

【性状】 本品为淡黄色至黄色油状液体(彩图15),有轻微异臭。本品在水或丙二醇中不溶。本品酸值应不大于8,羟值应为190~215,碘值应为62~76,过氧化值应不大于10,皂化值应为145~160(皂化时间1 h)。

【应用】 主要用作注射液及口服液的增溶剂或乳化剂,胶囊剂的分散剂,软膏剂的乳化剂和基质,栓剂的基质等;作W/O型乳化剂或O/W型乳剂的辅助乳化剂和消泡剂。

【安全性】 本品通常无毒、无刺激性,偶有致皮肤过敏的报道,每日用量不超过25 mg/kg。

彩图15

岗 位 对 接

一、辅料应用分析

咪康唑乳膏

处方组成:咪康唑 20 g,单硬脂酸甘油酯 100 g,十六醇 100 g,白凡士林 50 g,液状石蜡 80 g,聚山梨酯 80 35 g,司盘 80 15 g,羟苯乙酯 10 g,甘油 100 g,纯化水加至 1 000 ml。

制备方法:分别称取单硬脂酸甘油酯、十六醇、白凡士林、司盘 80 加热至 85℃熔化,为熔融液,将咪康唑分散于液状石蜡,加入熔融液,混匀,为油相;另取聚山梨酯 80、甘油、羟苯乙酯溶于适量纯化水,加热至 80℃,并在搅拌下倒入油相,冷却至室温,即得。

分析:咪康唑为主药,是广谱抗真菌药。单硬脂酸甘油酯、十六醇、液状石蜡、白凡士林均为油相。聚山梨酯 80 为主要乳化剂;司盘 80 为辅助乳化剂;单硬脂酸甘油酯和十六醇为弱的 W/O 型乳化剂,起辅助乳化和稳定、增稠的作用;白凡士林起润滑作用;液状石蜡用于调节稠度;甘油为保湿剂;羟苯乙酯为防腐剂。

二、使用指导

司盘 80 很少单独使用,与聚山梨酯类复配最为有效。

(三) 聚山梨酯

若在疏水性的、不溶于水的司盘类多元醇非离子型表面活性剂分子上加成环氧乙烷,则可以得到聚氧乙烯脱水山梨醇脂肪酸酯,简称聚山梨酯,商品名为吐温(Tween)。根据脂肪酸和聚合度的不同,可分为聚山梨酯 20(吐温 20)、聚山梨酯 40(吐温 40)、聚山梨酯 60(吐温 60)、聚山梨酯 65(吐温 65)、聚山梨酯 80(吐温 80)、聚山梨酯 85(吐温 85)等多种型号,其结构如图 2-7 所示。

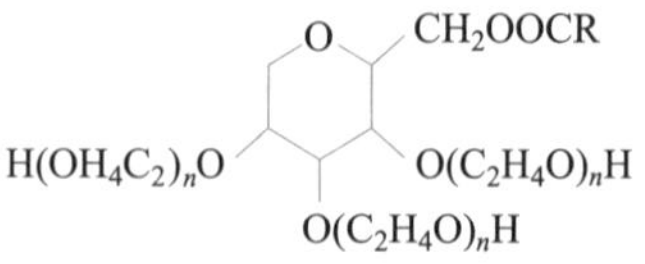

$$H(OH_4C_2)_nO \quad \begin{array}{c} O \quad CH_2OOCR \\ \\ O(C_2H_4O)_nH \\ O(C_2H_4O)_nH \end{array}$$

— $(C_2H_4O)_n$ 为聚氧乙烯基

图 2-7　聚山梨酯化学结构通式

相比于司盘类,吐温类表面活性剂的亲水性增强,且加成的环氧乙烷分子数越多,其亲水性越大,并能溶于水。吐温是黏稠的黄色液体,在酸、碱和酶作用下会水解,不溶于油,但对热稳定,易溶于水和乙醇及多种有机溶剂,低浓度时在水中形成胶束,其增溶作用不受溶液 pH 影响。部分吐温类化合物的理化性质见表 2-6。吐温是常用的增溶剂、O/W 型乳化剂、分散剂和润湿剂。

表 2-6　吐温类化合物的理化性质

名称	形态	臭味	溶解性	密度/(g·ml⁻¹)	HLB 值
吐温 20	淡黄色或黄色油状液体	特臭，微苦	能和水、醇、乙酸乙酯混合，溶于 125 份棉籽油和 200 份甲苯，微溶于液状石蜡	1.10	16.7
吐温 40	柠檬至黄色油状液体	特臭，微苦	溶于水、醇、丙酮、乙酸乙酯，不溶于液状石蜡	1.05~1.10	15.6
吐温 60	乳白色至黄色黏稠液体或冻膏状物	特臭，微苦	能和水、醇、丙酮混合，溶于 30 份棉籽油，不溶于矿物油	1.10	14.9
吐温 65	褐色蜡状固体	特臭，微苦	不溶于水，微溶于四氯化碳、乙醚、乙酸乙酯、甲苯等	1.05	10.5
吐温 80	淡黄色至橙黄色黏稠液体	特臭，微苦涩	能和水、乙醇、乙酸乙酯、甲醇等混合，溶于 125 份棉籽油，微溶于液状石蜡	1.08	15.0
吐温 85	柠檬至琥珀色油状液体	特臭，微苦	能分散于水中，溶于醇、乙酸乙酯和甲醇，溶于液状石蜡产生浑浊液	1.00~1.05	11.0

聚山梨酯 20（吐温 20）

【性状】　本品为淡黄色或黄色的黏稠油状液体（彩图 16），微有特臭。本品在水、乙醇、甲醇或乙酸乙酯中易溶，在液状石蜡中微溶。本品的相对密度为 1.09~1.12。

【应用】

1. 乳化剂　高浓度电解质和 pH 的改变对其乳化能力影响很小，是优良的 O/W 型乳化剂。在制备 O/W 型乳剂时，常与司盘类合并使用，乳剂的稳定性更好。改变与其合用的乳化剂类型和用量，可以制得 O/W 型或 W/O 型的不同质地、不同稠度的乳剂、乳膏剂。

2. 增溶剂　HLB 值为 16.7，CMC 为 6.0×10^{-2} g/L，能形成胶束并发挥增溶作用。

3. 其他应用　由于本品对矿物油、植物油、动物油脂等各种油脂类均有良好的乳化、分散、增溶作用，在药剂制造中，主要用作制造多种液体制剂（如芳香水剂、合剂、洗剂、乳剂等）、半固体制剂（如油膏剂、乳膏剂、栓剂等）、无菌制剂、灭菌制剂（如滴眼剂、眼膏剂、注射剂等）。

【安全性】　本品安全性较高，毒性、刺激性、溶血性较小，每日允许摄入量为 0~25 mg/kg。

彩图 16

岗 位 对 接

一、辅料应用分析

凝血质注射液

处方组成：凝血质 220 g，聚山梨酯 20 3.52 g，焦亚硫酸钠 44 g，注射用生理盐水加至 1 000 ml。

制备方法:将聚山梨酯 20、焦亚硫酸钠溶于适量注射用生理盐水中,再将凝血质溶于注射用生理盐水,加注射用生理盐水至全量,调节 pH 到 7,充氮灌封,100℃流通蒸汽灭菌 30 min,即得。

分析:凝血质为主药,可促进凝血过程。聚山梨酯 20 为增溶剂,焦亚硫酸钠为抗氧剂。

二、使用指导

本品与碱、金属盐类、酚类、鞣质类有配伍变化,会降低一些药物和防腐剂(羟苯酯类)的活性。当加热至分解时,会散发出辛辣和刺激性烟气。应遮光、密封保存。

聚山梨酯 60(吐温 60)

彩图 17

【性状】　本品为乳白色至黄色的黏稠液体或冻膏状物(彩图 17)。本品在温水、乙醇、甲醇或乙酸乙酯中易溶,在液状石蜡中微溶。本品的相对密度在 25℃ 为 1.06~1.09。本品的羟值为 81~96,过氧化值不得过 10,皂化值为 45~55。

【应用】
1. 增溶剂　HLB 值为 14.9,CMC 为 2.8×10^{-2} g/L,能形成胶束并发挥增溶作用。
2. 乳化剂　主要作为乳化剂、分散剂、稳定剂,同聚山梨酯 20。

【安全性】　本品安全性较高,毒性、刺激性、溶血性较小,每日允许摄入量不超过 25 mg/kg。聚山梨酯类表面活性剂比较稳定,但溶液中含有过氧化物、重金属离子,或升高温度、受光照后,水溶液的自氧化加速,聚氧乙烯链断裂,同时水解生成脂肪酸。

岗 位 对 接

一、辅料应用分析

酮康唑乳膏

处方组成:酮康唑 20 g,异丙基肉豆蔻酯 80 g,十八醇 100 g,苯甲醇 5 g,异丙基棕榈酸酯 90 g,丙二醇 100 g,聚山梨酯 60 40 g,纯化水加至 1 000 g。

制备方法:酮康唑用丙二醇溶解备用,异丙基肉豆蔻酯、异丙基棕榈酸酯、十八醇加热至 80~85℃ 为油相;聚山梨酯 60、苯甲醇、纯化水加热至 80~85℃ 为水相;将水相加入油相形成乳膏,加入药物溶液,继续乳化,并不断搅拌,冷却至室温,制成 1 000 g,即得。

分析:酮康唑为主药,用于手癣、足癣、体癣、股癣、花斑癣及皮肤念珠菌病。异丙基肉豆蔻酯、异丙基棕榈酸酯、十八醇为油相,其中,异丙基肉豆蔻酯、异丙基棕榈酸酯还作为保湿剂、渗透剂。聚山梨酯 60 作为 O/W 型乳化剂,苯甲醇为防腐剂,丙二醇为保湿剂。

二、使用指导

本品很少单独使用,常与司盘类复配;与碱、重金属盐、酚、丹宁等有配伍禁忌。

聚山梨酯 80（吐温 80）

【性状】 本品为淡黄色至橙黄色的黏稠液体(彩图 18)。本品在水、乙醇、甲醇或乙酸乙酯中易溶,在矿物油中极微溶解。本品相对密度为 1.06~1.09,运动黏度在 25℃时(毛细管内径为 2.0~2.5 mm)为 350~550 mm²/s,酸值不得过 2.0,皂化值为 45~55,羟值为 65~80,碘值为 18~24,过氧化值不得过 10。

彩图 18

【应用】

1. 增溶剂 HLB 值为 15.0,CMC 为 1.4×10^{-2} g/L,能形成胶束并发挥增溶作用。
2. 乳化剂 主要作为乳化剂、分散剂、稳定剂,同聚山梨酯 20。

【安全性】 本品安全性较高,毒性、刺激性、溶血性较小,每日允许摄入量不超过 25 mg/kg。

岗 位 对 接

一、辅料应用分析

醋酸可的松滴眼液

处方组成:醋酸可的松(微粉)5.0 g,聚山梨酯 80 0.8 g,硝酸苯汞 0.02 g,羧甲纤维素钠 2.0 g,硼酸 20.0 g,注射用水加至 1 000 ml。

制备方法:取硝酸苯汞溶于处方量 50% 的注射用水中,加热至 40~50℃,加入硼酸、聚山梨酯 80 使溶解,3 号垂熔漏斗过滤待用。将羧甲纤维素钠溶于处方量 30% 的注射用水中,用垫有 200 目尼龙布的布氏漏斗过滤,加热至 80~90℃,加醋酸可的松(微粉)搅匀,保温 30 min,冷至 40~50℃,再与硝酸苯汞等溶液合并,加注射用水至足量,200 目尼龙筛过滤 2 次,分装,封口,100℃流通蒸汽灭菌 30 min,即得。

分析:醋酸可的松(微粉)为主药,其滴眼液用于眼部过敏性结膜炎。聚山梨酯 80 为润湿剂,硝酸苯汞为抑菌剂,羧甲纤维素钠为助悬剂,硼酸为等渗调节剂。

二、使用指导

本品能与尼泊金甲酯、尼泊金丙酯、尼泊金丁酯发生键合,键合能力随温度上升而下降。聚山梨酯 80 也能降低三氯叔丁醇、苯甲醇等多种防腐剂的防腐能力,但对甲醛、山梨酸、苯甲酸及硝酸苯汞的影响较小。在口服制剂中,用量过大则味感不适,常采用添加多羟基醇,如甘油、山梨醇及水果香料等来矫味。本品 0.1%~0.98% 浓度可用作注射剂中的分散剂。本品水溶液在 pH 3~7.6 时相当稳定,水解速率最低,在此范围外,其水解速率增加。

课堂讨论

观察花生油水中乳化过程。取 5 ml 试管 2 支,分别加入 2 ml 水和 1 ml 花生油,观察现象;向其中一支加入适量聚山梨酯 80,振摇,观察现象的变化。讨论:表面活性剂起什么作用?

三、聚氧乙烯型

聚氧乙烯型非离子型表面活性剂是环氧乙烷与含有活泼氢的化合物进行加成反应的产物,又称聚乙二醇型非离子型表面活性剂,常见的有烷基酚聚氧乙烯醚、高碳脂肪醇聚氧乙烯醚、脂肪酸聚氧乙烯酯、脂肪酸甲酯乙氧基化物、聚丙二醇的环氧乙烷加成物等。

(一) 聚氧乙烯脂肪酸酯

本品系聚氧乙烯与高级脂肪酸的缩合物,由脂肪酸与环氧乙烷加成,或用脂肪酸和聚乙二醇直接酯化来制备,商品名为卖泽(Myrj)。该类表面活性剂有较强的水溶性,乳化能力强,为增溶剂和 O/W 型乳化剂,最常用的有聚氧乙烯(8)硬脂酸酯(卖泽 45)、聚氧乙烯(40)硬脂酸酯(卖泽 52)、聚氧乙烯(100)硬脂酸酯(卖泽 49)、聚氧乙烯蓖麻油等。

聚氧乙烯(40)硬脂酸酯(卖泽 52)

彩图 19

本品商品名为 S-40,国外商品名为 Myrj 52。

【性状】 本品为白色至微黄色,无臭或稍具脂肪臭味的蜡状固体(彩图 19)。凝结温度范围为 39~45℃。可溶于水、乙醇、丙醇、乙醚和甲醇,不溶于液状石蜡和不挥发油。水溶液的 pH 为 5~7,HLB 值为 16.9。

【应用】

1. 基质 常用作栓剂、软膏剂、滴丸剂等的基质。

2. 其他应用 用作乳化剂、增溶剂等。软膏制备中以 S-40 取代脂肪醇聚氧乙烯醚、十二烷基苯磺酸钠、聚山梨酯 80、硬脂酸三乙醇胺等乳化剂,可使制得的膏体外观细腻、洁白。

【安全性】 主要用作局部用制剂的乳化剂,基本属于无毒、无刺激物质。

岗 位 对 接

一、辅料应用分析

磺胺嘧啶锌软膏

处方组成:磺胺嘧啶锌 10 g,白凡士林 164.3 g,硬脂醇 164.3 g,丙二醇 76.7 g,异丙醇肉豆蔻酸酯 65.7 g,卖泽 52 87.6 g,司盘 80 11 g,尼泊金甲酯 3 g,纯化水加至 1 000 ml。

制备方法:称取白凡士林、硬脂醇和异丙醇肉豆蔻酸酯加热熔化,并保温于 75℃,加入司盘 80 使溶解,为油相。另取纯化水加热至 80℃,加入卖泽 52 和尼泊金甲酯溶解,缓缓加入油相,放冷至 60℃,继续加入含磺胺嘧啶锌的丙二醇混悬液,不断搅拌至冷凝,即得。

分析:磺胺嘧啶锌为主药,用于预防及治疗烧伤继发创面感染。硬脂醇和白凡士林为油相,白凡士林调节基质稠度,其中硬脂醇为辅助乳化剂,异丙醇肉豆蔻酸酯为吸收促进剂,卖泽52和司盘80作复合乳化剂,丙二醇保湿和滋润皮肤,尼泊金甲酯为防腐剂。

　　二、使用指导

　　本品与苯酚、间苯二酚生成络合物,与强酸、强碱、碘化钾等发生氧化和分解等配伍变化。本品宜储存于阴凉、干燥处。

聚氧乙烯蓖麻油(EL)

彩图20

　　【性状】 本品为白色、类白色或淡黄色糊状物或黏稠液体(彩图20),低温时凝固成膏状物,加热后即恢复原状,性能不变。在26℃以上澄明并能完全液化,易溶于乙醇。本品由蓖麻油与环氧乙烷经高压加热催化而制得,由于反应所用环氧乙烷分子数的不同,有EL-10、EL-20、EL-30、EL-35、EL-40、EL-80、EL-90、EL-100不同型号,药物制剂中常用EL-35[聚氧乙烯(35)蓖麻油]。

　　【应用】 本品具有乳化、增溶等作用。在药物制剂中主要应用于口服、局部和注射给药剂型中,主要作为难溶性药物的乳化剂与增溶剂。一般用量浓度为0.03%~0.5%。

　　【安全性】 本品无毒、无刺激性,偶尔发生过敏反应、高脂血症、改变血液黏度、红细胞聚集等不良反应。静脉注射含聚氧乙烯蓖麻油的制剂后会出现诸多不良反应,如过敏反应、中毒性肾损害、神经毒性、心脏血管毒性等。

岗 位 对 接

　　一、辅料应用分析

维生素AD注射液

　　处方组成:维生素A 50 g,维生素D 5 g,丁羟基茴香醚0.2 g,聚氧乙烯(35)蓖麻油5 g,注射用甘油50 g,注射用水加至1 000 ml。

　　制备方法:称取处方量的维生素A、维生素D、丁羟基茴香醚、聚氧乙烯(35)蓖麻油、注射用甘油,注射用水加至1 000 ml,做成乳剂后,滤过,灌封于安瓿瓶,100℃灭菌30 min,即得。

　　分析:维生素A、维生素D为主药,用于维生素A、维生素D缺乏,如夜盲症、眼干燥症、佝偻病、骨软化症等。聚氧乙烯(35)蓖麻油为乳化剂,丁羟基茴香醚为抗氧剂,注射用甘油为等渗调节剂。

　　二、使用指导

　　本品在强酸、强碱中可能易水解,遇酚类化合物则形成不溶性沉淀。含量高达约50%,作为增溶剂。本品宜置于密闭容器中,在凉暗处保存。

（二）聚氧乙烯脂肪醇醚

聚氧乙烯脂肪醇醚是高级醇或烷基酚与环氧乙烷加成的醚,包括聚氧乙烯脂肪酯醚和聚氧乙烯烷基酚醚,商品名为苄泽(Brij)。该类表面活性剂遇酸、碱不水解,有较强的亲水性质,常用作增溶剂及 O/W 型乳化剂,常用的有聚氧乙烯(4)月桂醇醚(苄泽 30)、聚氧乙烯(23)月桂醇醚(苄泽 35)、乳化剂 OP 等。

彩图 21

聚氧乙烯(4)月桂醇醚(苄泽 30)

本品国外商品名为 Brij 30。

【性状】 本品为无色至浅黄色的液体或糊状物(彩图 21),溶于水、乙醇、乙二醇等。相对密度为 0.95,闪点 >149℃,燃点 >282℃,HLB 值为 9.7。

【应用】 本品在药剂制造中主要用作乳化剂、润湿剂、增溶剂、分散剂,其次用作凝胶剂、发泡剂等,用于乳剂、乳膏剂、栓剂、片剂、胶囊剂等多种剂型。在日化工业中,也具有相似的广泛用途,用于制造洗涤剂、洗发剂、霜剂和类似化妆品的清洁剂等。

【安全性】 本品对皮肤、黏膜无刺激性,或有温和刺激性,一般认为是安全的。

岗 位 对 接

一、辅料应用分析

复方新霉素滴鼻剂

处方组成:硫酸新霉素 5 g,盐酸麻黄碱 5 g,氢化可的松 2 g,亚硫酸氢钠 1 g,依地酸二钠(EDTA-2Na)0.25 g,氯化钠 5 g,羟苯乙酯 0.3 g,十二烷基硫酸钠 2 g,苄泽 30 0.5 g,纯化水加至 1 000 ml。

制备方法:取羟苯乙酯溶于约 900 ml 热纯化水中,然后依次加入硫酸新霉素、盐酸麻黄碱、亚硫酸氢钠、EDTA-2Na、氯化钠溶解过滤,取适量滤液加入十二烷基硫酸钠、苄泽 30、氢化可的松研磨成细腻的乳液,再将乳液加入剩余滤液中,并从滤器加纯化水至全量、搅匀,即得。

分析:硫酸新霉素、盐酸麻黄碱、氢化可的松为主药,主要用于结膜炎、角膜炎、巩膜炎、葡萄膜炎、白内障、青光眼、角膜移植术后及眼部机械或化学烧伤处理。亚硫酸氢钠为抗氧剂,EDTA-2Na 为金属络合剂,与抗氧剂合用可增强抗氧化效果。氯化钠为等渗调节剂,羟苯乙酯为防腐剂,十二烷基硫酸钠、苄泽 30 为增溶剂。

二、使用指导

本品与苯酚、间苯二酚生成络合物,与强酸、强碱、碘化钾等发生氧化和分解等配伍变化。

乳化剂 OP

彩图 22

【性状】 本品为淡黄色油状物或淡黄色膏状至固体(彩图 22)。本品为烷基酚与环氧乙烷缩合后中和脱色制得,由于反应所用环氧乙烷分子数的不同,有乳化剂 OP-4、OP-7、OP-9、OP-10、OP-13、OP-15、OP-20、OP-30、OP-40、OP-50 等系列产品。乳化剂 OP-4、OP-7 易溶于油及有机溶剂,可用作 W/O 型乳化剂;OP-9、OP-10、OP-13、OP-15、OP-20、OP-30、OP-40、OP-50 易溶于水及有机溶剂,对酸、碱稳定,用作 O/W 型乳化剂。

【应用】 本品具有乳化、润湿、分散、起泡和消泡等多种优良性能,但增溶能力较弱。在药物制剂中,常用作乳化剂、增溶剂及润湿剂。

【安全性】 本品对皮肤无刺激性,在酸、碱液中稳定。

岗 位 对 接

一、辅料应用分析

聚维酮碘乳膏

处方组成:聚维酮碘 100 g,液状石蜡 70 g,白凡士林 80 g,十八醇 60 g,聚山梨酯 80 25 g,乳化剂 OP-10 3 g,硬脂酸 90 g,甘油 100 g,单硬脂酸甘油酯 30 g,纯化水加至 1 000 g。

制备方法:取聚维酮碘加适量纯化水溶解备用。将液状石蜡、白凡士林、硬脂酸、十八醇、单硬脂酸甘油酯加热熔化至 80℃为油相,另将聚山梨酯 80、甘油、乳化剂 OP-10 及适量纯化水加热至 80℃为水相。将油相缓缓加入水相中,形成乳膏,加入药物溶液继续乳化,搅拌均匀至冷却,制成 1 000 g,即得。

分析:聚维酮碘为主药,是元素碘和聚维酮相结合而成的疏松复合物,主要用于化脓性皮炎,皮肤真菌感染,小面积轻度烧、烫伤,也用于小面积皮肤、黏膜创口的消毒;液状石蜡、白凡士林、硬脂酸、十八醇、单硬脂酸甘油酯为油相,其中,液状石蜡、白凡士林调节基质稠度,十八醇与单硬脂酸甘油酯为辅助乳化剂;聚山梨酯 80、乳化剂 OP-10 为 O/W 型乳化剂,甘油为保湿剂;纯化水为水相。

二、使用指导

本品可耐受 30% 氯化钙和 50% 硫酸水溶液,应密封后在遮光、阴凉、干燥处保存。

四、聚氧乙烯 – 聚氧丙烯共聚物

聚氧乙烯 – 聚氧丙烯共聚物是由聚氧乙烯与聚氧丙烯聚合而成,又称泊洛沙姆(Poloxamer),商品名为普朗尼克(Pluronic)。该类表面活性剂是分子结构两端为聚氧乙烯,中间为聚氧丙烯的三嵌段共聚物,由于两段的比例不同,泊洛沙姆具有一系列品种,如泊洛沙姆 401、泊洛沙姆 407、泊洛沙姆 338、泊洛沙姆 188 和泊洛沙姆 108,

分子量在 1 000~14 000,HLB 值为 0.5~30。分子量较高时呈白色固态,较低时呈半固态或液态。结构中聚氧丙烯为亲油基,聚氧乙烯为亲水基,随着聚氧丙烯比例增加,亲油性增强;反之,亲水性增强。

该类表面活性剂无过敏性,对皮肤、黏膜几乎无刺激性,毒性小,有优良的乳化、润湿、分散、起泡、消泡性能,但增溶能力较弱。泊洛沙姆 188 作为一种 O/W 型乳化剂,是目前可用于静脉乳剂的极少乳化剂之一,制备的乳剂能耐受热压灭菌和低温冷冻。

泊洛沙姆 188

泊洛沙姆 188 商品名为普朗尼克 68。

彩图 23

【性状】　本品为白色或类白色蜡状固体(彩图 23),微有异臭。本品在水或乙醇中易溶,在无水乙醇或乙酸乙酯中溶解,在乙醚或石油醚中几乎不溶。

【应用】

1. 乳化剂和稳定剂　本品是目前静脉乳剂的极少数合成乳化剂之一,用量在 0.1%~0.5%。本品用量 0.2% 相当于豆磷脂用量 1%。所制备的乳剂乳粒小,一般在 1 μm 以下,吸收率高,物理性质稳定,不易分层,能够耐受热压灭菌和低温冷冻。

2. 增溶剂　具表面活性,能形成胶团,增加多种难溶性药物的表观溶解度,如地西泮、吲哚美辛、甲硝唑、硝苯地平、地高辛、桂利嗪等。

3. 吸收促进剂　本品在胃肠道中滞留时间长,能提高口服制剂的生物利用度。本品皮肤相容性佳,可增加皮肤通透性,促进外用药剂的吸收。

4. 固体分散物的载体　固体型号的本品可作为固体分散物的载体,如保泰松等与本品制成固体分散物可大大提高药物的溶解度,促进吸收。用量为 2%~10%。

5. 乳膏剂、栓剂基质　固体型号的本品不但具可溶性,能促进药物的吸收,作基质使用还可起到缓释与延效的作用。已上市的产品有灰黄霉素乳膏剂、复方甲硝唑栓、吲哚美辛栓、阿司匹林栓等。常用量为 4%~10%,有时高达 90%。

6. 缓释材料　分子量大的固体产品可作黏合剂、包衣材料等,用于制备片剂、胶囊剂、凝胶剂等,能达到缓释、控释目的。用量为 5%~15%。

7. 其他应用　鉴于本品具有良好的增溶、乳化、润湿、去污作用及对挥发性芳香油有良好的分散性,现已广泛地用于香料工业、日化工业,用于制备各种香精、香波、洗涤剂、冷霜等产品。用量为 0.3%~50%。

【安全性】　本品无毒,对皮肤、黏膜无刺激性和过敏性,无溶血作用,体内不被代谢,大部分通过肾排泄。在 0.001%~10% 浓度,用人血细胞在 25℃观察 18 h 以上无溶血作用,作静脉乳剂的乳化剂和稳定剂很安全,在体内不参与代谢,90% 左右从肾排泄,10% 左右从胆汁分泌进入大便而排泄。

课堂讨论

注射剂对原辅料的质量要求极高,结合所学知识归纳可用于注射乳剂作为乳化剂的表面活性剂。

知识拓展

泊洛沙姆的命名

目前上市的泊洛沙姆有 40 多种不同商品型号,如普朗尼克(Pluronic)F128、普朗尼克 P103、普朗尼克 L62 等。商品名普朗尼克后面的字母表示形态,L 表示液体,P 表示半固体(膏状物),F 表示固体(片状物)。后面的数字,前一位或一两位表示疏水基分子量记号,最后一位表示亲水基分子量占整个分子量的百分比。例如,普朗尼克 F68,6 为本品的疏水基分子量记号,8 表示本品亲水基的分子量占整个分子量的 80% 左右,一般最后一位是 7 或 8 的均呈固态,5 以下的呈半固态或液态。

泊洛沙姆 408、泊洛沙姆 338、泊洛沙姆 237 和泊洛沙姆 188 等,其后的三位数字,第一、第二两位乘以 10,表示本产品型号中聚氧丙烯的大约分子量;第三位数乘以 10,表示聚氧乙烯占整个分子组成的百分率。如泊洛沙姆 188:18×10=180,即聚氧丙烯分子量为 180 左右;8×10=80,即聚氧乙烯占整个分子组成的 80% 左右。

岗 位 对 接

一、辅料应用分析

脂肪乳注射液

处方组成:精制豆油 100 g,精制豆磷脂 12 g,甘油 22 g,葡萄糖 50 g,泊洛沙姆 2 g,注射用水加至 1 000 ml。

制备方法:先用适量注射用水将精制豆磷脂和泊洛沙姆分散,然后加入精制豆油制成初乳,再加入甘油、葡萄糖的水溶液于乳匀机或胶体磨中制成 O/W 型乳剂,过滤灌装,灭菌,即得。

分析:脂肪乳注射液为能量补充药,提供能量和必需脂肪酸,用于胃肠外营养补充能量及必需脂肪酸。精制豆油为能量补充剂、乳剂油相;甘油、葡萄糖为等渗调节剂;泊洛沙姆与精制豆磷脂作混合乳化剂,可增强乳化作用和稳定。

二、使用指导

本品对酸、碱水溶液和金属离子稳定,与酚、间苯二酚、β- 萘酚和羟基苯甲酸酯类有禁忌,取决于相应的浓度。水溶液易生霉菌。应遮光、密闭保存。

自　测　题

一、名词解释

1. 表面活性剂
2. 临界胶束浓度
3. 亲水亲油平衡值
4. 昙点
5. 克拉夫特点

二、填空题

1. 根据分子组成特点和极性基团的解离性质,将表面活性剂分为_____、_____。根据离子型表面活性剂所带电荷,可分为_____、_____和两性离子型表面活性剂三种。

2. 随着表面活性剂在水溶液中浓度增大,溶液表面不能再吸入,表面活性剂随即转入溶液内部,亲水基团朝外,其亲油基团之间相互吸引缔合朝内形成_____。

3. HLB值越低表明表面活性剂的_____越大,HLB值越高表明表面活性剂的_____越大。

4. 离子型表面活性剂随温度升高至某一温度,其溶解度急剧升高,该温度称为_____,相对应的溶解度即为该离子型表面活性剂的_____。

三、处方分析

1. 硝酸甘油乳膏

【处方】　硝酸甘油20 g,硬脂酸170 g,白凡士林130 g,单硬脂酸甘油酯35 g,月桂醇硫酸钠15 g,甘油100 g,羟苯乙酯1.5 g,纯化水加至1 000 g。

(1) 请写出各组分的作用。

(2) 本品为何种类型的乳膏基质?

(3) 请写出制备过程。

(4) 本品与口服剂型比较有何特点?

2. 醋酸曲氨缩松乳膏

【处方】　醋酸曲氨缩松0.25 g,二甲基亚砜15 g,尿素100 g,硬脂酸120 g,液状石蜡100 g,白凡士林50 g,单硬脂酸甘油酯35 g,甘油50 g,三乙醇胺4 g,羟苯乙酯1.5 g,纯化水加至1 000 g。

(1) 请写出各组分的作用。

(2) 本品为何种类型的乳膏基质?

(3) 请写出制备过程。

四、简答题

1. 表面活性剂在药剂中有哪些应用？举例说明。

2. 不同用途表面活性剂的 HLB 值要求如何？

五、计算题

计算由司盘 80（HLB 值 4.3）40 g 与吐温 80（HLB 值 15.0）60 g 组成的混合表面活性剂的 HLB 值。

在线测试

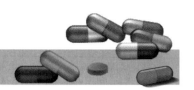

第三章
液体制剂辅料

思维导图

学习目标

- 掌握溶媒、增溶剂、助悬剂、防腐剂、乳化剂的选用原则;分散介质、助悬剂、乳化剂的分类及代表品种的应用。
- 熟悉防腐剂、增溶剂、助溶剂、乳化剂常见品种的名称。
- 了解乳化剂的作用机制,矫味剂与着色剂常见品种的应用。

第一节　液体制剂的溶媒

一、概述

液体制剂是指药物分散在适宜的分散介质(溶媒)中制成的液体形态的制剂。通常是将药物以分子、离子、分子聚集体、小液滴和固体微粒等不同的分散形式分散在适宜的溶媒中制成的液体分散体系,可供内服或外用。液体制剂的理化性质、稳定性、药效、毒性等与药物粒子分散度的大小密切相关,因此要求液体制剂的溶媒对药物具有较好的溶解性或分散性。

一般情况下,溶媒可使整个体系处于动力学与热力学稳定状态。有些药物只能分散于溶媒中,如混悬型或乳浊型液体药剂,属于动力学不稳定或(与)热力学不稳定状态,是非均相体系。

通常溶媒在液体制剂处方中所占比例大,是其重要辅料。优良的溶媒应具备以下条件。

(1) 无毒、无刺激、无过敏性,安全性高。

(2) 良好的物理稳定性与化学稳定性,不与主药或其他附加剂发生相互作用,不影响主药的含量测定。

(3) 对药物和辅料具有较好的溶解性和分散性。

(4) 口服用溶媒宜无味、无臭。

(5) 价廉易得。

二、溶媒的选用原则

1. 根据药物性质选择　溶液型液体制剂稳定性更好,优选使药物溶解的溶媒遵循的规律是"相似者相溶"原理。

知识拓展

"相似者相溶"原理

"相似者相溶"原理是根据溶质极性强弱选择相应的溶剂。极性溶剂,如水、低分子醇等,因介电常数大,能减弱电解质类溶质中带相反电荷的离子间吸引力,或因其永久偶极,通过偶极作用,特别是形成氢键,使溶质分子或离子溶剂化而导致溶质溶解。这种溶剂分子与溶质分子间作用属于永久偶极－离子型,形成离子－偶极结合,或永久偶极－永久偶极型,形成氢键结合并使离子"水化"而溶解。半极性溶剂,如丙酮、丙二醇等,能诱导非极性溶质分子产生某种程度极性,形成永久偶极－诱导偶极型,如丙二醇能诱导薄荷油产生一定程度极性,使其在水中溶解度增加。非极性溶剂,如植物油、三氯甲烷等,其偶极短,近似为零,缔合程度极低,因而不能溶解极性溶质,主要是靠范德华力,使非极性溶质分子保留在溶剂中。

"相似者相溶"是影响溶质分子与溶剂分子间相互作用的诸多因素(如化学的、电性的、结构的)综合作用的结果,是选择溶剂最有效的规律和原则。

此外,还可以利用半极性溶剂的诱导偶极特性,用混合溶剂或潜溶剂来弥补单一溶剂的不足,提高难溶性药物的溶解度。

2. 根据临床给药途径选择　外用液体制剂要求溶媒毒性低、刺激小、无过敏性;口服液体制剂要求溶媒无毒;注射液体制剂要求溶媒无毒,静脉注射制剂要求溶媒溶血性小。

3. 根据药物溶解性选择混合溶媒　对于一些难溶性药物,在单一溶媒中其溶解度往往达不到临床治疗所需浓度,可以选择两种或多种混合溶媒增加其溶解度。

三、溶媒的分类与常见品种

▶ 视频

溶媒按照介电常数的大小不同,分为极性溶媒、半极性溶媒和非极性溶媒三种类型。

几种常见的
液体分散
介质

知识拓展

物质极性的判别——介电常数

介质在外加电场时会产生感应电荷而削弱电场,介质中的电场减小与原外加电场(真

57

空中)的比值即为相对介电常数,又称诱电率,与频率相关。介电常数是相对介电常数与真空中绝对介电常数的乘积。如果有高介电常数的材料放在电场中,电场的强度会在电介质内有可观的下降。理想导体的相对介电常数为无穷大。

根据物质的介电常数可以判别高分子材料的极性大小。通常,相对介电常数大于 3.6 的物质为极性物质;相对介电常数在 2.8~3.6 的物质为弱极性物质;相对介电常数小于 2.8 的物质为非极性物质。

室温下,常见溶媒的介电常数为:H_2O(水)78.36、C_2H_5OH(乙醇)24.5。

(一)极性溶媒

极性溶媒一般包括水、甘油、二甲基亚砜等,极性强,介电常数大,通常用于溶解极性药物。

水

【性状】　无色的澄清液体,无臭。20℃时相对密度为 0.997;4℃时密度最大,为 1 g/ml。一个大气压下,熔点为 0℃,沸点为 100℃,25℃时其折光率为 1.332 5。水的比热为 4.2 kJ/(kg·℃),比一般物质大,因此比一般物质温度稳定。水无药理作用,能与甘油、丙二醇、乙醇等溶剂以任意比例混合,能溶解大部分的无机盐类、极性大的有机物、糖、蛋白质及色素。

【应用】

1. 溶媒　常应用于液体类药剂,包括饮用水、纯化水、注射用水与灭菌注射用水四种类型。纯化水为饮用水经蒸馏法、离子交换法、反渗透法或其他适宜的方法制得,不含任何附加剂,主要用于配制口服、外用水性液体制剂;注射用水为纯化水经蒸馏所得,主要用于注射剂与滴眼剂;灭菌注射用水为注射用水经灭菌所得,主要用作临床临用前无菌制剂的配制,例如溶解注射用无菌粉末,稀释浓溶液,在吸收疗法和冲洗疗法中用作稀释剂和冲洗剂。另外,饮用水也可用作浸出中药材有效成分的提取溶媒等。

2. 润湿剂　可作固体制剂的润湿剂,诱导本身具有潜在黏性物料的黏性,促进物料聚结,用于制粒成丸等制备工艺中。

【安全性】　本品无毒、无刺激,无过敏反应,安全性高,广泛地应用于药物制剂中。以水为溶剂的药物易水解,例如酯类、酰胺类;碱金属、碱土金属及其氧化物遇水会发生剧烈反应;水作浸提溶剂选择性差,浸出液中杂质含量多,增加了后期处理的难度;且水中易滋养微生物,不宜长期保存,为防止发霉,常加入防腐剂。

岗　位　对　接

一、辅料应用分析

过氧化氢溶液

处方组成:过氧化氢 30 ml,纯化水加至 1 000 ml。

制备方法:取过氧化氢 30 ml 缓慢加纯化水至 1 000 ml,搅拌均匀,分装。

分析:处方中过氧化氢为主药,纯化水为溶媒。过氧化氢是极性物质,能够溶于极性溶媒水。

二、使用指导

　　过氧化氢具有氧化性,避免与还原剂、强氧化剂、碱、碘化物混合。过氧化氢溶液是医用消毒液,需用纯化水作溶媒才能达到质量要求,不能采用自来水。

甘　油

【性状】　本品为无色、澄清的黏稠液体(彩图24)。本品与水或乙醇能任意混溶,在丙酮中微溶,在三氯甲烷中不溶。本品的相对密度为1.258~1.268,折光率应为1.470~1.475。

彩图24

【应用】

1. 溶媒　可用于配制口服、注射、外用液体类制剂,外用更广泛,有增加保湿性、黏滞度、延长药效等作用。对苯酚、鞣质和硼酸的溶解度比水大。无水甘油对皮肤、黏膜有刺激性,含水10%及以上则无刺激性,且可缓解药物的刺激性,含水30%以上可防腐。

　　作液体制剂的溶媒时,甘油有时不是单一溶媒,而是和其他溶媒一起作潜溶剂,提高药物的溶解度。

2. 保湿剂　可作外用制剂的保湿剂,如乳剂、软膏剂,利用甘油吸水的性质,防止水分散失,增加皮肤的保湿性。

3. 增稠剂　可用于滴眼剂、乳剂等,以增加制剂稠度,使药物在用药部位停留更长时间,不易流失,延长给药时间,增强给药效果。

4. 助悬剂　甘油的稠度较一般低分子物质大,可用在混悬剂中作低分子助悬剂,对难溶性固体药物有一定的助悬作用。

5. 润湿剂　因表面张力小,能与水任意互溶,也用于疏水性药物的润湿,如在混悬剂中通过降低混悬药物微粒与溶媒间的界面张力,使微粒周围的气膜被消除,容易被润湿,提高混悬剂的稳定性。

6. 增塑剂　作为小分子物质插入高分子聚合物中降低高分子聚合物的脆性,增加柔韧性、可塑性,可用于膜包衣材料中,膜剂、成膜剂的成膜材料中,硬胶囊的囊壳中,栓剂的明胶基质中等。

7. 其他应用　可用作静脉注射用脂肪乳剂的等渗调节剂,用以克服氯化钠或葡萄糖等其他等渗调节剂对乳剂分散度和外观的影响。甘油、明胶和水配制的甘油明胶还可作水溶性滴丸剂的基质。

【安全性】　本品用于外用制剂时,需注意吸湿性带来的黏膜、皮肤干燥不适感。甘油与硼酸形成甘油硼酸,其酸性强于硼酸。本品过热会分解放出有毒的丙烯醛;与强氧化剂共研可能发生爆炸,受光照或与碱式硝酸铋、氧化剂接触会变黑。

岗 位 对 接

一、辅料应用分析

硼酸醇滴耳剂

处方组成：硼酸 4.0 g，甘油 15 ml，95% 乙醇 75 ml，纯化水加至 100 ml。

制备方法：取处方量硼酸，加入处方量的甘油、95% 乙醇混合，水浴加热，搅拌至硼酸全部溶解，过滤，自滤器上加纯化水定容搅拌，即得。

分析：硼酸是主药，甘油是硼酸的溶媒，纯化水、95% 乙醇是制剂的溶媒。

二、使用指导

硼酸醇滴耳剂具有收敛、消毒和止痒作用，用于治疗急、慢性中耳炎。作为耳用制剂，溶剂适合选用挥发性的乙醇。但是硼酸在乙醇中溶解度较低，不能满足剂量要求，加入甘油可增加硼酸的溶解度。硼酸在乙醇中溶解度为 4.46%，在甘油中溶解度为 19.33%。95% 乙醇对皮肤、黏膜有一定刺激性，加纯化水降低乙醇浓度，可降低其刺激性。

二甲基亚砜（DMSO）

彩图 25

【性状】 本品为无色液体（彩图 25）。本品与水、乙醇或乙醚能任意混溶，在烷烃中不溶。本品的折光率为 1.478~1.480，相对密度为 1.095~1.105。

【应用】

1. 溶媒 极性大，溶解范围广，对水溶性、脂溶性及许多难溶于水、甘油、乙醇的药物都可以溶解，无机盐也能溶于其中，有"万能溶剂"之称，可作外用液体药剂的溶剂使用。

2. 防冻剂 因二甲基亚砜水溶液的冰点低，可作防冻剂。

3. 透皮吸收促进剂 可作透皮吸收促进剂，能使皮肤角质细胞内蛋白质变性，破坏角质层细胞间脂质的有序排列，脱去角质层脂质、脂蛋白，增强药物的渗透作用。但使用高浓度二甲基亚砜时，会使皮肤产生红斑、水疱及不可逆性损伤，常用浓度为 30%~50%。

【安全性】 研究表明二甲基亚砜存在一定毒性，与蛋白质疏水基团发生作用，导致蛋白质变性，具有血管毒性和肝肾毒性。高浓度对皮肤有刺激性，引起烧灼不适、疼痛发痒、红疹，美国已禁用；对眼有刺激作用，吸入后可导致头痛，对红细胞膜亲和作用大，可产生溶血作用，孕妇禁用。

岗 位 对 接

一、辅料应用分析

骨友灵搽剂

处方组成：红花 18 g，制何首乌 13 g，威灵仙 18 g，防风 18 g，蝉蜕 16 g，续断 18 g，醋延胡索 31 g，制川乌 18 g，鸡血藤 18 g，二甲基亚砜 250 ml，75% 乙醇约 680 ml，陈醋适量，纯化水加至 1 000 ml。

制备方法:以上九味药,粉碎为粗粉,用75%乙醇130 ml润湿,放置2 h;加75%乙醇500 ml,浸渍12 h;渗漉,收集初渗漉液100 ml,另器保存;继续渗漉至续渗漉液呈微黄色,回收乙醇并减压浓缩至150 ml,与初渗漉液合并;加入二甲基亚砜250 ml、陈醋适量、乙醇50 ml,加纯化水至1 000 ml,混匀,静置,滤过,即得。

分析:红花、制何首乌、威灵仙、防风、蝉蜕、续断、醋延胡索、制川乌、鸡血藤九味药为此浸出制剂的药材,二甲基亚砜是溶媒,也是渗透促进剂,75%乙醇是溶媒,陈醋是pH调节剂。

二、使用指导

骨友灵搽剂活血化瘀,消肿镇痛,用于治疗瘀血阻络所致的骨性关节炎、软组织损伤等。中药浸出制剂用溶媒提取药材中的有效成分,选择浸出溶媒首选提取率高的溶媒。骨友灵搽剂所用药材成分多,单一使用75%乙醇提取,提取率不够,加入溶解范围广的"万能溶剂"二甲基亚砜,有利于成分的提取,同时兼具经皮渗透促进剂的作用。二甲基亚砜25%的浓度也不会对皮肤有过度的刺激性。制备过程中要注意保护眼睛,避免接触。

(二) 半极性溶媒

半极性溶媒一般包括乙醇、丙二醇、丙酮、三乙胺等,通常用于溶解弱极性药物。

乙　醇

【性状】　本品为无色澄清液体(彩图26),微有特臭,加热至约78℃即沸腾。本品的相对密度不大于0.812 9,相当于含C_2H_6O不低于95%(ml/ml)。

彩图26

【应用】

1. 溶媒　可配制口服、注射、外用液体类制剂,若无特别说明,乙醇含量为95%(ml/ml)。乙醇含量大于40%时,能延缓酯类、苷类等成分的水解。用作浸出溶剂的提取溶剂时,可选择性浸提药材中某些有效成分或有效部位。一般乙醇含量在90%以上时,适于浸提挥发油、有机酸、树脂、叶绿素等;乙醇含量在50%~70%时,适于浸提生物碱、苷类等;乙醇含量在50%以下时,适于浸提苦味质、蒽醌苷类化合物等。稀释乙醇时应放置至室温(20℃)后再调至需要浓度,因为乙醇与水混合会由于水合作用而产生热效应及体积效应,使体积缩小。含醇制剂注意密封保存,避免乙醇挥发。

2. 润湿剂　可作固体制剂的润湿剂,诱导出物料潜在黏性,促进物料聚结黏附,用于湿法制粒、微丸等制备工艺中。

3. 其他应用　可用作防腐剂,含量20%以上即具有防腐作用,还可作皮肤渗透促进剂等。

【安全性】　乙醇易燃,应在通风良好的环境下使用,加热需小心。乙醇对眼睛、黏膜有一定刺激性,避免入眼,可佩戴护目镜。安全性总体较高,只是口服制剂需注意用量,避免对中枢神经的抑制和对血管的过度扩张作用,以及可能的酒精中毒。酸性条件下忌与氧化剂配伍,与碱混合可致颜色变深,与无机盐、阿拉伯胶、蛋白质等不宜配伍,与铝容器有禁忌。

岗 位 对 接

一、辅料应用分析

复方薄荷醑

处方组成:薄荷脑 3 g,樟脑 3 g,苯酚 5 g,95% 乙醇 600 ml,纯化水加至 1 000 ml。

制备方法:取处方量薄荷脑、樟脑充分研磨,共融液化后加入苯酚,加入处方量 95% 乙醇使溶解,纯化水缓缓加至足量后搅匀过滤,分装,即得。

分析:薄荷脑、樟脑是中药主药,苯酚是化学药物主药,95% 乙醇和纯化水是溶媒。

二、使用指导

复方薄荷醑外用于皮肤,具有消炎、杀菌、止痒的作用。薄荷脑和樟脑是结晶性物质,在一起发生低共融现象,制备时,先使其共融液化后再进行后续制备。薄荷脑、樟脑、苯酚在 95% 乙醇中均有好的溶解度,所以选用 95% 乙醇为其溶媒。制备过程中,器皿应保持干燥,避免樟脑先与纯化水接触析出樟脑结晶。苯酚对皮肤、黏膜有强烈的腐蚀刺激性,需要做好皮肤、眼睛、呼吸道的劳动保护。

丙 二 醇

本品为 1,2-丙二醇,含 $C_3H_8O_2$ 不得少于 98.5%。

【性状】 本品为无色澄清的黏稠液体(彩图 27)。本品与水、乙醇或三氯甲烷能任意混溶,相对密度在 25℃ 时应为 1.035~1.037,折光率为 1.431~1.433。

【应用】

彩图 27

1. 溶媒 可配制口服、注射、外用液体类制剂,注射用有专用规格。配制口服液体制剂时常用浓度为 10%~25%,注射剂为 10%~60%,外用制剂为 5%~8%。性质优良,优点类似甘油,不似乙醇易挥发,价格较乙醇、甘油高,但溶解性能更好。

2. 保湿剂 可作外用制剂的保湿剂,如搽剂、涂剂、乳剂、软膏剂,利用丙二醇具有吸湿性的特点,吸收水分,保持皮肤的水润。常用浓度为 15% 以内。

3. 防腐剂 防腐作用类似乙醇,比乙醇弱,抑制霉菌的功效与甘油相似。常用浓度为 15%~30%。

4. 增塑剂 可用在水性薄膜包衣材料中作增塑剂,增加膜的柔韧性。

【安全性】 应在通风良好的环境下使用,对中枢神经的作用类似乙醇,安全性总体较高,在药物制剂中应用广泛。大量摄入丙二醇会引起中枢神经系统不良反应。丙二醇的水溶液可引起红细胞溶血,一些盐(氯化钠、枸橼酸钠等阴离子)能抑制其溶血作用,但若丙二醇水溶液浓度大于 50%,则肯定引起红细胞溶血。直接静脉注射含丙二醇注射剂,引起血细胞溶血的临界浓度为 30% 左右。丙二醇注射毒性小,慢速静脉注射时动物耐受剂量较大,快速注射可使动物致死。新生儿、幼儿、孕妇,以及肝、肾功能不全的患者应避免大量摄入丙二醇。丙二醇与氧化剂、铁盐有配伍禁忌。

岗 位 对 接

一、辅料应用分析

对乙酰氨基酚酏剂

处方组成:对乙酰氨基酚 20 g,乙醇 50 ml,丙二醇 100 ml,甘油 100 ml,单糖浆 300 ml,草莓香精 0.1 g,羟苯乙酯 0.5 g,纯化水加至 1 000 ml。

制备方法:取对乙酰氨基酚 20 g,加入处方量乙醇、丙二醇、甘油,搅拌使溶解,滤过后加入单糖浆、草莓香精搅匀,最后加入羟苯乙酯混匀,加纯化水至足量,搅匀,分装,即得。

分析:对乙酰氨基酚是主药,乙醇、丙二醇、甘油、纯化水都是溶剂,单糖浆是矫味剂,草莓香精是芳香剂,羟苯乙酯是防腐剂。

二、使用指导

对乙酰氨基酚酏剂用于发热、各类疼痛,属于解热镇痛药。对乙酰氨基酚不溶于冷水,采用丙二醇－水复合溶剂能够极大地提高溶解度。丙二醇是半极性溶剂,能与水以任意比例混溶。

(三)非极性溶媒

非极性溶媒一般包括脂肪油(大豆油、蓖麻油、花生油等植物油)、液状石蜡、乙酸乙酯、二甲硅油、苯、甲苯等,通常用于溶解油、酯类等非极性药物。

大 豆 油

【性状】　本品为淡黄色的澄清液体。本品可与乙醚或三氯甲烷混溶,在乙醇中极微溶解,在水中几乎不溶。本品的相对密度应为 0.916~0.922,折光率为 1.472~1.476,酸值应不大于 0.2,皂化值应为 188~200,碘值应为 126~140。

【应用】

1. 溶媒　可配制口服、注射、外用液体类制剂,注射用有专用规格,性质优良。来源于豆科植物大豆的种子提取的脂肪油,易受到空气、光线的影响,发生氧化和酸败,需加抗氧剂和防腐剂,也易受碱性药物的影响而发生皂化反应。

2. 其他应用　可作静脉注射乳剂的油相,供给营养;作为乳膏剂的油相,和水相乳化后作基质使用。

【安全性】　本品安全、无毒、无刺激,无过敏反应,广泛地应用于药物制剂中。与氧化剂、碱类、无机酸等会发生氧化分解等反应。与氯化钙、葡萄糖酸钙、氯化镁、苯妥英钠、四环素等有配伍禁忌。在氧气、光照、高温下易降解,铁或铜等金属离子会起催化作用,应在阴凉、干燥处密闭,避光储存。

课堂讨论

说一说药物制剂生产中用的脂肪油和日常生活中使用的食用油有什么异同之处。

知识拓展

脂肪油的质量要求

脂肪油要满足药用,通常有三个质量要求:酸值、皂化值、碘值。

1. 酸值 指中和 1 g 油脂中的游离脂肪酸所需氢氧化钾的质量(mg)。酸值越高,刺激性越大,并且越影响药物的稳定性,因此酸值应控制在 0.56 以下。

2. 皂化值 指中和 1 g 油脂所需氢氧化钾的质量(mg),表示油脂中脂肪酸分子量的大小。皂化值越大,越接近于固体,不能用于注射。反之,则亲水性太强,失去油脂的性质。因此,皂化值应在一定范围内,即碳原子数控制在 16~18。

3. 碘值 指 100 g 油脂与碘起加成反应所需的碘的质量(g)。碘值过低的油含有较多杂质,碘值过高,不饱和价过多,易氧化变质,不适合作注射溶剂。

岗 位 对 接

一、辅料应用分析

紫 草 油

处方组成:干燥紫草 150 g,大豆油 1 000 g。

制备方法:将大豆油加热至 125 ℃ ±5 ℃,干燥紫草剪成约 0.5 cm 长的小段投入,完全浸入大豆油中,密闭保温 0.5 h 后,室温放置 30 天,纱布过滤去除紫草残渣,分装,即得。

分析:干燥紫草是主药,大豆油是溶媒。

二、使用指导

紫草油具有凉血解毒、去腐生肌的作用,主治水火烫伤、冻疮溃烂、久不收口等症,可以预防和治疗婴儿尿布疹,是临床治疗烧、烫伤的常备外用药。中药材紫草含多种萘醌类色素,有紫草素、去氧紫草素、乙酰紫草素等,可用大豆油浸提,有较好的提取率。

液 状 石 蜡

【性状】 本品为无色澄清的油状液体(彩图 28);在日光下不显荧光。本品可与三氯甲烷或乙醚任意混溶,在乙醇中微溶,在水中不溶。本品的相对密度为 0.845~0.890,运动黏度在 40 ℃时(毛细管内径为 1.0 mm ±0.05 mm)不得小于 36 mm^2/s。本品按密

彩图 28

度可分为两种:轻质液状石蜡和重质液状石蜡。

【应用】

1. 溶媒 可配制口服、注射、外用液体制剂,注射用有专用规格。口服时不被消化吸收,影响食欲及脂溶性维生素的吸收。

2. 润滑剂 有润滑性,可用于固体制剂如片剂、胶囊剂的润滑剂,栓剂脱模的润滑剂。本身有润肠通便的作用,可直接用作通便剂。

3. 半固体制剂基质 作为软膏剂基质的组分或乳膏剂的油相成分,兼有调节基质稠度的作用。

4. 其他应用 可用作增塑剂、防腐剂、吸收促进剂等。水溶性基质制备滴丸时,用作冷凝液。

【安全性】 无毒、无刺激,一般认为安全,但是婴幼儿不宜口服或鼻内使用本品或含液状石蜡的药剂,否则有导致肺炎的危险。长期服用可阻碍脂溶性维生素 A、维生素 D、维生素 K 及钙、磷等的吸收,引起脂溶性维生素缺乏症。液状石蜡会被氧化,应避光、密闭储存于阴凉、干燥处,避免与氧化剂配伍,远离火源。

岗 位 对 接

一、辅料应用分析

风 油 精

处方组成:薄荷脑 320 g,樟脑 30 g,桉叶油 30 g,丁香酚 30 g,香油精 100 ml,冬绿油 360 g,叶绿素适量,三氯甲烷 30 g,液状石蜡加至 1 000 ml。

制备方法:取薄荷脑和樟脑,加适量液状石蜡溶解,再加入桉叶油、丁香酚、香油精、冬绿油和叶绿素的三氯甲烷溶液,添加液状石蜡至 1 000 ml,混匀,静置 24 h,取澄清液,分装,即得。

分析:薄荷脑、桉叶油、丁香酚、樟脑、冬绿油是主药,香油精是芳香剂,叶绿素是着色剂,三氯甲烷和液状石蜡是溶剂。

二、使用指导

风油精具有清凉、祛风、止痒作用,用于蚊虫叮咬及伤风感冒引起的头痛、头晕,可缓解晕车不适等症。风油精的主药都是芳香性药物,在非极性溶剂中溶解较好,采用三氯甲烷和液状石蜡作为溶剂,能制得理想制剂。

乙 酸 乙 酯

【性状】 本品为无色澄清的液体(彩图 29),有水果香味。本品在水中溶解,可与乙醇、乙醚、丙酮或二氯甲烷任意混溶。本品的相对密度为 0.898~0.902,折光率为 1.370~1.373。

彩图 29

【应用】 溶媒:乙酸乙酯可溶解甾体类药物、挥发油及其他油溶性药物。用作外用液体药剂、包衣材料和成膜材料的溶媒,也可作浸出制剂的浸提溶媒。

【安全性】 乙酸乙酯与强酸、强碱、氧化剂有配伍禁忌。无毒,对黏膜有一定的刺激性,高浓度可能导致中枢神经系统抑郁症。在空气中易氧化,需加入抗氧剂。储存中远离火源、易燃物、氧化剂等物质。

岗 位 对 接

一、辅料应用分析

红 花 油

处方组成:水杨酸甲酯 550 g,桂叶油 150 g,香茅油 100 g,丁香油 150 g,麝香草酚 30 g,茶籽油 14 g,乙酸乙酯加至 1 000 g。

制备方法:称取处方量水杨酸甲酯、桂叶油、香茅油、丁香油、麝香草酚、茶籽油,混合搅拌均匀。加入适量乙酸乙酯,滤过,自滤器上加乙酸乙酯至 1 000 g,搅匀,分装,即得。

分析:水杨酸甲酯、桂叶油、香茅油、丁香油、麝香草酚、茶籽油是主药,乙酸乙酯是溶媒。

二、使用指导

红花油具有活血镇痛作用,用于治疗风湿骨痛、跌打扭伤、外感头痛和皮肤瘙痒等。乙酸乙酯用作外用液体药剂溶媒和浸出制剂的浸提溶媒都非常适宜,注意制备、储存过程中避免与氧化剂接触。

第二节 防 腐 剂

一、概述

防腐剂是指能抑制微生物生长繁殖的物质。一般用于各类液体制剂和半固体制剂中,用于注射剂和滴眼液时,称为抑菌剂(抑菌剂的内容见第四章无菌制剂辅料)。以水为溶媒的液体制剂,具有微生物喜欢的环境,容易滋养细菌和真菌等微生物而发霉、变质、污染。为保证制剂质量,需要加入防腐剂抑制微生物生长繁殖,特别是含有蛋白质、糖类等营养成分的液体制剂,含有多种中药提取物的中药合剂、糖浆剂、煎膏剂等。

> **课堂讨论**
>
> 目前,社会上民众对防腐剂有排斥心理,加了防腐剂的食品就不愿意购买食用,认为食用后对身体有危害。请大家说一说,防腐剂是否一定是不好的。

优良的防腐剂应在溶媒中具有一定溶解性,才能达到防腐浓度,防腐能力强,防腐范围广,在有效防腐浓度范围内毒性小,刺激性小,性质稳定,不与药物发生配伍禁忌,不影响药物的含量测定。

二、防腐剂的选用原则

选用防腐剂时,应注意以下原则。

(1) 达到防腐效果的情况下,尽量采用最低有效浓度。若有其他方法可不用或少用防腐剂。

(2) 考虑与主药、其他辅料的配伍禁忌和容器的吸附作用,尽量避免。

(3) 复合防腐剂有较好效果时(如羟苯酯类防腐剂合用比单用效果好),总用量更少,可大力采用,降低其毒性,提高防腐效果。

三、防腐剂的分类与常见品种

防腐剂主要有羟苯酯类、有机酸及其盐类、季铵化合物类、醇类、酚类、挥发油等。

(一) 羟苯酯类

羟苯酯类又称为尼泊金类,常用其甲酯、乙酯、丙酯、丁酯等,抑菌作用随烷基碳数增加而增加,但溶解度减小。混合使用可产生协同作用。在酸性溶液中羟苯酯类作用较强;在弱碱性溶液中,由于酚羟基解离,防腐作用减弱。对大肠埃希菌的作用最强。表面活性剂能增加其在水中的溶解度,但非离子型表面活性剂可降低其抑菌活性。羟苯酯类是目前应用最广的一类防腐剂。非离子型表面活性剂,特别是聚山梨酯类能增加对羟基苯甲酸酯类的溶解度,但两者发生络合作用,从而使溶液中防腐剂的实际浓度大为降低,防腐作用降低。

羟 苯 乙 酯

本品按干燥品计算,含 $C_7H_5NaO_2$ 应为 98.0%~102.0%。

【性状】　本品为白色结晶性粉末(彩图 30),在甲醇或乙醇中易溶,在水中几乎不溶。本品的熔点为 115~118℃。

【应用】　防腐剂:对霉菌的抑菌效能较强,有较好的防腐效果,但对细菌的抑制作用较弱。在酸性溶液中抑菌作用强,在碱性溶液中弱,在 pH 4~8 时效果较好。可以单独使用,与同类或其他类防腐剂合用效果更好,常用浓度为 0.01%~0.25%,广泛地用于液体制剂、半固体制剂。

彩图 30

【安全性】　在抑菌防腐剂量下是安全的,毒性低。与非离子型表面活性剂,特别是聚山梨酯类有配伍禁忌,如果体系中含有 5% 聚山梨酯 80,可使 80% 的羟苯酯类防腐剂因结合而失效。羟苯乙酯在强酸、强碱介质中易水解,遇铁会变色,同时易被塑料材料吸附。

岗 位 对 接

一、辅料应用分析

护 妇 搽 剂

处方组成:苍术 60 g,蛇床子 60 g,苦参 80 g,黄柏 80 g,樟脑 0.6 g,羟苯乙酯适量,明矾 20 g,纯化水制成 400 ml。

制备方法:取苍术、蛇床子,按蒸馏法提取 120 ml,残渣加入苦参、黄柏,按煎煮法提取 2 次,第 1 次 2 h,第 2 次 1.5 h,合并 2 次滤液,浓缩至 250 ml,将浓缩液放至室温与蒸馏液合并。滴加 5% 樟脑乙醇液 12 ml,0.1% 羟苯乙酯乙醇液 4 ml,加入明矾 20 g 搅拌使溶解,补加纯化水至全量,分装,即得。

分析:中药苦参、黄柏、苍术、蛇床子、明矾、樟脑均为主药,羟苯乙酯是防腐剂,纯化水是溶媒。

二、使用指导

护妇搽剂由苦参、黄柏、苍术、蛇床子等中药组成,其中黄柏外用可促进皮下渗出液的吸收,与苦参、蛇床子同用能增强止痒效果,苍术、蛇床子具有一定的抗菌能力,故临床应用护妇搽剂治疗外阴阴道炎疗效显著。羟苯乙酯并不是用来抵御阴道微生物的,而是整个浸出制剂的防腐剂,因以水为溶剂的浸出制剂容易发霉变质。

(二) 有机酸及其盐类

有机酸及其盐类常用苯甲酸及其盐类、山梨酸及其盐类。苯甲酸及其盐类防霉作用比羟苯酯类弱,但防发酵作用比羟苯酯类强,因而可将两者联合应用防止发霉和发酵,这样做特别适合中药液体制剂。山梨酸及其盐类对真菌和酵母菌的作用强,可与其他抗菌剂联合使用产生协同作用。

苯 甲 酸 钠

彩图 31

【性状】　本品为白色颗粒、粉末或结晶性粉末(彩图 31),在水中易溶,在乙醇中微溶。

【应用】

1. 防腐剂　对酵母菌的抑制作用比羟苯酯类强,对霉菌抑制作用较弱,因此常与羟苯酯类联合应用。在酸性溶液中防腐作用强,最佳 pH 为 2.5~4.0,当 pH 大于 5 时其抑菌活性明显下降。常用浓度为 0.03%~0.1%,广泛地用于液体制剂、半固体制剂。

2. 助溶剂　可与药物形成复合物(复盐)从而增加药物溶解度,常作为咖啡因、可可豆碱和茶碱等药物的助溶剂。

【安全性】 在抑菌防腐剂量范围内安全性好,大剂量有毒,应避免过量吸入。显微碱性,不宜与强酸性药物配伍,也不宜与铁、钙等金属离子和银、铅等重金属配伍。置阴凉、干燥处密闭储存。

岗 位 对 接

一、辅料应用分析

胃蛋白酶合剂

处方组成:胃蛋白酶(1∶3 000)20 g,稀盐酸 20 ml,橙皮酊 50 ml,单糖浆 100 ml,苯甲酸钠 2 g,纯化水加至 1 000 ml。

制备方法:取苯甲酸钠加入约 800 ml 纯化水中,搅匀;加入橙皮酊,搅匀;加入单糖浆和稀盐酸,搅匀;再将胃蛋白酶(1∶3 000)轻撒于液面上,令其自然浸透后,轻轻搅拌使溶解;加纯化水至足量,搅匀,分装,即得。

分析:胃蛋白酶(1∶3 000)是主药,稀盐酸是 pH 调节剂,橙皮酊是芳香性苦味健胃药,既是芳香矫味剂又有一定的健胃作用,单糖浆为矫味剂,苯甲酸钠是防腐剂,纯化水是溶媒。

二、使用指导

胃蛋白酶为一种消化酶,有帮助消化的作用,能使蛋白质分解为蛋白胨。胃蛋白酶活性要求 pH 为 1.5~2.5,pH 过高或过低都可能使其活性降低或完全失活,故配制时稀盐酸一定要先稀释。胃蛋白酶为胶体物质,溶解时,应撒布于液面,使其充分吸水膨胀,再缓缓搅匀,温度过高(40℃左右)也易失活,故不宜用热水。本品在储存中受多种因素影响,活性易降低或消失,不宜久储,不宜大量配制,不宜剧烈振摇。

山 梨 酸

【性状】 本品为白色至微黄白色结晶性粉末或颗粒(彩图 32),有特臭;在乙醇中易溶,在乙醚中溶解,在水中极微溶解。本品的熔点为 132~136℃。

【应用】 防腐剂:对细菌、真菌均有抑制作用,在酸性溶液中作用强。pH 小于 6 时,对细菌最低抑菌浓度为 0.02%~0.04%,对真菌最低抑菌浓度为 0.8%~1.2%。自身稳定性差,常与其他防腐剂或乙二醇类物质联合使用,相互能产生协同作用,增加抑菌效果。

彩图 32

【安全性】 正常抑菌浓度范围内使用安全。在空气中久置易被氧化,遇光氧化加速,在水中尤不稳定,需加入抗氧剂。塑料容器等对其有吸附作用。

岗 位 对 接

一、辅料应用分析

硫酸锌口服溶液

处方组成:硫酸锌 20 g,枸橼酸 10 g,蔗糖 3 000 g,山梨酸 0.2 g,纯化水加至 1 000 ml。

制备方法:取硫酸锌、枸橼酸加入约 800 ml 纯化水中,搅匀;过滤,加入蔗糖,搅匀;加入山梨酸,边加边搅使溶解;加纯化水至足量,搅匀,分装,即得。

分析:硫酸锌是主药,枸橼酸是 pH 调节剂,蔗糖是矫味剂,山梨酸是防腐剂,纯化水是溶媒。

二、使用指导

硫酸锌口服溶液是口服补锌液体制剂。以水为溶媒的口服液容易发霉变质,加入山梨酸防腐抑菌。山梨酸在酸性溶液中作用强,因此加枸橼酸调节溶液为酸性介质,提高防腐效果。

(三) 季铵化合物类

季铵化合物类主要指季铵阳离子型表面活性剂,以苯扎溴铵、苯扎氯铵为代表。

苯 扎 氯 铵

彩图33

【性状】　本品在常温下为白色蜡状固体或黄色胶状体(彩图 33);水溶液显中性或弱碱性反应,振摇时产生多量泡沫。本品在水或乙醇中易溶,在乙醚中微溶。

【应用】　防腐剂:抗菌谱广,穿透力强,有强烈杀菌作用,为苯酚杀菌作用的 300~400 倍。毒性低,刺激性小,作用快,常用于滴眼液作防腐剂,防腐浓度为 0.01%。皮肤、手术器械消毒用 0.1% 的溶液,创面消毒用 0.01% 浓度。

【安全性】　外用安全性高,毒性低,无累积毒性,使用浓度对皮肤无过大刺激性,对金属、橡胶、塑料制品无腐蚀作用,不污染衣服。与碘、碘化钾、蛋白银、硝酸银、硫酸锌、氧化锌、水杨酸盐、枸橼酸盐、过氧化物及磺胺类药物有配伍禁忌,配伍禁忌较多,使用时应格外注意。

岗 位 对 接

一、辅料应用分析

碳酸氢钠滴耳液

处方组成:碳酸氢钠 50 g,甘油 300 ml,苯扎氯铵 1 g,纯化水加至 1 000 ml。

制备方法:取处方量碳酸氢钠溶于适量纯化水中,加入处方量的苯扎氯铵,使溶解,过滤,加甘油混合,加纯化水定容至足量,搅拌,分装,即得。

分析：碳酸氢钠是主药，苯扎氯铵是防腐剂，甘油和纯化水是溶媒。

二、使用指导

碳酸氢钠滴耳液临床用于纠正耳道的酸碱度，软化耵聍及冲洗耳道。甘油作为溶媒，具有黏稠度较大、局部保留时间长等特点，但无水甘油刺激皮肤，加纯化水可降低刺激性，两种溶媒混合使用各取所长。苯扎氯铵作防腐剂，配伍禁忌较多，应注意避免。

（四）其他类

其他防腐剂还有醇类如苯甲醇、三氯叔丁醇、苯乙醇等，酚类如苯酚、甲酚等，挥发油如桉叶油、桂皮油、薄荷油等，都有防腐抑菌的效果。

知识拓展

精油也能抑菌

挥发油又称为精油，是存在于植物中的一类具有挥发性、可随水蒸气蒸馏、与水不相混溶的油状液体的总称。挥发油因其大多具有芳香性气味，故又称为芳香油。

挥发油作为芳香中药的特色表现形式，具有较强的功效，如解表、化湿、行气、开窍等，可作用于局部或全身以防治疾病。研究发现中药挥发油抑菌活性广泛，大量挥发油对金黄色葡萄球菌、大肠埃希菌、铜绿假单胞菌等常见菌株表现出良好的抑菌活性。但目前中药挥发油发挥抑菌活性的物质基础和作用机制均不明确，其抑菌机制可能与影响细菌代谢、破坏菌体结构、影响菌体蛋白质表达与核酸合成等相关。中药挥发油也可通过破坏细菌的细胞膜而提高细菌的敏感性，从而抑制耐药菌抗生素的主动外排，达到抗细菌耐药性效果，且不易产生耐药性。

第三节　增溶剂与助溶剂

一、概述

增溶是指表面活性剂形成胶束，促使难溶性药物在溶媒（主要是水）中溶解度增大的现象。具有增溶作用的表面活性剂称为增溶剂。助溶是指难溶性药物与加入的第三方物质在溶剂中形成可溶性络合物、复盐或缔合物等，促使药物在溶媒（主要是水）中的溶解度增大的现象。具有助溶作用的第三方物质称为助溶剂。

知识拓展 //

增加药物溶解度的方法

液体制剂的主药是难溶性固体药物时,常常需要考虑增加药物溶解度的问题。除了加入增溶剂和助溶剂可增加药物的溶解度,还可以应用以下方法。

1. 制成可溶性盐　有机弱酸、弱碱药物制成可溶性盐可增加其溶解度。将含碱性基团的药物,如生物碱加酸制成盐,或将酸性药物加碱制成盐,均可增加其在水中的溶解度。如乙酸水杨酸制成钙盐在水中溶解度增大。

2. 引入亲水基团　难溶性药物分子中引入亲水基团可增加其在水中的溶解度。如维生素 K_3 不溶于水,分子中引入—SO_3HNa 则成为维生素 K_3 亚硫酸氢钠,可制成注射剂。

3. 采用混合溶媒　混合溶媒是指能与水以任意比例混合、与水分子能以成氢键结合、能增加难溶性药物溶解度的溶媒。如乙醇、甘油、丙二醇、聚乙二醇等可与水组成混合溶媒。如洋地黄毒苷可溶于水和乙醇的混合溶媒中。

药物在混合溶媒中的溶解度与混合溶媒的种类、混合溶媒中各溶媒的比例有关。药物在混合溶媒中的溶解度通常是各单一溶媒溶解度的相加平均值,但也有高于相加平均值的。在混合溶媒中各溶媒在某一比例时,药物的溶解度出现极大值,这种现象称为潜溶,这种溶媒称为潜溶媒。如苯巴比妥在 90% 乙醇中有最大溶解度。

二、增溶剂与助溶剂的选用原则

(一) 增溶剂选用原则

1. 用量的选择　增溶剂的用量可以绘制三元相图来确定。三元相图由溶质、溶剂、增溶剂三元组成,通过三元的组成比例变化,引起体系相变,确定适宜的配比。

2. 根据增溶剂与药物的性质选择　增溶剂的效果与表面活性剂的类型有关,非离子型比离子型强。另外,亲水亲油平衡值(HLB 值)越高,亲水性越强,对极性的药物增溶效果越好;HLB 值越低,亲油性越强,对非极性的药物增溶效果越好。药物若为同系物,分子量越大,被增溶得越少。含有聚氧乙烯基团的非离子型表面活性剂增溶时,受到高温影响,会出现昙点,使被增溶的药物析出沉淀,从而溶液变得浑浊,降温后能够恢复澄清。增溶剂还需要注意与药物的配伍禁忌,如可能加速酯类药物的水解,降低酚类药物的杀菌作用。

3. 根据增溶剂的毒性和溶血性选择　不同类型表面活性剂的毒性不一样,毒性大小依次为阳离子型 > 阴离子型 > 非离子型。因此,考虑给药途径不同,对增溶剂的选择,通常是阴离子型仅用于外用,口服、静脉注射只能选非离子型。即使同为非离子型,还有溶血性的区别,溶血性的大小依次是聚氧乙烯烷基醚类 > 聚氧乙烯芳基醚类 > 聚氧乙烯脂肪酸酯类 > 聚山梨酯类(吐温类)。溶血性最小的聚山梨酯类,各品种之间仍然存在差别,溶血性大小依次是聚山梨酯 20> 聚山梨酯 60> 聚山梨酯 40> 聚山梨酯 80。因此,对质量要求最高的静脉注射的无菌制剂一般选择聚山梨酯 80。

(二)助溶剂选用原则

1. 根据助溶剂对药物溶解度提高的程度选择 一种难溶性药物可能不止一种助溶剂,优先选择使用少量就具有更好助溶效果的助溶剂。助溶剂用量与药物量密切相关,当药物量大时,助溶剂用量同步增加,但助溶剂量过大易带来毒性问题,所以选择量少有效者更佳。

2. 根据助溶剂不降低药效和稳定性选择 助溶剂对难溶性药物的助溶依赖于两者形成可溶性络合物、复盐或缔合物。如果这个反应可逆,能重新释放药物,则不降低药效。如果这个反应不可逆,降低药效或降低稳定性,即使助溶效果好,也失去使用的意义。

3. 根据助溶剂本身安全性选择 助溶剂优先选择毒性、刺激性、过敏性小的。

三、增溶剂与助溶剂的分类与常见品种

(一)增溶剂

增溶剂主要是表面活性剂的非离子型和阴离子型。

非离子型表面活性剂类在增溶剂中应用最广,可用于口服、外用、注射等途径。主要有三类,即聚山梨酯类(吐温类)、聚氧乙烯脂肪酸酯类(卖泽类)、聚氧乙烯脂肪醇醚类(苄泽类),详见第二章。

阴离子型表面活性剂类因毒性、刺激性较非离子型大,不能用于注射、口服,仅用于外用。主要有高级脂肪酸盐(肥皂类)、硫酸化物、磺酸化物等。

胆 酸 钠

【性状】 本品为白色或类白色粉末(彩图 34),似胆汁臭味,味极苦,易吸湿。本品在水或乙醇中易溶,在乙醚中不溶。

【应用】 增溶剂:对泼尼松、地塞米松、去氧皮质酮有增溶作用。

【安全性】 安全性较高,无毒、无刺激,遇氧化剂可被氧化破坏。

增溶剂其他相关内容详见第二章表面活性剂。

彩图 34

岗 位 对 接

一、辅料应用分析

鼻敏灵滴鼻液

处方组成:醋酸泼尼松 35 g,胆酸钠 4.7 g,氯化钠 6.4 g,纯化水加至 1 000 ml。

制备方法:将胆酸钠、氯化钠先用少量纯化水配成溶液,搅拌均匀后过滤,待

用,再将醋酸泼尼松混悬其中,加纯化水至 1 000 ml,分装,即可。

分析:醋酸泼尼松是主药,胆酸钠是增溶剂,氯化钠是渗透压调节剂,纯化水是溶媒。

二、使用指导

醋酸泼尼松是糖皮质激素,主要用于过敏性与自身免疫性炎症疾病。醋酸泼尼松是难溶性药物,在水中溶解度小,胆酸钠溶于水形成胶束,可增加醋酸泼尼松的溶解度。胆酸钠安全性高,除对泼尼松外,对地塞米松、去氧皮质酮等药物均有增溶作用。

(二) 助溶剂

助溶剂一般分为有机酸及其盐(如苯甲酸、水杨酸、枸橼酸、对氨基水杨酸及其钠盐等),酰胺或胺类化合物(如烟酰胺、乙酰胺、二乙胺、尿素、乌拉坦等),以及无机盐(碘化钾、磷酸钠等)、多聚物(PVP、PEG 等)、酯类(甘氨酸酯、乙基琥珀酰酯等)、多元醇、丙二醇、甘油等类型。

烟　酰　胺

彩图 35

【性状】　本品为白色的结晶性粉末(彩图 35);在水或乙醇中易溶,在甘油中溶解。本品的熔点为 128~131℃。

【应用】　助溶剂:用作难溶性药物的助溶剂,如咖啡因、核黄素、可可豆碱、茶碱和氢化可的松等,提高这些药物在液体制剂中的溶解度。

【安全性】　安全性较高,无毒、无刺激,与碱及无机酸有配伍禁忌,水解成烟酸,加热时会加速反应。

岗 位 对 接

一、辅料应用分析

五维牛磺酸口服溶液

处方组成:维生素 B_1 8 g,维生素 B_2 1.3 g,维生素 B_6 1.6 g,烟酰胺 4.8 g,牛磺酸 20 g,维生素 D_2 7.2 mg,糖精钠 5 g,羟苯甲酯 0.1 g,纯化水加至 10 ml。

制备方法:将烟酰胺溶于适量纯化水中,加入处方量维生素 B_2 配成溶液待用,再加入维生素 B_1、维生素 B_6、牛磺酸、维生素 D_2,搅拌均匀,最后加入糖精钠、羟苯甲酯混合均匀,过滤至澄明,自滤器上加纯化水至足量,再分装,即得。

分析:处方中维生素 B_1、维生素 B_2、维生素 B_6、烟酰胺、牛磺酸、维生素 D_2 是主药,烟酰胺还是助溶剂,糖精钠是矫味剂,羟苯甲酯是防腐剂,纯化水是溶媒。

二、使用指导

五维牛磺酸口服溶液用于缺乏 B 族维生素所致的营养不良、厌食、脚气病、糙皮病的辅助治疗和营养补充及发热性消耗疾患的辅助治疗。维生素 B_1 可维持心脏、神经及消化系统的正常功能。维生素 B_2 可激活维生素 B_6。维生素 B_6 对蛋白质、糖类、脂类的各种代谢功能起作用。烟酰胺缺乏时会引起糙皮病。维生素 D_2 促进对钙的吸收。牛磺酸有保护细胞膜、促进脑发育、维持视网膜正常功能、防止胆汁淤积及增强心肌细胞功能等作用。

B 族维生素水溶液对光敏感，在制造本品时，应严格避光操作，产品也需避光保存。维生素 B_2 在水中溶解度小，0.5% 的浓度已为过饱和溶液，烟酰胺作其助溶剂。也可用乙酰胺、乌拉坦、水杨酸钠、尿素等作为助溶剂。烟酰胺安全性高，与碱及无机酸有配伍禁忌，水解成烟酸，加热时会加速反应，应注意制备过程中温度的控制。

烟　　酸

【性状】　本品为白色结晶或结晶性粉末(彩图 36)，无臭或有微臭。水溶液显酸性反应。本品在沸水或沸乙醇中溶解，在水中略溶，在乙醇中微溶，在乙醚中几乎不溶，在碳酸钠试液或氢氧化钠试液中易溶。

【应用】　助溶剂：用作难溶性药物的助溶剂。

【安全性】　安全性较高，无毒、无刺激，与氧化剂、重金属盐有配伍禁忌，遇酸形成季铵盐，遇碱形成羧酸碱金属盐。

彩图 36

第四节　助　悬　剂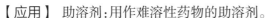

一、概述

液体制剂中有一种肉眼可见固体物质的称为混悬剂。混悬剂是难溶性药物以固体微粒分散于液体分散介质中形成的非均相液体制剂，属于热力学与动力学均不稳定的体系，微粒天生具有自发聚集与沉降的趋势。为了增加稳定性，常加入稳定剂。稳定剂有多种，助悬剂是最常见的一种。助悬剂通过增加混悬剂中分散介质的黏度，从而降低微粒的沉降速度。同时，助悬剂还能被微粒表面吸附，形成机械性或电性的保护膜，从而防止微粒间互相聚集或结晶的转型，或者使混悬剂具有触变性，这些均能使混悬剂稳定性增加。

二、助悬剂的选用原则

助悬剂选择时可遵循以下原则。

1. 根据助悬剂形成流体力学的特性选择 一般具有塑性或假塑性比较适宜,若还能有触变性则最好。塑性助悬剂黏度低,不适宜长时间储存,最好临用前再配制,例如用于干混悬剂中。假塑性助悬剂黏度高,应用更广泛。

知识拓展 ///

助悬剂流体力学特性

非牛顿流体一般分为塑性、假塑性和胀性流体。塑性和假塑性流体又因触变性而分为塑性触变胶和假塑性触变胶。当作用在物质上的剪切应力大于极限值时物质开始流动,否则物质就保持即时性状并停止流动,具有此性质的物质称为塑性流体,塑性流体在静止时受到的剪切应力小,帮助体系内物质悬浮,适合作助悬剂。假塑性流体具有剪切变稀的特性,即在剪切速率增大的情况下,流体黏度显著下降,作为助悬剂可利于混悬剂倾倒,是理想的助悬剂。触变胶流体的黏度随剪切速率改变而改变,当去除剪切应力后,流体不能马上恢复到剪切前的黏度,而呈缓慢恢复的滞后现象。触变胶的滞后性使它受到震动时成为可流动的液体,停止震动后缓慢变稠,这样的性质可使得以触变胶为助悬剂的混悬剂在服用的一段时间内黏度较小,易于倾倒。

2. 根据药物性质选择 药物与分散介质相对密度差距小的,使用低分子助悬剂,如甘油,即可达到悬浮目的。而药物与分散介质相对密度差距较大的,需要黏度高的助悬剂,如羧甲纤维素钠。疏水性药物与水疏离,稳定性差,助悬剂用量应较亲水性药物增加。

3. 根据其他稳定剂选择 除助悬剂外,混悬剂的稳定剂还有很多,如润湿剂、絮凝剂与反絮凝剂等,要根据混悬剂稳定性的整体需求来选择。例如,絮凝剂使混悬剂微粒易于下沉,但重新再分散更容易,此时助悬剂不必一定达到使微粒长时间悬浮的效果。

4. 根据混悬剂的 pH 选择 大多数助悬剂的黏度受到 pH 的较大影响。例如,羧甲纤维素钠在 pH 5~7 时黏度最大,有较好的助悬效果,使用羧甲纤维素钠作为助悬剂的混悬剂在此 pH 范围就较好。

三、助悬剂的分类与常见品种

助悬剂主要分为低分子助悬剂、高分子助悬剂、硅酸类助悬剂、触变胶四大类。

(一) 低分子助悬剂

低分子助悬剂有甘油、糖浆等。甘油用于外用;糖浆内服,兼作矫味剂。

(二) 高分子助悬剂

高分子助悬剂分为天然来源和合成或半合成的。天然来源的高分子助悬剂主要是胶树类,常用的有阿拉伯胶、西黄蓍胶;还有植物多糖类,如海藻酸钠、琼脂、淀粉浆等。合成或半合成高分子助悬剂常用纤维素类,如甲基纤维素、羧甲纤维素钠、羟丙纤维素。其他如卡波姆、聚维酮、葡聚糖等。此类助悬剂大多数性质稳定,受 pH 影响小。

海 藻 酸 钠

【性状】 本品为白色至浅棕黄色粉末(彩图 37)。本品在水中溶胀成胶体溶液,在乙醇中不溶。

【应用】

1. 助悬剂 用作混悬剂的助悬剂。

2. 缓控释材料 用作微球的载体材料、微囊的囊材或用于亲水凝胶骨架型缓释、控释制剂中,由于黏度大,可起到阻止药物释放的作用,从而达到缓释的效果。

3. 其他应用 可用作生物黏附材料、原位凝胶材料、增稠剂、乳化剂、崩解剂、黏合剂、包衣材料及膜剂、涂膜剂等的成膜材料。

【安全性】 安全性较高,无毒,无刺激,与酸、二价金属离子(除 Mg^{2+} 以外)发生配伍变化,遇酸析出凝胶沉淀的海藻酸,遇二价金属离子形成凝胶。高温状态时,黏度下降,因为藻蛋白酶的作用使分子解聚。

彩图 37

岗 位 对 接

一、辅料应用分析

硫酸钡混悬剂

处方组成:硫酸钡 200 g,海藻酸钠 3 g,枸橼酸钠 35 g,糖精钠 0.1 g,苯甲酸钠 0.3 g,纯化水加至 1 000 ml。

制备方法:将海藻酸钠分散于 600 ml 纯化水中配成胶体溶液待用,再将硫酸钡加入,搅拌均匀,然后将枸橼酸钠、糖精钠、苯甲酸钠溶于其中,搅拌均匀,加纯化水至 1 000 ml,分装,即得。

分析:硫酸钡是主药,海藻酸钠是助悬剂,枸橼酸钠是絮凝剂,糖精钠是矫味剂,苯甲酸钠是防腐剂,纯化水是溶媒。

二、使用指导

硫酸钡是难溶性药物,作液体制剂的主药,制成混悬剂,需要颗粒均匀,沉降速度慢,再分散性好,使用海藻酸钠作助悬剂,枸橼酸钠作絮凝剂,极大地提高了混悬剂的稳定性。由于海藻酸钠需要先溶胀完全才能形成胶体溶液,所以先进行配制。海藻酸钠安全性高,与酸、二价金属离子有配伍禁忌,注意避免接触;对高温敏感,注意控制温度。

(三) 硅酸类助悬剂

硅酸类助悬剂不溶于水或酸,但在水中膨胀,形成高黏度并具触变性和假塑性的凝胶,如胶体二氧化硅、硅酸镁铝、硅藻土等。

硅 酸 镁 铝

彩图 38

【性状】 本品为类白色至棕黄色粉末、颗粒或片状物(彩图 38)。本品在水或乙醇中几乎不溶。

【应用】

1. 助悬剂 用作混悬剂的助悬剂,一般浓度为 1%~10%。
2. 增稠剂 用于半固体制剂中增加黏稠度,一般浓度为 1%~10%。
3. 其他应用 还可用作崩解剂、吸附剂、黏合剂等,使用浓度崩解剂一般为 2%~10%,吸附剂一般为 10%~50%,黏合剂一般为 2%~10%。

【安全性】 安全性较高,无毒,无刺激,与 pH 小于 3.5 的酸性物质、某些激素、生物碱等有配伍禁忌。高浓度出现老化问题。

岗 位 对 接

一、辅料应用分析

富马酸亚铁混悬剂

处方组成:富马酸亚铁 18.2 g,维生素 C 5 g,单糖浆 600 ml,琼脂 2 g,硅酸镁铝 2 g,羟苯乙酯 0.3 g,草莓香精 1 ml,稀盐酸 0.5 ml,纯化水加至 1 000 ml。

制备方法:将处方量的硅酸镁铝和琼脂加适量纯化水浸泡膨胀,再加热使其溶解,加入单糖浆搅拌均匀;另取维生素 C 用纯化水溶解,加入混匀;然后将富马酸亚铁、稀盐酸加入;最后加入草莓香精和羟苯乙酯,充分混匀。最后,加纯化水至 1 000 ml,搅匀,分装,即得。

分析:富马酸亚铁、维生素 C 是主药,维生素 C 还是抗氧剂,可防止富马酸亚铁被氧化成三价铁。硅酸镁铝是助悬剂;琼脂是助悬剂,也是增稠剂;羟苯乙酯是防腐剂;草莓香精是芳香剂;单糖浆是矫味剂;纯化水是溶媒。

二、使用指导

富马酸亚铁混悬剂适宜治疗缺铁性贫血。富马酸亚铁是难溶性药物,在水中溶解度低,加入硅酸镁铝和琼脂作为助悬剂,增加稳定性。琼脂黏稠度大,天然来源安全。硅酸镁铝和琼脂应用水充分浸泡溶胀成胶体溶液后使用。

皂 土

彩图 39

【性状】 皂土是天然的胶态水合硅酸铝,主要成分为蒙脱石,还含有钙、镁和铁,主要以氧化物形式存在,但其含量与硅酸镁铝不同。皂土为白色至灰色粉末(彩图39),无臭,微带土味,不溶于水、有机溶剂。加水形成半透明均匀混悬液,2% 水混悬液 pH 为 9~10.5,7% 以上浓度形成凝胶,7% 以下形成混悬液。皂土进一步水合形成具有高黏度的胶体分散体。

【应用】 助悬剂:混悬剂适合以溶胶态皂土作助悬剂,凝胶态皂土适用于软膏和霜剂。皂土水性混悬液呈弱碱性,在 pH 8.5~9.5 时也具有一定的中和酸的能力。皂土的水分散体系的黏度随着分散性固体的类型和数量而不同,一般 5%~10% 浓度的皂土形成稳定的不透明的凝胶。凝胶形成性会因为酸性增加而减小,加入碱性物质氧化镁后则增大。在 pH 6~11 的体系中可以配制皂土混悬液,在 pH 9~11 时最稳定,因此在处方中常加碱性缓冲液以维持此 pH。乙醇能降低皂土制剂的黏度。皂土混悬液和凝胶易长霉菌和细菌,常用尼泊金和苯甲酸等非离子型防腐剂,但阳离子型季铵盐防腐剂无效。加热和长时间储存会增加皂土混合物的黏度,但在高浓度系统中不明显。

【安全性】 皂土多用于局部制剂,用于口服时,不被胃肠道吸收,因此一般认为无毒、无刺激。向本品的水性制剂中加入大量乙醇,会使网状结构脱水而使皂土沉淀。皂土荷负电,加入电解质或荷正电的混悬剂可发生絮凝,所以与电解质不能配伍。阳离子型防腐剂在皂土混悬剂中抗菌效力下降,非离子型和阴离子型防腐剂不受影响。皂土与盐酸吖啶黄不可配伍。

岗 位 对 接

一、辅料应用分析

复方炉甘石洗剂

处方组成:炉甘石 8 g,氧化锌 8 g,甘油 2 ml,皂土 1 g,纯化水加至 100 ml。

制备方法:取炉甘石、氧化锌加适量纯化水研成糊状。将甘油缓慢地加入,边加边研磨。另取皂土加纯化水膨胀溶解,分次加入上述糊状物中,随加随单向搅拌。最后,加纯化水至 100 ml,搅匀,即得。

分析:处方中炉甘石、氧化锌是主药,炉甘石是亲水性不溶于水的固体药物,皂土为助悬剂。为了增加混悬剂的稳定性,另加甘油为润湿剂和助悬剂。

二、使用指导

炉甘石、氧化锌均为亲水性药物，可被水润湿，可先与水混合，再加甘油，增加分散性，阻止颗粒聚结。皂土避免接触乙醇、阳离子型防腐剂等。

（四）触变胶

触变胶具有触变性，即凝胶与溶胶恒温转变的性质，静置时形成凝胶类似固体，微粒被静止，振摇时变为溶胶，成为流体能够倒出。如单硬脂酸铝溶在植物油中可形成触变胶。

第五节　乳　化　剂

一、概述

乳剂是指两种互不相溶的两相液体混合，其中一相液体以液滴状态分散于另一相液体中形成的非均相分散体系，分散成液滴的一相液体称为分散相、内相或不连续相。包围在液滴外面的另一相液体称为分散介质、外相或连续相。乳剂制备时通常是将一种液体经乳化后形成微小液滴均匀稳定地分散在另一种液体体系中。这种起乳化作用的物质称为乳化剂。

一般的乳剂为乳白色不透明的液体，其液滴大小在 0.1~10 μm，液滴在 0.1~0.5 μm 的称为亚微乳，液滴小于 0.1 μm 的称为微乳，微乳呈透明液体。

根据分散相不同，乳剂分为水包油型（O/W 型）和油包水型（W/O 型），此外，还可以根据需要进一步乳化成复合乳剂或多重乳剂。乳剂的用途广泛，不仅液体制剂中有乳剂类型，在注射剂、滴眼剂、软膏剂、栓剂、气雾剂等剂型中也有乳剂类型存在。

乳化剂是乳剂处方组成中的重要成分，对乳剂的形成、稳定及药效发挥等方面均起着关键作用。在乳化过程中，乳化剂可被吸附在油水界面上，通过降低界面张力、形成乳化膜或电屏障发挥乳化作用并保持乳剂稳定。

二、乳化剂的选用原则

不同的乳化剂，其乳化能力、稳定性等各不相同。若选用不当，不仅影响制剂的成型和稳定，还会影响药效的发挥。优良的乳化剂应具备以下条件：① 有较强的乳化能力且能在乳滴周围形成牢固的乳化膜。② 稳定性好，受各种因素影响小。③ 对机体无毒副作用、无刺激性。④ 来源广泛，价廉易得。

选择适宜的乳化剂是制备乳剂的关键，制备过程中应根据乳剂的给药途径、药物的性质、处方组成、电解质的影响、油的种类、欲制备乳剂的类型和乳化方法等综合考虑。

(一)根据乳剂的给药途径选择

口服乳剂应选择无毒、无刺激性的天然乳化剂或某些亲水性非离子型乳化剂,如阿拉伯胶、西黄蓍胶、果胶、琼脂等;外用乳剂应选择对局部无刺激性,长期应用无毒性的乳化剂,如肥皂类及各种非离子型表面活性剂等。一般不用高分子溶液作乳化剂,因其易干结成膜。表面活性强的物质易引起刺激和过敏。注射用乳剂应选择安全、不引起血象异常的乳化剂,如泊洛沙姆、卵磷脂等。

(二)根据乳剂的类型选择

设计乳剂处方时应先确定乳剂的类型,根据乳剂类型选择所需的乳化剂。制备 O/W 型乳剂应选择 O/W 型乳化剂,而制备 W/O 型乳剂则应选择 W/O 型乳化剂。

(三)根据乳化剂性能选择

乳化剂的种类很多,但乳化性能各不相同,制备乳剂时应选择乳化能力强,性质稳定,受外界因素(如酸、碱、盐等)影响小,无毒、无刺激性的乳化剂。

知识拓展

乳化剂的作用机制

乳化剂主要通过以下三个途径发挥作用。

1. 降低界面张力　乳剂的油相与水相之间存在界面张力,两相间的界面张力越大,表面自由能就越大,形成乳剂的能力就越小。要保持乳剂的分散状态和稳定性,必须极大限度地降低界面张力和表面自由能。乳化剂能被吸附在乳滴的周围,使乳滴在形成过程中有效地降低界面张力或表面自由能,使乳滴易于形成并保持高度分散的状态和稳定性。

2. 形成牢固的乳化膜　乳化剂能被吸附在乳滴周围,有规律地定向排列在乳滴界面形成牢固的乳化膜,乳化膜在油、水之间起着机械屏障作用,阻止乳滴合并,从而起到稳定作用。乳化膜越牢固,乳剂就越稳定。乳化膜的形成与所用的乳化剂有关,常见的有三种类型。

(1)单分子乳化膜:表面活性剂作乳化剂时,会在油水界面定向排列成单分子乳化膜,除能阻止乳滴合并外,还能明显地降低界面张力,使乳剂稳定。

(2)多分子乳化膜:亲水性高分子化合物类乳化剂被吸附在乳滴周围,形成多分子乳化膜。形成的乳化膜可阻止乳滴合并,且能增加分散介质的黏度,使乳剂稳定。

(3)固体微粒乳化膜:固体微粒乳化剂被吸附在乳滴周围,排列形成固体微粒层,称为固体微粒乳化膜,可阻止乳滴合并且提高乳剂稳定性。

3. 形成电屏障　某些离子型表面活性剂作为乳化剂时,会定向排列在乳滴周围,形成双电层结构的电屏障。该屏障利用电荷的排斥作用来阻止乳滴的合并,从而起到稳定作用。

(四) 混合乳化剂的选择

若单一的乳化剂不能满足制备需要,可根据实际处方,选用混合乳化剂。乳化剂混合使用的优点如下:① 可调节乳化剂的 HLB 值,以改变其亲水亲油性,使乳化剂有更好的适应性;② 促进乳化膜形成并增强其牢固性,提高乳剂的稳定性。对于表面活性剂类乳化剂,应该结合处方中油相对 HLB 值的要求选用(乳化不同的油相所需乳化剂的 HLB 值见表 3-1)。同时应注意:① 非离子型乳化剂之间、非离子型乳化剂与离子型乳化剂可混合使用。② 阳离子型乳化剂和阴离子型乳化剂不能混合使用。

表 3-1　乳化不同的油相所需乳化剂的 HLB 值

油相名称	乳化剂 HLB 值		油相名称	乳化剂 HLB 值	
	O/W 型	W/O 型		O/W 型	W/O 型
液状石蜡(重)	10~12	4	挥发油	9~16	5
液状石蜡(轻)	10.5	4	蜂蜡	10~16	5
羊毛脂	15	8	凡士林	9	4
硬脂酸	15	—	鲸蜡醇	15	—
棉籽油	10	—	硬脂醇	14	—
植物油	7~12	—	蓖麻油	14	—
油酸	17	—	亚油酸	16	—

(五) 使用辅助乳化剂

辅助乳化剂是指与乳化剂合并使用能增加乳剂稳定性的乳化剂。辅助乳化剂的乳化能力很弱或无乳化能力,但制备所得的乳剂黏度大,同时能增加乳化膜的强度,阻止乳滴合并。常用的辅助乳化剂根据其对水相和油相的亲和力不同可分为两类。

1. 增加水相黏稠度的辅助乳化剂　常用的有甲基纤维素、羟丙纤维素、羧甲纤维素钠等。

2. 增加油相黏稠度的辅助乳化剂　常用的有鲸蜡醇、蜂蜡、硬脂酸、硬脂醇、单硬脂酸甘油酯等。

三、乳化剂的常见品种

(一) 表面活性剂类乳化剂

表面活性剂类乳化剂,因分子中有较强的亲水基和亲油基,乳化能力强,性质较稳定,能显著降低液体表面张力,同时在乳滴周围形成单分子乳化膜,也可使用混合乳化剂形成复合凝聚膜来提高乳剂的稳定性。表面活性剂的 HLB 值可决定乳剂的类型,若选用 HLB 值为 3~8 的表面活性剂为乳化剂,则形成 W/O 型乳剂。若选用 HLB 值为 8~18 的表面活性剂为乳化剂,则形成 O/W 型乳剂。详细内容参见第二章。

1. 阴离子型乳化剂 常用的有硬脂酸钠、硬脂酸钾、硬脂酸钙、油酸钠、油酸钾、十二烷基硫酸钠、十六烷基硫酸化蓖麻油等。

2. 非离子型乳化剂 常用的有单甘油脂肪酸酯、三甘油脂肪酸酯、蔗糖单硬脂酸酯、聚甘油硬脂酸酯、司盘类(W/O 型)、吐温类(O/W 型)、卖泽类(O/W 型)、苄泽类(O/W 型)、脂肪醇聚氧乙烯醚、泊洛沙姆等。

(二)非表面活性剂类乳化剂

◆ 天然高分子化合物

此类化合物主要是来源于植物或动物的复杂高分子化合物,常称为天然乳化剂。天然乳化剂大多数亲水性较强,黏性较大,能形成 O/W 型乳剂,并增加乳剂的稳定性。天然乳化剂易受微生物的污染而变质,在使用时须新鲜配制或加入适宜的防腐剂。植物来源的天然乳化剂常用品种有阿拉伯胶、西黄蓍胶、皂苷、大豆磷脂、果胶、海藻酸钠等;动物来源的常用品种,亲水性的有蛋黄磷脂、明胶等,亲油性的有羊毛脂、胆固醇等。

阿 拉 伯 胶

本品为从豆科金合欢属阿拉伯树或同属近似树种的枝干得到的干燥胶状渗出物。将该树树皮割开,露出渗出物,在树干上干燥后除去杂质,然后研磨过筛,进行产品分级,也可用喷雾干燥法制得。本品是混合物,主要成分为高分子量多糖类及其钙、镁和钾盐,一般由 D-半乳糖(36.8%)、L-阿拉伯糖(30.3%)、L-鼠李糖(11.4%)、D-葡萄糖醛酸(13.8%)组成。分子量为 240 000~580 000。

【性状】 本品为白色至棕黄色的半透明或不透明的球形或不规则的颗粒、碎片或粉末(彩图 40)。

彩图 40

【应用】 本品为天然多糖,具有乳化、增稠、助悬、黏合等作用,在药剂中用作乳化剂、增黏剂、助悬剂、黏合剂、缓释材料和微囊囊膜材料,用于乳剂、混悬剂、片剂、丸剂、颗粒剂、胶囊剂、微囊剂中。

1. 乳化剂 阿拉伯胶具有较强的水溶性,可用于制备 O/W 型乳剂。作为乳化剂的常用浓度为 5%~10%,乳剂在 pH 4~10 内稳定性好。由于其乳化能力较弱,常与西黄蓍胶、琼脂等合用增加乳剂的黏度和稳定性。适用于乳化植物油和挥发油,广泛用作内服乳剂的乳化剂。阿拉伯胶含氧化酶,易腐败,与酚类药物混合可产生配伍禁忌,故使用前将胶浆液在 80℃加热 30 min 使氧化酶破坏。

2. 黏合剂 阿拉伯胶胶浆黏性强,在片剂制备中,对于易松散或不能用淀粉浆制粒的药物,可选用阿拉伯胶胶浆作黏合剂,使用浓度一般为 10%~25%。

3. 增稠剂和助悬剂 在制备混悬型液体制剂时,可根据需要配制成适宜浓度的胶浆,以增加分散相的黏稠度,延缓混悬微粒的沉降,增加混悬液的稳定性。

4. 其他应用 阿拉伯胶胶浆还可以用作明胶胶囊的稳定剂、缓释材料和微囊囊膜材料等。

【安全性】 本品虽被认为是一种基本无毒的原料,但亦有少量关于吸入和摄入阿拉伯胶后导致过敏的报道。WHO 未限定每日允许最大摄入量。通常用于化妆品、食品、口服和局部使用药物制剂中。本品与乙醇、肾上腺素、氨基比林、次硝酸镁、硼砂、甲酚、丁香油酚、高铁盐、吗啡、苯酚、毒扁豆碱、鞣酸、麝香草酚、硅酸钠和香草醛等有配伍变化。许多盐类能降低阿拉伯胶的黏度,三价盐可能使其发生凝聚作用,与肥皂有配伍禁忌。本品经非胃肠途径有中毒危险,不能作注射用。

岗 位 对 接

一、辅料应用分析

液状石蜡乳

处方组成:液状石蜡 12 ml,阿拉伯胶胶粉 4 g,纯化水适量,制成 30 ml。

制备方法:

(1) 干胶法:液状石蜡与阿拉伯胶胶粉置于乳钵中研匀,加入纯化水 8 ml 后,迅速沿同一方向研磨,直至形成稠厚的初乳,再加入纯化水 30 ml,研磨均匀,即得。

(2) 湿胶法:在乳钵中先将阿拉伯胶胶粉与 8 ml 纯化水混合,制成胶浆,再将液状石蜡分次加入乳钵中,沿同一方向研磨直至形成稠厚的初乳。最后加纯化水至 30 ml,研磨混匀,即得。

分析:本品为 O/W 型乳剂,制备时可采用干胶法或湿胶法。液状石蜡为主药,纯化水为溶媒,阿拉伯胶胶粉为乳化剂。

二、使用指导

阿拉伯胶具有较强的水溶性,适用于乳化植物油和挥发油,广泛地用作内服乳剂的乳化剂。作为乳化剂使用时,可加适量纯化水溶解,配制成 10%~15% 的胶浆。阿拉伯胶含氧化酶,易腐败,与酚类药物混合后可产生配伍禁忌,故使用前将胶浆液在 80 ℃加热 30 min,破坏氧化酶。

西 黄 蓍 胶

【性状】 本品为白色或类白色半透明、扁平而弯曲的带状薄片;表面具平行细条纹;质硬,平坦光滑;或为白色或黄白色粉末(彩图 41);遇水溶胀成胶体黏液。

【应用】 本品为常用的药用辅料,在制剂生产中可用作乳化剂、助悬剂、黏合剂等。

1. 乳化剂 为乳化能力较弱的 O/W 型乳化剂,一般不单独使用,常与阿拉伯胶合用以增加乳剂的稳定性。

2. 助悬剂 在制备混悬剂时,用纯化水配成适宜浓度的胶浆,其黏度大,可延缓混悬微粒的沉降,增加制剂稳定性。

3. 黏合剂 与阿拉伯胶应用类似。

彩图 41

【安全性】　西黄蓍胶为天然物质,无刺激性,无毒,安全。可用于内服制剂中,也可作为食品添加剂。

课堂讨论

结合自己的认识,谈一谈阿拉伯胶和西黄蓍胶在食品、药品中的应用都有哪些。

岗 位 对 接

一、辅料应用分析

鱼肝油乳剂

处方组成:鱼肝油 50 ml,阿拉伯胶胶粉 12.5 g,西黄蓍胶 0.7 g,杏仁油 0.1 ml,糖精钠 0.01 g,三氯甲烷 0.2 ml,纯化水适量,制成 100 ml。

制备方法:

(1) 干胶法:取鱼肝油与阿拉伯胶胶粉置于乳钵中研匀,加入纯化水 25 ml 后,迅速沿同一方向研磨,直至形成稠厚的初乳,再加入糖精钠水溶液、杏仁油、三氯甲烷、西黄蓍胶胶浆与纯化水至 100 ml,研磨均匀,即得。

(2) 湿胶法:在乳钵中先将阿拉伯胶胶粉与适量纯化水混合,制成胶浆,再将油相分次加入乳钵中,沿同一方向研磨直至形成稠厚的初乳,最后加入其他成分研磨混匀,即得。

分析:本品为 O/W 型乳剂,制备时可采用干胶法或湿胶法。鱼肝油是主药;阿拉伯胶和西黄蓍胶是乳化剂,阿拉伯胶乳化作用迅速但分散度小,西黄蓍胶黏度大,与阿拉伯胶合用可增加乳剂稳定性;糖精钠是矫味剂;杏仁油为芳香矫味剂;三氯甲烷为防腐剂。

二、使用指导

阿拉伯胶具有较强的水溶性,适用于乳化植物油和挥发油,广泛地用作内服乳剂的乳化剂。作为乳化剂使用时,可加适量纯化水溶解,配制成 10%~15% 的胶浆。由于乳化能力较弱,常与西黄蓍胶、琼脂等合用增加乳剂的黏度和稳定性。阿拉伯胶含氧化酶,易腐败,与酚类药物混合后可产生配伍禁忌,故使用前将胶浆液在 80 ℃加热 30 min,破坏氧化酶。

果　胶

本品是从柑橘皮或苹果渣中提取得到的碳水化合物。按干燥品计算,含甲氧基（—OCH₃）不得少于 6.7%,含半乳糖醛酸（$C_5H_{10}H_7$）不得少于 74.0%。

【性状】　本品为白色至浅棕色的颗粒或粉末。

【应用】　本品常用作增稠剂、乳化剂、乳化稳定剂、胶凝剂、前体药物载体,以及成膜材料。在食品工业和日化工业中有广泛用途。

【安全性】 本品无毒,对皮肤和黏膜无刺激性,一般认为是安全的。每日允许摄入量未作规定。

黄 原 胶

本品是淀粉经甘兰黑腐病黄单胞菌发酵后生成的多糖类高分子聚合物,经处理精制而得。

【性状】 本品为类白色或淡黄色的粉末。本品在水中溶胀成胶体溶液,在乙醇和丙酮中不溶。

【应用】 本品用于液体制剂,主要用作增稠剂、助悬剂、乳化剂和稳定剂;也常用于固体制剂,主要用作黏合剂和崩解剂。本品也是食品添加剂,在食品工业中作稳定剂、增稠剂、乳化剂、泡沫增强剂等,用于制造罐头、奶油、糕点、汤料、乳脂干酪等各种食品。在日化工业中也有广泛的用途,用于制造霜剂、乳液、面膜、牙膏、香波等化妆品。

【安全性】 本品无毒,对皮肤和黏膜无刺激性,公认为是安全的。每日允许摄入量为 0~10 mg/kg。

本品是一种阴离子型聚电解质,通常与阳离子型表面活性剂、聚合物或防腐剂有配伍禁忌,可产生沉淀。黄原胶忌与氧化剂、某些片剂薄膜包衣材料、羧甲纤维素钠、干燥的氢氧化铝凝胶和一些活性成分,如阿米替林、他莫昔芬及维拉帕米配伍。

◆ 固体粉末乳化剂

这类乳化剂主要是一些不溶性固体微粉,乳化时可在油相与水相之间形成稳定的界面膜,防止分散相液滴相互接触合并。根据亲和性可分为 O/W 型乳化剂和 W/O 型乳化剂。前者亲水性强,易被水润湿,可用于制备 O/W 型乳剂,常用的有氢氧化铝、二氧化硅、硅藻土等;后者疏水性强,易被油润湿,可用于制备 W/O 型乳剂,常用的有氢氧化镁、氢氧化钙、硬脂酸镁等。

第六节 矫味剂与着色剂

一、概述

(一) 矫味剂

许多药物具有不良臭味,如胃蛋白酶、鱼肝油有腥味,许多中药制剂有苦味等,患者服用后易引起恶心、呕吐等不适反应,导致患者用药的依从性降低,影响疗效和用药的安全性。矫味剂是一类能掩盖和矫正制剂的不良臭味,使制剂更加可口,便于患者服用的物质。

（二）着色剂

在配制药物制剂过程中，为了达到某些目的需加入有色物质进行调色，这样的有色物质称着色剂，亦称色素或染料。着色剂可以改变制剂的外观颜色，起到以下几方面的作用：① 用以识别制剂的品种。② 区分药物浓度的高低。③ 区分应用方法（如内服和外用）。④ 提高患者用药的依从性。着色剂与矫味剂配合协调，能有效地减少服药的排斥感。

二、矫味剂与着色剂的选用原则

（一）矫味剂的选用

使用矫味剂调整药物制剂的气味和味道是制剂过程中的重要环节，选用矫味剂必须在不影响药物质量和保证用药安全的前提下，根据药物的性质适当添加，以达到减轻患者对药物的排斥感和应有的治疗效果。使用矫味剂必须通过小量试验，一般以滋味清淡纯正为度，不要过于浓郁特殊，以免患者产生不适感。

1. 苦味药物　临床常用的药物中很多都具有苦味，如生物碱、苷类、抗生素等，处方设计时可用甜味剂、芳香剂来掩盖和矫正。但苦味的健胃药不能添加矫味剂，以免影响疗效。

2. 咸味药物　卤族盐类药物多具咸味，可用含芳香成分的糖浆剂如橙皮糖浆、柠檬糖浆、甘草糖浆等进行矫味。

3. 涩味、酸味与刺激性药物　宜选用能增加黏度的胶浆剂和甜味剂进行改善。

4. 治疗特殊疾病的制剂　治疗糖尿病的药物制剂不能使用蔗糖作为甜味剂，可使用木糖醇、糖精钠、山梨醇、甜菊苷等甜味剂。

（二）着色剂的选用

药用的着色剂应具备安全无毒、性质稳定、溶解范围广、耐热、抗氧化还原等性质，能与其他着色剂配合使用。通常需要从以下几方面考虑选用。

1. 色泽　根据制剂的使用部位、治疗效果、患者对颜色的心理习惯、制剂的臭味等选用合适的色泽。如外用制剂最好与肤色一致；镇静催眠药用暗色；带薄荷、留兰香味的退热药用淡绿色；带橙皮味的制剂用橙黄色；带樱桃味、草莓味的用粉红色；漱口剂用淡黄色或淡红色；止咳糖浆常用咖啡色等。制剂的颜色一经确定，不宜随意改变。

2. 用量　在液体制剂中，着色剂的一般用量以 0.000 5%~0.001% 为宜。

3. 配色　不同色素相互配色可产生多样化的着色剂。

此外，配制制剂所用的溶剂、pH 等均可影响着色剂的颜色；光照、氧化剂、还原剂的作用会导致很多着色剂褪色。

三、矫味剂与着色剂的分类与常见品种

(一) 矫味剂

常用的矫味剂根据其作用可分为甜味剂、芳香剂、胶浆剂和泡腾剂。

甜味剂为具有甜味的物质,用于掩盖药物的苦、咸、涩味,包括天然和合成两大类。天然甜味剂以蔗糖、单糖浆应用最广。芳香味糖浆,如橙皮糖浆、枸橼酸糖浆等不仅能矫味,还能矫臭。合成甜味剂主要有阿司帕坦、木糖醇、糖精钠等。

芳香剂常用的是具有芳香挥发性的物质,用于改善药物的气味,包括天然芳香剂和人工合成芳香剂。天然芳香剂包括天然芳香挥发油,如橙皮油、茴香油、桂皮油、薄荷油等,以及挥发油制成的制剂,如酊剂等。人工合成芳香剂有苹果香精、橘子香精、香蕉香精等。

胶浆剂具有黏稠缓和的性质,通过干扰味蕾的敏感性,阻止药物的气味向味蕾扩散,并可降低药物的刺激性以达到矫味的作用。胶浆剂中加入甜味剂,可增加胶浆剂矫味的效果。常用的有淀粉、羧甲纤维素钠、阿拉伯胶、海藻酸钠、甲基纤维素、明胶等物质制备的胶浆剂。

泡腾剂是用有机弱酸(如枸橼酸、酒石酸等)与碳酸氢盐混合,加适宜辅料(如香精、甜味剂等)制成。泡腾剂遇水后产生大量二氧化碳,溶于水后呈酸性,能麻痹味蕾而达到矫味的目的。

蔗　糖

本品系自甘蔗和甜菜根中榨取浆汁,加热除去水溶性蛋白质,再经活性炭脱色后,浓缩、冷却制得的结晶。

【性状】 本品为无色结晶或白色结晶性的松散粉末。本品在水中极易溶解,在乙醇中微溶,在无水乙醇中几乎不溶。

取本品,精密称定,加水溶解并定量稀释制成每 1 ml 中约含 0.1 g 的溶液,测定比旋度为 + 66.3°~+ 67.0°。

【应用】

1. 矫味剂　本品广泛用于药物制剂的制备。在液体制剂中,常常将其配制成单糖浆,在固体制剂中可直接添加,作矫味剂中的甜味剂使用。

2. 其他应用　在固体制剂中还可作稀释剂、黏合剂、保湿剂等。50%~67%(W/W)的糖浆可用作湿法制粒的黏合剂及片剂包衣辅助剂。可压蔗糖可用作干法压片的黏合剂,一般用量为 2%~20%(W/W),还可用作咀嚼片和锭剂的填充剂和甜味剂。

【安全性】 粉状蔗糖可能含有痕量金属,从而与某些活性成分,如维生素 C 产生配伍禁忌。蔗糖在精制过程中也可能混入亚硫酸盐,浓度高时能引起糖衣片颜色变化。在稀酸或浓酸存在条件下,蔗糖可水解转化成为葡萄糖和果糖(转化糖),糖尿病患者应禁止使用本品。此外,蔗糖对铝制品有腐蚀作用,在选用制剂设备和用具时应注意。

单 糖 浆

本品系蔗糖的饱和或近饱和水溶液,其中蔗糖含量为85%(g/ml)或64.72%(g/g)。

【性状】 本品为无色至淡黄白色的浓稠液体,味甜,遇热易发酸变质。

【应用】

1. 矫味剂 可直接添加于液体制剂中,起矫味作用,为矫味剂中的甜味剂。

2. 糖浆剂的原料 通常作为药用糖浆的原料,以混合法与药物混合。

3. 助悬剂 单糖浆可作混悬剂中的低分子助悬剂,提高混悬剂的黏度,降低药物的沉降速度。

4. 其他应用 可作片剂、丸剂等固体制剂的黏合剂使用。

【安全性】 本品安全无毒,在食品药品中使用广泛。

阿 司 帕 坦

别名:甜味素、蛋白糖、甜乐、天冬甜素、阿斯巴甜。

【性状】 本品为白色结晶性粉末(彩图42)。本品在水中极微溶解,在乙醇、正己烷或二氯甲烷中不溶。

取本品,精密称定,加15 mol/L甲酸溶液溶解并定量稀释制成每1 ml中约含40 mg的溶液,立即测定比旋度为 +14.5°~+16.5°。

彩图42

【应用】 一种新型氨基酸甜味剂,广泛用于食品、饮料和医药行业。在药物制剂中(片剂、散剂和维生素制剂等)作强甜味剂,用于调味及遮盖不良味道。阿司帕坦在机体内可代谢,并且还有一定的营养价值:1 g提供大约17 kJ(4 kcal)的热量。少量的阿司帕坦只能产生很少的营养作用,代谢不需要胰岛素参与,尤其适用于糖尿病、肥胖症患者。一般用量在 0.01%~0.6%。

【安全性】 阿司帕坦包含三大组成部分:甲醇、苯丙氨酸、天门冬氨酸。在食品和药品中阿司帕坦的用量是毫克级,代谢所产苯丙氨酸的量也较低,一般不会对人体产生重大影响。由于阿司帕坦中含有苯丙氨酸,所以患有苯丙酮尿症的人不宜食用该甜味剂。因其安全性尚有争议,在使用过程中有严格的规定,一般每日摄入量不得超过 40 mg/kg。

【配伍禁忌】 阿司帕坦遇到氧化剂和碱性药物易发生氧化、分解反应。阿司帕坦与直接压片的辅料磷酸氢钙和硬脂酸镁混合有配伍禁忌。

岗 位 对 接

一、辅料应用分析

复方氨基酸口服液

处方组成:复方氨基酸粉 500 g,硫酸锌 10 g,阿司帕坦 13.5 g,尼泊金适量,纯化水加至 10 000 ml。

制备方法：用纯化水适量，将复方氨基酸粉、硫酸锌、阿司帕坦及尼泊金溶解后，用滤纸过滤后加纯化水至 10 000 ml。

分析：复方氨基酸粉、硫酸锌为主药，阿司帕坦为甜味剂，尼泊金为防腐剂，纯化水为溶媒。

二、使用指导

阿司帕坦广泛用于食品、医药、饮料等行业，几乎不产生热量，用量为 0.01%~0.6%，每人每日允许摄入量为 40 mg/kg，可作糖尿病和肥胖症患者饮食中的替代糖。

木　糖　醇

彩图 43

【性状】　本品为白色结晶或结晶性粉末（彩图 43）。本品在水中极易溶解，在乙醇中微溶。本品的熔点为 91.0~94.5℃。

【应用】　本品在制剂生产中用途广泛，可用作甜味剂、增塑剂、保湿剂，也可用作固体制剂的稀释剂及抗氧剂、抗菌增效剂等。

1. 甜味剂　本品可用于制备供糖尿病患者使用制剂的甜味剂、营养补充剂和辅助治疗剂。木糖醇是人体糖类代谢的中间体，在体内缺少胰岛素而影响糖代谢情况下，无需胰岛素促进，木糖醇也能透过细胞膜，被组织吸收利用，促进肝糖原合成，供应细胞以营养和能量，且不会引起血糖值升高，消除糖尿病患者服用后的"三多"症状（多食、多饮、多尿），是最适合糖尿病患者食用的营养性的食糖代替品。

2. 稀释剂　在固体制剂如颗粒剂、片剂中，可用木糖醇作稀释剂或填充剂，对一些易氧化药物，本品还可以起到适宜的抗氧化作用。

3. 抗菌增效剂　木糖醇的防龋齿特性在所有的甜味剂中效果最好。首先，木糖醇不能被口腔中产生龋齿的细菌发酵利用，抑制链球菌生长及酸的产生；其次，咀嚼木糖醇时，会促进唾液分泌，唾液既可以冲洗口腔、牙齿中的细菌，也可以增加唾液和龋齿斑点处氨基酸及氨浓度，减缓口腔内 pH 下降，使伤害牙齿的酸性物质被中和稀释，抑制细菌在牙齿表面的吸附，减少牙齿的酸蚀，防止龋齿和减少牙菌斑的产生。

4. 保湿剂　木糖醇是一种多元醇，可作为供皮肤使用制剂的保湿剂，对人体皮肤无刺激作用。

5. 其他应用　木糖醇具有吸湿性，可替代甘油作烟丝、漱口剂的加香剂。在治疗方面，木糖醇可作为一种受伤后供静脉输液使用的能量来源。

【安全性】　本品无毒，无刺激性，是一种安全的内服制剂辅料。

知识拓展

木糖醇注射液

本品为无色的透明液体，味甜，可保持血糖稳定，补充能量和体液，改善糖代谢，消除酮血症的作用,适用于糖尿病或隐性糖尿病患者,这主要是因为木糖醇不需胰岛素的帮助即可进入细胞内,血糖不受影响,它是一种安全、有效的治疗药物和营养补充剂。木糖醇是五碳糖的多元醇,是糖类的中间体,它通过抑制生物组织中脂肪酸合成,可减少血中游离脂肪酸、丙酮酸,因此有明显的抗酮体作用。肝、肾障碍患者慎用。胰岛素诱发的低血糖症患者禁用。

甜 菊 苷

【性状】 白色粉末,无臭,有清凉甜味,其甜度为蔗糖的 300 倍,性质稳定,耐热和耐酸、碱,在水中溶解度(25℃)为 1:10。

【应用】 矫味剂:为天然甜味剂,本品甜味持久且不被吸收,甜中带苦,常与蔗糖或糖精钠合用,常用量为 0.025%~0.05%。由于不产生热量,广泛地用于食品、药品中。

【安全性】 本品无毒,安全可靠。

糖 精

本品是用甲苯与氯磺酸反应,生成邻甲苯磺酸氯,再与氨反应生成邻甲苯磺酸酰胺,再用重铬酸盐氧化,得到邻磺酰氨基苯甲酸,加热得到环状亚胺物糖精。

【性状】 本品为无色至白色结晶性粉末;无臭,微具芳香气,本身有苦味,但在水中有强烈的甜味,在常温下其水溶液长时间放置甜味降低,对热不稳定,在 pH 3.8 以下加热更易分解失去甜味,pH 为 8 时较稳定。水溶液可高压灭菌。

【应用】 矫味剂:为合成甜味剂,常用其钠盐(糖精钠),甜度为蔗糖的 200~700 倍,易溶于水,使用浓度约为 0.01%。常与甜菊苷、蔗糖等合用作为咸味药物的矫味剂。

【安全性】 糖精为合成甜味剂,无营养价值,但其安全性尚有争议。除了用于药剂的矫味剂外,也可用于糖尿病和肥胖症患者饮食中代替蔗糖。用量不宜过多,每日摄入量不超过 1 g。

岗 位 对 接

一、辅料应用分析

氯雷他定口服溶液

处方组成:氯雷他定 1.0 g,丙二醇 100 ml,枸橼酸 2.5 g,糖精钠 0.5 g,哈密瓜香精 1 ml,纯化水加至 1 000 ml,盐酸适量。

制备方法:将处方量枸橼酸、糖精钠和哈密瓜香精溶于约 500 ml 纯化水中,搅拌均匀,取处方量的氯雷他定加入 100 ml 丙二醇中,超声至全溶,加入上述溶液中,加纯化水至 1 000 ml,搅拌均匀,用盐酸调节 pH 为 2.5~3,5 μm 滤膜过滤,灌装,封口,115℃ 热压灭菌 30 min,即得。

分析:糖精钠为甜味剂,哈密瓜香精为芳香剂。

二、使用指导

糖精或糖精钠在食品及医药工业中常作为甜味剂,甜度约为蔗糖的 500 倍,其甜度取决于使用的浓度,稀溶液的甜度最大。本品没有营养价值,一般使用其钠盐,常用量为 0.01%,建议每日使用量不超过 1 g,在制剂中常用于内服液体制剂和含漱剂的矫味剂,也可用于糖尿病患者饮食中替代糖。

蜂　蜜

【性状】 本品为半透明、带光泽、浓稠的液体,白色至淡黄色或橘黄色至黄褐色,久放或遇冷易析出白色颗粒状结晶,味甜,气芳香。

【应用】 在中药浸出制剂中常用蜂蜜为矫味剂和黏合剂,亦可用作食品添加剂,在食品工业中用作营养剂和甜味剂,用于制造饮料、果实、糕点等食品。

【安全性】 蜂蜜用于制剂中需要炼制,以除去蛋白质等。操作时,将蜂蜜置于适宜锅内加热至沸,过筛除去死蜂、浮沫及杂质等,再继续加热至色泽无明显变化,稍有黏性或产生浅黄色有光泽的泡,手捏有黏性,但两手指分开无白丝为度。蜂蜜作为固体制剂黏合剂时,视原辅料性能而控制炼蜜的程度。

知识拓展 ///////////////////////////////////

环拉酸钠(甜蜜素)

环拉酸钠又称甜蜜素,是由氨基磺酸与环己胺和氢氧化钠反应而成;为白色、无臭的结晶或结晶性粉末,其稀溶液的甜度为蔗糖的 30 倍,为低热量的甜味剂,亦为国际通用的食品添加剂。主要用于:① 酱菜、调味酱汁、配制酒、糕点、饼干、面包、雪糕、冰激凌、冰棍、饮料等,其最大使用量为 0.65 g/kg;② 蜜饯,最大使用量为 1.0 g/kg;③ 陈皮、话梅、杨梅干等,最大使用量为 8.0 g/kg。而膨化食品、小油炸食品在生产中不得使用甜蜜素和糖精钠、苯甲酸和山梨酸。另外,其也可用于家庭调味、化妆品之甜味、牙膏、漱口水、唇膏等,主要供糖尿病、肥胖症患者使用,最大使用量为 0.65 g/kg。若摄入过量,则会对人体肝脏和神经系统造成危害,特别是对代谢排毒能力较弱的老年人、孕妇、儿童危害更明显。

丁　香　油

【性状】 本品为微黄色至黄色的澄清液体(彩图 44),有丁香的香气。本品在乙醇、乙醚、冰醋酸或甲苯中极易溶解,在水中几乎不溶。本品的相对密度为 1.038~1.060。取本品,测定旋光度应为 0°~−2.0°;本品的折光率为 1.528~1.537。

【应用】 矫味剂:制剂生产中常用作芳香矫味剂,可掩盖药物的不良臭味。

彩图 44

认识丁香油

丁香油按作用可分为以下三种。

1. 食用丁香油　用于烹调调香,可直接食用。

2. 药用丁香油　制剂生产中用作芳香矫味剂,以掩盖药物制剂的不良气味,也可直接作为制剂使用,可内服或外搽。内服:以少许滴入汤剂中或和酒饮用,适用于肠胃多气、绞痛,消化不良,恶心、呕吐,风湿痛,神经痛,牙痛。外用:涂搽患处,可起到缓解疼痛的作用。

3. 香料用丁香油　用于香薰疗法,浓度很高,食用可致命。

严格来说,丁香油又可分为丁香叶油、丁香茎油、丁香花蕾油。在香料工业中,丁香油大多为丁香叶油。食用或药用的多为丁香花蕾油。

八角茴香油

【性状】　本品为木兰科植物八角茴香的新鲜枝叶或成熟果实经水蒸气蒸馏而制得的挥发油。通常为无色或淡黄色的澄明液体。气味与八角茴香类似,冷时常发生浑浊或析出晶体,加热后变澄明。本品在 90% 乙醇中易溶,相对密度为 0.975~0.988,凝固点不低于 15℃,折光率为 1.553~1.560 3。本品遇酸、碱、氧化剂等不稳定。置于密封、避光容器中,储存于阴凉、干燥处。

【应用】

1. 矫味剂　本品除作为健胃祛风药外,在药剂中主要用作芳香矫味剂,常用于祛风镇咳、健胃等合剂和糖浆剂中。

2. 其他应用　本品也是食品添加剂(用作食用香料),还可用于制造牙膏、牙粉及化妆品。

肉　桂　油

【性状】　本品是由樟科植物肉桂和斯里兰卡肉桂的干燥枝及树皮经水蒸气蒸馏而得的精油;为黄色或黄棕色油状液体,有桂皮的香气,露置于空气中或放置日久,则颜色逐渐变深,质地变浓稠。本品对酸和碱都不稳定,能溶于丙二醇和大多数非挥发油中,不溶于甘油和矿物油。相对密度为 1.055~1.070。

【应用】

1. 矫味剂　用作芳香矫味剂,有健胃功能。

2. 其他应用　广泛地用于食品及化妆品,为天然食用芳香油,也可作为提取肉桂醛及提取香料的原料。用量酌情而定,口服用量每日 0.06~0.6 ml。

【安全性】　安全性好,基本无毒。本品易氧化变色,不能与氧化性药物、铁剂及酸、碱等配伍。

（二）着色剂

着色剂,又称色素,按照来源不同可分为天然色素和人工合成色素两类。按照给药途径又分为食用色素和外用色素。只有食用色素才可用于内服液体制剂。

常用的天然色素有植物性和矿物性色素,可作为内服制剂的着色剂。植物性色素红色的有苏木、紫草根、甜菜红等;黄色的有姜黄、胡萝卜素等;绿色的有叶绿酸铜钠盐;蓝色的有松叶兰;棕色的有焦糖等。矿物性色素有氧化铁(棕红色)、朱砂(朱红色)等。

人工合成色素色泽鲜艳,品种多,价格低廉,但多数毒性较大,用量不能过多。目前我国批准的可供内服的人工合成食用色素有苋菜红、胭脂红、柠檬黄及日落黄等,常配成 1% 储备液使用,用量不得超过 1/10 000。外用液体制剂中常用的色素有伊红(曙红,适用于中性或弱碱性溶液)、品红(适用于中性或弱酸性溶液)、亚甲蓝(适用于中性溶液)等。根据需要可将上述三种颜色按不同比例混合,拼制各种色谱。

◆ 内服制剂色素

焦　糖

本品是以碳水化合物如蔗糖或葡萄糖等为主要原料,经加热处理制得。

【性状】　本品为暗棕色稠状液体,微有特臭。本品可与水混溶,在浓度小于 55%（ml/ml）乙醇中溶解,与乙醚、三氯甲烷、丙酮、苯或正己烷不能混溶。本品的相对密度不得小于 1.30。

【应用】　着色剂:为常用液体制剂的着色剂。溶液在较宽的 pH 范围内均为澄明状态,可以与高浓度的蔗糖溶液配伍,能耐受含醇的内服制剂中的乙醇,稳定性好,广泛地用于食品、药品中。

【安全性】　安全无毒。硫酸铵焦糖带有负电荷,与带正电荷的物质有配伍禁忌。每日摄入量低于 100 mg/kg。

岗 位 对 接

一、辅料应用分析

参芪五味子糖浆

处方组成:五味子酊 300 ml,党参流浸膏 30 ml,黄芪流浸膏 60 ml,枣仁流浸膏 15 ml,蔗糖 265 g,糖精钠 0.38 g,乙醇适量,纯化水加至 10 000 ml。

制备方法:按照酊剂、流浸膏剂的生产工艺分别制得以上酊剂和各种流浸膏。另取蔗糖 250 g,制成单糖浆;再取蔗糖 15 g,炼制成焦糖液。将焦糖液加入单糖浆中混匀,再与上述五味子酊和各种流浸膏混合,成分搅拌混匀后,加入糖精钠 0.38 g,乙醇适量,加纯化水至 10 000 ml,搅匀,即得。

分析:五味子酊、党参流浸膏、黄芪流浸膏、枣仁流浸膏为主药,蔗糖、糖精钠为甜味剂,焦糖液为着色剂,使该糖浆剂着色后为棕色。

二、使用指导

高浓度的焦糖可用于内服液体药剂中着棕色;焦糖与水混合时,10% 水溶液 pH 为 3~5.5,0.1% 水溶液为澄明的淡黄色;焦糖能溶于稀乙醇溶液,但在浓乙醇溶液中能析出沉淀。

柠 檬 黄

【性状】 柠檬黄是一种偶氮型酸性染料,由对氨基苯磺酸经重氮化,与 1−(4− 磺基苯基)−3− 羧基 −5− 吡唑啉酮在碱性溶液中偶合、精制而成。本品为橙黄色粉末,溶于水呈黄色。其水溶液遇硫酸、硝酸、盐酸及氢氧化钠仍呈黄色。

【应用】 着色剂:主要用于食品、饮料、药品着色,也可用于化妆品、羊毛、蚕丝的染色及制造色淀。

【安全性】 食用级柠檬黄基本无毒,安全性较好,不在体内蓄积,大部分以原形排出体外,少量可经代谢,代谢产物对人体无毒。

姜 黄

【性状】 本品为姜科植物姜黄的干燥根茎的粉末,用有机溶剂提取后,经浓缩、干燥而得。本品为橙黄色结晶性粉末,具有姜黄特有的香辛气味,味微苦。熔点为 179~182℃,易溶于冰醋酸和碱溶液,溶于乙醇、丙二醇等,不溶于水和乙醚,在中性和酸性溶液中呈黄色,在碱性溶液中呈红褐色。姜黄色素耐热性好,耐光性、耐铁离子性差,着色力强。遇重金属离子易形成螯合物而变色。使用时可加入金属螯合剂酸式焦磷酸钠,以避免变色。

【应用】 着色剂:本品为内服制剂着色剂,广泛地用于药品和食品中。最大使用量为 0.20 g/kg。

红 氧 化 铁

本品由亚铁盐,如硫酸亚铁经硝酸氧化或加热至 650℃以上氧化或氢氧化铁脱水等方式制得。

【性状】 本品为暗红色粉末,无臭,无味,色泽取决于粒度、形状及结合水的含量。不溶于水、有机酸和有机溶剂,能溶于强无机酸,易溶于热盐酸。对光、热、空气稳定,对酸、碱较稳定。干法制取的红氧化铁一般粒度在 1 μm 以下。本品相对密度为 5.12~5.24,折光率为 3.042,熔点为 1 550℃,在温度约 1 560℃时分解。

【应用】 着色剂:本品在药物制剂中主要用作着色剂,可用于包衣液中。由于着色力强,常用于制备包衣片剂和胶囊剂。在食品工业中也用作食用色素。

【安全性】　本品除与强酸、还原物反应外,性质稳定。氧化铁类着色剂含水量在11%~12% 时,若加入硬胶囊中,在温度较高时会脆裂。

朱　砂

朱砂又称丹砂、辰砂,属于矿物药,也是一种矿物性色素。产于石灰岩、板岩、砂岩中,分布于湖南、湖北、四川、广西、云南、贵州等地。本品为硫化物类矿物辰砂族辰砂,主要含硫化汞(HgS)。矿物采挖后选取纯净者,用磁铁吸净含铁的杂质,再用水洗去杂石和泥沙而制得。

【性状】　本品为粒状和块状集合体,呈颗粒状或块片状,可采用水飞法制作朱砂粉。本品颜色鲜红或暗红,条痕红色至褐红色,有光泽;体重、质脆;气微,味淡。

【应用】　着色剂:本品作为着色剂常用于药品包衣材料中,多用于丸剂的包衣,其本身是一味传统中药。

【安全性】　本品有毒,不宜大量服用。儿童应该慎用,孕妇及肝、肾功能不全者禁用。

知识拓展

正确认识朱砂

中国利用朱砂作颜料已有悠久的历史,"涂朱甲骨"是指把朱砂磨成红色粉末,涂嵌在甲骨文的刻痕中以示醒目,这种做法距今已有几千年的历史。中国是世界上出产朱砂最多的国家之一。

朱砂可内服、外用,通常内服用量为 0.1~0.5 g,但该品有毒,不宜大量久服,以免汞中毒,且肝、肾病患者慎用。

朱砂中毒可能是因为炮制不当,质地不纯,使有毒汞游离出来;有时也因为用量过大,服用时间过长或方法不当造成。另外,研究表明,含朱砂的中成药不宜与碘化物、溴化物配伍同用。两者同时服用可在肠道内生成碘化汞或溴化汞,毒性大大地增强,可导致药物性肠炎。

苋　菜　红

本品来源于苋菜所含的色素。市售商品是由 1- 萘胺 -4- 磺酸重氮化后,在碱性条件下与 α- 萘酚 -3,6- 二磺酸钠偶合,再经过食盐盐析精制而得,为单偶氢型酸性着色剂。

【性状】　本品为淡红棕色或紫红色、无臭、微有咸味的颗粒或粉末;易溶于水(1:15),可溶于甘油、稀醇,微溶于乙醇,不溶于其他有机溶剂,不溶于油脂。水溶液呈品红至红色或微蓝至红色。1% 水溶液的 pH 约为 10.8。水溶液的色泽不受 pH 影响。耐光、耐热性良好。本品在枸橼酸、酒石酸中稳定,但在碱性溶液中变成暗红色,对氧化还原作用敏感。本品水溶液中存在焦亚硫酸钠时,溶液慢慢褪色,与铝盐接触变为黄色,与铜接触则变成暗棕色和变浑浊。

【应用】　着色剂:本品用作药品和食品着色剂,常用浓度为 0.000 55%~0.001%,最大使用量为 0.05 g/kg。常与其他食用色素合用。

【安全性】　LD_{50}(大鼠,腹腔注射)为 1 g/kg,LD_{50}(大鼠,静脉注射)为 1 g/kg。

胭 脂 红

本品是将 1- 萘胺 -磺酸重氮化后,在碱性介质中与 α- 萘酚 -6,8- 二磺酸钠偶合,再经食盐盐析,精制而得。

【性状】　本品为红色至深红色、无臭的颗粒或粉末;易溶于水(1:7),形成红色溶液,可溶于甘油,微溶于乙醇,难溶于乙醚、植物油和动物油脂。当 0.02 mol 乙酸铵溶液 100 ml 中含有 0.001 g 样品时,最大吸收波长为(508 ± 2)nm。

【应用】　着色剂:本品为常见着色剂,可用于包衣液中,常用量一般为 0.000 5%~0.01%。

【安全性】　LD_{50}(大鼠,口服)>8 g/kg,LD_{50}(大鼠,腹腔注射)为 600 mg/kg,LD_{50}(大鼠,静脉注射)为 1 mg/kg,LD_{50}(小鼠,腹腔注射)为 1 600 mg/kg。

◆ 外用制剂色素

亚 甲 蓝

亚甲蓝又称亚甲基蓝、次甲基蓝、次甲蓝、美蓝、品蓝,是一种芳香杂环化合物。

【性状】　本品为绿色结晶或深褐色粉末、有铜光的柱状结晶或结晶性粉末,无臭。易溶于水或乙醇中,其水溶液在氧化性环境中呈蓝色,但遇锌、氨水等还原剂会被还原成无色状态。亚甲蓝高浓度时直接使血红蛋白氧化为高铁血红蛋白。低浓度时,在还原型辅酶Ⅰ脱氢酶(NADPH)作用下,还原成为还原型亚甲蓝,能将高铁血红蛋白还原为血红蛋白。

【应用】

1. 着色剂　在制剂生产中用作外用着色剂。

2. 其他应用　分析化学中用亚甲蓝作为氧化还原反应滴定的指示剂。生物学上也被用作细菌或细胞染色剂,但因其容易氧化,染色结果不宜长久保存。可以与酸性染料黄色伊红组成瑞氏染料。临床上还适用于治疗尿路结石、闭塞性脉管炎、神经性皮炎。

伊 红

【性状】　本品为酸性染料。根据溶解性不同可分为水溶性伊红和醇溶性伊红。水溶性伊红又称四溴荧光素钠、四溴荧光黄、黄光曙红,为红色粉末,易溶于水,水溶液呈绿色荧光,可溶于乙醇。醇溶性伊红又称四溴荧光素,为红色结晶状粉末(彩图 45),能溶于碱,微溶于乙醇,不溶于水。

彩图 45

【应用】

1. 着色剂　在制剂生产中常用作外用制剂的着色剂。

2. 其他应用　水溶性伊红在组织学中用于上皮细胞、肌肉纤维和细胞质染色。醇溶性伊红常用作吸附指示剂,定量分析滴定溴离子和碘离子。

课堂讨论

1. 结合实际情况,谈一谈你对色素(着色剂)的认识。
2. 哪些是天然色素,哪些是人工合成色素? 哪些是可内服或食用的色素?

知识拓展

瑞 氏 染 料

瑞氏染料,又称瑞氏色素,是酸性染料伊红和碱性染料亚甲蓝组成的复合染料,主要用于对血细胞进行染色。各种细胞成分化学性质不同,对各种染料的亲和力也不一样,如血红蛋白、嗜酸性颗粒为碱性蛋白质,与酸性染料伊红结合,染成粉红色,称为嗜酸性物质;细胞核蛋白、淋巴细胞、嗜碱性粒细胞的细胞质为酸性,与碱性染料亚甲蓝结合后,染成紫蓝色或蓝色,称为嗜碱性物质;中性颗粒呈等电状态,与伊红和亚甲蓝均可结合,染成淡紫红色,称为嗜中性物质;原始红细胞、早幼红细胞的细胞质、核仁含较多酸性物质,染成较浓厚的蓝色;中幼红细胞既含酸性物质,又含碱性物质,染成红蓝色或灰红色;完全成熟的红细胞,酸性物质彻底消失后,染成粉红色。本染色液经常用于血液和细胞涂片、骨髓细胞涂片、细菌染色,细胞质呈红色,细胞核及细菌呈蓝色,嗜酸性颗粒呈橘红色。

岗 位 对 接

一、辅料应用分析

复方硼酸钠溶液(多贝尔液)

处方组成:硼酸钠(硼砂)1.5 g,碳酸氢钠 1.5 g,液化苯酚 0.3 ml,甘油 3.5 ml,伊红(水溶性)适量,纯化水适量,制成 100 ml。

制备方法:取硼酸钠(硼砂),加 5 ml 的热纯化水溶解,放冷至室温后,加入碳酸氢钠溶解。溶解完全后,加入甘油、液化苯酚混匀,静置片刻或待不产生气泡后,滤过,自滤器上加纯化水至 100 ml,加入伊红溶液(1%)着色成粉红色。

分析:复方硼酸钠溶液为含漱剂,为外用液体制剂。制备时加伊红为着色剂,将制剂着色成粉红色,以提示外用,不可内服。

二、使用指导

伊红在制剂生产中常用作外用制剂的着色剂。水溶性伊红在组织学中用于上皮细胞、肌肉纤维和细胞质染色。醇溶性伊红常用作吸附指示剂,定量分析滴定溴离子和碘离子。

自 测 题

一、处方分析

1. 复方颠茄合剂的制备

【处方】 颠茄酊 50 ml,复方樟脑酊钠 20 ml,橙皮酊 3 ml,羟苯乙酯溶液(5%) 6 ml,单糖浆 120 ml,纯化水加至 1 000 ml。

(1) 请写出各组分的作用。

(2) 本品为何种类型的液体制剂?

(3) 请写出制备过程。

2. 复方甘草合剂

【处方】 甘草流浸膏 120 ml,复方樟脑酊 120 ml,甘油 120 ml,酒石酸锑钾 0.24 g,纯化水加至 1 000 ml。

(1) 请写出各组分的作用。

(2) 本品为何种类型的液体制剂?

(3) 请写出制备过程。

二、简答题

1. 防腐剂常见种类包含哪几类,具体品种包括哪些?

2. 助溶剂如何进行选择?

3. 常用的乳化剂有哪些,如何选择使用?

4. 常用的矫味剂、着色剂有哪些品种? 请各举出两例。

在线测试

第四章
无菌制剂辅料

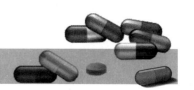

学习目标

- 掌握 pH 调节剂、等渗调节剂、抗氧剂与抗氧增效剂、抑菌剂和局部止疼剂的选用原则。
- 熟悉 pH 调节剂、等渗调节剂、抗氧剂与抗氧增效剂和抑菌剂的常见品种分类及名称;熟悉各代表品种在药物制剂中的应用。
- 了解局部止疼剂的常见品种分类及名称;了解制剂辅料在其他方面的应用。

第一节　pH 调节剂

一、概述

由实验得知,纯水在 22℃时,其$[H^+]=[OH^-]=10^{-7}$ mol/L,水的离子积常数 $K_w=[H^+]\cdot[OH^-]=10^{-14}$。pH 是溶液酸碱度的一种表示方法,将溶液$[H^+]$的负对数称为 pH,即 $pH=-lg[H^+]$。pH 的大小可衡量溶液酸碱度的强弱:pH 越小,溶液的酸性越强;pH 越大,溶液的碱性越强。

在药物制剂过程中,一般需要加入适当的酸、碱或缓冲溶液对药液的酸碱性进行调节,使其处于最适宜的 pH 状态,以满足药物制剂的安全、稳定、有效等要求。加入的酸、碱或缓冲溶液称为 pH 调节剂。或者说,凡是通过调节药液 pH 以达到制剂最终所需 pH 范围的物质均为 pH 调节剂。

二、pH 调节剂的选用原则

调节 pH 时,应考虑药物的稳定性、溶解度、有效性、安全性及人体的生理适应性和局部刺激性。调节 pH 之前,除应明确药液最适宜的 pH 范围外,还应通过试验明确原药液的 pH,以便选用相应的 pH 调节剂。

(一)注射剂 pH 调节剂的选用原则

正常人体血液的 pH 在 7.3~7.4,为保证人体细胞生理功能正常运转,血液 pH 需要维持相对恒定,否则,可能会导致人体酸中毒或碱中毒,对人体细胞的代谢产生不良影响,甚至会危及生命。

1. 应根据药物成盐所用酸或碱来选择适宜的 pH 调节剂　如盐酸麻黄碱注射液使用盐酸调节 pH,乳酸环丙沙星注射液使用乳酸调节 pH,氨茶碱注射液使用乙二胺调节 pH,以避免药物制剂中引入其他离子。

2. 应根据药物与辅料的理化性质选择适宜的 pH 调节剂　如维生素 C 自身酸性较强,注射时刺激性较大,同时维生素 C 易氧化,需要适宜的 pH 环境,故注射液需加碱调节到适宜 pH 范围。维生素 C 注射液选用碳酸氢钠调节 pH,而不选用氢氧化钠调节 pH。这是因为使用碳酸氢钠不仅可避免局部碱性过强引起药物分解,而且可在注射液中形成碳酸盐的缓冲对,更好地维持维生素 C 注射液 pH 的相对恒定。同时,碳酸氢钠中和时所产生的 CO_2 驱赶了空气并使注射液被 CO_2 所饱和,能有效减少维生素 C 的氧化。

3. 应根据注射剂的不同给药途径与剂量将注射液调整到所需的 pH 范围　人体血液可耐受的 pH 范围为 4~9,由于血液具有缓冲作用,在小剂量静脉注射给药时,pH 可放宽为 3~10;由于脊髓液仅 60~80 ml,循环差,易受酸碱影响,故脊椎腔注射液 pH 应与其相等,且只能制成水溶液。

(二)滴眼剂 pH 调节剂的选用原则

正常人体泪液的 pH 在 7.3~7.5,滴眼剂生产过程中,应综合考虑药物的稳定性、溶解度、最佳药效及对眼睛的局部刺激性等因素,一般控制其 pH 在 5.0~9.0,pH<5.0或 pH>11.4 时呈现明显刺激性,严重时会损伤眼角膜。因此,滴眼剂中 pH 调节剂以缓冲溶液为主,如硼酸缓冲液、磷酸盐缓冲液、硼酸盐缓冲液等,以减轻或避免滴眼剂对眼睛造成的局部刺激。

知识拓展 ///

增稠剂在滴眼剂中的应用

为提高滴眼剂药效,有时会在滴眼剂中加入增稠剂。增稠剂在滴眼剂中能适当增加药液的黏度,可减少药物的流失量,延长药物在眼内的停留时间,从而提高药物效果,还可减少滴眼剂中药物或附加剂对眼睛的刺激。在滴眼剂中作为增稠剂的药用辅料除了常用的如甲基纤维素(MC)、羧甲纤维素钠(CMC-Na)、聚乙烯醇(PVA)、聚维酮(PVP)、羟丙甲纤维素(HPMC)等外,还有关于胶原与透明质酸作为增稠剂的报道。

三、pH 调节剂的分类与常见品种

pH 调节是利用酸碱中和原理,pH 调节剂主要包括酸类、碱类和缓冲溶液三种类型。

（一）酸类

酸类 pH 调节剂包括无机酸和有机酸,常用的有盐酸、硫酸、磷酸、硝酸、硼酸、醋酸、冰醋酸、枸橼酸、马来酸、酒石酸、乳酸、琥珀酸、苹果酸和酸性氨基酸等。

盐　酸

彩图 46

【性状】　本品为无色发烟的澄清液体(彩图 46),有强烈的刺激臭,呈强酸性。

【应用】

1. pH 调节剂　一般不直接使用,可取盐酸 234 ml,加水稀释至 1 000 ml 制得稀盐酸,稀盐酸含 HCl 应为 9.5%~10.5%(g/g),也可配制成其他适宜浓度,利用盐酸的酸化作用调节药物溶液的 pH。

2. 增加药物溶解度　许多含氮原子的碱性有机胺类药物,包括生物碱、抗组胺类、某些碱性抗生素等属于弱电解质,均难溶于水,可溶于盐酸溶液中形成其盐酸盐,例如盐酸吗啡、盐酸氯丙嗪、盐酸异丙嗪、盐酸普鲁卡因等。

3. 其他应用　稀盐酸除了作为药用辅料外,还有治疗作用,静脉注射可治疗代谢性碱中毒,口服可治疗胃酸缺乏。

【安全性】　使用稀的或低浓度的盐酸通常不会引起任何不良反应。高浓度盐酸溶液的腐蚀性很强,与皮肤、眼睛等接触或吞入均会引起严重损伤。盐酸的烟雾也会对眼、鼻和气管产生刺激作用,长时间暴露于盐酸烟雾环境中可对肺部造成损伤。在使用盐酸时,应注意防止吸入和溶液溢出,注意做好防护措施。

岗 位 对 接

一、辅料应用分析

盐酸普鲁卡因注射液

处方组成:盐酸普鲁卡因 5.0 g,氯化钠 8.0 g,盐酸(0.1 mol/L)适量,注射用水加至 1 000 ml。

制备方法:按处方量将氯化钠倒入 800 ml 注射用水中,搅拌使溶解,再加入处方量的盐酸普鲁卡因,搅拌使溶解,加盐酸(0.1 mol/L)适量调节 pH 为 3.5~5.0,加注射用水至 1 000 ml。过滤,分装至中性玻璃安瓿中,封口,灭菌。

分析:处方中盐酸普鲁卡因为主药,盐酸为 pH 调节剂,氯化钠为等渗调节剂,注射用水为溶剂。

二、使用指导

高浓度盐酸溶液腐蚀性很强,应注意做好防护措施。盐酸一般不直接使用,处方中盐酸的浓度为 0.1 mol/L,可根据计算结果和实际情况加入适量,用酸度计测定 pH,调整 pH 至规定范围。

（二）碱类

碱类 pH 调节剂主要包括氢氧化钠、无水碳酸钠、碳酸氢钠、氢氧化钾、氢氧化钙、浓氨溶液、碳酸氢钾等。

无水碳酸钠

【性状】 本品为白色或类白色结晶性粉末（彩图 47）。本品在水中易溶，在乙醇中几乎不溶。

彩图 47

【应用】

1. pH 调节剂 可直接加入，也可配制成适宜浓度的碳酸钠溶液，利用碳酸钠的碱化作用调节药物溶液的 pH。

2. 其他应用 工业分析中，用作水泥中二氧化硅的助溶剂；可用作局部皮炎洗液，也作漱口液及阴道冲洗液；在药物定量分析中，作为盐酸滴定液和硫酸滴定液标定的基准物质；在食品工业中，用作中和剂、膨松剂。

【安全性】 有腐蚀性，对皮肤、黏膜有损伤。

岗 位 对 接

一、辅料应用分析

二异丙胺注射液

处方组成：二异丙胺 20.4 g，葡萄糖酸钠 21.5 g，无水碳酸钠 5.2 g，冰醋酸适量，注射用水加至 1 000 ml。

制备方法：按处方量称取二异丙胺、葡萄糖酸钠和无水碳酸钠，加入煮沸的注射用水至 1 000 ml，边加边搅拌，使溶解，加冰醋酸适量，调节 pH 为 6.0，过滤，分装，封口，灭菌。

分析：处方中二异丙胺为主药，无水碳酸钠、冰醋酸均为 pH 调节剂，注射用水为溶媒。

二、使用指导

无水碳酸钠具有腐蚀性，对皮肤、黏膜有损伤，需做好防护措施。

（三）缓冲溶液

缓冲溶液 pH 调节剂主要包括硼酸缓冲液、磷酸盐缓冲液、硼酸盐缓冲液等。其中，硼酸缓冲液为 1.9% 的硼酸溶液（pH 为 5），适用于盐酸丁卡因、盐酸普鲁卡因和肾上腺素等药物；磷酸盐缓冲液为 0.8% 的无水磷酸二氢钠溶液和 0.943 7% 的无水磷酸氢二钠溶液的不同比例混合溶液（pH 为 5.91~8.04），适用于毛果芸香碱、阿托品、麻黄碱和抗生素等药物，但不能与锌盐配伍，以防生成磷酸锌沉淀；硼酸盐缓冲液为 1.24% 的硼酸溶液和 1.91% 的硼砂溶液的不同比例混合溶液（pH 为 6.77~9.11），适用于磺胺类药物。

磷酸盐缓冲液

彩图 48

【性状】　磷酸盐缓冲液是由磷酸二氢钠和磷酸氢二钠(彩图 48)配制而成。磷酸二氢钠为白色结晶性粉末或颗粒,无臭,味咸,熔点为 60℃,微有潮解性,在潮湿空气中能结块,100℃时脱水,190~210℃时生成焦磷酸钠,在水中易溶,水溶液呈微酸性,在乙醇中几乎不溶。磷酸氢二钠无水物为白色或类白色粉末,具引湿性,在水中易溶,在乙醇中几乎不溶。

【应用】

1. pH 调节剂　可先分别配制 0.8% 的无水磷酸二氢钠溶液和 0.943 7% 的无水磷酸氢二钠溶液,再按表 4-1 的比例分别配制不同 pH 的磷酸盐缓冲溶液,也可依据《中国药典》(2020 年版)进行配制。在药物制剂过程中,加入药物溶液中,以维持其 pH 的相对稳定;也可在制剂分析中作 pH 调节剂,如肠溶片的崩解时限检查中,先用盐酸溶液(9 → 1 000)模拟胃环境,再用磷酸盐缓冲液(pH 6.8)模拟小肠环境,检查肠溶片崩解时限。在不影响实验反应的情况下,用于一些化学实验中以调节 pH,以便让实验的化学反应在最佳条件下进行。

表 4-1　不同 pH 磷酸盐缓冲液的配制方法

0.8% 的无水磷酸二氢钠溶液 /ml	0.943 7% 的无水磷酸氢二钠溶液 /ml	pH
90	10	5.91
80	20	6.24
70	30	6.47
60	40	6.64
50	50	6.81
40	60	6.98
30	70	7.17
20	80	7.38
10	90	7.73
5	95	8.04

2. 其他应用　用于食品行业,如磷酸氢二钠可用作干酪加工过程中的乳化剂,磷酸二氢钠用作食品发酵粉的干酸化剂和螯合剂等。《中国药典》(2020 年版)记载磷酸二氢钠可用作补磷药。

【安全性】　有腐蚀性,刺激眼睛、呼吸系统和皮肤,应避免与眼睛和皮肤接触。磷酸盐摄取过多(特别是通过静脉、直肠给药,或者对于肾衰竭的患者),可能引起高磷酸盐血症,导致低钙血症或其他严重的电解质紊乱。磷酸氢二钠不能与生物碱、安替比林、水合氯醛、葡萄糖酸钙和环丙沙星配伍应用。磷酸二氢钠不能与碱性物质、碳酸盐配伍应用。钙离子与磷酸盐混合注射使用时,会形成不溶性磷酸钙沉淀。

岗 位 对 接

一、辅料应用分析

硝酸毛果芸香碱滴眼液

处方组成:硝酸毛果芸香碱 10 g,无水磷酸二氢钠 4.63 g,无水磷酸氢二钠 4.37 g,氯化钠 4.3 g,羟苯乙酯 0.4 g,注射用水加至 1 000 ml。

制备方法:分别称取处方量的羟苯乙酯、无水磷酸二氢钠、无水磷酸氢二钠、氯化钠、硝酸毛果芸香碱,依次溶解于适量的注射用水中,加注射用水至全量,过滤,灌封,100℃流通蒸汽灭菌 30 min,即得。

分析:处方中硝酸毛果芸香碱为主药;无水磷酸二氢钠和无水磷酸氢二钠作为缓冲对配制形成磷酸盐缓冲液,用作 pH 调节剂,保持药液 pH 的相对稳定;氯化钠为等渗调节剂;羟苯乙酯为抑菌剂;注射用水为分散介质。

二、使用指导

生物碱、安替比林、水合氯醛、葡萄糖酸钙和环丙沙星与磷酸氢二钠有配伍禁忌;碱性物质、碳酸盐与磷酸二氢钠有配伍禁忌;钙离子与磷酸盐混合注射使用时,会形成不溶性磷酸钙沉淀,应予以避免。

第二节　等渗调节剂

一、概述

人体的细胞膜或毛细血管壁等生物膜一般具有半透膜的性质,溶剂透过半透膜由低浓度溶液向高浓度溶液扩散的现象称为渗透,阻止渗透所需施加的压力称为渗透压。人体血浆、体液(包括泪液)均具有一定的渗透压,与人体血浆、体液具有相同渗透压的溶液称为等渗溶液,该渗透压相当于 0.9% 氯化钠溶液的渗透压。当不同给药形式的注射剂、滴眼剂的渗透压超过人体耐受范围时,会导致人体生理不适应、局部刺激,影响用药的安全等。因此,在注射剂、滴眼剂生产过程中,必须关注其渗透压,一般要求等渗。

在静脉注射给药时,血浆渗透压的稳定有利于红细胞正常功能的保持和体内水分平衡的维持。如注入大量高渗溶液,会导致人体红细胞内水分渗出而萎缩,有形成血栓的可能;反之,如注入大量低渗溶液,会导致大量水分子透过红细胞膜进入红细胞内,引起红细胞膨胀破裂产生溶血,用药患者会感到头胀、胸闷,严重时可发生麻木、寒战,并随之高热,尿中有血红蛋白,甚至危及生命。但如果静脉注射缓慢、注入量不大,由于人体具有自身调节功能,短时间内即可恢复,不致产生不良反应。肌内注射给药时,人体可耐受的渗透压相当于 0.45%~2.7% 氯化钠溶液所产生的渗透压。

虽然皮内或皮下注射对渗透压要求不严,但也应注意调节药物渗透压以减少注射给药时的疼痛。脊髓腔内注射时,注射液的渗透压必须调节至等渗。在使用滴眼剂时,0.7%~1.5%氯化钠溶液所产生的渗透压能被多数人接受,滴入过低或过高渗透压的滴眼剂会引起不同程度的刺激和泪液增加等。

知识拓展

等渗溶液与等张溶液

某些药物虽为等渗溶液,如盐酸普鲁卡因、烟酰胺、丙二醇及乌拉坦等配制成的等渗溶液,但注入人体后仍会引起不同程度的溶血现象。这是因为等渗溶液是一种物理化学概念,是以理想的半透膜作为模型计算而得。然而,人体生物膜并不是理想的半透膜,这些药物仍可迅速自由透过细胞膜,使细胞外水分进入细胞内,导致红细胞膨胀破裂产生溶血。

因此,有人提出等张溶液的概念。等张溶液是一种生物学概念,是指渗透压与红细胞张力相等,对红细胞膜不产生破坏而仍能保持原有正常体积和形态的溶液。等渗溶液不一定等张,但等张溶液一定等渗。

二、等渗调节剂的选用原则

在注射剂、滴眼剂的配制过程中,应综合考虑药物的安全性、有效性、稳定性、人体生理适应性及局部刺激性,选择合适的等渗调节剂调节药物制剂的渗透压。

(1)选用的等渗调节剂应对人体无毒、无害,保证药物的安全性。

(2)选用的等渗调节剂应不与药物产生配伍禁忌,保证药物的有效性。

(3)选用的等渗调节剂应不影响药物制剂的稳定性。

(4)选用的等渗调节剂应不影响药物制剂的质量检测。

三、等渗调节剂的分类与常见品种

常用的等渗调节剂按化学结构可分为无机等渗调节剂和有机等渗调节剂两类。

(一)无机等渗调节剂

常用的无机等渗调节剂有氯化钠、硼砂、硝酸钠等。此外,硼酸、氯化钾、氯化镁、硫酸铵、硝酸钾等也可选用。其中,注射液中常用氯化钠作等渗调节剂,滴眼剂除选用氯化钠外,常选用硼砂、硝酸钠作等渗调节剂。

(二)有机等渗调节剂

常用的有机等渗调节剂有葡萄糖、果糖、甘油等。此外,山梨醇、木糖醇、甘露醇等也可选用。其中,葡萄糖作为最常用的等渗调节剂之一,与硫酸卡那霉素、新生霉素、维生素 B$_{12}$、华法林钠有配伍禁忌。

课堂讨论

脊髓腔内注射时,注射液的渗透压为何必须调节至等渗?

氯化钠(供注射用)

彩图 49

【性状】　本品为无色、透明的立方形结晶或白色结晶性粉末(彩图 49)。本品在水中易溶,在乙醇中几乎不溶。

【应用】

1. 等渗调节剂　广泛地应用于注射剂中,用作等渗调节剂浓度为 0.9%(g/ml),如利巴韦林氯化钠注射液、氧氟沙星氯化钠注射液。较多用于滴眼剂中,用作等渗调节剂浓度为 0.9%(g/ml),如鱼腥草滴眼液、夏天无滴眼液、四味珍层冰硼滴眼液。

2. 增加药物溶解度　加入药物溶液中以增加其溶解度,如葡萄糖酸钙在 0.85%(g/ml)的氯化钠溶液中溶解度增加,核黄素在 0.9%(g/ml)的氯化钠溶液中溶解度增加。

3. 临床应用　临床用作电解质补充药,浓度为 0.9%(g/ml),用于调节体内水与电解质的平衡。浓氯化钠注射液,浓度为 0.95%~1.05%(g/ml),用于各种原因所致的水中毒及严重的低钠血症,可治疗失血性休克及小面积烧伤等。复方氯化钠注射液静脉注射,可用于治疗各种原因导致的失水、高渗性非酮症糖尿病昏迷及低氯性代谢性碱中毒等。复方氯化钠滴眼液用于眼干燥症、眼疲劳、戴隐形眼镜引起的不适症状和视物模糊(眼分泌物过多)。

4. 其他应用　曾用作胶囊和直接压片的稀释剂及水溶性片剂的润滑剂,现已少用。在含有羟丙纤维素或羟丙甲纤维素的喷雾包衣水溶液中,加入氯化钠能抑制纤维素结晶性粒子的凝结。可用于调节药物从凝胶中和复乳中的释放,还可用于混悬剂的控制絮凝剂。另外,饱和氯化钠溶液能用作恒湿溶液,在 25℃时,产生的相对湿度为 75%,如用于药物稳定性考察时恒湿环境的维持。

【安全性】　皮肤接触氯化钠后用清水清洗干净即可,氯化钠加热至高温产生的蒸气对眼睛有刺激,如果氯化钠晶体进入眼睛,要用大量水冲洗。氯化钠是机体维持体内水与电解质平衡最重要的盐,但食用过多容易引起血压升高,建议中老年人群尽量控制摄入量。本品与银、铅、汞盐及酸性溶液有配伍禁忌。

岗 位 对 接

一、辅料应用分析

硝酸异山梨酯注射液

处方组成:硝酸异山梨酯(供注射用)0.1 g,氯化钠(供注射用)9 g,盐酸(2 mol/L)适量,注射用水加至 1 000 ml。

制备方法:称取硝酸异山梨酯(供注射用)0.1 g 和氯化钠(供注射用)9 g,加入微沸的注射用水中,边加边搅拌,使溶解,制成 1 000 ml,加盐酸(2 mol/L)适量,调节 pH 为 5.0~7.0,过滤,分装,封口,灭菌。

分析:处方中硝酸异山梨酯(供注射用)为主药,氯化钠(供注射用)为等渗调节剂,盐酸(2 mol/L)为 pH 调节剂,注射用水为分散介质。

二、使用指导

氯化钠是机体维持体内水与电解质平衡最重要的盐,是注射剂中应用最为广泛的等渗调节剂之一,注射剂中加入的氯化钠应符合《中国药典》(2020 年版)中氯化钠(供注射用)质量要求。

硼　　砂

彩图 50

【性状】　本品为无色半透明的结晶或白色结晶性粉末(彩图 50)。本品在沸水中易溶,在水中溶解,在乙醇中不溶。

【应用】

1. 等渗调节剂　应用于滴眼剂中,用作等渗调节剂,如复方熊胆滴眼液。

2. pH 调节剂　可先分别配制 1.24% 的硼酸溶液和 1.91% 的硼砂溶液,再按不同比例分别配制不同 pH(6.77~9.11)的硼酸盐缓冲溶液,也可依据《中国药典》(2020 年版)进行配制。在药物制剂过程中,加入药物溶液中,以维持其 pH 的相对稳定。可用于配制其他缓冲溶液,如取硼砂 0.572 g 与氯化钙 2.94 g,加水约 800 ml 溶解后,用 1 mol/L 盐酸溶液约 2.5 ml 调节 pH 至 8.0,加水稀释至 1 000 ml,即得硼砂 – 氯化钙缓冲液(pH 为 8.0)。取无水碳酸钠 5.30 g,加水使溶解成 1 000 ml;另取硼砂 1.91 g,加水使溶解成 100 ml;临用前取碳酸钠溶液 973 ml 与硼砂溶液 27 ml,混匀,即得硼砂 – 碳酸钠缓冲液(pH 为 10.8~11.2)。

3. 消毒防腐剂　硼砂与低浓度液化酚合用具有消毒防腐作用,如硼砂酚醛浸泡法用于气管内套管消毒。

4. 临床应用　硼砂具有消毒防腐和一定的抑菌作用,常用于黏膜消毒,2%~4%的溶液用于冲洗眼结膜、口腔及阴道黏膜;1%~2% 的水溶液可用于含漱,用于治疗口腔炎、牙龈炎;适量硼砂经肠道吸收后,能刺激肾增加尿液分泌,减弱尿的酸性并能防止尿路感染及炎症;还可用于伤口的防腐消毒。硼砂还具有一定的抗病毒作用,紫草硼酸滴眼剂有显著的抑制单纯疱疹病毒的作用,可治疗病毒性角膜炎。硼砂用于治疗癫痫大发作,每日剂量 0.9~4.0 g。

5. 其他应用　在玻璃中,可增强紫外线的透射率,提高玻璃的透明度及耐热性能。在搪瓷制品中,可使瓷釉不易脱落而使其具有光泽。用作除草剂,用于非耕作区灭生性除草。

【安全性】　因硼砂毒性较高,世界各国多禁用为食品添加剂,连续摄取会在体内蓄积,妨碍消化道酶的作用,其急性中毒表现为呕吐、腹泻、红斑、循环系统障碍、休克、昏迷等。人体若摄入过多的硼,会引发多脏器的蓄积性中毒。硼砂的成人中毒剂量为 1~3 g,成人致死量为 15 g,婴儿致死量为 2~3 g。本品与铁剂产生沉淀,影响铁剂吸收,与生物碱盐、矿物酸、硫酸锌、树脂胶有配伍禁忌。

岗 位 对 接

一、辅料应用分析

荧光素钠滴眼液

处方组成:荧光素钠 20 g,硼酸 10 g,硼砂 1.8 g,注射用水加至 1 000 ml。

制备方法:分别称取处方量的荧光素钠、硼酸、硼砂,依次溶解于适量的注射用水中,加注射用水至全量,过滤,灌封,灭菌,即得。

分析:荧光素钠为主药;硼酸和硼砂为等渗调节剂,硼酸和硼砂作为缓冲对配制硼酸盐缓冲液,作 pH 调节剂;注射用水为分散介质。

二、使用指导

荧光素钠滴眼液可使病变的角膜表层组织染色,以诊断角膜表面损伤,用于眼科诊断,正常角膜不显色,异常角膜显色。禁与生物碱盐、矿物酸、硫酸锌、树脂胶配伍使用。

第三节　抗氧剂与抗氧增效剂

一、概述

药物的氧化分解是使得药物有效性降低、丧失和毒性增强的主要因素之一。为防止药物在制备和储存的过程中发生氧化影响药物的安全性和效果,在药物制备的过程中加入某些低电位的还原性物质,来延缓或阻止药物制剂发生氧化反应,这类物质称为抗氧剂。还可加入某些本身不易被氧化,但能增加抗氧剂效果的物质,这类物质称为抗氧增效剂。

抗氧剂是还原性物质,与易氧化的药物同时存在时,首先被氧化,从而避免药物的氧化。抗氧增效剂本身不消耗氧,但与一些抗氧剂合用时能增强抗氧化效果。如在维生素 C 注射液中加入少量的依地酸二钠,能够和金属离子形成稳定的络合物,有效地抑制金属离子的催化作用,增强抗氧化效果,增加药物制剂的稳定性。

二、抗氧剂、抗氧增效剂的选用原则

药物制剂是否选用抗氧剂和抗氧增效剂,选用何种抗氧剂,其用量如何确定必须

遵循一定的原则。

(1) 易氧化的药物需加入抗氧剂,抗氧剂的还原电位应低于药物制剂中易氧化药物的还原电位,先被氧化从而避免药物的氧化。

(2) 抗氧剂与抗氧增效剂不得与药物发生理化作用,使药物活性下降或失效。如用亚硫酸钠作维生素 B$_1$ 和肾上腺素的抗氧剂,可使维生素 B$_1$ 分解而失效,与肾上腺素生成无效的化合物。

(3) 加入的抗氧剂和抗氧增效剂应无毒、无害,氧化还原产物也应对人体无害,且应高效。

(4) 根据溶液的 pH 选用适宜的抗氧剂。偏酸性的药液应选择焦亚硫酸钠和亚硫酸氢钠,偏碱性的药物可以使用亚硫酸钠和硫代硫酸钠。

(5) 加入的抗氧剂和抗氧增效剂不得影响制剂的质量检查。

(6) 抗氧剂用量多在 0.02%,有机硫化物用量多在 0.05% 左右。

(7) 抗氧剂与抗氧增效剂的加入方法对于其效果影响很大,较好的方法是在药物溶解前加入一部分,除去溶剂和配制过程中的氧,再将剩下的抗氧剂在最后加入。

三、抗氧剂、抗氧增效剂的分类与常用品种

抗氧剂根据其溶解性能可分为水溶性抗氧剂和油溶性抗氧剂两大类。

(一) 水溶性抗氧剂

水溶性抗氧剂按化学结构可分为亚硫酸盐类、维生素 C 类、氨基酸类、硫代化合物类、有机酸类、胺类和酚类。

1. 亚硫酸盐类 常用的有亚硫酸钠、亚硫酸氢钠、焦亚硫酸钠和硫代硫酸钠等。
2. 维生素 C 类 常用的有维生素 C(L– 维生素 C)、D– 异维生素 C。
3. 氨基酸类 常用的有 L– 半胱氨酸盐酸盐、L– 蛋氨酸等。
4. 硫代化合物类 常用的有硫脲、硫代甘油、2– 二巯基乙醇、二巯丙醇。
5. 有机酸类 常用的有反(顺)丁烯二酸、L– 酒石酸等。
6. 胺类 如盐酸吡哆胺。
7. 酚类 如对苯二酚、对氨基苯酚、8– 羟基喹啉。

亚硫酸氢钠

本品为亚硫酸氢钠与焦亚硫酸钠的混合物,焦亚硫酸钠为亚硫酸氢钠放置过程中可能产生的转换物。

【性状】 本品为白色颗粒或结晶性粉末(彩图 51),有二氧化硫的微臭。本品在水中易溶,在乙醇中几乎不溶。

【应用】

彩图 51

1. 抗氧剂 水溶液呈弱酸性,还原性很强,常用于酸性药液,使用浓度为 0.05%~1.0%。同时,本品还可增加醛、酮类药物的溶解度。

2. 其他应用　在染料、造纸、制革、化学合成等工业中用作还原剂;在食用级产品中用作漂白剂、防腐剂、抗氧剂,用于棉织物及有机物的漂白;在医药工业中用于生产安乃近和氨基比林的中间体。

【安全性】　低毒,LD$_{50}$(大鼠,经口)为 2 000 mg/kg。对皮肤、眼、呼吸道有刺激性,可引起过敏反应。对环境有危害,对水体可造成污染。应密闭操作,局部排风,防止粉尘释放到车间空气中。避免与氧化剂、酸类、碱类接触,应与氧化剂、酸类、碱类分开存放,切忌混储。不宜久存,以免变质。

岗 位 对 接

一、辅料应用分析

复方氨基酸注射液(3AA)

处方组成:亮氨酸 16.5 g,异亮氨酸 13.5 g,缬氨酸 12.6 g,活性炭(供注射用)适量,亚硫酸氢钠 0.5 g,10% 氢氧化钠溶液适量,注射用水加至 1 000 ml。

制备方法:将 0.03%(W/V)亚硫酸氢钠加入适量的新鲜注射用水中,按处方量依次投入亮氨酸、缬氨酸、异亮氨酸,充分搅拌,待原料全部溶解后,将药液冷却,温度控制在 75 ℃,加入 0.02%(W/V)亚硫酸氢钠,并用 10% 氢氧化钠溶液调 pH,补加注射用水至全量,加入活性炭(供注射用)0.5 g,充分搅拌 15 min 以上,取样测定 pH,含量合格后,脱炭,经 0.22 μm 微孔滤芯过滤至可见异物检查合格后,灌封,灭菌。

分析:亮氨酸、异亮氨酸、缬氨酸为主药,亚硫酸氢钠为抗氧剂,10% 氢氧化钠溶液为 pH 调节剂,注射用水为溶媒。

二、使用指导

使用时应严格控制用量和滴注速度,静脉滴注一日 250~500 ml 或用适量 5%~10% 葡萄糖注射液混合后缓慢滴注,每分钟不超过 40 滴。本品遇冷易析出结晶,宜微温溶解后再用。大量应用或并用电解质输液时,应注意电解质与酸碱平衡。用前必须详细检查药液,如发现瓶身有破裂、漏气、变色、发霉、沉淀、变质等异常现象绝对不应使用。输注时应一次用完,剩余药液切勿保存再用。亚硫酸氢钠与强氧化剂、强酸、强碱有配伍禁忌,故在使用和储存过程中应避免与氧化剂、酸类、碱类接触,不应混合存放,以免发生配伍变化。

维生素 C(L-抗坏血酸)

【性状】　维生素 C 属于水溶性维生素,呈无色、无臭的片状晶体(彩图 52),易溶于水,不溶于有机溶剂。维生素 C 是一种多羟基化合物,其分子中第 2 及第 3 位上两个相邻的烯醇式羟基极易解离而释放出 H⁺,故具有酸的性质,又称抗坏血酸。在酸性溶液中较稳定,pH 为 5.4 时呈现最大稳定性。维生素 C 具有很强的还原性,很容易被氧化成脱氢维生素 C。

彩图 52

【应用】

1. 抗氧剂　维生素 C 因具有较强的还原性,在药剂中主要用作抗氧剂,常用于偏酸性药液。

2. 助溶剂　维生素 C 可与一些难溶性药物生成盐(酯),提高难溶性药物的溶解性。例如红霉素难溶于水,而红霉素抗坏血酸盐在水中的溶解度为 40 000 U/ml。其制剂是将红霉素碱溶于甲醇中制成 1 mol/L 浓度,在搅拌下加入维生素 C,不断搅拌数分钟,过滤,再在澄明的滤液中加入乙醚,使生成的盐完全沉淀,过滤、收集的沉淀用少量乙醚洗涤后在五氧化二磷吸水剂存在下真空干燥而制得。此盐的水溶液若加入亚硫酸钠可增加其稳定性。

3. 其他应用　维生素 C 可以降低血胆固醇含量,增强免疫力,增加毛细血管弹性,促进创口和手术切口愈合,防治感冒,促进生长发育,防治慢性汞、铅等金属性中毒等。

【安全性】　本品在酸性环境中稳定,遇空气中氧、热、光、碱性物质,特别是有氧化酶及铜、铁等金属离子存在时,其氧化破坏加速。

岗 位 对 接

一、辅料应用分析

水杨酸毒扁豆碱滴眼液

处方组成:水杨酸毒扁豆碱 5.0 g,维生素 C 5.0 g,氯化钠 6.2 g,羟苯乙酯 0.3 g,依地酸二钠 1.0 g,注射用水加至 1 000 ml。

制备方法:将氯化钠、羟苯乙酯用注射用水加热溶解,放冷。再加依地酸二钠、维生素 C 及水杨酸毒扁豆碱使溶解,滤过,自滤器上加注射用水至足量,搅匀,分装,100℃流通蒸汽灭菌 30 min,即得。

分析:水杨酸毒扁豆碱为主药;氯化钠为渗透压调节剂;维生素 C 为抗氧剂;依地酸二钠为金属络合剂,可提高抗氧剂抗氧化效果;羟苯乙酯为抑菌剂;注射用水为溶媒。

二、使用指导

该滴眼液在酸性环境中稳定,遇空气中氧、热、光、碱性物质,特别是有氧化酶及铜、铁等金属离子存在时,其氧化破坏加速。因此,在用维生素 C 作为抗氧剂的同时,应加入依地酸二钠金属离子螯合剂,提高维生素 C 的抗氧化效果。

课堂讨论

抗坏血酸(维生素 C)的其他相关品种,例如抗坏血酸棕榈酸酯、抗坏血酸钙等有无抗氧化效果?

（二）油溶性抗氧剂

常用的油溶性抗氧剂有二丁基羟基甲苯、维生素 E、没食子酸丙酯、叔丁基对羟基茴香醚等。

二丁基羟基甲苯（BHT）

【性状】　本品为无色、白色或类白色结晶或结晶性粉末（彩图 53）。本品在丙酮中极易溶解，在乙醇中易溶，在水和丙二醇中不溶。本品的凝点为 69~70℃。

【应用】

1. 抗氧剂　本品抗氧化能力较强，耐热及稳定性好，无特异臭，遇金属无呈色反应，且价格低廉，因此在国内作抗氧剂较为常见。

2. 其他应用　常用在食品和化妆品中作防腐剂，可延迟酸败现象的发生；能抑制或延缓塑料或橡胶的氧化降解而延长使用寿命，且为合成橡胶（丁苯、丁腈、聚氨酯、顺丁等）、聚乙烯、聚氯乙烯的稳定剂；还可防止润滑油、燃料油的酸值或黏度的上升。

【安全性】　应避免与光和金属接触，以防止变色失活。本品为苯酚衍生物，具有酚类化合物的特殊反应，与氧化剂、铁盐有配伍禁忌。

彩图 53

（三）抗氧增效剂

常用的抗氧增效剂有乙二胺四乙酸（依地酸，EDTA）及其钠盐和钙盐。其他如枸橼酸、琥珀酸、酒石酸、磷酸、卵磷脂、聚乙二醇、丙二醇等化合物与抗氧剂合用也能起到抗氧增效的作用。增加制剂溶液黏度的化合物能有效地降低氧扩散速率，从而也能起到抗菌增效的作用。

依地酸二钠（EDTA-2Na）

【性状】　本品为白色或类白色结晶性粉末（彩图 54）。本品在水中溶解，在甲醇、乙醇或三氯甲烷中几乎不溶。

【应用】

1. 抗氧增效剂　铜、铁、锰等微量金属离子能催化自氧化反应，在药物制剂过程中，加入依地酸二钠，其能与微量金属离子发生螯合反应、络合反应，提高药物制剂稳定性。可单独使用，也可与抗氧剂联合使用，能提高抗氧剂的抗氧效果，药剂中常用浓度为 0.01%~0.075%（g/ml）。挥发油可用 2%（g/ml）的依地酸二钠溶液洗涤以除去微量金属杂质。

2. 抗凝剂　可与钙离子螯合防止体外血液的凝固，常用浓度为 0.1%~0.3%（g/ml）。

3. 其他应用　能螯合硬水中的钙和镁离子，作为水的软化剂；与其他抑菌剂合用，加入用于清洗、润湿隐形眼镜的溶液中，可增加抑菌效果；也用于洗涤剂、液体肥皂、洗发剂、农业化学喷雾剂，彩色感光材料冲洗、加工、漂白定影液，净水剂和阻凝剂等制剂中。

【安全性】　本品易与钙络合，长期大剂量使用可引起低钙血症，每日允许摄入量

彩图 54

▶ 视频

抗氧增效剂
依地酸二钠

低于 2.5 mg/kg。常温常压下稳定,避免与不相容材料、氧化剂接触,宜在非碱性、非金属容器中密闭保存,储存于阴凉、通风的库房。应远离火种、热源,并与氧化剂分开存放,切忌混储。操作人员应穿戴劳动保护用品。与高价金属离子、强氧化剂、强碱、两性霉素、盐酸肼屈嗪等有配伍禁忌。

岗 位 对 接

一、辅料应用分析

复方安乃近注射液

处方组成:安乃近 500 g,盐酸氯丙嗪 25 g,焦亚硫酸钠 2 g,依地酸二钠 0.3 g,注射用水加至 1 000 ml。

制备方法:在适量注射用水中加入依地酸二钠、抗氧剂焦亚硫酸钠、安乃近,搅拌使其全部溶解,制备成 A 液;取微量注射用水溶解盐酸氯丙嗪,制备成 B 液;将 B 液加入 A 液中搅拌均匀,继续搅拌 20 min,药液过滤,调整 pH 在 5.5~6.5 并定容到 1 000 ml;灌封后经 115℃、压力 0.2MPa 灭菌 30 min 后冷却得成品。

分析:安乃近、盐酸氯丙嗪为主药,焦亚硫酸钠为抗氧剂,依地酸二钠为抗氧增效剂,注射用水为溶媒。

二、使用指导

安乃近和氯丙嗪易氧化发生变色,在制备过程中与氧化剂有配伍变化,处方中加入焦亚硫酸钠和依地酸二钠抗氧化,可防止氧化变色。

第四节 抑 菌 剂

一、概述

无菌制剂是指采用适宜的无菌操作方法或技术制备的不含任何活的微生物繁殖体和芽孢的一类药物制剂。通常将能杀灭或破坏细菌(包括其繁殖体和芽孢)的物质称为杀菌剂,而将能制止细菌生长发育的物质称为抑菌剂或防腐剂。

大多数注射剂不需要加入抑菌剂,只有极少数一些注射剂才需要加入抑菌剂。如不耐热的注射剂(如生物制剂、脏器制剂、部分抗生素等)可采用滤过除菌,在无菌条件下分装,但难免意外污染,这些通过过滤灭菌、无菌操作、低温灭菌制备的注射剂才需要加入抑菌剂。多剂量包装的注射剂在使用过程中反复抽取而有染菌的危险。除另有规定外,一次注射量超过 15 ml 的注射液,不得添加抑菌剂;供静脉注射(除另有规定外)或椎管内注射的注射剂不得在处方中添加抑菌剂。

滴眼剂通常是多剂量包装,在多次使用过程中,更易污染。一般滴眼剂要求无致病菌,可酌情添加抑菌剂。眼外伤滴眼剂及眼内注射溶液要求无菌,且不得添加抑菌剂。加有抑菌剂的注射剂和滴眼剂仍应采取适宜方法灭菌。

溶液的 pH、黏度及温度等因素会影响抑菌剂的抑菌作用,如酚类抑菌剂在酸性溶液中比在碱性溶液中抑菌效能更强,在油溶液中抑菌效能比在水中更弱,应予以综合考虑。

知识拓展 ///

抑菌剂的作用机制

抑菌剂的作用机制大致包括:① 使微生物蛋白质变性,影响生长繁殖,如醇类、酚类、醛类、有机汞类等。② 对微生物的细胞壁、细胞膜等产生作用,或者作用于微生物体内酶系,抑制酶的活性,阻断新陈代谢,如苯甲酸、羟苯酯类。

二、抑菌剂的选用原则

(一) 注射剂中抑菌剂的选用原则

(1) 所用抑菌剂在抑菌范围内对人体无害,无刺激性,以保证药物的安全性。

(2) 所用抑菌剂应不影响药物的理化性质与疗效发挥,以保证药物的有效性。

(3) 所用抑菌剂本身理化性质和抑菌作用稳定,在长期储存过程中不分解、不失效、不形成沉淀;在水中有较大的溶解度,能达到所需的有效浓度;不与橡胶塞或其他包装材料起作用。

(4) 所用抑菌剂不对药物制剂质量检查产生干扰。

(5) 静脉输液与脑池内、椎管内、硬膜外所用注射剂均不得加抑菌剂。除另有规定外,一次注射量超过 15 ml 的注射剂不得加抑菌剂;眼内注射剂及供手术、伤口、角膜穿通伤所用眼用制剂均不应加入抑菌剂。

(二) 滴眼剂中抑菌剂的选用原则

(1) 所用抑菌剂在抑菌范围内对人体无害,对眼无刺激性,以保证药物的安全性。

(2) 所用抑菌剂有适宜的 pH 范围,并与主药和其他辅料不得有配伍禁忌,以保证药物的有效性。

(3) 所用抑菌剂抑菌作用确切且作用迅速,在患者两次滴眼间隔时间内能有效发挥抑菌作用,并要求在实验条件下 1 h 以内能将金黄色葡萄球菌和铜绿假单胞菌杀灭。

三、抑菌剂的分类与常见品种

抑菌剂按其化学结构和性质分为季铵化合物类、中性化合物类、酸及其盐类、酚类、醛类、挥发油类、羟苯酯类(亦称尼泊金类)七类。

1. 季铵化合物类　包括苯扎氯铵(洁尔灭,氯化苯甲烃铵)、苯扎溴铵(新洁尔灭,溴化苯甲烃铵)、氯化十六烷基吡啶、溴化十六烷基吡啶、度米芬等。

2. 中性化合物类　包括三氯叔丁醇、苯甲醇、β-苯乙醇、苯氧乙醇、三氯甲烷、醋酸氯己定等。

3. 酸及其盐类　包括丙酸、脱氢醋酸、苯甲酸及其盐、硼酸及其盐、山梨酸及其盐等。

4. 酚类　包括苯酚、甲酚、氯甲酚、邻苯基苯酚、麝香草酚。

5. 醛类　包括甲醛、戊二醛等。

6. 挥发油类　包括桂皮醛、紫苏油、桉叶油等。

7. 羟苯酯类　包括羟苯甲酯、羟苯乙酯、羟苯丙酯和羟苯丁酯等。

苯　甲　醇

【性状】　本品为无色液体(彩图 55)。本品在水中溶解,与乙醇、三氯甲烷或乙醚能任意混合。本品相对密度为 1.043~1.050,折光率为 1.538~1.541。

彩图 55

【应用】

1. 抑菌剂　应用于药物制剂、食品、化妆品中作抑菌剂。在化妆品组分中为限用防腐剂,最大用量为 1%。

2. 局部止疼剂　本品在药剂中可作局部止疼剂,常用量为 1% 左右。

3. 增加药物溶解度　浓度 ≥ 5% 时具有增溶作用。

4. 消毒剂　10% 浓度时可作消毒剂。

5. 其他应用　可用作维生素 B 注射液的溶剂。苯甲醇在工业化学品生产中用途广泛,用于涂料溶剂、照相显影剂、聚氯乙烯稳定剂、合成树脂溶剂,可用作尼龙丝、纤维及塑料薄膜的干燥剂,染料纤维素酯、酪蛋白的溶剂,制取苄基酯或醚的中间体等。同时,苯甲醇是极有用的定香剂,是茉莉、月下香、依兰等香精调配时不可缺少的香料,可用于配制香皂、日用化妆香精。

【安全性】　苯甲醇可燃,有毒,具有麻醉作用,对眼、上呼吸道、皮肤有刺激作用。食入或吸入苯甲醇可能导致头痛、眩晕、恶心、呕吐和腹泻,大量吸入可导致中枢神经系统抑制与呼吸困难。苯甲醇在作防腐剂的浓度下一般不会产生以上不良反应。含有苯甲醇的注射剂,尽可能不要给新生儿使用。

苯甲醇能缓慢地自然氧化,一部分生成苯甲醛和苄醚,使市售产品常带有杏仁香味,故不宜久储。本品可储存在金属或玻璃容器中,不能使用塑料容器(聚丙烯容器或外涂聚四氟乙烯的容器除外),宜在阴凉、干燥、避光环境中储存。苯甲醇与强酸、氧化剂、甲基纤维素有配伍禁忌,能被天然橡胶、氯丁橡胶、丁基合成橡胶组成的橡皮塞盖缓慢吸附,当涂有聚四氟乙烯时,吸收阻力增加。

岗 位 对 接

一、辅料应用分析

己烯雌酚注射液

处方组成：己烯雌酚 0.5 g，苯甲醇 0.5 g，注射用油加至 1 000 ml。

制备方法：适量注射用油加处方量己烯雌酚和苯甲醇，搅拌溶解后加入注射用油至足量，搅匀，滤过（干燥的垂熔玻璃漏斗），如有固体沉淀，热水保湿溶解，摇匀分装于中性安瓿中，封口（灌封时防焦头），150℃干热灭菌 1 h。

分析：己烯雌酚为主药，苯甲醇为抑菌剂，注射用油为分散介质。

二、使用指导

己烯雌酚为人工合成雌激素，微溶于水，可溶于注射用油溶液。制备时需注意，若其不慎与眼睛接触，应立即用大量清水冲洗并征求医生意见。使用苯甲醇时应密闭操作，全面通风，做好防护措施。苯甲醇与强酸和氧化剂有配伍禁忌。

三氯叔丁醇

【性状】　本品为白色结晶（彩图 56），有微似樟脑的特臭。本品在乙醇、三氯甲烷或挥发油中易溶，在水中微溶。本品的熔点不低于 77℃。

彩图 56

【应用】

1. 抑菌剂　本品有抑制细菌和真菌的活性，较苯甲醇活性强，非常适合在非水性制剂中作抑菌剂，常用浓度为 0.5%，应用于注射剂、滴眼剂及化妆品中作抑菌剂，应用于滴鼻的液状石蜡溶液时浓度为 1%。

2. 增塑剂　用于纤维素酯和醚的增塑剂。

3. 局部止疼剂　有轻度镇静和局部止疼作用，可用于注射剂或滴眼剂中作局部止疼剂，用量在 0.3%~0.5%。用量过大出现急性中毒时可发生中枢神经系统抑制，伴有乏力、知觉丧失、呼吸抑制，在使用时应注意用量。

4. 其他应用　临床上可用作温和的镇静剂。

【安全性】　常温常压下性质稳定。急性毒性实验显示，最小致死量（狗，经口）为 238 mg/kg。与碱性药物、三硅酸镁、薄荷脑、苯酚等有配伍禁忌。本品在碱性溶液中不稳定，在酸性溶液中较稳定，故一般用于偏酸性注射剂和滴眼剂。本品应在阴凉处密封保存。

岗 位 对 接

一、辅料应用分析

格隆溴铵注射液

处方组成：格隆溴铵 2 g，三氯叔丁醇 5 g，注射用水加至 1 000 ml。

制备方法:适量注射用水加处方量格隆溴铵和三氯叔丁醇,搅拌溶解后加入注射用水至足量,搅匀,滤过,分装于中性安瓿中,封口,灭菌。

　　分析:格隆溴铵为主药,三氯叔丁醇为抑菌剂,注射用水为分散介质。

二、使用指导

　　三氯叔丁醇应用于注射剂中作为抑菌剂,浓度为0.5%。其在常温常压下性质稳定,在阴凉干燥处储存。

第五节　其他辅料

一、局部止疼剂

　　某些注射剂在注入机体时,会因药物本身或其他原因而对机体组织产生局部刺激或引起疼痛。若通过调节适宜 pH、渗透压和提高注射剂质量等措施后仍会产生疼痛,则有必要在制剂处方中添加某些辅料以减轻疼痛,这类辅料称为局部止疼剂。由于局部止疼剂仅可解决局部疼痛问题,不能解决产生刺激反应的本质问题,所以不可草率地在制剂处方中加入局部止疼剂,应先认真研究找出具体原因,采取相应措施后仍产生疼痛的,再考虑局部止疼剂的加入。

(一) 选用原则

　　(1) 选用的局部止疼剂应对人体无毒、无害,保证药物的安全性。

　　(2) 选用的局部止疼剂应不与药物产生配伍禁忌,保证药物的有效性。

　　(3) 应选用局部止疼效果好的局部止疼剂,并考虑注射剂 pH 对其稳定性的影响。其浓度的选择应适宜,既要保证其较强的止疼效果,又要避免溶血、局部硬结等现象的发生。

　　(4) 选用的局部止疼剂应不影响药物制剂的质量检测。

(二) 分类与常见品种

常用的局部止疼剂按其化学结构与性质可分为以下几种。

　　1. 醇类　包括苯甲醇、三氯叔丁醇。

　　2. 对氨基苯甲酸酯类与酰胺类　包括盐酸普鲁卡因、盐酸利多卡因、盐酸丁卡因等。

　　3. 酚类　包括丁香酚、异丁香酚。

　　4. 其他　包括硫酸镁、氯化镁、乌拉坦等。

二、其他

无菌制剂在生产过程中,根据具体情况除可选用上述 pH 调节剂、等渗调节剂、抗氧剂与抗氧增效剂、抑菌剂和局部止疼剂之外,有时还需要加入其他辅料,包括分散介质、吸附剂、惰性(保护)气体、增稠剂等。这里重点介绍吸附剂活性炭(供注射用)。

活性炭(供注射用)

本品是由木炭、各种果壳和优质煤等作为原料,通过物理和化学方法对原料进行破碎、过筛、催化剂活化、漂洗、烘干和筛选等一系列工序加工制造而成,具有很强吸附能力的多孔疏松物质。

【性状】 本品为黑色粉末(彩图 57),无臭,无味,无砂性;不溶于水、有机溶剂及酸碱液;具有无菌、无味、无毒性、纯度高、脱色快、吸附力强、助滤性好、反应性能稳定等优点。

彩图 57

【应用】

1. 吸附剂 配制注射液时,常用活性炭(供注射用)吸附药液中的杂质与热原,弱酸性条件下,其化学吸附能力加强,尽量避免趁热过滤。活性炭还用于液体制剂的脱粒、除臭和药物成分的提取、提纯等。

2. 脱色剂 配制注射液时,常加入活性炭(供注射用),用于药液的脱色。用于脱色时,温度宜低,因为吸附脱色过程吸热,低温更有利于脱色进行。

3. 临床应用 药用炭作为吸附药,具有丰富的孔隙,能吸附胃肠道中引起腹泻及腹部不适的多种有毒物质或无毒刺激性物质,以及肠内异常发酵所产生的气体,减轻对肠壁的刺激,减少肠蠕动,可用于腹泻、胃肠胀气、食物中毒等。药用炭还可以在胃肠道内迅速吸附尿酸、肌酐等有毒物质至其孔隙之中,顺肠道而排出体外,代替肾解毒功能,降低毒性物质在血液中的浓度,保护健存肾单位,并延长透析间期,减少透析次数。

4. 其他应用 活性炭作为一种环境友好型吸附剂,可用于污水处理、废气和有害气体的治理、气体净化,以及饮料、酒类及食品的精制、脱色、提纯、除臭等。

【安全性】 口服可出现恶心等症状,长期服用可出现便秘;服用药用炭可影响小儿营养,禁止长期用于 3 岁以下小儿。药用炭能吸附抗生素、维生素、生物碱、碘胺类、洋地黄、乳酶生等,对蛋白酶和胰酶的活性也有影响,不宜合用。

岗 位 对 接

一、辅料应用分析

10% 葡萄糖注射液

处方组成:葡萄糖(供注射用)50 kg,盐酸(2 mol/L)适量,活性炭(供注射用)375 g,注射用水加至 500 L。

制备方法:按处方量将葡萄糖(供注射用)投入适量注射用水中,边加边搅拌,加热煮沸,配制葡萄糖浓溶液(浓度为 50%~60%),加盐酸(2 mol/L)适量,同时加入 0.5%(g/g)(以葡萄糖计)的活性炭(供注射用),混匀,保持微沸 15 min 后,趁热脱炭。滤液加注射用水稀释至所需量,并加 0.025%(g/ml)活性炭(供注射用),搅拌回流 15 min 以上,取样测 pH 及葡萄糖含量,合格后,脱炭,经 0.22 μm 微孔滤芯过滤至可见异物检查合格后,灌封,灭菌。

分析:处方中葡萄糖(供注射用)为主药,活性炭(供注射用)为吸附剂以吸附注射剂中热原和杂质,盐酸为 pH 调节剂,注射用水为分散介质。

二、使用指导

《中国药典》(2020 年版)收载了药用炭、药用炭片、药用炭胶囊和活性炭(供注射用),配制注射剂的活性炭应为活性炭(供注射用),其在无菌、细菌内毒素、活性炭对细菌内毒素吸附力等方面应符合规定。本处方配制过程分为浓配和稀配,稀配温度为 50~60℃,浓配和稀配均需加入活性炭(供注射用),经钛棒和微孔滤膜过滤至可见异物检查合格后灌封,以防漏炭而影响药品质量。

自　测　题

一、处方分析

1. 肾上腺素滴眼液

【处方】　肾上腺素 10 g,硼酸 20 g,硼砂 10 g,亚硫酸氢钠 10 g,依地酸二钠 0.2 g,对羟基苯甲酸乙酯 0.3 g,注射用水加至 1 000 ml。

(1) 请写出各组分的作用。

(2) 请简单描述其制备过程。

2. 乳酸环丙沙星注射液

【处方】　乳酸环丙沙星 25 g,氯化钠 90 g,乳酸适量,活性炭(供注射用)1 g,注射用水加至 10 000 ml。

(1) 请写出各组分的作用。

(2) 请简单描述其制备过程。

二、简答题

1. 常见的无菌制剂辅料有哪几类?分别有何作用?

2. 在注射剂或滴眼剂生产中,若主药易氧化,可采用哪些方法减少或避免主药的氧化?

在线测试

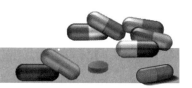

第五章
固体制剂辅料

学习目标

- 掌握填充剂、黏合剂与润湿剂、崩解剂、润滑剂、助流剂与抗黏着剂的选用原则。
- 熟悉填充剂、黏合剂与润湿剂、崩解剂、润滑剂、助流剂与抗黏着剂的常见品种。
- 了解填充剂、崩解剂、黏合剂与润湿剂的分类。

思维导图

临床药物以固体形式存在的各种剂型统称为固体制剂,常见固体制剂涉及的剂型包括散剂、颗粒剂、片剂、胶囊剂、丸剂、滴丸剂等。在这些固体制剂中常用的辅料主要有填充剂、黏合剂与润湿剂、崩解剂、润滑剂、助流剂与抗黏着剂、包衣材料与增塑剂、成膜材料、滴丸基质与冷凝剂、栓剂基质等。本章内容将依次介绍以上各种辅料。

第一节 填 充 剂

一、概述

填充剂广泛地用于片剂、颗粒剂、浸膏剂、散剂、胶囊剂、丸剂等固体制剂中,包括稀释剂和吸收剂。

当主药量较小,不利于成型和单剂称量时,需要加入辅料以增加药物重量与体积,该辅料称为稀释剂。例如,在片剂的制备过程中,经常会用到稀释剂。由于片剂需借助压片机进行生产,压片机的最小冲模直径一般不小于 6 mm,其填充量即每片片重通常应大于 100 mg,而不少片剂药物剂量小于 100 mg,如利血平片含药量为 0.25 mg/片,维生素 B$_1$ 片为 10 mg/片,因此对于这类小剂量(<0.1 g)药物制备片剂须加入稀释剂成型。另外,在浸膏剂的制备过程中也常常用到稀释剂。

当主药含有挥发油或一定量难以除去的液体成分时,需要加入辅料吸收挥发油等液体组分以便成型,该辅料称为吸收剂。吸收剂广泛地应用于颗粒剂和丸剂的制备过程中。例如,在制备颗粒剂和中药丸剂时,常以药材的稠浸膏为主要原料,由于原料中含一定水分,有时还含有挥发油,所以需要加吸收剂吸附液体成分,使其成型。吸收剂主要用来保持固体制剂干燥和成型。

二、填充剂的选用原则

填充剂在各剂型中的用量一般超过主药量,因而在剂型制备的过程中要求填充剂尽量满足物理化学性质稳定、不与主药发生反应、无生理作用、不影响主药含量的测定及对药物溶出和吸收无影响等条件。填充剂使用不当,制剂质量会受到影响,在选择填充剂时,可以参考以下原则。

(1) 处方中主药含量小,尤其是剂量小于 0.1 g 者,必须根据主药的理化性质选用稀释剂。如主药含有引湿性,应选用非水溶性并具有一定抗潮能力的稀释剂,如淀粉、微晶纤维素、磷酸氢钙、改良淀粉等。如主药不吸湿,既可选用水不溶性稀释剂,也可选用水溶性稀释剂,如乳糖、蔗糖、甘露醇、山梨醇、聚维酮(PVP)等。

(2) 若处方中含有芳香油类、流浸膏或浸膏,宜选水不溶性填充剂,如氧化镁、磷酸氢钙、氧化钙、硫酸钙、淀粉等。

(3) 直接压片工艺选用流动性好、可压性好和容纳量大的填充剂,如可压性乳糖、预胶化淀粉、球形蔗糖、球形乳糖、微晶纤维素、硅化微晶纤维素等。

(4) 片剂需溶解成溶液后使用时,应选用水溶性良好的填充剂,如甘露醇、木糖醇、氯化钠、蔗糖、PVP 等。

(5) 注射用片剂选用符合注射用质量标准的水溶性填充剂,如速溶山梨醇、葡萄糖、氯化钠、木糖醇、PVP 等。

(6) 剂型不同,填充剂的选择原则也不同,应综合考虑。例如,在散剂的制备过程中选用稀释剂除了考虑稀释剂上述的吸湿性,还应考虑其相对密度是否与被稀释的主药相近,从而避免出现因密度差异大而分层的现象。如在混悬型颗粒剂的制备过程中,可以考虑颗粒剂处方中某些出粉率高的药材粉末,用作填充剂。因此,不同的剂型,在选择时还应结合剂型特点来选用合适的填充剂。

三、填充剂的分类与常见品种

填充剂主要包括水溶性稀释剂、水不溶性稀释剂、吸收剂三类。

(一) 水溶性稀释剂

水溶性稀释剂是指易溶于水的稀释剂。常见的水溶性稀释剂品种有乳糖、甘露醇、麦芽糊精、山梨醇等。下面详细介绍前三种水溶性稀释剂。

乳　　糖

乳糖的分子式为 $C_{12}H_{22}O_{11}$,其分子量为 342.30。乳糖天然存在于动物乳液中,人乳中含 5%~8%,牛乳中含 4%~5%。乳糖分为 α 和 β 两型。市售乳糖是从牛乳清中提取制得的。使用的干燥方法不同,其产品有结晶和非结晶型、含水和不含水等规格。

市售乳糖有:无水 α- 乳糖,α- 乳糖—水合物和较少量的无水 β- 乳糖。尽管有纯度较高的无水 β- 乳糖供应,但一般情况是含 70% 无水 β- 乳糖和 30% 的无水 α- 乳糖。药剂中使用的常为 α- 乳糖—水合物。

【性状】 本品为白色的结晶性颗粒或粉末(彩图 58),无臭,味微甜。本品在水中易溶,在乙醇、三氯甲烷或乙醚中不溶。按无水物计算,比旋度应为 +54.4°~+55.9°。

彩图 58

【应用】

1. 稀释剂 乳糖无引湿性,且与多数药物不起作用,是片剂常用的优良填充剂和浸膏剂的稀释剂,可用于粉末直接压片。市售有多种级别的乳糖。如有粒度和流动性物理性质不同的产品,可为特定应用提供最合适的选择。例如,通常情况下,在片剂湿法制粒及伴有研磨混合的操作过程中,宜选择细小粒度级别的乳糖,这样有利于与其他组分混合。

▶ 视频

稀释剂乳糖

2. 包糖衣溶液 乳糖和蔗糖以近似 1:3 的比例混合,可以用作包糖衣溶液。

3. 食品添加剂 乳糖也是食品添加剂,在食品工业中用作分散剂、矫味剂、营养剂,用于制造婴儿食品、糖果、人造奶油等。

4. 其他应用 乳糖可作为载体 / 稀释剂应用于吸入剂和冻干制剂中。乳糖加至冻干溶液中可增加体积并有助于冻干块状物形成。

【安全性】 乳糖为天然食品,无毒、安全。由于一些人缺乏小肠乳糖酶,所以会导致痉挛、腹泻、腹胀、气滞等。

课堂讨论

你了解葡萄糖、果糖、麦芽糖、乳糖的差别吗?

知识拓展 ///

牛奶中的乳糖

牛奶是最古老的天然饮料之一,被誉为"白色血液",并且牛奶含有丰富的矿物质、钙、磷、铁、锌、铜、锰、钼。最重要的是牛奶是人体钙的最佳来源,而且钙磷比例非常适当,利于钙的吸收。

在国民生活水平不断提高的今天,每天一杯牛奶是很多家庭对于营养的定义。牛奶的营养价值高,调查表明,乳糖不耐受症在亚洲人群中发病率很高,占 **60%~100%**。乳糖不耐受即乳糖消化不良或乳糖吸收不良,其原因在于人体内不能产生分泌乳糖的乳糖酶。乳糖不耐受的表现:肠内胀气、肠鸣、腹胀和发酵性泡沫状、酸臭味腹泻。如果喝牛奶后出现上述症状,说明有乳糖不耐受症,喝牛奶时可选择零乳糖的牛奶。

岗 位 对 接

一、辅料应用分析

己烯雌酚呋喃西林阴道片

处方组成:己烯雌酚 3 g,呋喃西林 500 g,淀粉 1 900 g,乳糖 600 g,淀粉浆 1 600 ml,滑石粉 150 g。

制备方法:取己烯雌酚、呋喃西林、乳糖分别研细后用等量配研法研匀,加入淀粉混合,过 80 目筛,搅匀,加入淀粉浆作黏合剂制软材,过 14 目筛制成湿颗粒,在 70℃以下烘干,整粒,加滑石粉混匀,称得总重量,计算每片重量,压制成 10 000 片,即可得己烯雌酚呋喃西林阴道片。

分析:己烯雌酚呋喃西林阴道片的制备采用了湿法制粒压片,在处方中己烯雌酚、呋喃西林是主药,淀粉和乳糖作填充剂,增加片重。淀粉浆作黏合剂,滑石粉作润滑剂。

二、使用指导

乳糖与伯氨化合物如苯胺类、氨基酸等发生化学反应形成棕色结块。与砷化合物、甘油三硝酸酯也会形成有色产物。因此,在制备剂型的过程中尽量避免乳糖与伯氨化合物、砷化合物及甘油三硝酸酯出现在同一处方中。

甘　露　醇

甘露醇的分子式为 $C_6H_{14}O_6$,分子量为 182.17。甘露醇是用单糖如甘露糖、葡萄糖等在镍催化下电解还原加氢而制得,也可以从植物中提取而得。

【性状】　甘露醇为右旋,是甘露糖的六元醇,山梨醇的同分异构体;为白色结晶或结晶性粉末或自由流动性颗粒(彩图 59);无臭;无吸湿性;在水中易溶,可溶于甘油,在乙醇中略溶,在乙醚中几乎不溶。20% 水溶液的 pH 为 5.5~6.5,化学稳定性好,水溶液对稀酸、稀碱、热和空气稳定。熔点为 166~170℃。相对密度为 1.49,比旋度为 +137°~+145°。显微镜下,乙醇中结晶的甘露醇呈正交针状结晶。甘露醇具有多晶型。

彩图 59

【应用】

1. 稀释剂　甘露醇作为稀释剂来增加片重是制剂工艺中最主要的用途,用量为 10%~90%(W/W)。甘露醇无吸湿性,可用于易吸湿性药物,便于颗粒的干燥和压片成型。

2. 矫味剂　甘露醇因为溶解热为负值,溶解的时候会吸热,使口腔清凉有舒适感,可作为咀嚼片中的矫味剂。

3. 冻干赋形剂　在冷冻干燥制剂中,甘露醇(20%~90%,W/W)作为冻干赋形剂,用于形成硬质的均匀骨架,以改善玻璃瓶中冷冻干燥制剂的外观。

4. 助悬剂　甘露醇在混悬剂中可起到增稠的作用(约 7%),作助悬剂使用。

5. 助流剂　颗粒型甘露醇的流动性好,可将其加入不易流动的物质内,以改进其流动性,因此可作润滑剂(广义)中的助流剂,但加入的量不超过其他物质浓度的 25%(W/W)。

6. 抗氧增效剂 甘露醇有络合作用,可以作为某些处方中的抗氧增效剂。

7. 其他应用 在治疗学上,甘露醇静脉注射用作渗透性利尿剂,肾功能诊断剂,急性肾衰竭治疗的附加剂,降低颅内压、治疗脑水肿和降低眼内压的治疗剂。此外,甘露醇在食品工业中用作低热甜味剂、组织改良剂、抗黏剂,用于制造饮料、糖果等。

【安全性】 甘露醇是一种在动植物中发现的天然糖醇,几乎在所有的蔬菜中都有少量存在。甘露醇在消化道不被吸收,口服每日超过 20 g 时,可产生轻度腹泻。如果口服大量的甘露醇会产生缓泻作用,当作为增稠剂在食品中应用且每日摄入量超过 20 g 时,产品标签应注明"过量食用具有缓泻作用"。甘露醇静脉注射不代谢,肾小管重吸收极微,80% 在 3 h 内从尿中排泄。一般公认是安全的,LD_{50}(大鼠,经口)为 17.3 g/kg。每日允许摄入量不超过 50 mg/kg。

岗 位 对 接

一、辅料应用分析

喉 麻 含 片

处方组成:盐酸地卡因 150 g,盐酸异丙嗪 100 g,葡萄糖粉 50 g,甘露醇粉 50 g,枸橼酸 1 g,糖精钠 3 g,淀粉浆适量,硬脂酸镁适量。

制备方法:按处方量分别称取盐酸地卡因、盐酸异丙嗪、葡萄糖粉、甘露醇粉、枸橼酸、糖精钠,过筛混匀,再称取适量的淀粉浆,加入混匀的粉末中,制成软材,干燥后,过筛,加入硬脂酸镁,压成 1 000 片。

分析:喉麻含片采用湿法制粒压片。盐酸地卡因和盐酸异丙嗪为主药,葡萄糖粉、甘露醇粉为填充剂和矫味剂,甘露醇可使喉咙有清凉感,糖精钠为矫味剂,淀粉浆为黏合剂,硬脂酸镁为润滑剂。

二、使用指导

20%(W/V)或更高浓度的甘露醇溶液可能在氯化钾或氯化钠存在下盐析。据报道,当 25%(W/V)的甘露醇溶液与塑料接触时会出现沉淀。2 mg/ml 和 30 mg/ml 的头孢匹林钠不能与 20%(W/V)的甘露醇水溶液配伍。甘露醇不能与木糖醇输液配伍,与某些金属如铝、铜和铁可产生络合物。甘露醇中糖类杂质量降低,可能意味着冷冻物形成时肽的氧化降解。研究表明,甘露醇(与蔗糖相比)可降低西咪替丁的口服生物利用度。

麦 芽 糊 精

麦芽糊精是营养性的 *D-* 葡萄糖单元聚合物的糖类混合物,葡萄糖当量小于 20。麦芽糊精是在有水存在的条件下,将淀粉加热、经酸或酶水解而得。其中淀粉是先被水解得到不同链长的葡萄糖单元的聚合物,然后过滤、浓缩、干燥即可得到麦芽糊精。

彩图 60

【性状】　本品为白色或类白色的粉末或颗粒(彩图 60);微臭,无味或味微甜;有引湿性。本品在水中易溶,在无水乙醇中几乎不溶。

【应用】

1. 稀释剂　在片剂的制备过程中,麦芽糊精可作为直接压片过程中的稀释剂。

2. 黏合剂　麦芽糊精在片剂的制备过程中可作湿黏合剂。其对片剂或胶囊剂的溶出度无不良影响。

3. 薄膜包衣材料　在水性薄膜包衣过程中,麦芽糊精可用作片剂的薄膜包衣材料。

4. 载体　麦芽糊精的水溶液无任何味道,结合及黏合作用强,可以作为各种甜味剂、填充剂和色素的优良载体。

5. 其他应用　葡萄糖当量较高的麦芽糊精特别适合应用在咀嚼片处方中。在药物制剂处方中,麦芽糊精可用来提高溶液黏度或防止糖浆结晶。由于麦芽糊精溶液比等热量的葡萄糖溶液渗量低,所以在治疗学上常用作糖的口服营养代用品。在体内同等渗量的条件下,麦芽糊精提供的热量比糖高。

【安全性】　麦芽糊精是易消化的糖类,营养值约为 17 kJ/g(4 kcal/g)。在美国,一般认为,麦芽糊精与人可直接食用的食品成分(符合现行 GMP)的安全性相当,无毒、无刺激性。

(二) 水不溶性稀释剂

水不溶性稀释剂是指不溶于水的稀释剂。常见的水不溶性稀释剂品种有微晶纤维素、预胶化淀粉、淀粉等。

微晶纤维素

微晶纤维素(MCC)是由植物纤维浆中的 α-纤维素与稀的无机酸控制水解后,经过滤、洗涤、干燥、粉碎而成的多粒径多孔颗粒。

彩图 61

【性状】　本品为白色或类白色粉末或颗粒状粉末(彩图 61);无臭,无味。本品在水、乙醇、乙醚、稀硫酸或 5% 氢氧化钠溶液中几乎不溶。

【应用】

1. 稀释剂　在片剂和胶囊剂的制备过程中,常用作稀释剂。虽然微晶纤维素价格较淀粉、糊精、糖粉高,但由于其良好的流动性与可压性,可用于粉末直接压片。由于微晶纤维素可作填充剂、黏合剂和崩解剂,所以有"三合剂"之称,用量一般在 15%~45%。

2. 黏合剂　微晶纤维素黏合性能很好,可作干黏合剂。

3. 崩解剂　微晶纤维素结构中大量的羟基可吸收水分,因此具有优良的促崩解性能。

4. 其他应用　微晶纤维素也是食品添加剂,在食品工业中用作抗结块剂、分散剂、黏结剂,用于奶油、冰冷饮料食品的制造。

【安全性】 微晶纤维素广泛地应用在口服药物制剂和食品中,是相对无毒和无刺激性的物质,一般认为是安全的。口服后不吸收,几乎没有潜在的毒性。大量使用可能会引起轻度腹泻。滥用含有纤维素的某些制剂,如吸入或注射给药,会导致纤维素肉芽肿。

岗 位 对 接

一、辅料应用分析

枸橼酸喷托维林(咳必清)片

处方组成:枸橼酸喷托维林 25 g,微晶纤维素 25 g,淀粉 8 g,铝镁原粉 15 g,滑石粉 8 g,硬脂酸镁 4 g。

制备方法:分别称取枸橼酸喷托维林 25 g,微晶纤维素 25 g,淀粉 8 g,铝镁原粉 15 g,滑石粉 8 g,硬脂酸镁 4 g 在 100℃下烘干 4 h。然后将枸橼酸喷托维林过 20 目筛和 32 目筛,取中间粒度。铝镁原粉过 100 目筛。将二者混匀后加入微晶纤维素(过 100 目筛)、淀粉、滑石粉和硬脂酸镁,混匀,压制成 1 000 片,即得枸橼酸喷托维林片。

分析:制备枸橼酸喷托维林片采用的是直接压片方法。采用微晶纤维素作为填充剂直接压片解决了枸橼酸喷托维林湿法制粒压片易吸潮而出现黏冲的问题。

二、使用指导

微晶纤维素除对水分敏感的药物如阿司匹林、青霉素、维生素类等外,几乎可以与所有药物配伍。因此,在上述处方中考虑到了湿法制粒易吸潮。

预胶化淀粉

预胶化淀粉(PGS)是用玉米淀粉、马铃薯淀粉或稻米淀粉等通过化学法或机械法将淀粉颗粒部分或全部破裂,使淀粉具有流动性及直接可压性。一般来说,预胶化淀粉有 5% 的游离直链淀粉,15% 的游离支链淀粉,80% 的未改性淀粉。

【性状】 本品为白色或类白色粉末(彩图 62)。

【应用】

1. 稀释剂和黏合剂 预胶化淀粉是改性淀粉,用于口服胶囊剂、片剂处方中,常用作黏合剂、稀释剂。与淀粉比较,预胶化淀粉能增加物料的流动性与可压性,可用于粉末直接压片,还可在干法压片工艺中作黏合剂。

2. 崩解剂 在片剂中,预胶化淀粉有自我润滑作用和良好的崩解性,不仅与主药不发生作用,而且能促进主药的稳定,是良好的崩解剂。

3. 其他应用 预胶化淀粉与其他辅料合用时,需要加入润滑剂。以加入 0.25%(W/W)硬脂酸镁最为常见,但其用量太大时,对片剂强度和溶出度不利。因此,一般用硬脂酸来润滑预胶化淀粉。

彩图 62

【安全性】　预胶化淀粉广泛地用于口服固体药物制剂中,无毒,无刺激性,大量口服有害。

淀　　粉

淀粉来自植物。制备过程包括粗破碎、反复水洗、湿法过筛及离心分离,湿淀粉经干燥、粉碎供药用。

彩图63

【性状】　本品为白色粉末(彩图63);无臭,无味。粉末由非常小的球状或卵形颗粒组成,其大小、形状取决于植物种类。淀粉可由玉米、小麦的成熟种子和马铃薯或木薯的块茎等制得。

【应用】　淀粉在药剂的制备过程中应用非常广泛,是口服固体制剂的基本辅料。

1. 稀释剂　用作色素或毒剧药物的倍散稀释剂,便于生产中后续混合操作,也用作硬胶囊填充时、片剂制备时体积与重量的调节剂。

2. 黏合剂　在片剂或颗粒处方中,使用新配制的5%~25%(W/W)淀粉浆用作制粒的黏合剂。通过优化研究确定制剂中的用量,筛选参数包括颗粒脆碎度、片剂脆碎度、硬度、崩解度和药物溶出度。

3. 崩解剂　淀粉是最常用的崩解剂,常用浓度为3%~15%(W/W)。普通淀粉可压性、流动性差。制备的片剂易碎,高浓度时易顶裂。在制粒处方中,用作崩解剂的淀粉50%用于制粒,另50%用于干粒混合时加入。淀粉作为崩解剂,由于具有巨大表面积而有利于吸收水分。

4. 药物传递系统辅料　淀粉也用作新的药物传递系统的辅料,如鼻黏膜、口腔、牙周等部位传递系统。

5. 其他应用　用于软膏制剂中起皮肤覆盖层的作用,可作为制备灌肠剂的基料,也可用来处置碘中毒等。治疗上,淀粉溶液用来防止或处置因剧烈腹泻引起的脱水。淀粉还可用于化妆品、护肤品中,如因其吸收性能被用于扑粉中,淀粉胶浆也用作润肤剂。

【安全性】　淀粉广泛地用于药物制剂中,尤其口服片剂中用得最多。淀粉可食用,无毒、无刺激性。口服过量有害,可形成淀粉结石,引起肠梗阻。淀粉接触到腹膜、脑膜可引起肉芽肿反应,手术伤口被外科手术手套上的淀粉污染也可引起肉芽肿损害。淀粉极少引起过敏反应。

(三) 吸收剂

不少稀释剂也可用作吸收剂,常用的有无机盐类,如硫酸钙($CaSO_4 \cdot 2H_2O$)、磷酸氢钙($CaHPO_4 \cdot 2H_2O$)、氧化镁、甘油磷酸钙、氢氧化铝等,这类吸收剂的优点是容纳量大,吸收后不易浸出,吸湿性小。下面详细介绍硫酸钙和氧化镁。

硫　酸　钙

药用辅料硫酸钙的分子式是$CaSO_4 \cdot 2H_2O$,分子量为172.17,二水合硫酸钙别名为生石膏。无水硫酸钙以无水物形式存在于自然界中。天然石膏岩经破碎、研磨成为二水物,或于150℃煅烧形成半水物。各种较纯的硫酸钙也可以通过碳酸钙与硫酸反应或由氯化钙与一种可溶性硫酸盐沉淀反应的化学法制得。

彩图64

【性状】　本品为白色粉末(彩图64);无臭,无味。本品在水中微溶,在乙醇中不溶。

【应用】

1. 吸收剂　硫酸钙常用于片剂和胶囊剂的处方中,颗粒状的硫酸钙还具有良好的可压性和中等强度的崩解性。

2. 固化剂　硫酸钙在缓释制剂中常用作固化剂。

3. 食品添加剂　硫酸钙可用作豆油制品的凝固剂、面团调节剂等。

4. 其他应用　硫酸钙可用于制造义齿的模型等。

【安全性】　硫酸钙用作口服片剂、胶囊剂的填充剂,当以填充剂的用量使用时,一般认为是无毒的。然而,足够大量的摄入,吸水后可能导致上消化道梗阻。

由于钙盐中的钙口服吸收受限,所以即使口服大剂量也不能产生高钙血症。钙盐可溶于支气管分泌液中。纯净的盐不会引起尘肺病。

岗 位 对 接

一、辅料应用分析

磷酸伯氨喹片

处方组成:磷酸伯氨喹13.2 g,硫酸钙60 g,淀粉2 g,糊精2 g,滑石粉1.5 g,硬脂酸镁0.8 g。

制备方法:分别称取磷酸伯氨喹13.2 g,硫酸钙60 g,淀粉2 g,糊精2 g,过筛,混匀。加入淀粉与糊精的水溶液,湿法制粒,干燥,过筛,整理。加入滑石粉1.5 g,硬脂酸镁0.8 g。混匀,压制成1 000片,即得。

分析:磷酸伯氨喹片采用湿法制粒压片。淀粉、硫酸钙、糊精在处方中为填充剂,糊精兼具黏合剂作用,硬脂酸镁为润滑剂。

二、使用指导

有水分存在时,钙盐可能与有机胺、氨基酸、多肽和蛋白质有配伍禁忌,并可能形成复合物。钙盐可影响四环素类抗生素的生物利用度。据推测,硫酸钙可能与吲哚美辛、阿司匹林、门冬酰胺、头孢氨苄和红霉素有配伍禁忌,因为这些物质与其他钙盐有配伍禁忌。在磷酸伯氨喹片的使用中,无配伍禁忌物质,比较适合。高温状态下,硫酸钙可以与磷或铝粉发生剧烈反应,也能与重氮甲烷发生剧烈反应。

氧　化　镁

氧化镁的分子式是MgO,分子量为40.30。氧化镁以方镁石形式存在于自然界中,是冶镁的原料。它可通过煅烧矿物菱镁矿或氧化镁制得,以石灰水处理海水或咸水后即可得到氢氧化镁。纯化方法有:粉碎和筛分、重介质分离法和泡沫浮选法。氧化镁也可以通过热分解氯化镁、硫酸镁、亚硫酸镁、水碳镁石和碱性碳酸盐$5MgO \cdot 4CO_2 \cdot 5H_2O$制得。用过滤或沉降法进行纯化。

彩图 65

【性状】　本品为白色粉末(彩图 65);无臭,无味;在空气中缓缓吸收二氧化碳。本品在水或乙醇中几乎不溶,在稀酸中溶解。

【应用】

1. 吸收剂　在固体制剂剂型中,氧化镁主要作为碱性稀释剂。

2. 助流剂　氧化镁与硅胶配合可以起到辅助助流剂的作用,特别是对一些易于吸湿的颗粒或含水量较高的颗粒,氧化镁能吸湿而保持颗粒干燥和流动性。

3. 食品添加剂和抗酸剂　氧化镁也作为食品添加剂和抗酸剂,单独或与氢氧化铝联合应用。

4. 其他应用　氧化镁还作为渗透性轻泻剂和镁补充剂应用于低镁血症。

【安全性】　氧化镁通常被认为是无毒物质。在治疗学上,作为抗酸剂需口服250~500 mg,作为渗透性轻泻剂需口服 2~5 g。氧化镁作为稀释剂应用时如果大剂量口服,仍会产生轻泻现象。

第二节　黏合剂与润湿剂

一、概述

(一) 黏合剂

黏合剂是指一类使无黏性或黏性不足的物料粉末聚结成颗粒的物质。在湿法制粒中主要使用液体黏合剂,在干法制粒及粉末直接压片中使用固体黏合剂。黏合剂不仅用于片剂生产中,在颗粒剂、中药丸剂等剂型中也普遍使用。

(二) 润湿剂

药剂中所指的润湿主要是指分散介质水(或体液)对固体药物的黏附现象。润湿剂本身无黏性,但可诱发待制粒、待压片物料的黏性,有利于制粒、压片过程而制成片剂、胶囊剂、颗粒剂等的液体辅料称为润湿剂。

(三) 黏合剂与润湿剂的作用机制

黏合剂与润湿剂在制剂中有助于固体粉末黏结成型,其作用机制如下。

1. 液体桥的作用　通过液体桥使粉末黏结成颗粒,片剂、颗粒剂湿法制颗粒时及用泛制法制备丸剂时,均需加入黏合剂或润湿剂,当液体渗入固体粉末中时,借助其表面张力与毛细管力使粉末黏结在一起,这种结合力称为液体桥。湿颗粒干燥前的主要结合力形式是液体桥。

2. 固体桥的作用　在湿颗粒干燥过程中,因为固体桥的结合作用,尽管水分绝大部分被除去,液体桥大大地削弱,但粉末仍然黏结在一起。固体桥的形成有以下几种情况:① 可溶性成分因干燥时溶剂蒸发,使其在相邻粉粒间结晶,形成固体桥,而将粉粒连接。② 由黏合剂形成固体桥联结粉粒。黏合剂多是亲水性高分子化合物,具胶体特性,有较高内聚力,与粉末混合成颗粒后,使内聚力增高,形成坚固的固体桥。也可因具较强的黏合力,足以对抗颗粒压缩成片时形成的弹性回复力,保持片剂的外形。③ 物料受压会产生热,导致局部温度升高,使某些成分在粉粒间熔融,随后又凝固形成固体桥。

3. 范德华力的作用　在干法制粒的过程中,干燥黏合剂是借助压缩的机械力使粉粒间距离接近的,主要结合力是分子间力和表面自由能。

二、黏合剂与润湿剂的选用原则

在制剂过程中,黏合剂与润湿剂的选用不仅影响制剂成型和外观质量,也影响成品的内在质量,如选用不当可能使颗粒、丸剂和片剂不能成型,或在运输储存中易松散、碎裂;也有可能长时间不溶散、崩解,或有效成分不能溶出、生物利用度低等。因此,正确选用黏合剂与润湿剂关系到制剂的整体质量。选用过程中可以遵循以下原则。

(一) 黏合剂和润湿剂的种类选择

黏合剂主要用于片剂、丸剂、冲剂和颗粒剂,这些剂型的重要质量指标有硬度或粒度、崩解度或溶散时间、溶出度、含量均匀度等,黏合剂的黏性是影响前三种质量指标的主要因素之一。一般说黏合剂的品种不同,黏合力也不同。常见黏合剂与润湿剂的浓度及黏性由强至弱排列为:25%~50% 液状葡萄糖 >10%~25% 阿拉伯胶胶浆 >10%~20% 明胶(热)溶液 >66%(g/g)糖浆 >60% 淀粉浆 >6% 高纯度糊精浆 > 水 > 乙醇。全粉末中药片剂,含粉料多的混悬型冲剂应选用较强黏性的黏合剂。一般黏性的黏合剂能增强硬度,延缓崩解和溶出,能快速溶于水并产生强黏性的黏合剂,常使崩解变慢。黏合剂品种不同对溶出影响差异较大。因此,不同的制剂还需要参考实验进行选择。

(二) 黏合剂和润湿剂的用量选择

黏合剂和润湿剂的用量对制剂的硬度或粒度、崩解或溶散及溶出影响较大,即使黏性弱的黏合剂,用量大了黏合力也会很强。通常情况下,用量增加,硬度增加,崩解和溶出时间延长,溶出量减少。一般以尽可能少的黏合剂,既满足制剂硬度,又满足崩解度和溶出度要求为原则。黏合剂和润湿剂在制软材和干颗粒中的用量也不同。因此,恰当的用量要通过实验筛选,也要注意其他因素的影响。表5-1是常用黏合剂的用量和浓度,选用时可作为参考。

表 5-1　部分黏合剂常用量

黏合剂的名称	制粒胶浆浓度 (质量浓度)/%	干颗粒中用量 (质量分数)/%
阿拉伯胶	5~15	1~5
甲基纤维素	2~10	0.5~3
明胶	5~20	1~3
液状葡萄糖	10~30	5~20
乙基纤维素	2~5	0.5~3
聚乙烯吡咯烷酮	2~10	0.5~3
羧甲纤维素钠	2~10	0.5~3
淀粉	5~15	1~5
蔗糖	10~50	1~5
西黄蓍胶	0.5~2	0.5

润湿剂的用量受物料的性质,操作工艺及温度、湿度等环境因素的影响,以不同浓度的乙醇居多,浓度一般在 30%~70%。

(三)黏合剂和润湿剂在不同剂型中的选择

1. 根据不同的工艺选用黏合剂　如直接压片时应选用固体黏合剂。

2. 应注意原料药的种类　如为化学药品,一般应使用黏合剂;如为中药、天然药物,应注意浸膏的黏度,黏度强的本身就是黏合剂,不必再使用黏合剂或使用不同浓度的乙醇(其浓度多在 30%~70%)作润湿剂即可。

3. 根据制剂质量要求选用黏合剂　如要求制成水溶性片剂、颗粒剂,则应选用水溶性黏合剂,以使制成的片剂、颗粒剂能溶解澄明。

4. 根据不同的剂型来选择不同的润湿剂　一般外用润湿剂选用阴离子型表面活性剂类的润湿剂、司盘 80 类;内服制剂的润湿剂选用吐温类润湿剂。

三、黏合剂与润湿剂的分类与常见品种

(一)黏合剂和润湿剂的分类

1. 黏合剂的分类　黏合剂按照不同的方法可以分成不同的类别。

(1) 按来源分类:① 天然黏合剂,如淀粉浆、蔗糖、明胶浆、阿拉伯胶胶浆等。② 合成黏合剂,多为高分子聚合物,如羧甲纤维素钠、甲基纤维素、聚维酮、乙基纤维素、聚乙二醇 4000 等。

(2) 按用法分类:① 制成水溶液或胶浆才具黏性的黏合剂,如淀粉、明胶、羧甲纤维素钠等。② 干燥状态下也具黏性的干燥黏合剂,如高纯度糊精、改良淀粉、微晶纤维素等,本类黏合剂在溶液状态下的黏性一般更强(约为干燥状态的两倍)。③ 经非

水溶剂溶解或润湿后具黏性的黏合剂,如乙基纤维素、聚乙烯吡咯烷酮、羟丙甲纤维素等,此类黏合剂适用于遇水不稳定的药物。

(3) 按水溶性分类:① 水溶性黏合剂,如蔗糖、液状葡萄糖、聚维酮、羧甲纤维素、明胶、聚乙二醇等。② 水不溶性黏合剂,如糊精、淀粉、微晶纤维素、乙基纤维素等。

2. 润湿剂的分类

(1) 表面张力小,能与水混溶的液体润湿剂:如乙醇、甘油等。这类润湿剂润湿效果不佳。

(2) 表面活性剂类润湿剂:此类润湿剂润湿效果好,有阴离子型表面活性剂、司盘80类、吐温类等。

(二)黏合剂和润湿剂的常见品种

羟丙纤维素(HPC)

羟丙纤维素,别名纤维素羟丙基醚,是将纯化的纤维素与氢氧化钠反应生成纤维素碱(纤维素碱比未经处理的纤维素更易反应),再将纤维素碱在加热、加压条件下与环氧丙烷反应而制得,广泛地应用于各种口服和局部用制剂中。其性能与羟丙基的含量及聚合度有关,是一种不同取代度的非离子型纤维素醚。

【性状】　本品为白色至类白色粉末或颗粒(彩图66)。本品在水、乙醇或丙二醇中溶胀成胶体溶液,在热水中几乎不溶。

彩图66

【应用】

1. 黏合剂和崩解剂　作为黏合剂和崩解剂使用的主要是低取代基羟丙纤维素。其特点是:容易压制成型,适用性较强,特别是不易成型的片剂,如塑性、脆性、疏散性等较强的片剂,加入本品后,则有改善作用,压制的片剂具有较好的硬度。特别是松片,撬盖的片剂,加入本品后,不仅易于成型,而且外观也较好,加入本品还能使片剂崩解迅速,即使片剂的硬度达到13 kg,崩解也只需十几分钟;用本品制得的片剂长期保存,崩解度不受影响。片剂湿法制粒时,作为黏合剂用量为5%~20%,一般用于原料本身有一定黏性的品种。粉末直接压片时用量为5%~20%,可用于小剂量西药或中草药片剂。作片剂崩解剂,本品用量为2%~10%,一般为5%,内加和外加均可,视具体处方和选用的品种型号而定。

2. 食品添加剂　羟丙纤维素可作为食品添加剂,在食品工业中用作乳化剂、稳定剂、助悬剂、增稠剂、成膜剂,用于饮料、糕点、果酱等制造。

3. 其他应用　羟丙纤维素还可用于日化工业,用作霜剂、香波、乳液等化妆品的制造。

【安全性】　羟丙纤维素广泛地用作口服和局部用制剂的添加剂。在食品和化妆品中的应用也很广泛。

羟丙纤维素是无毒、无刺激性的材料,其不良反应非常少见。有报道表明,患者在使用含有羟丙纤维素的雌二醇透皮贴剂时曾产生接触性皮炎。

由于通常情况下羟丙纤维素在应用浓度下对健康无害,世界卫生组织(WHO)对其日摄取量未作规定,但过量摄取羟丙纤维素可致腹泻。

岗 位 对 接

一、辅料应用分析

速效感冒片

处方组成:对乙酰氨基酚 250 g,氯苯那敏 2 g,咖啡因 15 g,人工牛黄 10 g,淀粉 51 g,糖粉 10 g,聚维酮(PVP)2 g,低取代羟丙纤维素 15 g,滑石粉 12 g。

制备方法:称取对乙酰氨基酚 250 g,氯苯那敏 2 g,咖啡因 15 g,人工牛黄 10 g,糖粉 10 g,淀粉 51 g,低取代羟丙纤维素 15 g,过筛混匀待用;称取 PVP 2 g,加少量的水溶解,将其加入上述混匀的粉末中,制成湿软材,过筛整粒,干燥后再过筛,加入滑石粉 12 g,混匀,压制成 1 000 片,即得。

分析:速效感冒片中对乙酰氨基酚、氯苯那敏、咖啡因、人工牛黄为药效成分,对乙酰氨基酚和人工牛黄起解热镇痛作用,淀粉和糖粉起稀释剂的作用,PVP 作为黏合剂使用,低取代羟丙纤维素起崩解剂的作用,滑石粉作为颗粒润滑剂使用。

二、使用指导

羟丙纤维素在溶液状态与苯酚衍生物的取代物有配伍禁忌。例如,羟苯甲酯、羟苯丙酯等。阴离子型聚合物的存在可使羟丙纤维素溶液的黏度增加。羟丙纤维素和无机盐的相容性根据盐的种类、浓度的不同而异。羟丙纤维素与高浓度的其他溶解性物质不相混溶。羟丙纤维素的亲水 – 亲脂平衡性质(即溶解度上的双亲性)能降低其水合能力,在其他高浓度可溶性物质存在的情况下盐析作用增强。羟丙纤维素在其他高浓度可溶性物质存在的情况下,由于在系统中与水相竞争,其沉淀温度有所降低。

甲基纤维素(MC)

甲基纤维素是一种长链取代纤维素,其中 27%~32% 的羟基以甲氧基的形式存在。甲基纤维素是将碱化纤维用氰甲烷甲基化制得的。不同级别的甲基纤维素具有不同的聚合度,其范围为 50~1 000 ;而其分子量(平均数)在 10 000~220 000。其取代度被定义为甲氧基(CH_3O—)的平均数,甲氧基则连接于链上的每一个葡萄糖酐单元。取代度影响甲基纤维素的物理性质。

【性状】　本品为白色或类白色纤维状或颗粒状粉末(彩图 67);无臭,无味。本品在水中溶胀成澄清或微浑浊的胶状溶液;在无水乙醇、三氯甲烷或乙醚中不溶。

甲基纤维素微有吸湿性,在 25℃ 及相对湿度为 80% 时,平衡吸湿量为 23%。溶液在室温时,pH 为 2~12 时对碱和弱酸稳定。加热和冷却会导致不可逆的黏度下降。55℃ 左右时,溶液凝胶化。储存溶液时应加入适量的防腐剂。

【应用】

彩图 67

1. 黏合剂　甲基纤维素在制剂中作为黏合剂时,低或中等黏度级较好,用其溶液或粉末加入均可,用于改进崩解和溶出速率。一般的使用浓度为 1%~20%。

2. 凝胶剂　甲基纤维素可用于增稠凝胶及霜剂,此时宜选高黏度级的。

3. 助悬剂及增稠剂　甲基纤维素常作助悬剂以延迟混悬剂沉降速度,也可作滴眼剂中的增稠剂以增加药物与眼部接触时间。

4. 包衣材料　甲基纤维素可应用高黏度级置换低黏度级作薄膜包衣。

5. 崩解剂　高黏度级的甲基纤维素可利用其与崩解介质接触后的膨胀作用,作为崩解剂。一般使用浓度为 2%~10%。

6. 乳化剂　甲基纤维素因溶液的表面张力很低,宜选低黏度级的,一般使用浓度为 1%~5%。

7. 赋形剂　在滴眼剂中宜选高黏度级的,亦可作隐形眼镜的润湿剂及浸渍液。

8. 致孔剂　高取代、低黏度级的甲基纤维素可作缓释包衣膜的致孔剂,以甲基纤维素和乙基纤维素的混合溶液作颗粒剂、片剂或丸剂包衣材料。口服后甲基纤维素从乙基纤维素膜上溶出,使膜上形成许多致孔剂,膜内药物可从此通道以一定的速率向外扩散。

9. 其他应用　甲基纤维素在治疗方面可用作增溶通便剂。它也是食品添加剂,在食品制造中有相似的用途,用于制造冰激凌、面包等。在日化工业中用于制造香波、洗涤剂等。

【安全性】　本品通常被认为无毒、无致敏、无刺激性。

口服后,甲基纤维素不能被消化或吸收,因此是一种无热量材料。过量摄取甲基纤维素可能会暂时地增加胃肠胀气和胃肠膨胀。

如果甲基纤维素吞服时伴随的液体量不足,可能导致食管阻塞。此外,大量摄取甲基纤维素可能会干扰一些矿物质的吸收。然而,上述不良反应和一些可能的不良反应主要与甲基纤维素作为通便剂有关,而当其作口服制剂辅料时,这些不良反应就不再是主要因素。

岗 位 对 接

一、辅料应用分析

碳 酸 钙 片

处方组成:碳酸钙 600 g,甘露醇 505.8 g,食糖 60 g,甲基纤维素 18 g,糖精钠 0.6 g,留兰香精 3.6 g,硬脂酸镁 12 g。

制备方法:称取碳酸钙 600 g,甘露醇 505.8 g,食糖 60 g,糖精钠 0.6 g,留兰香精 3.6 g 过筛混匀待用;称取甲基纤维素 18 g 配制成浆液加入混匀后的颗粒中,制成软材过筛整粒,干燥,过筛,加入硬脂酸镁 12 g,混匀后压制成 1 000 片,即得。

分析:在碳酸钙片的制备过程中采用的是湿法制粒压片。碳酸钙是主药,甘露醇是稀释剂,食糖和糖精钠作矫味剂,起到增加甜味的作用,甲基纤维素作黏合剂,留兰香精是芳香剂,硬脂酸镁起到润滑剂的作用。

二、使用指导

甲基纤维素与氨基吡啶盐酸盐、氯甲苯酚、氯化汞、间苯二酚、鞣酸、硝酸银、十六烷基吡啶盐酸盐、对羟基苯甲酸、对氨基苯甲酸及对羟基苯甲酸甲酯、对羟基苯甲酸丙酯、对羟基苯甲酸丁酯等均有配伍禁忌。

无机酸(尤其是多元酸)盐、苯酚及鞣酸可使甲基纤维素溶液凝结,但加入乙醇(95%)或乙二醇二乙酸可阻止此过程的发生。甲基纤维素可与高表面活性化合物,如丁卡因和硫酸地布托林发生络合作用。

高浓度电解质溶液可增加甲基纤维素的黏度,当甲基纤维素达很高浓度时,会以分离或连续的凝胶形式完全沉淀下来。

羧甲纤维素钠(CMC-2Na)

羧甲纤维素钠是纤维素羧甲基醚的钠盐。羧甲纤维素钠是将木材浆及棉花纤维浸泡在氢氧化钠的溶液中制得碱纤维素,然后碱纤维素与一氯醋酸钠反应,再用盐酸中和,最后用异丙醇精制而得。

彩图68

【性状】　本品为白色至微黄色纤维状或颗粒状粉末(彩图68);无臭;有引湿性。本品在水中溶胀成胶状溶液,在乙醇、乙醚或三氯甲烷中不溶。

【应用】

1. 助悬剂、乳化剂和增稠剂　羧甲纤维素钠的黏稠水溶液在局部、口服或注射用制剂中可用作助悬剂、乳化剂和增稠剂。

2. 黏合剂和缓释材料　在片剂等固体制剂中,羧甲纤维素钠可用作黏合剂和缓释材料。

3. 凝胶基质　在半固体制剂的制备过程中,高浓度(3%~6%)、中等黏度级的羧甲纤维素钠可以制成凝胶作为制剂的基质或糊剂。此类凝胶中常加入二醇类以防止干燥。

4. 其他应用　羧甲纤维素钠广泛应用于自黏合造瘘术、伤口护理材料和皮肤用贴剂,可吸收伤口的分泌物或皮肤的汗水;在食品工业中,羧甲纤维素钠可作增稠剂和稳定剂;在日用化学工业中可作黏结剂、抗再沉凝剂等。

【安全性】　一般公认羧甲纤维素钠是安全的(FDA,1985)。每日允许摄入量为0~25 mg/kg(FAO/WHO,1985)。

岗 位 对 接

一、辅料应用分析

葡甘露聚糖片剂

处方组成:葡甘露聚糖500 g,微晶纤维素200 g,羧甲纤维素钠12 g,羧甲淀粉钠7 g,滑石粉12 g。

制备方法:称取葡甘露聚糖 500 g,过 20 目筛,再在此颗粒中加入微晶纤维素、羧甲纤维素钠、羧甲淀粉钠、滑石粉,混合压成片剂 1 000 片,即得。

　　分析:葡甘露聚糖为主药,微晶纤维素既是稀释剂也是黏合剂,羧甲纤维素钠为黏合剂,羧甲淀粉钠为崩解剂,滑石粉在处方中起到润滑剂的作用。

二、使用指导

　　羧甲纤维素钠与强酸溶液、可溶性铁盐及一些其他金属如铝、汞和锌等有配伍禁忌。pH<2 时,以及与 95% 的乙醇混合时,会产生沉淀。羧甲纤维素钠与明胶及果胶可以形成共凝聚物,也可以与胶原形成复合物,能沉淀某些带正电的蛋白。

聚维酮(PVP)

　　聚维酮又名聚乙烯吡咯烷酮。聚维酮是合成聚合物,主要由线型 1- 乙烯基 -2- 吡咯烷酮基团组成,不同的聚合度导致聚合物不同的分子量。分子量可用聚维酮水溶液相对于水的黏度来表征,以 K 值来表示,K 值为 10~120。聚维酮由炔醛(Reppe)法制备,乙炔和甲醛在高活性催化剂乙炔铜(copper acetylide)存在下反应生成丁炔二醇,丁炔二醇氢化得到丁二醇,然后环化生成丁内酯。丁内酯与氨反应生成吡咯烷酮。吡咯烷酮和乙烯在加压下乙烯化生成单体(即乙烯基吡咯烷酮),然后在催化剂作用下聚合得聚维酮。

　　【性状】　聚维酮为白色或乳白色、无臭或几乎无臭、易流动的无定形粉末(彩图 69);有引湿性;溶于水、乙醇和三氯甲烷,不溶于乙醚和丙酮。5% 溶液的 pH 为 3.0~7.0。聚维酮的水溶液具有一定的黏度,其黏度用 K 值表示,K 值为 10~95 ;10% 以下的溶液黏度与水基本相同,表示为 K10。当浓度大于 10% 时,其黏度随浓度增加而增加,黏度高低与分子量成正比。聚维酮依据其分子量与黏度有多种规格,如 K15(平均分子量为 10 000),K25、K30(平均分子量为 25 000~40 000),K60(平均分子量为 160 000),K90(平均分子量为 360 000)等。K 值 ≤ 15 的商品,K 值应为标示量的 85.0%~ 115.0%;K 值 ≥ 15 的商品,K 值应为标示量的 90.0%~108.0%,产品商标上应注明 K 值。各型号的基本参数、理化性质如表 5-2。

彩图 69

表 5-2　聚维酮基本参数与理化性质

型号	水分 / %	pH(5% 水溶液)	灼烧残渣 /%	醛 /%	乙烯吡咯烷酮 /%	氮 /%	硫酸化灰分 /%	K 值
K25	≤ 5	3.0~7.0	0.02	0.2	0.2	11.5~12.8	0.1	24~36
K26/28	≤ 5	3.0~7.0	0.02	0.2	0.2	11.5~12.8	0.1	26~28
K29/32	≤ 5	3.0~7.0	0.02	0.2	0.2	11.5~12.8	0.1	29~32

型号	水分/%	pH(5%水溶液)	灼烧残渣/%	醛/%	乙烯吡咯烷酮/%	氮/%	硫酸化灰分/%	K值
K90	≤ 5	3.0~7.0	0.02	0.2	0.2	11.5~12.8	0.1	85~95
K15	≤ 5	3.0~7.0	0.02	0.2	0.2	11.5~12.8	0.1	16~18
K30	≤ 5	3.0~7.0	0.02	0.2	0.2	11.5~12.8	0.1	29~32

【应用】

1. 黏合剂　在片剂和颗粒剂的制备过程中,聚维酮可用作黏合剂,其用量为0.03 ~0.15(g/g),溶液浓度为0.5%~5%(W/V)。由于聚维酮既溶于水,又溶于乙醇,所以对水与热敏感的药物可用乙醇溶解后制粒,可降低颗粒干燥温度,缩短时间。用5%聚维酮无水乙醇溶液与碳酸氢钠及无水柠檬酸配合制成的泡腾片粒,有良好的可压性,且泡腾效果好;以50%聚维酮无水乙醇溶液作黏合剂制得的氢氧化铝、氢氧化镁复方抗酸咀嚼片,效果好。

2. 助流剂　在制备胶囊剂时,遇到主药质轻,比容小,用聚维酮1%~2%乙醇溶液制粒,可改善流动性,便于填充。

3. 固体分散体载体　难溶性药物用2~6倍量的聚维酮为载体制成固体分散体,可大大地提高药物的溶解度。

4. 增稠剂　在滴眼剂中加入聚维酮可减少刺激性,延长药效;聚维酮溶液可作人工泪液。

5. 络合剂　聚维酮能够与碘络合,减轻碘对皮肤的刺激,提高碘的杀菌效力。

6. 包衣材料　聚维酮具有成膜的特性,因此可作为薄膜包衣材料用在薄膜包衣片剂中。

7. 缓释材料　聚维酮可作为缓释骨架材料制备缓释制剂。

【安全性】　本品安全无毒,对皮肤和黏膜无刺激性,一般认为是安全的,每日允许摄入量未作规定。

岗 位 对 接

一、辅料应用分析

对乙酰氨基酚片

处方组成:对乙酰氨基酚325 g,蔗糖60 g,10%聚维酮醇溶液适量,硬脂酸6 g,滑石粉15 g,玉米淀粉30 g,海藻酸20 g。

制备方法:将对乙酰氨基酚与蔗糖混合,用10%聚维酮醇溶液润湿,通过14目筛制粒,在空气中自然干燥,过20目筛,加入玉米淀粉、滑石粉和海藻酸,在混合器中混合10 min,再加入硬脂酸,混合5 min,共压制成1 000片,即得。

分析:对乙酰氨基酚为主药,10%聚维酮醇溶液为黏合剂,蔗糖作填充剂,玉米淀粉、海藻酸作崩解剂,硬脂酸与滑石粉作润滑剂。

二、使用指导

聚维酮与许多物质在溶液中都是相容的,如无机盐、天然树脂/合成树脂和其他化学物质。但它与碘胺噻唑、水杨酸钠、水杨酸、苯巴比妥、鞣酸等化合物在溶液中易形成分子加合物。一些抑菌防腐剂,如硫柳汞可与聚维酮形成复合物,从而使其抑菌力减弱。因此,在实际使用过程中应注意。

第三节　崩　解　剂

一、概述

崩解剂是指使成型片剂在胃肠液中崩解成粒子,便于药物释放,呈现疗效的辅料,崩解剂主要用于压制片剂中。在压制片剂时,除希望药物缓慢释放的口含片、植入片、长效片等片剂及咀嚼片外,一般均需加入崩解剂。

(一)崩解剂的作用

从生物药剂学的观点看,崩解剂的作用主要是消除黏合剂的黏合力与片剂压制时承受的机械力,使其分散成为固体微粒,因为分散成微粒后可促进溶出。

(二)崩解剂的作用机制

崩解剂的作用机制尚不完全明确,一般认为是受以下几方面的作用使片剂崩解。

1. 膨胀作用　崩解剂多为高分子亲水性物质,压制成片后,遇水易于被润湿并通过自身膨胀使片剂崩解。这种膨胀作用还包括润湿所致的片剂中残存空气的膨胀。

2. 毛细管作用　一些崩解剂和填充剂,特别是直接压片辅料,多为圆球形亲水性聚集体,在加压下形成无数孔隙和毛细管,具有强烈的吸水性,使水迅速进入片剂中,促使片剂润湿而崩解。

3. 产气作用　在泡腾制剂中加入的泡腾崩解剂,遇水即产生气体,借气体的膨胀使片剂崩解。产气崩解剂的用量较其他的崩解剂少。

4. 其他作用　部分酶对片剂中的某些辅料有酶解作用,当把它们配在一起用于片剂制备时,因酶解而迅速崩解。常用配对组合包括淀粉与淀粉酶、纤维素类与纤维素酶、树胶与半纤维素酶、明胶与蛋白酶、蔗糖与转换酶等。有些片剂也可吸水湿润产生湿润热,使片剂内部空气膨胀而崩解。

（三）崩解剂的加入方法

崩解剂加入的方法会影响药物的崩解和溶出效果,应根据具体对象和要求分别对待,通常加入的方法有三种。

1. 内加法 崩解剂在制粒前加入,与黏合剂共存于颗粒中,一经崩解,便成粉粒,有利于溶出。

2. 外加法 崩解剂加到经整粒后的干颗粒中,此种情况崩解剂存在于颗粒之外、各个颗粒之间,因而水易于透过,崩解迅速,但颗粒内无崩解剂,不易崩解成粉粒,故溶出稍差。

3. 内、外混合加法 一般将崩解剂分成两份,50% 按内加法加入,另 50% 按外加法加入。也有建议内加 50%~75%,外加 50%~25%。内、外混合加法集中了前两种方法的优点。就崩解速率而言,外加法 > 内、外混合加法 > 内加法;就溶出度而言,内、外混合加法 > 内加法 > 外加法。

表面活性剂作辅助崩解剂的加入方法也有三种:① 溶于黏合剂内;② 与崩解剂混合加入干颗粒中;③ 制成醇溶液,喷于干颗粒中。其中,以最后一种加入方式所制成的制剂崩解时限最短。

二、崩解剂的选用原则

崩解剂的选择关系到片剂的崩解时限是否符合要求,其实质是影响片剂的生物利用度,是片剂处方设计的关键之一。在考虑影响片剂崩解度诸多因素的情况下,选用适合的崩解剂对保证片剂质量尤为重要。

（1）崩解剂必须有稳定可靠的质量标准。

（2）崩解剂的加入必须能保证药物制剂的质量。

（3）选择的崩解剂应使制剂处方尽可能简洁,节约药物制剂质量的管理成本。

（4）崩解剂应该有合适的粒径。粒径大小应根据配方整体来选择。一般 200 目以上,以在外加工艺条件下能够分散均匀。更小粒径的用于口崩片等特殊制剂。但崩解效果可能会稍差。

（5）崩解剂的流动性要好,以利于分散均匀,休止角 40° 左右。

（6）根据片剂处方选择崩解剂的品种。同一种药物片剂的崩解时限随着崩解剂品种的选用不同而不同。例如,用同一浓度(5%)不同崩解剂制成的氢氧化铝片,其崩解时限分别为:29 min(淀粉),11.5 min(海藻酸钠),不足 1 min(羧甲淀粉钠)。由此可见,羧甲淀粉钠具有良好的崩解效能,其原因可能是羧甲淀粉钠有较高松密度,遇水后体积能膨胀 200~300 倍。若崩解剂是水溶液具有较大黏性的物质,可因其黏度影响扩散,使片剂崩解时限延长,溶出度降低。如用羧甲淀粉钠作崩解剂的对乙酰氨基酚片,其崩解、溶出均较用交联聚维酮(PVPP)者快得多。

（7）根据主药性质选择崩解剂。主药性质不同,崩解剂的崩解性能也会不同。如淀粉是常用的崩解剂,但对不溶性或疏水性药物的片剂才有较好的崩解作用,而对水溶性药物则较差。这是因为水溶性药物溶解时产生的溶解压力使水分不易透过溶液层到片内,致使崩解缓慢。有些药物易使崩解剂变性失去膨胀性,使用时应尽量避免。如卤化物、水杨酸盐、对氨基水杨酸钠等能引起淀粉胶化,阻止水分渗入,使其失去膨胀条件,片剂崩解时限延长。由此可见,崩解剂的品种、药物与崩解剂间的相互作用,对崩解剂崩解效能的影响是十分复杂的,应通过有针对性的实验逐一进行筛选,并在长期实践中摸索其规律性。

(8) 根据效能确定崩解剂的用量。一般情况下,崩解剂用量增加,崩解时限缩短。如在相同条件下制备的阿司匹林片,测其崩解时限,5% 淀粉为 50 s,10% 淀粉为 7 s。但是,若其水溶液具黏性的崩解剂,其用量越大,崩解和溶出的速率越慢。表面活性剂作辅助崩解剂时,若选择不当或用量不适,反而会影响崩解效果。因此,一定要通过实验确定用量。

三、崩解剂的分类与常见品种

(一) 崩解剂的分类

1. 淀粉类　本类是经过专门改良变性后的淀粉类物质。其自身遇水具较大的膨胀特性,如羧甲基淀粉、改良淀粉等。

2. 表面活性剂类　表面活性剂作崩解剂主要是增加片剂的润湿性,使水分借片剂的毛细管作用,能迅速渗透到片芯引起崩解。但实践表明,单独应用效果欠佳,常与其他崩解剂合用,起到辅助崩解作用。如吐温 80、月桂醇硫酸钠、硬脂醇磺酸钠等。

3. 纤维素类　纤维素类崩解剂吸水性强,易于膨胀。甲基纤维素与羧甲纤维素钠也曾用作崩解剂,但效果欠佳。常用的此类崩解剂有微晶纤维素、低取代羟丙纤维素等。

4. 泡腾混合物　它是借遇水能产生 CO_2 的酸碱中和反应系统达到崩解作用的。因此,这类崩解剂一般由碳酸盐和酸组成。常见的酸 – 碱系统有:枸橼酸、酒石酸混合物加碳酸氢钠或碳酸钠等。

5. 海藻酸盐类　如海藻酸、海藻酸钠等。

6. 树胶类　如西黄蓍胶、琼脂等。

7. 黏土类　如皂土、胶体硅酸镁铝等。

8. 酶类　部分酶可消化黏合剂,具有特异性,如以明胶为黏合剂,其中加入少许蛋白酶,可使片剂迅速崩解等。

(二) 崩解剂的常见品种

羧甲淀粉钠(CMS-Na)

羧甲淀粉钠是淀粉的羧甲醚的钠盐。羧甲淀粉钠因取代和交联程度的不同而不同,它是马铃薯淀粉的取代交联衍生物。将淀粉与氯乙酸钠在碱性介质中反应,然后用酸进行中和,进行羧甲基化反应,再通过物理方法或化学方法,如用磷酰氯或偏磷酸钠进行交联化反应,就能得到羧甲淀粉钠,其广泛地应用于口服药物制剂中。

彩图 70

【性状】 本品为白色或类白色粉末(彩图 70),无臭,有引湿性。本品在乙醇中不溶。

【应用】

1. 崩解剂 羧甲淀粉钠是最常用的崩解剂之一。通常在片剂中用量为 2%~8%。由于其具有优良的崩解性和溶胀性,成为制备分散片常用的辅料。例如,在制备布洛芬分散片时,羧甲淀粉钠能使分散片遇水后迅速膨胀、崩解,混悬液在一定时间内较稳定,溶出度远快于普通片。此外,羧甲淀粉钠还应用在速崩片中,起到快速崩解的作用。

2. 黏合剂 由于羧甲淀粉钠的颗粒有良好的流动性和粒度,可应用在粉末直接压片过程中。羧甲淀粉钠在这种粉末直接压片中除了起到崩解作用外,还起到了黏合剂的作用。

3. 缓控释辅料 羧甲淀粉钠不仅应用于速释制剂中,在很多缓控释制剂中也得到了应用。例如,在肠溶胶囊中,羧甲淀粉钠使药物具有长效功能,使疗效大为改善。

4. 定时脉冲释放片芯材料 在定时脉冲释放片的设计中,片芯的迅速释放和良好的膨胀性是形成脉冲释药的关键因素之一。羧甲淀粉钠由于吸水膨胀度大,成为定时脉冲释放片的优良片芯材料。

5. 淀粉微球材料 羧甲淀粉钠可作为淀粉微球的材料,应用在微球剂型中。

6. 助悬剂 羧甲淀粉钠还可以在液体制剂中用作助悬剂。

【安全性】 羧甲淀粉钠广泛地用于口服药物制剂中,无毒、无刺激性,但是大剂量口服可能有害。

岗 位 对 接

一、辅料应用分析

硫酸亚铁片

处方组成:硫酸亚铁 300 g,玉米淀粉 60 g,70% 糖浆适量,羧甲淀粉钠 45 g,滑石粉 30 g,硬脂酸镁 6 g。

制备方法:将 300 g 的硫酸亚铁与 60 g 的玉米淀粉混合,加入 70% 糖浆适量,混合后过 18 目筛制粒。干燥,过 14 目筛整粒后,加入 45 g 羧甲淀粉钠、30 g 滑石粉和 6 g 硬脂酸镁混合,压制成 1 000 片,即得硫酸亚铁片。

分析:硫酸亚铁片的制备采用湿法制粒压片。玉米淀粉作填充剂,且具有崩解作用,70% 糖浆作黏合剂,羧甲淀粉钠作崩解剂,粉末通过滑石粉和硬脂酸镁润滑,完成压片过程。

二、使用指导

羧甲淀粉钠除了与抗坏血酸有配伍禁忌之外,广泛地用在各种口服制剂中。在硫酸亚铁片中,羧甲淀粉钠以外加法加入干燥后的颗粒中,其崩解性能不受影响。

交联聚维酮（PVPP）

交联聚维酮别名交联聚乙烯吡咯烷酮，由 N- 乙烯 -2- 吡咯烷酮合成交联的不溶于水的均聚物。

彩图 71

【性状】　本品为白色或类白色粉末（彩图 71），几乎无臭，有引湿性。本品在水、乙醇或三氯甲烷中不溶。

【应用】

1. 崩解剂　PVPP 是制剂中常用的水不溶性崩解剂，广泛地应用在直接压片和干法或湿法制粒压片工艺中，使用浓度为 2%~5%（W/V）。PVPP 可迅速表现出高毛细管活性和优异的水化能力，几乎无形成凝胶的倾向。可以用在直接压片和干法或湿法制粒工艺中，推荐使用量为 2%~5%。研究表明，PVPP 颗粒的大小强烈影响片剂的崩解性。颗粒较大的 PVPP 比较小的更能发挥快速崩解作用。

2. 填充剂　PVPP 可作为丸剂、颗粒剂、硬胶囊剂的崩解剂，还可作为填充剂使用。

3. 黏合剂　PVPP 可具有黏合作用。如美国国际特品（ISP）公司生产的 PVPP，其商品名为 polyplasdone XL10，粒径范围小、均匀（<75 μm 者占 95%，<37 μm 者占 75%~85%），在制剂颗粒中分布均匀，压制的片剂不易出现斑纹，在片剂处方中不仅具备崩解剂的作用，同时还兼具黏合剂的作用。

4. 促溶剂　PVPP 可作片剂的促溶剂。采用共蒸发技术，PVPP 可增加难溶性药物的溶解度，首先用适当的溶剂将药物吸附于 PVPP，然后将溶剂蒸发，这样可以增加溶出速率。

5. 其他应用　PVPP 是食品添加剂，在食品等工业中主要作澄清剂，用以吸附除去酶类、蛋白质等；PVPP 还可作吸附剂、着色稳定剂和胶体稳定剂等。

【安全性】　本品无毒，一般公认是安全的。

岗 位 对 接

一、辅料应用分析

普萘洛尔（心得安）片

处方组成：普萘洛尔 900 g，麦芽糊精 277 g，PVPP 50 g，微粉硅胶 0.9 g，硬脂酸镁 2.1 g。

制备方法：按处方称取普萘洛尔、麦芽糊精、PVPP 过筛后混匀，再加入微粉硅胶、硬脂酸镁，混匀，直接压制成 1 000 片，即得普萘洛尔片。

分析：普萘洛尔片采用粉末直接压片，普萘洛尔是主药，麦芽糊精作为填充剂和黏合剂，PVPP 起到了崩解作用，微粉硅胶和硬脂酸镁起到了润滑作用。

二、使用指导

PVPP 与大多数的无机或有机药物制剂组分相容；暴露在含水量较高的环境中时，PVPP 可与某些材料形成分子加合物；在实际应用过程中需注意。

低取代羟丙纤维素（L-HPC）

低取代羟丙纤维素即低取代度的羟丙纤维素，是纤维素的低取代羟基醚，其取代基含量为 5%~16%，相当取代摩尔数 0.1~0.2。低取代羟丙纤维素是由碱性纤维素与环氧丙烷，在高温高压下反应，反应结束后，中和，重结晶，洗涤，粉碎，即得。

彩图 72

【性状】 本品为白色或类白色粉末（彩图 72）；无臭，无味。本品在乙醇、丙酮或乙醚中不溶。

【应用】

1. 崩解剂 低取代羟丙纤维素容易压制成型，适用性较强。对于部分塑性、脆性大和不易成型的片剂，加入低取代羟丙纤维素能提高片剂的硬度和外观的光亮度，还能使片剂崩解迅速，是直接压片的快速崩解剂之一。用低取代羟丙纤维素制得的片剂长期保存崩解度不受影响，其常用量为 2%~10%，一般为 5%，加入方法可视具体处方而定。

2. 黏合剂 低取代羟丙纤维素在片剂的湿法制粒过程中不仅可以作为崩解剂，还可以作为黏合剂使用。作片剂黏合剂，湿法制粒时一般加 5%~20%。

3. 薄膜包衣材料 低取代羟丙纤维素可以作为片剂制备的薄膜包衣材料。

4. 食品添加剂 低取代羟丙纤维素可作为食品添加剂，在食品工业中用作乳化剂、稳定剂、助悬剂、增稠剂、成膜剂，用于饮料、糕点、果酱等的制造。

5. 日化品添加剂 低取代羟丙纤维素可以作为日化工业中的添加剂，用作霜剂、香波、乳液等化妆品的制造。

6. 其他应用 低取代羟丙纤维素还用于制备膜剂、滴眼剂、微囊等。

【安全性】 低取代羟丙纤维素相当于一般纤维素，不被代谢，一般认为是无毒、无刺激性的辅料。动物毒性试验表明，大鼠口服 6 g/(kg·d) 超过 6 个月没有不良反应。家兔和大鼠口服 5 g/(kg·d) 未见有致畸作用。LD_{50}（大鼠，口服）为 15 g/kg。

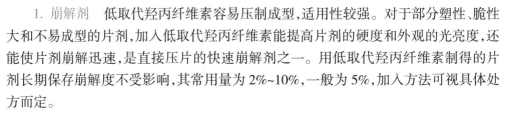

岗 位 对 接

一、辅料应用分析

阿司匹林片

处方组成：阿司匹林 500 g，枸橼酸 0.5 g，低取代羟丙纤维素 50 g，淀粉浆适量，硬脂酸镁 4 g。

制备方法：称取阿司匹林 500 g，枸橼酸 0.5 g，低取代羟丙纤维素 30 g，混合均匀，加入淀粉浆适量，制成湿颗粒，干燥，整理过筛，再加入 20 g 低取代羟丙纤维素、4 g 硬脂酸镁混匀，压制成 1 000 片，即得。

分析：阿司匹林是主药；枸橼酸为稳定剂；淀粉浆为黏合剂；低取代羟丙纤维素起崩解和黏合的作用，加入方法为内、外混合加法，30 g 内加法加入，剩下的20 g 外加法再加入。

二、使用指导

低取代羟丙纤维素与碱性物质可发生反应。片剂处方中如含有碱性物质,在经过长时间的储藏后,崩解时间有可能延长。

彩图 73

泡腾崩解剂

泡腾崩解剂是专用于泡腾片的特殊崩解剂。

【性状】 泡腾崩解剂一般由碳酸盐和酸组成。常见的酸-碱系统有枸橼酸、酒石酸混合物加碳酸氢钠或碳酸钠等,以碳酸氢钠与枸橼酸组成的混合物最为常见。泡腾崩解剂遇水时,上述两种物质连续不断地产生二氧化碳,气体在片剂内部产生,促使片剂崩解(彩图 73)。

【应用】 泡腾崩解剂:借遇水产生二氧化碳的酸碱中和反应系统达到崩解作用。外用避孕片常用这种泡腾片,所产生的气泡细小而持久,使药物均匀分布在大量泡沫中以保证杀灭所有精子。

某些过氧化物如过氧化镁也可作片剂的辅料,遇水产生氧气而能使片剂崩解。

【安全性】 泡腾崩解剂价格高,在制造、包装与储藏时,应严格避免与潮气接触以保持其泡腾作用。对易氧化的药物不宜用过氧化物。

岗 位 对 接

一、辅料应用分析

甲硝唑阴道泡腾片

处方组成:甲硝唑 200 g,淀粉 50 g,硼酸 100 g,柠檬酸 150 g,碳酸氢钠 110 g,羧甲纤维素钠 17 g,聚山梨酯 80 18 g,淀粉 25 g,硬脂酸镁 3 g。

制备方法:① 制备黏合剂浆液。称取羧甲纤维素钠加水 150 ml,让其自然膨胀溶解,再加聚山梨酯 80,搅拌均匀,后将淀粉用冲浆法制成 100 ml,与上述液充分混合均匀,即得黏合剂浆液。② 制粒。分别称取甲硝唑、淀粉、硼酸、柠檬酸、碳酸氢钠,粉碎过 6 号筛,分别加入黏合剂浆液制软材,用 2 号尼龙筛制粒,于 60 ℃烘干得粗颗粒备用。③ 压片。将上述粗颗粒整粒加入硬脂酸镁,充分混匀,压制成 1 000 片,即得。

分析:甲硝唑、硼酸为主药;淀粉为填充剂与崩解剂;羧甲纤维素钠为黏合剂;柠檬酸和碳酸氢钠作为泡腾崩解剂使用,起到快速崩解的作用;聚山梨酯 80 作辅助崩解剂;硬脂酸镁在处方中起润滑剂作用。

二、使用指导

泡腾崩解剂应避免与潮气接触以保持其泡腾作用。对易氧化的药物不宜用过氧化物。

交联羧甲纤维素钠（CCMC-Na）

交联羧甲纤维素钠是羧甲纤维素钠的交联聚合物。交联羧甲纤维素钠可通过木浆或棉纤维碱化后与一氯醋酸钠反应得羧甲纤维素钠，再交联得交联羧甲纤维素钠。

彩图 74

【性状】　本品为白色或类白色粉末(彩图 74)，有引湿性。本品在水中溶胀并形成混悬液，在无水乙醇、乙醚、丙酮或甲苯中不溶。

【应用】　崩解剂：交联羧甲纤维素钠在口服剂型中常用作胶囊剂、片剂和颗粒剂的崩解剂。其特点是可压性好，崩解力强。在片剂的制备过程中，交联羧甲纤维素钠既适合湿法制粒压片工艺，也适合干法直接压片工艺，湿法制粒中交联羧甲纤维素钠的使用量为 3%(W/W)，干法制粒中交联羧甲纤维素钠的使用量为 2%(W/W)。在湿法制粒工艺中，交联羧甲纤维素钠外加比内加的效果更好，且和淀粉甘醇酸钠合用较好，和玉米淀粉与二碱式磷酸钙合用较差。淀粉能抑制交联羧甲纤维素钠和淀粉甘醇酸钠的效果。甲基纤维素作黏合剂会延长交联羧甲纤维素钠的崩解时限，黏度越大的品种延长时间越长。

【安全性】　一般公认为本品是安全的，每日允许摄入量未作限制性规定。

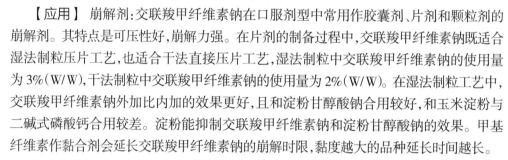

岗 位 对 接

一、辅料应用分析

氯氮䓬片

处方组成：氯氮䓬 150 g，麦芽糊精 79.3 g，交联羧甲纤维素钠 5.0 g，微粉硅胶 0.2 g，硬脂酸镁 0.5 g。

制备方法：称取氯氮䓬 150 g，麦芽糊精 79.3 g，交联羧甲纤维素钠 5.0 g，混合均匀，再加入微粉硅胶 0.2 g，硬脂酸镁 0.5 g 混合均匀，直接压制成 1 000 片，即得。

分析：氯氮䓬片采用粉末直接压片工艺。氯氮䓬是主药，麦芽糊精为填充剂和黏合剂，增加片重，交联羧甲纤维素钠起到崩解剂的作用，微粉硅胶和硬脂酸镁起到润滑、助流和抗黏的作用。

二、使用指导

交联羧甲纤维素钠性质稳定，但是在压片工艺中，含有引湿性的辅料（例如山梨醇）可使其崩解效率降低。同时，交联羧甲纤维素钠与强酸、铁或其他金属（例如铝、汞、锌）的可溶性盐有配伍禁忌，在实际使用中需尽量避免。

第四节　润滑剂、助流剂与抗黏着剂

一、概述

在片剂制备过程中，有时会出现"黏冲"现象，有时颗粒不能顺畅地流入模孔内，因此在压片之前,必须加入具有一定润滑作用的辅料,以增加物料的流动性,减少摩擦力,便于压片。润滑剂(狭义)、助流剂与抗黏着剂是常用的辅料,在实践中一般将它们统称为润滑剂(广义),但其具体作用不同。

(一) 润滑剂(狭义)

1. 润滑剂的定义 润滑剂是指压片前加入的,用以降低颗粒或片剂与冲模间摩擦力的辅料。由于润滑剂的加入,减少了颗粒与冲模的摩擦,增加了颗粒的滑动性,使填充良好,片剂的密度分布均匀,也保证了推出片剂的完整性。如硬脂酸镁、硬脂酸等是常见的润滑剂。

2. 润滑剂的作用机制

(1) 液动润滑:这类润滑剂介于移动的粉粒之间,起减少摩擦的作用,如某些矿物油,不宜直接加入颗粒中,须先通过雾化或形成均匀的分散体后加入,以免片剂表面产生油斑。

(2) 界面润滑:界面润滑剂为两亲性的长链脂肪酸盐或脂肪酸酯,可附着于固体表面(颗粒和机器零件),减小颗粒间或颗粒、金属间摩擦力而产生作用。表面附着受底物表面的性质影响。为了获得最佳附着效果,界面润滑剂颗粒往往为小的片状晶体。硬脂酸镁即属于界面润滑剂中的长链脂肪酸盐,界面润滑剂优于液动润滑剂。

固体润滑剂的用量一般不超过 1%,与颗粒的混合时间 2~3 min 即可,使之均匀地黏附于颗粒的表面。由于大多数润滑剂为疏水性物质,若过多地黏附于颗粒表面,往往会影响片剂的崩解和药物的溶出,过多的润滑剂存在,还会阻碍颗粒之间的结合,降低片剂的硬度。

(二) 助流剂

1. 助流剂的定义 在压片前加入以降低颗粒间摩擦力的辅料就是助流剂。助流剂的加入减少了颗粒间的摩擦力,增加了流动性,以满足高速转动的压片机所需的迅速、均匀填充的要求,防止粉末的分层现象,保证片重差异符合要求。常见的助流剂有微粉硅胶、微晶纤维素。

2. 助流剂的作用机制 ① 由于其附着于颗粒的表面,改善了颗粒的表面性质,使之光滑,从而减小了粒与粒之间的摩擦力。② 静电荷传布于颗粒表面。③ 减弱颗粒间的范德华力。④ 能优先吸附颗粒中的气体。

(三) 抗黏着剂

抗黏着剂是指压片前加入的用来防止压片物料黏着于冲模表面的辅料。"黏冲"现象是压片过程中可能经常发生的问题,受"黏冲"现象影响的片剂表面光洁度差,重者表层脱落贴于冲面上。解决"黏冲"的问题,除了改进设备和工艺外,可选择适宜的抗黏着剂,如三硅酸镁作抗黏着剂,可使阿司匹林颗粒压制时产生的静电荷散失,避免了"黏冲"。如维生素 E 含量较高的多种维生素片,压片时常有"黏冲"现象,可用微粉硅胶作抗黏着剂加以改善。在片剂制备的过程中最常用的、优良的抗黏着剂是滑石粉,其次还有微晶纤维素、微粉硅胶等。

二、润滑剂、助流剂与抗黏着剂的选用原则

润滑剂(广义)的选择直接影响片剂的质量,在制剂制备过程中,有针对性地选用这类辅料有指导意义。但在生产实际中,又很难将三种作用的润滑剂截然分开,况且一种润滑剂有时候兼有多种作用。因此,在选择与应用时应灵活掌握,既要遵循经验规律,又要尽可能地采用量化指标。

(一) 根据压片力参数选择润滑剂

一般情况下,影响润滑剂三种作用的因素是互相关联的,多由摩擦力所决定,只是摩擦力作用部位或表现形式不同而已。因此,可以用压片时力的传递与分布的变化来区分和定量评价润滑剂的作用。片剂压制过程中可以用电测法测得上冲力(F_a)、下冲力(F_b)、径向力(F_r)、推片力(F_e)等压片力参数,通过这些参数可衡量摩擦力的大小。在试验时,可以用不同品种润滑剂在相同条件下压片,测定压片力。一般说来,上冲力与下冲力越接近,表明上冲力通过物料传递到下冲之力越多,因粒间摩擦引起的力损失越少,说明这种润滑剂以助流作用为主,兼具良好的润滑作用,这种润滑剂的休止角也会比较小。若推片力或径向力小,说明颗粒或片剂与冲模壁间摩擦力小,片剂易于从模孔中推出,这种润滑剂以润滑作用为主,兼具良好的抗黏作用。还可通过测定润滑剂的剪切强度来衡量其抗黏与润滑能力。剪切强度是指物料在模孔中受压力时,与冲模壁紧密接触并做相对运动的物料在接触面上会发生剪切复形,这种复形要消耗一定的能量,所以产生摩擦力,剪切强度即表示这种能量的大小。因此,在冲模壁上形成的膜,其剪切强度越低,润滑剂抗黏和润滑效果就越好。

(二) 根据片剂质量要求选择润滑剂

由于片剂的处方不同,润滑剂的润滑性能可能发生变化,所以选择润滑剂时,还应考虑其对片剂硬度、崩解时限与溶出度的影响。一般来说,片剂的润滑性与硬度、崩解和溶出是相矛盾的。润滑剂降低了粒间摩擦力,也就削弱了粒间结合力,使硬度降低,润滑效果越好,影响越大。多数润滑剂是疏水性的,能明显影响片剂的润湿性,妨碍水分透入,使片剂崩解时限延长,相应地也影响片剂的溶出,疏水性润滑剂覆盖在颗粒周围,即使片剂崩解,也会延缓颗粒中药物的溶出。因此,选用润滑剂时,应满足硬度、崩解与溶出的要求,综合评价,筛选出适宜的润滑剂。

(三) 根据实际情况选择润滑剂的使用方法

润滑剂越好地覆盖在物料表面,其效果越佳。因此,在应用中应根据实际情况来使用润滑剂。

1. 粒径　固体润滑剂越细越好,最好能通过 200 目筛,因为润滑剂的粒径越细,比表面越大,润滑作用越好。

2. 加入方式 润滑剂加入的方式一般有三种。

(1) 直接加到待压片的干燥颗粒中,此法不能保证分散混合均匀。

(2) 用 60 目筛筛出颗粒中细粉,用配研法与之混合,再加入颗粒中混合均匀。

(3) 将润滑剂溶于适宜溶剂中或制成混悬液、乳浊液,均匀地喷于颗粒表面后挥去溶剂,液体润滑剂常用此法。

3. 混合方式和时间 在一定范围内,混合作用力越强,混合时间越长,其润滑效果越好,但应注意对硬度、崩解、溶出的影响也就越大。

4. 用量 在达到润滑目的的前提下,润滑剂的用量原则上是越少越好,一般在 1%~2%,必要时在不影响溶出的前提下增至 5%。

三、润滑剂、助流剂与抗黏着剂的分类与常见品种

(一) 润滑剂、助流剂与抗黏着剂的分类

润滑剂(广义)的分类包含以下三种。

1. 按作用机制分类 可分为润滑剂(狭义)、助流剂和抗黏着剂三类。

2. 按照溶解性分类

(1) 水不溶性润滑剂:片剂中大部分应用这类润滑剂,如硬脂酸金属盐等。

(2) 水溶性润滑剂:主要用在需完全溶解于水的片剂中,如泡腾片等。

3. 按照辅料自身性质分类

(1) 润滑剂:这类辅料自身在颗粒中起到润滑、助流或抗黏的作用。本节前述均是此类润滑剂。

(2) 辅助性润滑剂:这类润滑剂自身不具备润滑、助流或抗黏的特点,但是与某种辅料配合一起,能起到润滑剂的效果。例如,氧化镁与硅胶配合在片剂颗粒中可以起到辅助助流剂的作用,特别是对一些易于吸湿的颗粒或含水量较高的颗粒,氧化镁在颗粒中起到吸湿而保持颗粒干燥和助流的作用。

(二) 润滑剂、助流剂与抗黏着剂的常见品种

二 氧 化 硅

二氧化硅别名白炭黑,通过沉淀法制得。将硅酸钠与酸(如盐酸、硫酸、磷酸等)反应或与盐(如氯化铵、硫酸铵、碳酸氢铵等)反应,沉淀出硅酸,即得水合二氧化硅,再用水洗涤,除去杂质后干燥可得成品。二氧化硅中有一种规格是采用气相法制备的胶态的二氧化硅,又称微粉硅胶,其颗粒更细,为亚微米大小的硅胶。

【性状】 本品为白色疏松的粉末(彩图 75),无臭,无味。本品在热的氢氧化钠试液中溶解,在水或稀盐酸中不溶。

【应用】

1. 助流剂、抗黏着剂 二氧化硅可以大大地改善颗粒流动性,提高松密度,使制

彩图 75

149

得的片剂硬度增加。

2. 崩解剂　二氧化硅在片剂中能缩短崩解时限,提高药物溶出速率,有崩解剂的作用。

3. 内干燥剂　二氧化硅在颗粒剂制造中可作内干燥剂,以增强药物的稳定性。

4. 微囊材料　在微囊制作过程中加入二氧化硅,能使微囊的密度和比表面积增加,流动性增强。

5. 助悬剂、增稠剂　二氧化硅在凝胶和半固体、液体制剂中作为助悬剂、增稠剂。在混悬型气雾剂中常用于促进颗粒的悬浮性,以免产生沉淀,减少喷口堵塞。

6. 吸附分散剂　微粉硅胶在散剂中可用作吸附分散剂使用。

7. 增黏剂　微粉硅胶经常用在含亲脂性基质的栓剂中增加黏性,以免成型过程中沉淀,降低释放速率。

8. 其他应用　二氧化硅在食品工业中可以作助滤剂、澄清剂和消泡剂。

【安全性】　一般公认二氧化硅是安全、无毒的。每日允许摄入量未作限制性规定。但是微粉硅胶用于腹腔和皮下注射可能导致局部组织坏死和肉芽肿,因此二氧化硅不宜用于注射。

岗 位 对 接

一、辅料应用分析

盐酸金霉素片

处方组成:盐酸金霉素 5 000 万 U,微晶纤维素 24.5 g,干淀粉 8 g,二氧化硅 2 g,硬脂酸镁 1.4 g。

制备方法:分别称取盐酸金霉素 5 000 万 U,微晶纤维素 24.5 g,干淀粉 8 g,二氧化硅 2 g,硬脂酸镁 1.4 g。将上述主药及辅料分别过筛、混匀,过 20 目筛,混合 20 min,压制成 1 000 片,即得。

分析:盐酸金霉素片采用粉末直接压片,盐酸金霉素是主药,微晶纤维素作填充剂与黏合剂,干淀粉作崩解剂,二氧化硅作为助流剂增加颗粒的流动性,硬脂酸镁起润滑作用。

二、使用指导

二氧化硅在使用过程中通用性比较强,只有在用作二乙基己烯雌酚制剂的辅料时,可降低疗效,主要是因为其对二乙基己烯雌酚有吸附作用。

硬脂酸镁(MS)

硬脂酸镁为镁的多种固态有机酸的化合物,主要由不定比例的硬脂酸镁和棕榈酸镁组成。硬脂酸镁是将硬脂酸以 20 倍的热水溶解,加热到 90 ℃左右加入烧碱,制得稀皂液,再加入硫酸镁溶液进行复分解反应,得到硬脂酸镁沉淀,用水洗涤,离心脱水,在 100 ℃左右干燥而得。

彩图76

【性状】 本品为白色疏松无砂性的细粉(彩图76),微有特臭,与皮肤接触有滑腻感。本品在水、乙醇或乙醚中不溶。

【应用】

1. 润滑剂、抗黏着剂 硬脂酸镁润滑性、附着性强,助流性差,常用作片剂和胶囊剂等的润滑剂、抗黏着剂,用量一般为0.1%~1%(W/W),具疏水性,用量过大会影响片剂崩解或产生裂片。硬脂酸镁呈弱碱性,某些维生素及有机碱盐等遇碱不稳定的药物不宜使用。

2. 其他应用 硬脂酸镁广泛作为添加剂应用于食品和化妆品中。

【安全性】 硬脂酸镁是广泛应用的药物辅料,通常认为口服或吸入无毒。然而,大量口服会引起腹泻或黏膜刺激,聚集的粉尘有爆炸性。

岗 位 对 接

一、辅料应用分析

甲硝唑阴道片

处方组成:甲硝唑500 g,呋喃西林50 g,硼酸150 g,乳糖1 000 g,淀粉1 250 g,淀粉浆1 000 ml,硬脂酸镁20 g,滑石粉133 g。

制备方法:取甲硝唑、呋喃西林、硼酸、乳糖分别研细,用配研法混匀,加淀粉混合,过80目筛,搅匀,加入淀粉浆作黏合剂,通过14目筛制成颗粒,在70 ℃以下烘干,整粒,加硬脂酸镁、滑石粉混匀,称得总重量,计算出每片重量,压制成10 000片,即得。每片含甲硝唑50 mg,呋喃西林5 mg。

分析:甲硝唑阴道片采用湿法制粒压片,甲硝唑、呋喃西林、硼酸是主药,乳糖和淀粉为填充剂,增加片重,淀粉浆作黏合剂,硬脂酸镁与滑石粉为润滑剂。

二、使用指导

甲硝唑阴道片与强酸、强碱和铁盐有配伍禁忌,避免与强氧化物混合。硬脂酸镁在含有阿司匹林、一些维生素、大多数生物碱盐的产品中不得使用。

滑 石 粉

滑石粉是经过纯化的含水硅酸镁。滑石粉系硅酸盐类矿物滑石,主要成分为含水硅酸镁,经粉碎后,用盐酸处理,水洗、干燥而成。

【性状】 本品为白色或类白色、无砂性的微细粉末(彩图77),有滑腻感。本品在水、稀盐酸或8.5%氢氧化钠溶液中均不溶。

彩图77

【应用】

1. 助流剂、抗黏着剂 滑石粉常作助流剂、抗黏着剂使用,由于其附着性较差,多与硬脂酸镁等联合应用。

2. 稀释剂和吸收剂 滑石粉具有吸湿作用,在散剂中可用作稀释剂、吸收剂使用。

3. 吸附剂和助滤剂　在制备液体制剂时,滑石粉可作为吸附剂和助滤剂。一般使用量为 3%~6%(W/W)。

4. 阻滞剂　在控释制剂的制备过程中,滑石粉可作为溶出阻滞剂使用。

5. 化妆品添加剂　滑石粉也可用来制备霜剂、香粉等化妆品。

【安全性】　滑石粉对胃肠道有刺激性,被滑石粉污染的组织易生肉芽肿,持久地吸入滑石粉、粉尘会导致尘肺病。

岗 位 对 接

一、辅料应用分析

当归浸膏片

处方组成:当归浸膏 262 g,淀粉 40 g,轻质氧化镁 60 g,硬脂酸镁 7 g,滑石粉 80 g。

制备方法:取当归浸膏加热(不用直火)至 60~70℃,搅拌使熔化,将轻质氧化镁、滑石粉(60 g)及淀粉依次加入混匀,分铺烘盘上,于 60℃以下干燥至含水量 3% 以下。然后将烘干的片(块)状物粉碎成 14 目以下的颗粒,最后加入硬脂酸镁、滑石粉(20 g)混匀,过 12 目筛整粒,压制成 1 000 片,质检,待包糖衣。

分析:当归浸膏是主药,淀粉在处方中作稀释剂使用,轻质氧化镁为吸收剂,硬脂酸镁和滑石粉起润滑、助流的作用。

二、使用指导

滑石粉与季铵类化合物有配伍禁忌,对部分脂溶性激素有吸附作用,在处方使用过程中需注意尽量避免。

氢化植物油

氢化植物油是主要含硬脂酸和棕榈酸的三酰甘油(甘油三酯),主要以植物来源的油,也包括鱼和其他动物来源的油,经过精制、漂白、氢化脱色、除臭和喷雾干燥而制得。

【性状】　氢化植物油为白色至黄白色微细的粉末(彩图 78),平均粒径为 104 μm。本品可溶于热轻质矿物油、乙烷、三氯甲烷、石油醚和热异丙醇,几乎不溶于水。

彩图 78

【应用】

1. 润滑剂　由于氢化植物油具有润滑、助流作用,是片剂、胶囊剂制备中常使用的优良润滑剂,能够减少模壁摩擦和黏冲现象,常和滑石粉合用。

2. 缓释材料和包衣辅助剂　氢化植物油可作为缓释制剂中的骨架材料使用,还可在控释制剂中用作包衣辅助剂。

3. 软膏基质　氢化植物油可作为软膏基质,用于制备油膏剂、乳膏剂等。

4. 助悬剂　氢化植物油可在制备栓剂的过程中降低混悬组分的沉降速度并改善固化过程。

5. 其他应用　氢化植物油还可在片剂制备中用作辅助黏合剂使用,可用于油性液体和半固体制剂中作黏度调节剂。全氢化的植物油可以在化妆品和局部用药物制剂中用作硬质蜡的替代品。

【安全性】　一般认为氢化植物油是无刺激性的辅料,但其作为食品添加剂使用时,过多摄取会增加患心脑血管疾病、糖尿病等疾病的风险,并能影响儿童及青少年的生长发育。

岗 位 对 接

一、辅料应用分析

对乙酰氨基酚片剂

处方组成:对乙酰氨基酚 650 mg,乳糖 15 mg,羟丙甲纤维素 4 mg,氢化植物油 30 mg,滑石粉 3 mg。

制备方法:称取对乙酰氨基酚 650 mg,过 80 目筛备用。称取氢化植物油 30 mg、乳糖 15 mg、羟丙甲纤维素 4 mg,混匀,再加入 3 mg 的滑石粉混匀,压片,即得。

分析:对乙酰氨基酚片采用粉末直接压片。对乙酰氨基酚是主药;乳糖为填充剂;羟丙甲纤维素为黏合剂;氢化植物油和滑石粉起润滑、助流作用,氢化植物油还有辅助黏合剂的作用。

二、使用指导

氢化植物油与强酸和氧化剂有配伍变化,在实际处方应用中应尽量避免与强酸和氧化剂同时使用。

第五节　包衣材料与增塑剂

一、概述

包衣技术是指在特定设备中按特定工艺将特殊性能的物料涂覆在药物固体制剂的外表面,使固体药物制剂更稳定、有效、美观,减少药物刺激性,以达到缓释、控释、肠溶等目的,该类辅料称为包衣材料,此工艺称为包衣。通过包衣主要解决以下问题:① 通过防潮、避光、隔绝空气,增加药物稳定性。② 掩盖某些药物不良臭味。③ 控制药物释放部位或释放速率。④ 对在胃液中因酸或胃酶破坏的药物及对胃有刺激、可引起呕吐的药物可通过包衣使其在小肠中释放,降低对胃的刺激性等。⑤ 克服配伍禁忌,将药物不同组分隔离。⑥ 改善外观,便于识别等。

欲达到上述包衣目的,包衣材料是基础。要使包衣材料能起到保护、稳定、定位、控释等作用,一般来说应具有以下特点:① 无毒、化学惰性,在热、光、水分、空气中稳定,不和包衣物料发生反应。② 能溶解或均匀分散在适宜包衣分散介质中。③ 能形成连续、牢固、光滑的包衣层,有抗裂、隔水、遮光和不透气作用。④ 其溶解性既不受pH 影响,必要时又只在某些特定 pH 范围内溶解。⑤ 有可接受的色、臭、味,并能保持稳定。

实际使用过程中,并不是每一种包衣材料都具备以上特点,为达到包衣目的,一般使用多组分的混合包衣材料,所以实际包衣过程中使用的混合材料称为预混包衣液,其组成包括衣材、增塑剂、溶剂、速度调节剂、着色剂和遮光剂。

1. 衣材　是预混包衣液的主材料,以药用高分子材料多见。如羟丙甲纤维素、乙基纤维素、羟丙甲纤维素酞酸酯及丙烯酸树脂类等。

2. 增塑剂　增加包衣材料塑性,降低聚合物分子间作用力,提高衣层柔韧性,增加其抗撞击强度。水溶性增塑剂包括丙二醇、甘油、聚乙二醇等。脂溶性增塑剂包括甘油三醋酸酯、蓖麻油、邻苯二甲酸酯、硅油、司盘等。

3. 溶剂　水、乙醇、丙醇、异丙醇等。

4. 速度调节剂　蔗糖、氯化钠、羟丙甲纤维素、异丙醇等。

5. 着色剂和遮光剂　二氧化钛。

在薄膜包衣技术中,成膜材料要发挥保护、稳定、定位、载体、缓释、控释等多重作用,牢固性、密闭性、柔韧性、不龟裂或脆裂等是其重要保证。但有些成膜材料会因温度的变化导致物理性质发生改变。为了改善这种情况,需要在成膜材料中加入增塑剂,使膜具有较好的柔韧性。

增塑剂是包衣液的重要组分之一,能增加聚合物的成膜性和可塑性,改善衣膜对基底的黏附状态,通常是沸点较高、难以挥发的液体或低熔点的固体。

包衣液中添加增塑剂能增加包衣材料的可塑性,使形成的膜柔软、有韧性、不易破裂。因此,增塑剂还广泛地应用于膜剂、涂膜剂、透皮治疗制剂等制剂中。

二、包衣材料与增塑剂的选用原则

(一) 包衣材料的选用原则

应根据药物的理化性质、用药目的及包衣制剂的具体要求选择包衣材料。

制备薄膜包衣时,除应根据制剂的释放率要求选择包衣材料外,还应加入适宜的致孔剂、增塑剂等,以使膜衣达到要求的释放速率、硬度及柔性。选择包衣材料需考虑以下问题:① 能溶解于适宜的溶剂或均匀混悬于介质中。② 在一定的 pH 条件下可溶解或崩解。③ 能形成坚韧连续的薄膜。④ 要求抗透湿、抗透氧性好。⑤ 无毒、无味、无臭、无色。⑥ 能和其他包衣辅料混合,例如增塑剂、遮光剂、色素等。⑦ 物质性质稳定,与药物不相互作用。

(二) 增塑剂的选用原则

1. 根据成膜材料的性质选用增塑剂　选用增塑剂时,要了解成膜材料的性质。

比如溶解性,一般要求选用与成膜材料具相同溶解特性的增塑剂,以便能均匀混合,同时还应考虑增塑剂对成膜溶液黏度的影响,对所成薄膜通透性、溶解性的影响,以及能否与其他辅料在成膜溶液中均匀混合的问题。

2. 根据成膜材料的不同用途确定用量　增塑剂的用量受多种因素影响,常根据成膜材料的性质、其他辅料类型和用量、使用方法等作适当的调整,包衣片剂中用量为成膜材料质量的 1%~5%,其范围较宽,一般通过实验进行筛选。

良好的增塑剂应具有优良的相容性、稳定性、不挥发性、低迁移性、无毒无味、无臭无色和耐菌等特点,分子量以 300~500 为宜,过小易挥发,过大则增塑效果差。

三、包衣材料的分类与常见品种

包衣材料的种类随包衣类型不同而不同,因此包衣材料按照包衣类型可以分为糖衣材和薄膜衣材。

(一) 糖包衣材料

糖包衣材料以保护、稳定为主,包糖衣主要用于片剂,一般采用如下工艺流程:片芯→隔离层→粉衣层→糖衣层→色衣层→打光→干燥。每道工序的目的既是选用衣材的依据,又是糖衣衣材分类的依据,因此糖包衣材料包括隔离衣料、粉衣衣料、糖衣衣料、色衣衣料和打光衣料。

1. 隔离衣料　该衣料的作用是将片芯与其他衣料隔离,防止相互作用,防止包衣过程中水分渗入片芯。选用隔湿性能良好为基本要求。常用的有纤维醋法酯(CAP)、玉米朊、虫胶、丙烯酸树脂等疏水材料,也有明胶、阿拉伯胶、羧甲纤维素(CMC)、聚乙二醇(PEG)等水溶性材料。包衣厚度一般 2~6 层,以隔湿为限,避免影响片芯的崩解和溶出。常用隔离浆液包括 10% 的 CAP 乙醇溶液、10% 的玉米朊乙醇溶液、15%~20% 的虫胶乙醇溶液及 10%~15% 的明胶乙醇溶液等。

2. 粉衣衣料　粉衣衣料主要遮盖片芯棱角,以便于包糖衣。粉衣层的材料常用过 100 目筛的滑石粉与 65% 或 75%(g/g)的糖浆,交替加入,重复操作 15~18 次,直到片剂棱角消失。可在糖浆中加入 10% 明胶浆或阿拉伯胶胶浆增加糖浆的黏度。

3. 糖衣衣料　包糖衣层的目的是为增加衣层牢固性和甜味,使片剂光洁圆整、细腻美观。包糖衣层的材料主要是稍稀的糖浆(65%)。加入糖浆后,搅拌使片剂表面湿润即可,然后逐次减少用量,40℃以下低温缓缓吹风干燥,使其表面形成细腻的蔗糖晶体衣层,一般重复包 10~15 层。

4. 色衣衣料　包裹色衣层是为使片剂美观,便于识别或遮光。常用的色素包括天然色素和合成色素,常用遮光剂是二氧化钛。包衣一般为 8~15 层。

5. 打光衣料　打光衣料增加片剂的光泽美观和表面疏水防潮性能,多为川蜡细粉(80 目筛),白蜂蜡、石蜡等也可用。

玉 米 朊

彩图 79

【性状】 本品为黄色或淡黄色薄片，一面具有一定的光泽；或为白色、黄色或淡黄色粉末（彩图 79）；无臭，无味。本品在 80%~92% 乙醇或 70%~80% 丙酮中易溶，在水或无水乙醇中不溶。

【应用】

1. 包衣材料　玉米朊具有黏结、光亮、疏水、阻氧和易成膜等功效，在薄膜、涂料制造中添加，可使表面具有质地结实、有光泽、抗磨损、抗油脂的作用。玉米朊包膜有足够的阻热、阻潮性，且耐磨性很好，掩盖了药物的不良口感和气味，同时不会对药物的溶解性造成不利影响。

2. 抗菌包材　具有高度抗击微生物侵袭的性能，抗菌活性包装通过在食材表面释放防腐剂来延长食品保质期。可用作各种药品及糖果、干果等要求有光泽并保持水分的食品涂层料使用。

3. 其他　玉米朊在药剂制造中除主要用作包衣剂外，还可用作黏合剂、乳化剂和发泡剂。

【安全性】 本品因 90% 左右为食物蛋白，具有可食性，通常被认为基本无毒、无刺激性，被广泛地用于口服药物制剂和食品中，用于食品包装纸的表面涂层，以及特别的油类及冷冻食品的包装纸中，是广泛地应用于医药、食品等行业的绿色产品。大量摄入本品可能对人体造成损害。

课堂讨论

根据玉米朊的特性，探讨其在生产和生活中的创新应用。

知识拓展

特制糯米纸

　　糯米纸是一种可食薄膜。透明，无味，厚度 0.02~0.025 mm。普通糯米纸由淀粉、明胶和少量卵磷脂混合，流延成膜，烘干而成，主要用于糖果、糕点或药品等的内层包装，以防其与外包装纸相黏，也可防潮。

　　针对部分高档食品或苦味异味则需要用特制糯米纸包裹。要使糯米纸放入口中并喝水之后不破损、无苦味异味、变润滑易吞服，直到吞入胃中为止，就必须加强糯米纸的柔韧性、隔离性、润滑性，因此普通的糯米纸无法胜任，需要专门特制糯米纸。

　　玉米朊，或称醇溶蛋白，是玉米麸质中的提取物，具有阻湿性、韧性和高度抗击微生物侵袭的性能，可用于药品、糖果、干果等的内层包裹，包装软糖用的包装纸就是用玉米朊制作的。

岗 位 对 接

一、辅料应用分析

10% 的玉米朊乙醇溶液

处方组成:虫胶 0.5 g,无水苯甲醇 10 ml,玉米朊 5 g,乙醇 35 ml。

制备方法:取适量虫胶、玉米朊,置于无水苯甲醇中,混合,加热至成均匀软块,放冷至 60℃,再加入乙醇,混匀,所得溶液为 10% 玉米朊乙醇溶液。

分析:片剂糖包衣后,由于片芯中某些药物吸潮性强,或辅料含有糖分,包衣片储藏期间逐渐吸取水分而使糖衣表面出现裂纹或脱壳。另外,有些片芯硬度较差,包衣困难,易出现松片、裂片、残片,影响包衣质量。采用 5%~10% 的玉米朊乙醇溶液作隔离层,不仅可防止片剂吸潮,增加片芯的硬度,提高糖衣片质量,而且操作简单,成本低廉,可降低后续包衣过程的难度,提高产品成型质量。虫胶、玉米朊为包衣材料,无水苯甲醇为增塑剂,乙醇为溶剂。

二、使用指导

包隔离层时,片芯必须干燥。若水分过高,必须先行在烘盘中或包衣锅内干燥,再包衣。10% 的玉米朊乙醇溶液必须在包衣前一日制备好,待完全溶解后,密封,防止乙醇挥发。

包隔离层时,加入量以能使片芯表面湿润为宜,随着乙醇的挥发,黏度增强,片芯聚合成团,用戴有橡胶手套的手帮助搅拌,使能均匀分布。可加适量滑石粉使其不再粘连,开始加热或吹热风 40~50℃,每层干燥时间约 30 min,一般包 3~5 层。注意防爆防火,因包隔离层使用的是有机溶剂。

(二) 薄膜包衣材料

为了保证片剂质量,方便患者服用,在压片后的片芯表层包裹适宜的包衣材料,可使片剂中的药物与外界隔离,从而达到防潮、避光、隔绝空气氧化、增强药物稳定性、掩盖片剂中的不良臭味和减少药物刺激的目的。长期以来国内普药生产中的片剂包衣技术,大多沿用传统落后的糖浆包衣工艺,把以滑石粉、蔗糖、明胶为主的多种与药物治疗毫无关系的辅料,附加在药物片芯的表层,使糖衣片片芯额外增重达到 50%~100%,长期服用会对人体造成极大危害,尤其是糖尿病患者。其次,化糖、化胶、添加色素、晾片和物料存放均需占用车间较大空间,糖包衣生产过程中难以避免粉尘飞扬,且其生产工艺复杂,操作过程中大多依赖操作者凭经验、凭手感控制包衣质量,与药品生产质量管理规范的要求大相径庭。同时,由于糖浆包衣过程中的不可控因素较多,很多糖衣片剂生产企业在糖衣片生产和存放过程中,还经常性地容易出现裂片、花斑、霉点、崩解超时、含量下降、吸湿性强、不易保存、生产时间和晾片时间长等诸多缺陷。因此,薄膜包衣逐渐替代了糖包衣,成为主流。

薄膜包衣是指在药物片芯表层外包一层比较稳定的高分子聚合物衣膜,称为薄膜衣。

薄膜包衣工艺广泛地用于片剂、丸剂、颗粒剂,特别是对吸湿性强、易开裂、易产生花斑的中药片剂更显示其优越性。薄膜包衣与糖包衣比较,主要有以下优点:① 质量稳定。由于成膜剂和多数辅助添加剂都是理化性能优异的高分子材料,使得包成的薄膜衣片不但能防潮、避光、掩味、耐磨,而且不易霉变,容易崩解。② 增重少。仅使片芯重量增加 2%~4%,而糖衣片剂往往可使片芯重量增加 50%~100%。③ 干燥快。包衣操作时间短,一般仅需 2~3 h(而包糖衣一般需 16 h),操作简便,易于掌握,特别是对高温易破坏的药品易于保存质量。④ 形象美。片型美观,色泽鲜艳,标志清新,形象生动。⑤ 应用广。薄膜包衣已广泛地用于中西药片剂和丸剂制备中。⑥ 标准化。薄膜包衣片的设计、工艺、材料、质量都可以标准化。⑦ 污染小。工艺中能减少或避免车间内的粉尘飞扬,有利于环保和劳动保护,同时可防止车间内污染,这对动态情况下符合 GMP 洁净要求意义重大。⑧ 成本低。虽然薄膜包衣材料价格较糖和滑石粉高,但由于用量小,且节约劳动力,厂房及设备需要少,节约材料和能源,所以总体计算并不比糖包衣成本高。

薄膜包衣材料按照分散介质不同可分为水溶性包衣材料和醇溶性包衣材料;按照溶解性可分为胃溶型、肠溶型、胃肠两溶型、不溶型。胃溶型和肠溶型包衣材料在实际生产中使用较为广泛。

◆ 胃溶型包衣材料

胃溶型包衣材料即在胃中能溶解的高分子材料,适用于一般的片剂薄膜包衣。常用的胃溶型包衣材料有羟丙甲纤维素(HPMC)、羟丙纤维素(HPC)、聚丙烯酸树脂Ⅳ、聚乙烯吡咯烷酮(PVP)、聚乙烯缩乙醛二乙胺醋酸酯(AEA)、羟丙二丁醋酸纤维素醚(CABP)等。其中,有研究表明聚丙烯酸树脂Ⅳ包衣可较长时间抵御湿热影响,有利于药物质量稳定,减少储存期吸湿引起发霉粘连和糖结晶析出等质量问题。

聚丙烯酸树脂 Ⅳ

彩图 80

【性状】　本品为淡黄色粒状或片状固体(彩图 80),有特臭。本品在温乙醇中(1 h 内)溶解,在水中不溶。本品相对密度为 0.810~0.820,折光率为 1.380~1.395,碱值应为 162.0~198.0。

【应用】

1. 胃溶型薄膜包衣材料　聚丙烯酸树脂Ⅳ可用于片剂、丸剂、颗粒剂薄膜包衣,在 pH 低于 5.0 的胃酸中迅速溶解,膜的溶解速率随 pH 的上升而减少,一般 pH 1.2~5.0 溶解,pH 5.0~8.0 溶胀,是良好的胃溶型薄膜包衣材料。能抗唾液溶解,掩盖不适气味,可制成透明或不透明膜,改善对光、空气和湿度的稳定性,增加硬度和耐磨性,且使膜表面平整光滑。

本品与 HPMC 以(3~12):1 合用,可改进薄膜外观;与玉米朊以(6~12):1 合用,可提高产品的抗湿性。

2. 有色包衣溶液　色衣层常将色素(包括遮光剂)混合在聚丙烯酸树脂Ⅳ中制成有色包衣溶液。同时,透明膜可使片芯上的刻字清晰可见,也可以在膜上印字,增加美观。

3. 黏合剂　聚丙烯酸树脂Ⅳ可溶于乙醇中形成黏性溶液,常用 85%~95% 乙醇作溶剂,配成 5%~8% 溶液作黏合剂。黏性随浓度的升高而增加,不同浓度的聚丙烯酸树脂Ⅳ可以作为制粒的黏合剂,具有增加颗粒可压性、隔离颗粒组分和降低颗粒及片剂的引湿性等作用。

4. 其他　有配伍禁忌的成分可以分别制粒,用本品包衣颗粒,可达到隔离的目的。

【安全性】　聚丙烯酸树脂Ⅳ广泛地应用于口服药物剂型的薄膜包衣材料,无毒,无刺激性,也应用于局部用制剂。

尽管固体聚丙烯酸树脂Ⅳ和有机溶剂的溶液比其水分散体可与更多药物配伍,但和某些药物仍可能有反应发生。

岗 位 对 接

一、辅料应用分析

有色包衣溶液

处方组成:聚丙烯酸树脂Ⅳ 5 份,滑石粉 3 份,钛白粉 3 份,硬脂酸镁 1 份,聚乙二醇 6000 1 份,95% 乙醇 95 份,色素适量。

制备方法:取聚丙烯酸树脂Ⅳ加入 95% 乙醇中,搅拌溶解,再将滑石粉、钛白粉、硬脂酸镁、聚乙二醇 6000、色素加入膜溶液中,用胶体磨制成有色包衣溶液。

分析:聚丙烯酸树脂Ⅳ不溶于水,溶于 95% 乙醇。其为高分子材料,溶解需要经过溶胀过程,不断搅拌才能充分溶解。将膜材料溶于溶剂中,与滑石粉等在胶体磨中分散成悬浊液后,再与膜溶液混合。聚丙烯酸树脂Ⅳ为包衣材料,聚乙二醇 6000 为增塑剂,95% 乙醇为溶媒,滑石粉、硬脂酸镁为抗黏剂,钛白粉为遮光剂。

二、使用指导

聚丙烯酸树脂Ⅳ很少有配伍禁忌,但分子中的叔胺遇酸成盐,为避免酸性药物与树脂发生反应,可先用玉米朊打底膜。本品在药剂制造中是片剂、丸剂、颗粒剂良好的包衣材料,而且还可用作胶囊剂、膜剂等的成膜材料。常用异丙醇和丙酮混合溶剂配成 12.5% 溶液使用,可不加增塑剂。加入亲水性辅料可增加膜的渗透性,使片剂较快崩解,因此对胃液过少者可不影响药效。

◆ 肠溶型包衣材料

肠溶型包衣材料是指在胃酸条件下不溶、到肠液环境下才开始溶解的高分子薄膜包衣材料,即本类包衣材料是在特定 pH 条件下溶解的薄膜。肠溶型包衣在胃液中不溶解,只在肠液中溶解,这样使酸不稳定药物不致被胃酸破坏,可预防刺激性药物引起的胃部不适或恶心。

常见的肠溶衣材料如下。

（1）纤维醋法酯及其衍生物：这类材料应用广泛、效果良好，如纤维醋法酯（CAP）、羟丙甲纤维素邻苯二甲酸酯（HPMCP）、邻苯二甲酸醋酸淀粉、邻苯二甲酸甲基纤维素等。

（2）邻苯二甲酸糖类衍生物：如邻苯二甲酸的葡萄糖、果糖、半乳糖、甘露醇、山梨醇等糖类衍生物，邻苯二甲酸糊精等。

（3）苯烯酸－甲基丙烯酸类共聚物：又称为丙烯酸树脂类，这类材料透湿性仅为 CAP 的 1/4~1/2，肠液中崩解优于虫胶和 CAP。该物质易粘连，常配合增塑剂使用，改善黏结现象，便于操作。常见的有聚丙烯酸树脂Ⅰ、聚丙烯酸树脂Ⅱ、聚丙烯酸树脂Ⅲ。

（4）聚甲基乙烯醚－马来酸酐共聚体的部分酯化物：此类肠溶衣材料可以延缓释药，酯化程度与酯链长短决定不同 pH 内的溶解度。

（5）其他：包括虫胶、甲醛明胶、醋酸羟丙甲纤维素琥珀酸酯（HPMCAS）等。

薄膜包衣过程中，溶剂的选择是包衣的关键。包衣质量与成膜溶液的黏性、薄膜成型方式、包衣速率等有密切的关系，溶液是决定这些参数的关键物质。选择溶液时，首先要考虑溶解能力，要求其蒸发、干燥速率适中，脱吸附能力强，易于除去。常见的溶液有水、乙醇、甲醇、异丙醇、丙酮、三氯甲烷和二氯甲烷等。有机溶剂易燃易爆，需要做好安全防护措施。

纤维醋法酯（CAP）

彩图 81

【性状】 本品为白色或类白色的无定形纤维状、细条状、片状、颗粒或粉末（彩图 81）。本品在水或乙醇中不溶，在丙酮中溶胀成澄清或微浑浊的胶体溶液。

【应用】

1. 肠溶型薄膜包衣材料 CAP 可作为片剂、胶囊剂和微囊的肠溶型包衣材料。包衣后，药物在胃中保持完整，在肠的上部释放出活性物质，有效地解决了胃部刺激等不良反应。使用量为片芯重量的 0.5%~0.9%，可采用常规包衣工艺或喷雾工艺。使用以下与其相容的增塑剂可以增强膜的抗水性：邻苯二甲酸二甲酯、邻苯二甲酸二乙酯、甘油、丙二醇、聚乙二醇甘油醋酸酯等。

用 CAP 进行包衣，使用时应加入有机溶剂溶解，故生产中要注意做好防燃防爆措施。

CAP 易吸湿而水解，且长时间储存易受片芯中药物酸碱性的影响，缓慢改变其溶解速率，CAP 层呈网状结构，其空隙会渗透水分，片芯中的崩解剂吸收水分后会失去崩解作用，出现排片现象。因此，本品常和其他增塑剂和疏水性辅料联合使用，除能增加包衣的韧性外，还能增强包衣层的抗湿性。因为 CAP 价格较高，国内较少将其作为肠溶型包衣材料。

2. 缓控释微囊材料 以 CAP 为包囊材料制备缓释微囊，根据凝聚条件和包囊条件控制释药速率。

3. 阻滞剂 可作缓释制剂的阻滞剂，主要利用其溶解特性，起到一定的缓释作用。

【安全性】 经动物实验，未见毒性反应，一般认为是安全的。

岗 位 对 接

一、辅料应用分析

CAP 肠溶包衣液

处方组成:CAP 10.0 g,十八醇 4.0 g,邻苯二甲酸二乙酯 1.0 ml,异丙醇 40 ml,丙酮 45.0 ml。

制备方法:将 CAP 溶于丙酮中,加入邻苯二甲酸二乙酯,另将十八醇溶于异丙醇中,然后将两种溶液混合均匀,即得。

分析:CAP 是肠溶型包衣材料,邻苯二甲酸二乙酯与十八醇为增塑剂,丙酮与异丙酮为溶媒。

二、使用指导

CAP 应加入溶剂中,不可倒加,在使用混合溶剂时,CAP 应首先加入溶解度大的溶剂中。

CAP 与以下物质易发生配伍反应:硫酸亚铁、三硫化铁、硝酸银、枸橼酸钠、硫酸铝、氯化钙、氯化汞、硝酸钡、碱式醋酸铅、强碱、强酸等。

醋酸羟丙甲纤维素琥珀酸酯(HPMCAS)

本品为羟丙甲纤维素的醋酸、琥珀酸混合酯。

【性状】　本品为白色或淡黄色粉末或颗粒(彩图 82);无臭,无味。本品在甲醇或丙酮中溶解,在乙醇或水中不溶,在冷水中溶胀成澄清或微浑浊的胶体溶液。在 20℃ ±0.1℃时,本品黏度为标示值的 80%~120%。

彩图 82

【应用】

1. 肠溶型薄膜包衣材料　　HPMCAS 的优点是在小肠上部(十二指肠)溶解性好,对于增加药物在小肠上段的吸收比现行的其他肠溶材料理想,是亟待开发的辅料品种。粒径在 5 μm 以下者也可作水分散体用于包衣,采用常规水分散体包衣将聚合物粉末分散于水中,然后喷洒到素片或颗粒上。

另外,对于回肠、结肠部位疾病,以及一些蛋白类药物,结肠定位药物传导是一种可行的选择。许多研究人员用 HPMCAS 与其他附加剂联合薄膜包衣来实现结肠靶向药物释放。

2. 缓控释骨架材料　　以 HPMCAS 为骨架制备控释小丸,通过调节增塑剂和药物浓度控制药物释放。

3. 其他　　近年来,有研究将 HPMCAS 作为固体分散体的载体。将药物和聚合物载体共同溶解于溶剂中,然后将溶液喷雾干燥或包衣于适宜的片芯,制得的固体物为药物和聚合物的分子骨架,大大地增加了药物的溶解度,这种技术通过增加溶解度提高了难溶性药物的生物利用度。

【安全性】　HPMCAS 口服安全、无毒。

岗 位 对 接

一、辅料应用分析

HPMCAS肠溶包衣液

处方组成:HPMCAS 8.0 g,邻苯二甲酸二乙酯2.4 ml,乙酸乙酯33 ml,醋酸异丙酯33.6 ml。

制备方法:将HPMCAS加入邻苯二甲酸二乙酯、乙酸乙酯和醋酸异丙酯混合溶液中,搅拌均匀,即得。

分析:本品中HPMCAS为包衣材料,邻苯二甲酸二乙酯为增塑剂,乙酸乙酯、醋酸异丙酯为混合溶剂。

二、使用指导

HPMCAS很少有配伍禁忌。枸橼酸三乙酯是其最佳增塑剂,配制水分散体是先将增塑剂溶于水中,另加一些羟丙纤维素使溶解,作为分散系统的稳定剂,然后在搅拌状态下加入HPMCAS使分散均匀,最后加入抗黏剂硅酮。

HPMCAS因取代度、取代类型及溶解pH的不同有三种类型:AS-LG(LF)在pH 5.0溶解。AS-MG(MF)在pH 5.5溶解。AS-HG(HF)在更高pH下溶解,常用于缓释包衣处方中。G型为颗粒状,溶于有机溶剂。F型为细粉,可制成水分散体。

聚丙烯酸树脂Ⅰ/Ⅱ/Ⅲ

彩图83

【性状】 聚丙烯酸树脂Ⅰ(彩图83)为乳白色、低黏度、混悬均匀的水分散体系乳浊液,是甲基丙烯酸和甲基丙烯酸丁酯(35∶65)共聚物,市售商品为含28.0%~30.0%固体物的乳液。颗粒直径1 μm以下,结构中含有羧基,pH为1.0~3.0,酸值为230~270。在pH 5.0以上介质中可成盐溶液。

聚丙烯酸树脂Ⅱ为甲基丙烯酸与甲基丙烯酸甲酯以1∶1的比例共聚而得。本品为白色条状物或粉末(彩图83),在乙醇中易结块。本品(如为条状物,断成长约1 cm;粉末则不经研磨)在温乙醇中1 h内溶解,在水中不溶。本品的酸值按干燥品计算,应为300~330。

聚丙烯酸树脂Ⅲ为甲基丙烯酸与甲基丙烯酸甲酯以35∶65的比例共聚而得。本品为白色条状物或粉末(彩图83),在乙醇中易结块。本品(如为条状物,断成长约1 cm;粉末则不经研磨)在温乙醇中1 h内溶解,在水中不溶。本品的酸值按干燥品计算,应为210~240。

【应用】

1. 肠溶型薄膜包衣材料 聚丙烯酸树脂Ⅰ/Ⅱ/Ⅲ主要用作片剂、丸剂、颗粒剂包肠溶衣。成膜性好,膜致密、有韧性、能抗潮,包衣时间短,无粉尘。常用85%~95%乙醇作溶剂,配成5%~8%溶液作包衣用。

2. 黏合剂　聚丙烯酸树脂可溶于乙醇中形成黏性溶液,黏性随浓度的升高而增加,不同浓度的聚丙烯酸树脂可以作为制粒的黏合剂,具有增加颗粒可压性、隔离颗粒组分和降低颗粒及片剂的引湿性等作用。如用10%浓度的聚丙烯酸树脂Ⅱ制备对乙酰氨基酚片,可提高可压性,降低易脆性,吸收速率无变化;采用聚丙烯酸树脂Ⅲ的90%乙醇溶液为黏合剂制备尼可地尔片,外观好,储存期防湿、防热,药物质量稳定,适宜大批量生产。

3. 缓控释片骨架材料　聚丙烯酸树脂和药物制成的骨架缓释片可在胃肠道将药物逐渐释放出来,而骨架则最终排出体外。其骨架能形成孔径极细的错综复杂的通道,药物经孔径缓慢释放,从而达到缓释作用。不同类型的树脂有不同的渗透性能,配合使用可获得理想的释药速率。采用肠溶型聚丙烯酸树脂Ⅱ、聚丙烯酸树脂Ⅲ和HPMC为缓释骨架制成胃内漂浮片,可以增加药物在胃内的停留时间。

4. 其他　处方中有配伍禁忌成分时,可分别制粒,用本品包衣颗粒,以达到隔离的目的。

【安全性】　聚丙烯酸树脂广泛地应用于口服药物剂型的薄膜包衣材料,无毒,无刺激性,也应用于局部用制剂。

岗 位 对 接

一、辅料应用分析

聚丙烯酸树脂肠溶包衣液

处方组成:85%乙醇240 ml,聚丙烯酸树脂Ⅱ 6.25 g,聚丙烯酸树脂Ⅲ 6.25 g,蓖麻油5.6 g,聚山梨酯80 2 g,邻苯二甲酸二乙酯2 g。

制备方法:取聚丙烯酸树脂Ⅱ、聚丙烯酸树脂Ⅲ溶于85%乙醇中,在搅拌状态下加入蓖麻油、邻苯二甲酸二乙酯、聚山梨酯80,继续搅拌,即得。

分析:聚丙烯酸树脂Ⅱ、聚丙烯酸树脂Ⅲ为肠溶型包衣材料,用85%乙醇作为溶媒,配成5%~8%的浓度作为包衣溶液。邻苯二甲酸二乙酯、蓖麻油为增塑剂,聚山梨酯80为致孔剂。

二、使用指导

聚丙烯酸树脂为惰性材料,很少有配伍禁忌。包衣液不应有结块,必要时过100目筛,滤出不溶物,待包衣液混合均匀后再用。虽然聚丙烯酸树脂Ⅱ的成膜性和成膜后的光泽度最好,但在包衣过程中片剂易粘连,因此实际应用中,常用聚丙烯酸树脂Ⅱ和聚丙烯酸树脂Ⅲ混合液包衣。

四、增塑剂的分类与常见品种

凡能使聚合物材料增加塑性的物质称为增塑剂,它们通常是沸点高、较难挥发的液体或低熔点的固体。增塑剂可根据性质、溶解性能分类。

（一）按照性质分类

外增塑剂：是指剂型处方设计时，另外加到成膜材料溶液中的物质，用来增加成膜能力和干燥后薄膜的柔韧性。其多为无定形聚合物，低挥发性液体，有类似低沸点溶剂的作用，对成膜材料有亲和性或溶剂化作用，或干扰聚合物分子紧密排列的特性，解除分子的刚性，增加柔韧性。常见的有甘油、聚乙二醇 200、蓖麻油等。

内增塑剂：是指利用改变高分子聚合物的分子结构和分子量以增加聚合物的拉伸率和柔软度。其通过取代官能团、控制侧链数或分子长度进行分子改性而达到所需要求。如甲基丙烯酸－丙酸甲酯类共聚物成膜材料粘连现象严重，使用增塑剂烯酸辛酯和十六酯，可以明显改善粘连现象。

（二）按溶解性能分类

水溶性增塑剂：主要用于以水溶性成膜材料为载体的剂型中。水溶性增塑剂主要是多元醇类化合物，常见的有甘油、聚乙二醇 200、聚乙二醇 400、丙二醇等。它们能够与水溶性聚合物如羟丙甲纤维素混合，也可以与醇溶性聚合物如乙基纤维素混合。在薄膜包衣过程中的较高温度下，多元醇类增塑剂稳定、不挥发。

水不溶性增塑剂：主要与水不溶性成膜材料同用，涂膜剂中所用增塑剂属于此类型。主要是有机羧酸酯类化合物，常见的有蓖麻油、乙酰化单甘油酯、苯二甲酸酯类、枸橼酸酯、癸二酸二丁酯等。

蓖 麻 油

彩图 84

【性状】 本品为几乎无色或微带黄色的透明黏稠液体（彩图 84），微臭，味淡而后微辛。本品在乙醇中易溶，与无水乙醇、三氯甲烷、乙醚或冰醋酸能任意混合。相对密度在 25℃时为 0.956~0.969。折光率为 1.478~1.480。蓖麻油在空气中几乎不发生氧化酸败，储藏稳定性好，是典型的不干性液体油。

【应用】

1. 增塑剂 蓖麻油可以用作包衣液增塑剂，也可以用作肠溶胶囊的增塑剂。蓖麻油热裂可生成癸二酸，与相应的醇发生酯化反应生成系列的耐低温增塑剂。用硝酸氧化蓖麻油可制得壬二酸，进而合成壬二酸酯，是耐热性和耐寒性能优良的增塑剂。

2. 调节基质稠度 可用于制备乳膏基质，如蓖麻油和液状石蜡加热混合制备油相，将药物加入油相和水相，搅拌混合。油相和水相分别加热至 75~80℃，将水相加入油相中，搅拌成乳并冷至 45℃时加入其他物料，搅拌均匀，冷却即得。这里蓖麻油主要发挥调节基质稠度的作用。

3. 其他 蓖麻油可用于合成表面活性剂，在化妆品、润滑油、金属加工油、纤维油剂、涂料、塑料、黏合剂、可塑剂等方面用途广泛。

【安全性】 本品内服和外用安全无毒，大剂量口服可产生恶心、呕吐、急腹痛和严重泄泻。

岗 位 对 接

一、辅料应用分析

肠溶薄膜包衣液

处方组成：聚丙烯酸树脂Ⅱ 10 g，邻苯二甲酸二乙酯 2 g，蓖麻油 4 g，聚山梨酯 80 2 g，滑石粉（120 目）2 g，钛白粉（120 目）2 g，柠檬黄适量，85% 乙醇加至 200 ml。

制备方法：将聚丙烯酸树脂Ⅱ用 85% 乙醇浸泡过夜溶解，加入邻苯二甲酸二乙酯、蓖麻油和聚山梨酯 80 研磨均匀，另将其他成分加入上述包衣液研磨均匀，即得。

分析：肠溶薄膜包衣液一般都由包衣材料、溶剂、增塑剂、着色剂、遮光剂等辅料组成。聚丙烯酸树脂Ⅱ为肠溶型包衣材料，在 85% 乙醇中溶解度大，故采用 85% 乙醇溶解；邻苯二甲酸二乙酯、蓖麻油为增塑剂，聚山梨酯 80 为致孔剂，滑石粉为抗黏剂，钛白粉为遮光剂，柠檬黄为着色剂。

二、使用指导

因其水不溶性，该类增塑剂主要用于有机溶剂可溶的聚合物材料，如一些肠溶型薄膜材料等。蓖麻油与酸、氧化剂和多价碱有配伍禁忌，应密闭、避光，储存于阴凉、干燥处，勿与氧化剂接触。

第六节　成膜材料

一、概述

物质分散于液体介质中，当分散介质被除去后，能形成一层膜，这类物质称为成膜材料。按照给药途径分类，膜剂包括内服、外用、腔体、植入等类型；按照结构或组成分类，包括单层或多重膜。本节所述的成膜材料是指膜剂和涂膜剂所用的成膜材料。

在膜剂中，成膜材料是药物载体，起膜剂成型的作用。在涂膜剂中，成膜材料和药物一同溶解于有机溶剂而制成外用胶体溶液剂，使用时涂于患处，待有机溶剂挥发后形成一层薄膜。成膜材料起到滞留和保护药物缓慢发挥疗效的作用。这种作用和膜剂中的成膜材料的溶解性能有较大的差异。

随着高分子材料的发展，新型成膜材料的出现大大地促进了膜剂的发展。

二、成膜材料的选用原则

成膜材料是膜剂中药物的载体，所占比例较大，其性能、质量对成膜制剂质量和疗效影响较大。成膜材料应根据不同的用途选用,应充分考虑其对膜剂质量的影响,其含量均匀度会直接影响用药的安全性和有效性,因此宜选用黏度适宜、成膜均匀性好的成膜材料,并通过筛选确定恰当的使用浓度。对成膜材料的要求如下。

(1) 安全性方面应无毒、无刺激,不干扰免疫功能,外用不妨碍组织愈合,不过敏,长时间使用无致畸、致癌作用。

(2) 化学性质稳定,不降低主药疗效,不干扰含量测定,无不适臭味。

(3) 来源丰富,价格便宜。

(4) 用于口服、腔道用、眼用膜剂的成膜材料应具有良好的水溶性或生物降解性,外用膜剂应能迅速、完全释放药物。

(5) 成膜、脱膜性能好,载药能力强,成膜后具有足够的强度和柔韧性。

此外,制备符合工艺质量要求的膜剂,除了选择符合要求的成膜材料,还要充分考虑设备和工艺参数,提高膜剂质量。

三、成膜材料的分类与常见品种

成膜材料属于高分子聚合物,一般分为两大类:天然高分子聚合物成膜材料和合成高分子成膜材料。

(一) 天然高分子聚合物成膜材料

天然高分子聚合物成膜材料的成膜、脱膜性能,以及成膜后的强度与柔韧性等方面,在单独使用时均欠佳,应用不太普遍,但多数可降解或溶解,故常与其他成膜材料合用,作为基质扩散给药系统的成膜材料。

常见的天然高分子聚合物成膜材料有明胶、虫胶、阿拉伯胶、琼脂、淀粉、糊精等。

(二) 合成高分子成膜材料

合成高分子成膜材料根据其聚合物单体分子结构不同可分为聚乙烯醇类化合物、丙烯酸类共聚物和纤维素衍生物类三类。此类成膜材料成膜性能良好,成膜后的强度和韧性能满足膜剂成型与应用要求。常见的有聚乙烯醇(PVA)、乙烯 – 醋酸乙烯酯共聚物(EVA)、甲基丙烯酸酯 – 甲基丙烯酸共聚物、羟丙基纤维素、羟丙甲纤维素等。其中聚乙烯醇(PVA05-88、PVA88、PVA124)和药物树脂04等较为常用。

涂膜剂所用的成膜材料主要是非水溶性的物质,如火棉、聚乙烯醇缩甲醛、聚醋酸乙烯酯、玉米朊等。

聚乙烯醇(PVA)

【性状】 本品为白色至微黄色粉末或半透明状颗粒(彩图85);无臭,无味。本品在热水中溶解,在乙醇或丙酮中几乎不溶。本品酸值不大于3.0。

彩图 85

【应用】

1. 成膜剂　本品是涂膜剂和膜剂的优良胶凝剂和成膜材料,具有易溶于水、成膜性好、黏结力强、热稳定性强、无刺激性等优点。其膜中药物易于释放并与皮肤或病灶紧密接触以提高疗效,在涂膜剂和膜剂中有着广泛的应用。

2. 药物载体　PVA 作为巴布膏剂和凝胶剂的高分子基质,既能承载药物,又能改善制剂的使用和工艺性能。PVA 主要用作巴布膏剂基质,它既可作为黏着剂增强黏弹性,也可作骨架载体防止药物逸散。

3. 凝胶基质　凝胶用于药物制剂,可以延长药物与病灶部位的接触时间,有利于提高药物的利用度。亲水性的 PVA 遇水能形成凝胶,可作为凝胶型制剂的基质。

4. 黏合剂　PVA 无毒且具有优良的黏结能力,在药物制剂的生产中常作为片剂的黏合剂。

5. 骨架材料　PVA 用作片剂的骨架材料,能缓释、控释药物,用于制备缓释骨架片剂等。

6. 其他　PVA 溶于水且具有很低的表面张力,在制备载药微球或微囊中,既可作微球或微囊的致孔剂,也可作分散介质。本品是优良的助悬剂、O/W 型乳化剂和乳化稳定剂,在各种眼用制剂中用作增稠剂、润滑剂和保护剂。

【安全性】　本品口服、外用无毒,无刺激性。

岗 位 对 接

一、辅料应用分析

利多卡因膜剂

处方组成:利多卡因 4 g,PVA 4 g,山梨醇 0.7 g,甘油 0.5 g,注射用水加至 30 ml。

制备方法:将 PVA、山梨醇、甘油加适量注射用水混匀,浸润溶胀后,加热至 90℃使溶解,加入研成极细粉的利多卡因,加注射用水至全量,搅拌均匀后,在 45℃保温静置,除去气泡。将玻璃板预热至相同温度后,涂膜,涂成厚度约 0.15 mm,在 70℃干燥。

分析:利多卡因为主药,PVA 为成膜材料,山梨醇与甘油为增塑剂,注射用水为溶媒。

二、使用指导

成膜材料制备时,给予充足的时间让其自然溶胀充分,加速溶解时避免搅拌,亦让其自然溶解完全;在成膜材料中加入药物时,搅拌要缓慢,以免产生气泡;涂膜时不得搅拌,温度要适当,若过高可造成膜中发泡。

PVA 的溶解性和聚合度有关,分子量越大,结晶性越强,则水溶性越差,水溶液的黏度越大。应选择合适的溶解方法:直接溶解法,将 PVA 加入适量水中,搅拌或微热(40~60℃)使其溶解,即可。水浸泡加热法,取 PVA 加入适量水中,浸泡过夜,次日水浴上加热(90~95℃)溶解,即可。醇浸泡加热法,取 PVA 加入适量乙醇(85%)中,浸泡过夜,次日过滤烘干后,加水适量在水浴上加热(50~60℃)溶解,即可。一般使用碘液检查法检查是否完全溶解。

PVA 与大多数无机盐有配伍禁忌,特别是硫酸盐、磷酸盐,能使 PVA 溶液产生沉淀。PVA 应置于密闭容器中,储存于阴凉、干燥处。

乙烯－醋酸乙烯酯共聚物(EVA)

彩图 86

【性状】　本品为白色粉末或细颗粒(彩图 86),不溶于水、乙醇,能溶于二氯甲烷、三氯甲烷等有机溶剂。

【应用】

1. 成膜材料　EVA 作为成膜、成囊材料和微球载体材料,成膜性能良好、膜柔软、强度大,用于制备缓释制剂、控释制剂,如眼、阴道、子宫等控释膜剂,眼用膜,缓释皮肤贴膜、骨架缓释片剂等,释药稳定。

2. 膜控释包衣材料　用不溶性材料 EVA 与可溶性致孔剂聚乙二醇、PVP、盐等配制包衣液包衣,衣膜中的微孔控制药物释放。

3. 其他　EVA 可制成棒管(避孕药缓释制剂),将黄体酮悬浊液置入管内,可维持释药时间长达 400 日。

【安全性】　EVA 是不溶于水及油的高分子材料,不被人体吸收,无毒,无臭,无刺激性,对人体组织有良好的相容性。

岗 位 对 接

一、辅料应用分析

中药浸膏膜剂

处方组成:中药干浸膏 2 g,EVA 20 g,甘油 2 g。

制备方法:将中药干浸膏粉碎,与甘油和 EVA 混合均匀,加入压延机橡皮滚筒混炼,热压成膜,随即冷却,脱膜,即得。

分析:中药干浸膏为主药,EVA 为成膜材料,甘油为增塑剂。

二、使用指导

中药浸膏粉溶解困难,可与 EVA 用于热熔法或溶剂法制备膜材,无毒,柔韧性好,有良好的相容性,性质稳定,但耐油性差。

热熔法制备膜剂,也可先将成膜材料热熔,在热熔状态下加入药物细粉,使其溶解或混合均匀,在冷却过程中成膜。本法的特点是可以不用或少用溶剂,机械生产效率高。

本产品化学性质稳定,但易氧化,尤其在光、热存在下易氧化分解。

第七节　滴丸基质与冷凝剂

一、概述

　　滴丸剂是指固体或液体药物与赋形剂加热熔融混匀后,再滴入不相混溶、互不作用的冷凝液中,由于表面张力的作用使液滴收缩成球状而制成的制剂。赋予滴丸形状的赋形剂为滴丸基质,用于冷却滴丸的液体为滴丸冷凝剂。滴丸主要供口服使用,亦可供外用和局部(如耳、鼻、直肠、阴道)使用,还有眼用滴丸。

　　滴丸基质是药物载体和赋形剂,是滴丸剂处方的重要组分。实际生产中,水溶性基质较为常见,其熔点较低,有明显的增加溶出、促进吸收的作用,所以滴丸属于速效固体制剂。滴丸基质不仅可借用固体分散技术增加药物溶出度和溶解速率,从而使制剂高效速效,也可利用一些脂类基质阻滞剂的作用使制剂缓释长效。

　　滴丸剂中的冷凝剂是一种用于冷却熔融液滴,使液滴凝成固体药丸的液体。冷凝剂虽然不存于成型制剂中,一般也不作为处方的组分之一,但冷凝剂起到使热熔的基质和药物混合物定型的作用,冷凝的效果不仅影响成品的外观、形状,而且影响药物在基质中的分散状态。因此,冷凝剂是滴丸剂制备不可缺少的辅助物料。

二、滴丸基质和冷凝剂的选用原则

(一)滴丸基质的选用原则

　　滴丸剂的制备方法是利用物理受热熔化形成液体,冷却后形成固体的原理,而滴丸基质对丸剂的制备起到成型的作用。由于滴丸基质对滴丸成型至关重要,是否符合要求,将对产品质量产生重大的影响,所以滴丸基质的选择和应用应遵循一定的原则,基本原则如下。

　　(1)滴丸基质与主药不发生反应,不影响主药的疗效和检测。

　　(2)滴丸基质熔点较低,加温时能成溶胶,具有一定的流动性,但在室温下又能凝固成固体。另外,基质熔点不能太高,加热熔化时不应影响药物的稳定性,同时熔点过高也不利于挥发性药物的制备。

　　(3)为增加滴丸剂中药物的溶出,高效释药,提高生物利用度,应充分考虑基质的分散能力和内聚力。理论上可选用能用熔融法制备固体分散体的载体材料作为滴丸基质,以能形成固熔体、玻璃溶液、无定形物、简单低共熔物的基质为最佳。能用熔融法制备固体分散体的载体种类较多,但实际上能作为滴丸基质的不多,因为有些基质的内聚力太小,形成熔融的液滴后不足以克服液滴和冷凝剂间的黏附力,导致滴丸无法成型或成型不好。一般选择表面张力大的基质有利于丸剂成型。

　　(4)滴丸基质对人体无害,用量少。药物制剂要充分考虑患者服用的顺应性,基质的用量越少越好,但要以保证剂型的成型性、稳定性、有效性为前提。对于中药滴丸,因为浸膏量较大,如何降低服用量,减少基质用量,是中药滴丸剂发展的新方向。可以通过选择新型基质,采用新技术加以解决。

(二) 冷凝剂的选用原则

冷凝剂起到使热熔的基质和药物混合物定型的作用,冷凝的效果不仅影响成品的外观、形状,而且影响药物在基质中的分散状态,滴丸冷凝剂的选择和应用的基本原则如下。

(1) 冷凝剂不溶解主药和基质,不发生反应。

(2) 因为冷凝剂的黏度与密度影响熔化的液滴下沉或上浮的速度,速度又会影响滴丸的外观形状,所以应选择与液滴的密度接近的冷凝剂,使滴丸缓缓下沉或上浮,充分凝固,丸形圆整。如密度差异大,冷凝剂黏度低,液滴下降过快,则滴丸难以形成球形,而呈扁球形。故在选用冷凝剂时,应调整冷凝剂的密度和黏度,以满足具体品种的要求。

(3) 由于是通过使液滴与冷凝剂间的黏力小于液滴的内聚力来收缩凝固成丸,所以选用表面张力小的冷凝剂有利于滴丸的成型,或在冷凝剂中加入适量的表面活性剂。

(4) 选用的冷凝剂的溶解性能应与所用基质的性能相反,脂溶性基质应选用水溶性冷凝剂,水溶性基质应选用脂溶性冷凝剂。为调整其密度或黏度,可使用混合冷凝剂。

(5) 应充分考虑冷凝剂的温度。冷凝剂的温度越低,越有利于熔化的液滴降温定型,使基质能起到有效分散作用,以满足高效、速效要求。若冷却速度慢,就有可能使熔融的分子聚集或结晶长大,影响产品质量。若冷却速度过快,会使刚从滴头滴下的液滴形成不规则拖尾状的类球形,使滴丸形状不规则,甚至产生气泡。故实际应用时,应根据产品的要求使冷凝剂上部的温度稍高,以保证丸剂形状规则。

三、滴丸基质和冷凝剂的分类与常见品种

(一) 滴丸基质

滴丸基质按其溶解性能分为两种:水溶性基质和脂溶性基质。在实际应用中常采用水溶性和脂溶性基质的混合物作滴丸的基质。

水溶性基质:常用的有聚乙二醇类(如聚乙二醇4000、聚乙二醇6000)、硬脂酸钠、聚氧乙烯单硬脂酸酯、明胶甘油、泊洛沙姆等。

脂溶性基质:常用的有硬脂酸、单硬脂酸甘油酯、虫蜡、蜂蜡、氢化植物油、十八醇等。

蜂　蜡

彩图 87

【性状】　本品为不规则团块或颗粒状,呈黄色、淡黄棕色或黄白色(彩图 87),不透明或微透明,表面光滑;不溶于水,可溶于醚及三氯甲烷中;较轻,蜡质,断面砂粒状,用手搓捏能软化,有蜂蜜样香气,味微甘。常温下,蜂蜡呈固体状态,在 20℃时的比重为 0.954~0.964。熔点随来源及加工提取方法的不同,一般在 62~67℃。

【应用】

1. 滴丸基质　本品可用作滴丸非水溶性基质。

2. 软膏基质　本品可用作软膏剂脂溶性基质,但很少单独使用,可用其增加软膏基质稳定性与调节稠度。也可作为软膏剂乳剂型基质的油相,吸收相当数量的水乳化,并保持原有的半固体状态。

3. 熔点调节剂　本品可用作栓剂熔点调节剂,用量一般在 3%~6%。

4. 缓释剂　蜂蜡为常用的蜡质骨架材料,作为惰性蜡质骨架缓释材料,与药物一起制成缓释片剂。

5. 抛光剂　本品可用作糖衣片抛光剂,滚糖衣前,先滚一层蜂蜡,以阻挡中药水溶性成分渗入淀粉层。

6. 其他　本品可用作中药蜡丸黏合剂,蜡丸是药粉用蜂蜡为黏合剂制成的丸剂,不溶于水,蜡丸在体内释放药物缓慢,可延长药效。可作医用外用剂,熔化敷抹患处。

【安全性】　蜂蜡无毒、无刺激。

岗 位 对 接

一、辅料应用分析

芸香油肠溶滴丸

处方组成:芸香油 200 ml,硬脂酸钠 21 g,蜂蜡 8.4 g,水 8.4 ml。

制备方法:以上组分,加热至 100℃使全部熔融,65℃保温,由冷凝剂的下部滴入 1%硫酸水溶液冷凝剂中,冷凝成丸,以冷水洗丸,除尽硫酸,用毛边纸吸去黏附的水迹,即得。

分析:芸香油为主药,硬脂酸钠、蜂蜡为滴丸基质,水为冷凝剂。滴丸表面遇酸形成一层硬脂酸,硬脂酸和蜂蜡形成薄壳而制成肠溶滴丸,避免了芸香油对胃的刺激作用,减少了恶心、呕吐等不良反应。

二、使用指导

蜂蜡为惰性材料,很少有配伍禁忌。在熔融基质中加入不溶的液体药物,搅拌使形成均匀的乳剂,其外相是基质,内相是液体药物,在冷凝成丸后,液体药物即形成细滴,分散在固体的滴丸中。液滴经空气滴至冷凝剂表面时,被撞成扁球状并带有空气,在下降时逐渐成球形并逸出气泡。若液滴冷却速度过快,空气来不及逸出产生空洞、拖尾,则丸粒不圆整。冷凝剂采用梯度冷却法。

(二) 冷凝剂

常用冷凝剂分为水溶性冷凝剂和非水溶性冷凝剂。

1. 水溶性冷凝剂　水溶性冷凝剂包括水及不同浓度乙醇、稀酸溶液等,适于非水溶性基质滴丸。

2. 非水溶性冷凝剂　非水溶性冷凝剂包括液状石蜡(详见第三章)、二甲硅油、植物油或其混合物等,适于水溶性基质滴丸。

岗 位 对 接

一、辅料应用分析

灰黄霉素滴丸

处方组成:灰黄霉素细粉 1 份,聚乙二醇 6000 9 份,含 43% 煤油的液状石蜡。

制备方法:取聚乙二醇 6000 在油浴上加热至约 135℃,加入灰黄霉素细粉,不断搅拌使全部熔融,趁热过滤,135℃保温,用内、外径分别为 9.0 mm、9.8 mm 的滴管滴制,滴入冷凝剂中,冷凝成丸,以含 43% 煤油的液状石蜡洗丸,至无煤油味,用毛边纸吸去黏附的液状石蜡,即得。

分析:灰黄霉素细粉为主药,聚乙二醇 6000 为滴丸基质,含 43% 煤油的液状石蜡为冷凝剂。

二、使用指导

灰黄霉素极微溶于水,对热稳定;灰黄霉素与聚乙二醇以 1:9 比例混合,在 135℃时可形成固体溶液。经骤冷,使 95% 灰黄霉素均以 2 μm 以下的微晶分散。灰黄霉素为口服抗真菌药,对头癣等疗效明显,但不良反应较多,制成滴丸,可提高生物利用度,降低剂量,从而减弱其不良反应,提高疗效。

液状石蜡与氧化剂和碱性物质有配伍禁忌,可发生氧化分解。在一定范围内,管内径大则丸较重。但内径过大时药液不能充满管口,反而造成重量差异。初滴时,丸重取决于滴出口的内径,随后药液对管壁的湿润面越来越大,圆周也逐渐增大并增加重量差异。研究表明,将滴出口的管壁减为 0.2 mm 以下,可使丸重稳定。

二 甲 硅 油

按运动黏度的不同,本品分为 20、50、100、200、350、500、750、1000、12500、30000 十个型号。

【性状】　本品为无色澄清的油状液体(彩图 88)。本品在三氯甲烷、甲苯、乙酸乙酯或甲基乙基酮中极易溶解,在水或乙醇中不溶。

【应用】

1. 滴丸冷凝剂　本品可用作滴丸非水溶性冷凝剂,是水溶性基质滴丸成型最好的冷凝剂。

彩图 88

2. 软膏基质　本品可用作软膏剂油溶性基质,提高药物对皮肤的渗透能力,从而提高药效;能提高患者使用的舒适度,加快药物分散速率。

3. 润滑剂　本品可用作固体制剂生产的润滑剂、脱模剂使用。如滑石粉加二甲硅油(4∶1)是常用的优良的抗黏着剂。另外,片剂冲模在清洁后,抹上一层二甲硅油也能解决部分品种黏冲问题。

4. 抗静电剂　本品是微粉和微丸生产中有效的抗静电剂,用量为粉粒重量的0.1%,确保药丸或微丸在流化床内建立流态化包衣过程中,物料完全分散,让粉料不至于粘连成团。

5. 抛光剂　本品可用作糖衣片的抛光剂。在抛光操作时,将加有2%二甲硅油的川蜡细粉加入包完色衣的片剂中,进行抛光,糖衣片与未加二甲硅油比较,表面光亮美观,并有防潮作用,确保糖衣片在储存期内不脱色、不霉变。

6. 增塑剂　本品用作薄膜衣材料增塑剂,利用二甲硅油的疏水性、耐氧性,使片芯与外部隔离,不受空气中水分、氧气等作用,不吸潮变质且衣层牢固光滑。

7. 其他　本品也可作为制药、食品等机械的润滑剂,也可作为中药提取回流过程及生物发酵过程中的安全消泡剂。

【安全性】　二甲硅油对人及哺乳动物均无明显的急性及慢性中毒反应,也无致突变及致癌作用。对眼睛、皮肤没有明显的刺激或过敏反应,而且不被胃肠道及皮肤所吸收。

储存于洁净、密封、无铅或锡合金容器中,避免接触酸、碱剂及混入其他杂质,不要接触明火。

岗 位 对 接

一、辅料应用分析

吡哌酸耳用滴丸

处方组成:吡哌酸 4 mg,泊洛沙姆 32 mg,二甲硅油。

制备方法:称取过 100 目筛的吡哌酸适量,加至已熔化的泊洛沙姆中,移至75℃保温漏斗中,以 20 滴/min 的速度滴入冷却的二甲硅油中,成型后取出,用滤纸吸干所黏附的二甲硅油,即得。

分析:二甲硅油是常见的水溶性基质滴丸冷凝剂中表面能最小的冷凝剂,尤其是用聚氧乙烯单硬脂酸酯(S-40)、泊洛沙姆为基质的滴丸必须用二甲硅油作冷凝剂,不能用液状石蜡作冷凝剂,因二甲硅油能增加水难溶活性药物的溶解,有利于药物的吸收。吡哌酸为主药,泊洛沙姆为滴丸基质。

二、使用指导

二甲硅油化学性质稳定,不与药物发生反应,无配伍禁忌。本品为二甲基硅氧烷的线性聚合物,因聚合度不同而有不同黏度。二甲硅油型号规格有很多种,可以通过调节温度和选用不同型号的二甲硅油,来调节液滴在冷凝剂中的成型和沉淀速度,以达到最好的工艺状况和质量状况。

由于二甲硅油价格较高,生产中应尽量循环使用,已经使用过的二甲硅油会混入异物,可以采用滤过、静置沉淀或离心的方法去除。另外,常见的异物为水,使用混有水分的二甲硅油作冷凝剂时,滴丸有可能出现溶解、变形,甚至不能冷凝变硬。除去二甲硅油中水分的方法:将混有水分的二甲硅油冷冻在 -4℃,待水分凝结成冰后取出,迅速滤过,即可去除。

第八节 栓剂基质

一、概述

栓剂是指药物与适宜基质制成的具有一定形状的供人体腔道内给药的固体制剂。栓剂在常温下为固体,塞入腔道后,在体温下能迅速软化、熔化或溶解于分泌液,逐渐释放药物而产生局部或全身作用。栓剂基质是栓剂的赋形剂,与药物混合制成半固体的药物制剂,用于直肠、阴道等腔道给药,起局部或全身的治疗作用。直肠使用的栓剂以鱼雷形和圆锥形多见,阴道使用的栓剂以鸭嘴形和卵圆形多见。栓剂重量不宜太重,根据主药的用量和使用要求选择合适的规格,以减少熔化或溶解后的液体量。

与口服制剂相比,栓剂有其独特优势:

(1) 栓剂用于腔道给药,药物通过黏膜吸收。有 50%~70% 不通过肝而直接进入血液系统,防止或减少了肝的首过效应。

(2) 栓剂作用时间较长,可减少用药次数。

(3) 避免口服给药对胃黏膜的刺激作用,尤其是对胃肠道有刺激作用的药物。

(4) 直肠吸收比胃肠道吸收更快和更有规律。

(5) 直肠给药可以避免消化液和消化酶对药物的影响和破坏作用。

(6) 给药更方便,适合不能或不愿口服给药的患者,尤其是婴幼儿。

二、栓剂基质的选用原则

栓剂基质是栓剂的重要组成部分,其选择原则如下。

(1) 室温时应有适当的硬度,当塞入腔道时不变形,不碎裂,在体温下易软化、熔化或溶解。

(2) 不与主药起反应,不影响主药的含量测定。

(3) 对黏膜无刺激性,无毒性,无过敏性。

(4) 理化性质稳定,在储藏过程中不易霉变,不影响生物利用度等。

(5) 具有润湿及乳化的性质,能混入较多的水。

三、栓剂基质的分类与常见品种

栓剂采用的基质可以分为脂溶性基质和水溶性基质。

(一) 脂溶性基质

这类基质的化学性质稳定,与主药不起化学反应。该类基质特点是在常温下为固体,在体内时能很快熔化,涂布在黏膜上增加接触面积,促进药物的吸收。一般脂溶性栓剂供直肠使用。其缺点是热性能差,在夏季高温季节对储藏条件有一定的要求。

此类基质单独使用时,应高于室温,与体温接近,目前国内常用的品种如下。

1. 半合成脂肪酸甘油酯类　本类多以植物果实中脂肪油为原料,经过水解、分馏、甘油酯化而得,如半合成脂肪酸酯,又称为固体脂肪或山油脂,即是从山苍子中分离的饱和月桂酸经甘油酯化而得,因工艺不同分为四种型号。此外,还包括椰油酯、棕榈酸酯等。

2. 氢化油类　氢化油是液态的植物油通过加氢反应,不饱和键变成饱和键,物态呈半固态或固态,并有一定熔点,如氢化棉籽油、氢化花生油、氢化椰子油等。因这类氢化油熔点并不能完全满足栓剂基质要求,使用时与其他基质(石蜡、植物油等)混合使用,通过调整熔点满足应用需要。

3. 天然脂肪酸类　天然脂肪酸是从植物果实中分离的半固体或固体脂肪酸甘油三酯,如可可脂、香果脂、乌桕脂等。实际生产中也可使用可可脂的代用品,如茴香脂、婆罗洲脂、槟榔脂等。

混合脂肪酸甘油酯

【性状】　本品为白色或类白色蜡状固体(彩图 89),具油脂臭。本品在三氯甲烷、乙醚或苯中易溶,石油醚中溶解,水或乙醇中几乎不溶。根据不同的熔点,本品可分为 4 种规格:34 型为 33~35 ℃,36 型为 35~37 ℃,38 型为 37~39 ℃,40 型为 39~41 ℃。本品酸值不大于 1.0,碘值不大于 2。

彩图 89

【应用】

1. 栓剂基质　本品可用作栓剂脂溶性基质,作为药物腔道用制剂的载体,其价格便宜,被广泛使用,目前应用最多的是 36 型。

2. 释放阻滞剂　本品可用作缓释制剂阻滞剂,药物混悬或混熔在这类熔融材料中冷却后,被混合脂肪酸甘油酯包被,延滞药物的扩散和溶出。药物和其按照 2:1 或 3:1 混合。

3. 其他　本品可用作润滑剂。

【安全性】　本品无毒性、无刺激性,对皮肤和黏膜无刺激。

岗 位 对 接

一、辅料应用分析

阿司匹林栓剂

处方组成：阿司匹林300 g，酒石酸22 g，聚山梨酯80 10 g，混合脂肪酸甘油酯 1 128 g。

制备方法：将阿司匹林粉碎过100目筛，80℃水浴使混合脂肪酸甘油酯熔融，待熔融达2/3，依次加入阿司匹林粉、酒石酸和聚山梨酯80，混匀，放凉至稍黏稠，注入栓模，凝固后置于冰箱冷藏20 min，取出刮削，脱模，即得。

分析：阿司匹林为主药；酒石酸为稳定剂；聚山梨酯80为表面活性剂，促进主药均匀分散；混合脂肪酸甘油酯为栓剂基质。

二、使用指导

避免过热，一般在基质熔融达2/3时停止加热，熔融混合物在注模时应迅速，并一次性完成。药物的加入可依据药物的性质而定，可溶性药物直接溶解，不溶性药物可混悬于基质中。

混合脂肪酸甘油酯不存在配伍禁忌。灌模时应注意混合物的温度，温度太高，冷却后栓剂易发生中空和顶端凹陷。最好在混合物黏稠度较大时灌模，灌至模口稍有溢出为度，且要一次完成。灌好的模型应置适宜的温度下冷却一定时间，若冷却的温度不足或时间短，常发生黏模；相反，若冷却温度过低或时间过长，则又会产生栓剂破碎。

可 可 脂

彩图90

【性状】　本品为淡黄白色固体（彩图90）；25℃以下通常微具脆性；熔化后的色泽呈明亮的柠檬黄至淡金黄色。有轻微的可可香味（压榨品）或味平淡（溶剂提取品）。

本品在乙醚或三氯甲烷中易溶，在煮沸的无水乙醇中溶解，在乙醇中几乎不溶。本品的相对密度在40℃时相对于水在20℃时为0.895~0.904；熔点为31~34℃；折光率在40℃时为1.456~1.458；酸值应不大于2.8；皂化值应为188~195；碘值应为35~40。

【应用】

1. 栓剂基质　本品可用作栓剂基质。本品熔点低，又具有刚低于熔点就变成固体的优点，是优良的栓剂基质。可可脂具同质多晶现象，通常使用其β型。由于其熔点低，可加入白蜂蜡提高其熔点，避免气温较高导致熔化，白蜂蜡的用量一般为3%~6%。可可脂在国内价格较高，因此在我国常用其他基质替代可可脂作栓剂基质。

2. 软膏基质　本品可用作软膏剂脂溶性基质。

3. 其他应用　本品可用作润滑剂和透皮吸收促进剂。

【安全性】　本品无毒、安全，对皮肤和黏膜无刺激。

岗 位 对 接

一、辅料应用分析

氨 茶 碱 栓

处方组成：氨茶碱 1.2 g，盐酸麻黄碱 50 mg，苯巴比妥 0.2 g，苯佐卡因 0.1 g，可可脂适量。

制备方法：取可可脂水浴加热使其熔融，而后依次加入氨茶碱、盐酸麻黄碱、苯巴比妥、苯佐卡因，趁热一次性，注入栓模，至溢出模口，冷却成固体，刮削、脱模，即得。

分析：氨茶碱、盐酸麻黄碱、苯巴比妥、苯佐卡因为主药，可可脂为栓剂基质。

二、使用指导

可可脂熔点较低，没有敏锐的熔点，加热至 25℃即开始软化，制备和药物储藏存在困难，实际生产过程中可加入适量蜂蜡、鲸蜡等提高其熔点。

可可脂与樟脑、薄荷脑、苯酚和水合氯醛等药物存在配伍禁忌，配伍可使可可脂熔点降低。可可脂加热熔化时，避免过度加热，过度加热会导致其熔点降低，影响产品质量。采用模制成型法（热熔法）制备栓剂时，需用栓模，在使用前应将栓模洗净、擦干，再用棉签蘸润滑剂少许，涂布于栓模内。注模时应稍溢出模孔，若含有不溶性药物应随搅随注，以免药物沉积于模孔底部，冷后再切去溢出部分，使栓剂底部平整。取出栓剂时，应自基部推出，如有多余的润滑剂，可用滤纸吸去。栓剂制成后，分别用药品包装纸包裹，置于玻璃瓶或纸盒内，在 25℃以下储藏。

（二）水溶性基质

水溶性基质的特点是熔点较高，不受温度的影响。这类基质在给药后吸水膨胀，溶解或分散在体液中释放药物。缺点是吸湿性强，对直肠有刺激作用。一般多用于阴道。抗热性能较好，储藏和使用方便。水溶性基质主要包括以下几种。

1. 甘油明胶　甘油明胶作为基质富有弹性，不易折断，可溶于腔道体液，常作为阴道基质。药物溶出速率通过调整甘油明胶的比例改变，甘油、水含量高时，溶出速率变快。此类基质易于失水，又易吸水发霉，故须密闭储存。

2. 聚乙二醇类（PEG 类）　这类基质随聚合度和平均分子量不同，而物理性状不同。聚乙二醇 600 为液态，聚乙二醇 1000 熔点为 38~40℃，聚乙二醇 4000 熔点为40~48℃、聚乙二醇 6000 熔点为 49℃，因此实际生产中常将不同分子量的聚乙二醇混合使用，以满足栓剂基质要求。

3. 非离子型表面活性剂类　这类基质常见的是聚山梨酯类和聚氧乙烯 – 聚氧丙烯共聚物类，可以单独使用或混合使用。如聚山梨酯类、普朗尼克类。

聚乙二醇类

【性状】　聚乙二醇 200、聚乙二醇 300、聚乙二醇 400 和聚乙二醇 600 在室温下为无色、澄明的黏性液体；聚乙二醇 900、聚乙二醇 1000、聚乙二醇 1450、聚乙二醇 1500、聚乙二醇 3350、聚乙二醇 4000、聚乙二醇 4500、聚乙二醇 6000 和聚乙二醇 8000 为白色蜡状固体。聚乙二醇类物质能溶解于水形成透明的溶液，也溶于许多有机溶剂，但不溶于乙醚。随分子量的增加，在有机溶剂和水中的溶解度、吸湿性均降低，同时凝固点、熔融范围、相对密度、黏度均增加。

聚乙二醇类常见型号如下。

1. 聚乙二醇 200　平均分子量为 190~210，为无色透明、有特殊臭味的黏性液体，易吸潮，相对密度为 1.112，在 100℃的黏度约为 4 mm^2/s。与水、乙醇、丙酮、三氯甲烷及其醇类可任意混溶，不溶于乙醚和脂肪族碳氢化合物，但溶于芳香族碳氢化合物。

2. 聚乙二醇 300　本品 n=5~6（n 代表氧乙烯基的平均数），平均分子量为 285~325，为无色透明的黏性液体，相对密度为 1.12~1.13，25℃时黏度为 59~73 mm^2/s，100℃时的黏度约为 6 mm^2/s。其性质与聚乙二醇 200 相同。

3. 聚乙二醇 400　本品 n=8~10，平均分子量为 380~400，为澄明、无色或几乎无色、有轻微吸湿性，具有轻微特殊臭味的黏稠性液体（彩图 91）。相对密度为 1.110~1.140，40℃时运动黏度为 37~45 mm^2/s，100℃时的黏度约为 7 mm^2/s。溶解性与聚乙二醇 200 相同。

彩图 91

4. 聚乙二醇 600　为无色或微黄色，具轻微吸湿性的液体，有轻微的特殊臭味，相对密度为 1.115~1.145。溶解性与聚乙二醇 200 相同。

5. 聚乙二醇 1000　本品 n=20~24，平均分子量为 950~1 050，为无色或几乎无色的黏稠液体，或半透明蜡状软物，凝点为 33~38℃。

6. 聚乙二醇 1500　本品 n=27~35，平均分子量为 1 200~1 600，为白色蜡状薄片或颗粒状粉末。本品凝点为 41~46℃，溶于水、乙醇，不溶于乙醚。

7. 聚乙二醇 1540　本品 n=28~36，平均分子量为 1 300~1 600，为乳白色蜡状半固体或自由流动的粉末，熔点为 42~46℃。1 份聚乙二醇 1540 可溶于 1 份水中、100 份无水乙醇中、3 份三氯甲烷中，不溶于乙醚。25% 水溶液几乎无色。本品与聚乙二醇 300 等量混合即得聚乙二醇 1500，平均分子量为 500~600，熔点为 38~41℃。

8. 聚乙二醇 2000　本品 n=40~50，平均分子量为 1 800~2 200，为白色蜡状固体，熔点为 45~50℃。5% 水溶液在 20℃时黏度为 47~75 mm^2/s。

9. 聚乙二醇 3000　本品 n=60~75，平均分子量为 2 700~3 300，为白色蜡状固体或片块。闪点为 48~54℃，在 70℃时黏度为 110~210 mm^2/s。1 份聚乙二醇 3000 可溶于 2 份水中、10 份乙醇中、2 份三氯甲烷中，不溶于乙醚。25% 水溶液为无色澄明状。

10. 聚乙二醇 4000　本品 n=69~84，平均分子量为 3 100~3 700，为白色蜡状固体薄片或颗粒状粉末。凝点为 50~54℃，在 40℃时运动黏度为 5.5~9.0 mm^2/s，在 100℃时黏度为 75~85 mm^2/s。1 份聚乙二醇 4000 可溶于 3 份水中、2 份乙醇中、2 份三氯甲烷中，不溶于乙醚。25% 水溶液为无色澄明状。

11. 聚乙二醇 6000 本品 n=112~158,平均分子量为 5 000~7 000,为白色蜡状固体薄片(彩图 92)或颗粒状粉末。凝点为 53~58 ℃。在 40 ℃时运动黏度为10.5~16.5 mm²/s,在 100 ℃时黏度为 700~900 mm²/s。1 份聚乙二醇 6000 可溶于 2 份水中、2 份三氯甲烷中,微溶于乙醇,不溶于乙醚。

12. 聚乙二醇 12000 为白色结晶,微溶于水,可溶于丙酮、三氯甲烷、二氯甲烷。

13. 聚乙二醇 20000 为白色蜡状固体或薄片,微溶于水,可溶于丙酮、三氯甲烷和二氯甲烷。

聚乙二醇已经广泛地应用于药剂学领域,在药剂学方面聚乙二醇主要被用作软膏、栓剂的基质,丸剂、片剂的载体,成型剂和针剂的溶剂等。聚乙二醇是大多数难溶性药物的理想基质,一些药物能溶于熔融的聚乙二醇中,冷却后在基质中形成稳定、亚稳定固体溶液或分散微粒。

较低分子量的聚乙二醇用作溶剂、助溶剂和 O/W 型乳剂的稳定剂,用于水混悬剂、乳剂、注射剂等的制造。聚乙二醇性质稳定,对皮肤无刺激性,用作水溶性软膏基质和栓剂基质,制造乳膏剂、栓剂等。聚乙二醇与肠液易混合,使基质中的药物更有效地释放和吸收,用量小,易储存,不易氧化和酸败。高分子量的固体常用于增加低分子量液态聚乙二醇的黏度和可塑性。聚乙二醇可用作固体分散剂的载体,达到固体分散的目的,提高水不溶性药物的溶出度。

较高分子量的聚乙二醇是良好的包衣材料、亲水性抛光剂、增塑剂或滴丸基质,被广泛地应用于片剂、丸剂、滴丸剂、胶囊剂和微囊剂等的制备。

本品在日化工业中也被广泛地使用,如霜剂、香波、香水、唇膏、牙膏等。下面就对聚乙二醇在药剂学各方面的应用进行分类阐述。

【应用】

1. 溶剂 可作为注射剂和滴眼剂的药物溶媒。聚乙二醇 400、聚乙二醇 600 为液体,具有与各种溶剂的广泛相容性,是很好的溶剂,被广泛地用于液体制剂。当植物油不适合作活性物配料载体时,聚乙二醇则是首选材料。聚乙二醇稳定,不易变质,含有聚乙二醇的针剂被加热到 150 ℃时是很安全、很稳定的。此外,聚乙二醇 400 的黏度范围、吸湿性使其在软胶囊的制作中应用也很广泛。

2. 软膏基质 聚乙二醇 1000~1500 作为软膏剂水溶性基质,具有较好的溶解性和与药物良好的相容性,不会污染衣物等,容易洗涤。有较强的吸湿性,有利于皮肤病灶面的水性分泌物排出。聚乙二醇毒性低,对皮肤无刺激性。药物从聚乙二醇基质中扩散至皮肤表面较快,浓度较高,但仅有较小的透皮吸收作用。缺点是吸湿性较强,夏季容易部分液化。同时,聚乙二醇不引起皮肤过敏,而且稳定,不易变质,但长期使用会引起皮肤干燥。聚乙二醇作为基质最好是液态和固体混合配伍使用,以得到满意的效果,因为适当的聚乙二醇混合物具有一定的膏状稠度(如等量聚乙二醇300 和聚乙二醇 1500 混合)。

3. 栓剂基质 聚乙二醇 1000~4000 单独使用或混合配伍使用可以制备保存时间长,符合药物与物理效果要求熔点变化范围的栓剂基质。使用聚乙二醇作栓剂基质比用传统的油脂性基质刺激性小。聚乙二醇作为栓剂水溶性基质,融变时限和体外药物溶出速率均优于甘油明胶和羊毛脂蜂蜡基质。聚乙二醇6000、聚乙二醇4000和水按57:33:10配比的复方栓,融变时限和药物释放度均优于可可脂、半合成脂肪酸酯等基质。聚乙二醇6000能使灰黄霉素、洋地黄毒苷、甲睾酮、醋酸泼尼松龙和醋酸氢化可的松等药物的溶出速率增快。

4. 抗黏着剂　聚乙二醇4000、聚乙二醇6000是片剂生产常用的水溶性润滑剂,具有较好的抗黏效果,防止糖衣片剂之间黏结及与药瓶之间黏结,用量为1%~5%。

5. 黏合剂和薄膜包衣材料　高分子量的聚乙二醇(聚乙二醇4000和聚乙二醇6000)可作为片剂的黏合剂和包衣片的包衣液。聚乙二醇具有可塑性,使片剂的表面有光泽且平滑,提高片剂释放药物的能力。

6. 滴丸基质　该类滴丸溶解速率快,局部用药浓度高,作用持久,克服了口服制剂药物作用缓慢及肝的首过效应和胃肠道反应。

7. 其他　聚乙二醇4000为渗透型轻泻药。聚乙二醇还可用于缓释片的外层膜包衣,也可在微孔包衣中用作致孔剂,参与缓释包衣。

【安全性】　聚乙二醇可直接或间接地用作食品添加剂。不刺激眼睛,不会引起皮肤的刺激和过敏。较高分子量的聚乙二醇在胃肠道无明显吸收。低分子量的液体聚乙二醇可被吸收,大部分由尿中以原形排出。注射后,较高分子量的聚乙二醇从尿中以原形迅速被排出,低分子量的聚乙二醇排泄较慢。

岗 位 对 接

一、辅料应用分析

雷公藤双层栓

处方组成:空白层,聚乙二醇1000 4.24 g,聚乙二醇4000 4.24 g,甘油2.04 ml;含药层,聚乙二醇1000 4.24 g,聚乙二醇4000 4.24 g,甘油2.04 ml,雷公藤提取物0.96 g。

制备方法:先将空白层基质熔化,按每孔0.5 g注模,待冷凝后再将含药层基质预热注模,冷凝后取出,即得成品。

分析:聚乙二醇可单独使用,多混合使用,如聚乙二醇1000和聚乙二醇4000(96:4)混合或聚乙二醇1000和聚乙二醇4000(50:50)混合。聚乙二醇随分子量增加,熔点增高,释药减慢。雷公藤提取物为主药,聚乙二醇类为栓剂基质。

二、使用指导

由于聚乙二醇既能酯化又能醚化,所以不得和氧化剂、酸类,如碘、铋、汞、银盐、阿司匹林、茶碱衍生物等配伍;固体形态的聚乙二醇可与苯巴比妥形成水不溶性复盐;与酸性色素也发生配伍反应;可降低青霉素等的抗菌活性和减弱苯甲酸酯类防腐剂的抑菌效果;与酚、鞣酸、水杨酸配伍,可发生软化、液化;遇磺胺、蒽醌可发生色变;可使山梨醇从混合物中析出;可软化或溶解塑料、树脂;能从薄膜包衣中发生迁移,与片芯成分相互作用。使用时,注意以上配伍禁忌。聚乙二醇类应置于密闭容器中,在干燥、阴凉处保存,注意防火,避免与热和氧化物接触。

自 测 题

一、处方分析

1. 复方阿司匹林片

【处方】 阿司匹林 268 g,对乙酰氨基酚 136 g,咖啡因 33.4 g,淀粉 266 g,淀粉浆(17%)适量,滑石粉 15 g,轻质液状石蜡 0.25 g,共制 1 000 片。

(1) 处方中淀粉、淀粉浆分别起何种作用?

(2) 处方中何种辅料为润滑剂,能否用硬脂酸镁作为润滑剂,为什么?

(3) 三种主药为何采用分别制粒的方法?

2. 有色包衣溶液

【处方】 聚丙烯酸树脂Ⅳ 5 份,滑石粉 3 份,钛白粉 3 份,硬脂酸镁 1 份,聚乙二醇 6000 1 份,95% 乙醇 95 份,柠檬黄适量。

(1) 请简述该包衣溶液的特点。

(2) 可以用何种材料取代处方中的聚丙烯酸树脂Ⅳ?

(3) 处方中的材料分别起何种作用?

二、简答题

1. 黏合剂与润湿剂的作用机制是什么?

2. 填充剂的选用原则有哪些?

3. 崩解剂的分类有哪些?

4. 崩解剂有哪些常见品种?

5. 简述羧甲淀粉钠的应用。

6. 简述包衣的目的。

7. 成膜材料的选用原则有哪些?

8. 常见的滴丸基质与冷凝剂有哪些?

9. 栓剂基质的选用原则有哪些?

在线测试

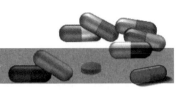

第六章
半固体制剂基质

思维导图

学习目标

- 掌握软膏基质的选用原则、分类及代表品种的应用。
- 熟悉凝胶基质的选用原则与常见品种的名称。
- 了解凝胶基质常见品种的应用。

第一节　软膏基质

一、概述

软膏基质是软膏剂的赋形剂和载体,能与药物混合制成具有适当稠度的半固体外用制剂。软膏基质可使药物易于涂布于皮肤、黏膜表面,起到保护、润滑及治疗作用,由于所占比例大,所以其还对药物的理化性质、释放、穿透和吸收等有着直接影响。

理想的软膏基质应具备以下性质:① 来源广泛,性质稳定,储藏期间不发生变质现象;② 呈中性反应,无臭味;③ 不易干燥,不引湿潮解,能容纳 50% 以上的水分;④ 不污染皮肤和衣物,洗涤方便;⑤ 能与药物均匀混合,不发生配伍禁忌或降低药效;⑥ 对皮肤、黏膜无刺激,不减少皮肤油脂或水分致使皮肤干燥;⑦ 不妨碍皮肤的散热和分泌物的排出及其他正常功能。

二、软膏基质的选用原则

(一) 根据治疗目的与患处病理状况选择基质

当制备的软膏剂主要用于局部治疗,如皮肤表面的保护、润滑、镇痛和消炎作用时,可选用穿透性能较差的基质,如油脂性基质。当制备的软膏剂主要起到全身作用时,应选用容易释药和穿透能力较强的基质,如乳剂型基质。若使用部位存在大量渗出液,宜选用水溶性基质。

（二）根据释放、吸收性能要求不同选择基质

基质的组成与性能不同,对药物的释放与穿透影响也不同。通常药物释放速率顺序表现为水溶性基质 >O/W 型乳剂基质 >W/O 型乳剂基质 > 动物油脂 / 羊毛脂 > 植物油 > 烃类基质,可根据释放、吸收性能需求不同选择软膏基质。

基质对皮肤水合的作用致使药物穿透皮肤的能力增强,这主要与皮肤的水合作用可致使角质层致密度下降,孔隙增大有关。不同基质引起皮肤水合作用的能力大小表现为烃类基质 > 类脂类基质 >W/O 型乳剂基质 >O/W 型乳剂基质。水溶性基质一般无水合作用。

三、软膏基质的分类与常见品种

软膏基质主要包括油脂性基质、乳剂型基质及水溶性基质三种类型。

（一）油脂性基质

油脂性基质主要有烃类、油脂类、类脂类和有机硅氧化物的聚合物四种类型。这类基质主要用于遇水不稳定药物软膏剂的制备,其油腻且疏水性强,释药性能差,不宜用于有分泌物的糜烂患处,且通常不单独使用,常加入表面活性剂或制成乳剂型基质应用。

◆ 烃类

烃类是指从石油中分离得到的高级烃的混合物,其中大部分属饱和烃,脂溶性强,对皮肤起保护作用,主要有凡士林、石蜡与液状石蜡等。

凡　士　林

【性状】　本品有黄凡士林、白凡士林两种,后者由前者漂白而得(彩图 93)。无臭或几乎无臭;微溶于乙醚,几乎不溶于水或乙醇,可溶于苯、三氯甲烷;与皮肤接触有滑腻感,具有拉丝性;熔点为 45~60℃;性质稳定,不易酸败,刺激性较小;化学惰性,能与绝大多数药物配伍。

彩图 93

【应用】

1. 软膏基质　本品可单独用作油膏剂基质。因凡士林仅能吸收约 5% 的水分,故常加入适量羊毛脂、胆固醇和一些高级脂肪醇增加其吸水性和药物渗透性。与羊毛脂常用混合比例为 1:9。

2. 润滑剂　本品可作医用润滑剂。在耳科手术前,涂抹在散落的头发上,便于梳理服帖;还可用于保护小儿腹泻者肛周皮肤及应用于压疮等。

3. 其他　在乳膏剂中,凡士林可用于调节基质稠度。10%~30% 浓度时作为局部用润滑乳膏的辅料;4%~25% 浓度时可作为局部用乳剂的辅料;含有凡士林的灭菌纱布敷料可用作防黏伤口敷料和包扎材料。

▶ 视频

软膏基质凡士林

【安全性】　凡士林主要用于局部用药物制剂中,通常被认为无毒、无刺激,且由于引起过敏反应的概率小,所以广泛地应用于药物制剂与化妆品制备中。

课堂讨论

说一说生活中你知道的白凡士林与黄凡士林的应用。

岗 位 对 接

一、辅料应用分析

水杨酸软膏

处方组成:水杨酸 0.5 g,羊毛脂 0.5 g,石蜡 1 g,凡士林 8.5 g。

制备方法:取石蜡在水浴上加热熔化后,逐渐加入羊毛脂与凡士林继续加热,使完全融合,不断搅拌至冷,备用。另取乳钵,加研细的水杨酸 0.5 g,分次加入以上基质 9.5 g,研匀,即得水杨酸软膏。

分析:水杨酸软膏制备时,可选用黄、白凡士林任意一种,处方中凡士林为油脂性基质,水杨酸为主药,羊毛脂可改善凡士林的吸水性,石蜡用于调节基质稠度。

二、使用指导

凡士林为惰性材料,很少有配伍禁忌。上述处方中石蜡、凡士林与羊毛脂以熔融状态混合时,需要不停地搅拌至冷,防止由于不同辅料密度差异造成混合不均匀的现象,同时应在混合基质放冷后再加入水杨酸,因为水杨酸对热不稳定,易分解。

知识拓展 ////////

凡士林的防晒作用

凡士林是防晒品的一种关键成分,常被用于无水防晒品中。美国有 **30%** 以上防晒产品中使用凡士林,主要是由于其保温性能,而不是作为防晒成分。凡士林可以保护皮肤免受伤害,减少晒斑细胞。有文献报道,在晒前使用凡士林,肿瘤的发生率下降 **95%**,晒后使用,肿瘤的发生率下降 **21%**,且作为防晒剂,凡士林存在于油基型产品中的效果是最好的。一些防止户外紫外线的唇膏中都含有凡士林,含量在 **10%~48%**,防晒系数(SPF 值)约为 4。

◆ **油脂类**

油脂类是指从动物或植物中获得的高级脂肪酸甘油酯及其混合物。其稳定性不如烃类,在储存过程中易受空气、光线、氧气等影响而分解、氧化、酸败,可加入抗氧剂和防腐剂。常用的油脂类主要有植物油、氢化植物油等。

知识拓展

油脂性基质的特点

油脂性基质涂抹在皮肤上能形成封闭的油膜,促进皮肤的水合作用,对于表层皮肤的角质化、增厚、皲裂有软化,润滑和保护的作用。由于油脂性基质油腻且疏水性强,释药性差,不适用于有分泌物的糜烂创面,主要用于遇水不稳定药物软膏剂的制备。油脂性基质较少单独使用,通常加入表面活性剂或制成乳剂型基质使用。

◆ **类脂类**

类脂类是指高级脂肪醇与高级脂肪酸化合而成的酯及其混合物,化学性质较稳定,有一定的吸水性,多和油脂类基质合用。常用的主要有羊毛脂、蜂蜡、鲸蜡及二甲硅油等。

羊 毛 脂

【性状】 本品为淡黄色至棕黄色的蜡状物(彩图 94);有黏性而滑腻;臭微弱而特异。本品在三氯甲烷或乙醚中易溶,在热乙醇中溶解,在乙醇中极微溶解,在水中不溶;但能与约 2 倍量的水均匀混合。本品的熔点为 36~42℃,酸值应不大于 1.5,碘值应为 18~35(测定时在暗处放置时间为 4 h),皂化值应为 92~106(测定时加热回流时间为 2 h)。

彩图 94

【应用】

1. 软膏基质 本品作为油脂性基质适用于油膏剂的制备,具有良好的吸水性,能够促进药物的透皮吸收,但黏度大,很少单独使用,常与凡士林合用,以改善凡士林的吸水性和渗透性。

2. 乳剂型基质 羊毛脂可吸收 2 倍量的水形成 W/O 型乳剂型基质。本品能在多数气候条件下使乳膏保持均匀状态且不易腐败。

3. 透皮吸收促进剂 羊毛脂的性质接近皮脂,较其他基质易穿透皮肤,可作为透皮吸收促进剂,用于透皮吸收制剂的制备。

4. 其他 羊毛脂还可用作日用化学工业的防裂膏、冷霜、香皂。羊毛脂内含 20% 胆甾醇,可加以提取,供医药工业生产激素用。

【安全性】 羊毛脂是历史悠久的原材料,这种可再生的资源具有许多潜在的价值,在医药和化妆品方面的用途相当广泛。羊毛脂不能和强酸氧化剂配伍,会发生水解氧化等反应而影响产品的稳定性。一些患者使用本品时出现过敏反应,尤其是湿疹患者。本品应密封储存于阴凉处。

课堂讨论

脂溢性皮炎适合用哪种基质的软膏剂?

岗 位 对 接

一、辅料应用分析

醋酸氟轻松乳膏

处方组成:醋酸氟轻松 0.25 g,甘油 50 g,白凡士林 250 g,羊毛脂 20 g,羟苯乙酯 1 g,三乙醇胺 20 g 硬脂酸 150 g,纯化水加至 100 g。

制备方法:取硬脂酸、白凡士林、羊毛脂在水浴上加热至熔化后形成油相,用细布或纱网过滤,并在 80℃左右条件下保温;将甘油、三乙醇胺溶解在适量水中形成水相。在 80℃左右将油、水两相混合,用力研磨生成乳化基质,并将醋酸氟轻松 0.25 g 分次加入以上基质,最后加入羟苯乙酯,加纯化水至 100 g 研磨即形成醋酸氟轻松乳膏。

分析:三乙醇胺与硬脂酸反应生成乳化剂有机胺皂。醋酸氟轻松为主药;硬脂酸、白凡士林、羊毛脂为油相;白凡士林用于调节稠度,增加润滑性;羊毛脂可改善基质吸收性;甘油为保湿剂;羟苯乙酯为防腐剂。

二、使用指导

羊毛脂、凡士林为惰性材料,很少有配伍禁忌。羊毛脂吸水能力很强,又过于黏稠,不宜单独作软膏基质,常与凡士林合用,可改善凡士林的吸水性与药物渗透性,亦可调节软膏稠度,以得到适宜的软膏基质。上述处方凡士林与羊毛脂以熔融状态混合时,需要不停地搅拌至冷,防止由于不同辅料密度差异造成混合不均匀的现象。

(二) 乳剂型基质

乳剂型基质是将油相加热熔融后与水相混合,加入适宜的乳化剂乳化之后形成的半固体基质。可以看出,乳剂型基质的组成与乳剂十分相似,都是由水相、油相和乳化剂三部分组成。该类基质对于皮肤功能的影响较小,对皮肤表面分泌物的分泌和水分蒸发几乎无影响。另外,乳剂型基质还有释药速率快、穿透力强、透皮吸收速率快等优点。乳剂型基质主要有 W/O 型、O/W 型两种。

乳剂型基质润滑能力强,易于涂布在患处。但 O/W 型基质外相中含水量较高,在储存过程中可能会发生霉变。由于外相中水分蒸发失散后会导致软膏变硬,所以 O/W 型基质中应加入防腐剂和保湿剂(丙二醇、山梨醇和甘油等),遇水不稳定的药物不宜使用 O/W 型基质来制备软膏。另外,O/W 型基质制备的软膏用在分泌物较多的皮肤表面时,能吸收分泌物并将其重新透入皮肤而使病情恶化,应用时应特别注意。

水相:主要有极性溶剂,如水、甘油、二甲基亚砜,以及半极性溶剂,如乙醇、丙二醇等。可加防腐剂、保湿剂来增加稳定性。

油相:常用品种有油脂性基质、高级脂肪醇和硬脂酸等,大多为半固体或固体。

乳化剂:包括 O/W 型和 W/O 型两种。其中 O/W 型乳化剂包括天然乳化剂,如阿拉伯胶、西黄蓍胶、明胶、磷脂,以及合成的阴离子型表面活性剂,如一价金属皂、有机胺皂(三乙醇胺)和非离子型表面活性剂,如聚山梨酯类(即吐温类:吐温 20、吐温 40、吐温 60、吐温 80 等)、聚氧乙烯醚的衍生物(平平加 O 和乳化剂 OP)。W/O 型乳化剂多为高级脂肪酸和多元醇类(硬脂酸甘油酯、十六醇、十八醇),以及非离子型表面活性剂,如脂肪酸山梨坦类(即司盘类:司盘 20、司盘 40、司盘 60、司盘 80 等)和多价金属皂(双硬脂酸铝)。

三 乙 醇 胺

【性状】 本品为无色至微黄色的黏稠澄清液体(彩图 95)。本品在水或乙醇中极易溶解,在二氯甲烷中溶解。本品的相对密度为 1.120~1.130,折光率为 1.482~1.485。

彩图 95

【应用】

1. 乳化剂 三乙醇胺皂是三乙醇胺与硬脂酸皂化反应而成,是乳膏制剂中常用的 O/W 型乳化剂,用三乙醇胺皂乳化的乳膏产品具有膏体细腻、亮白的特点。三乙醇胺与高级脂肪酸或高级脂肪醇形成的胶体相稳定性好,产品质量稳定,可容外加成分比重高。三乙醇胺皂作为非离子型表面活性剂,除具有优良的乳化作用外,还具有发泡、去污等能力,是清洁剂的主要活性成分。

2. 其他 在化妆品(包括皮肤洗涤、眼胶、保湿、洗发剂等)中,三乙醇胺用作保湿剂、增湿剂、增稠剂、pH 平衡剂。本品还可用作环氧树脂的固化剂、气相色谱固定液、各种重金属的高效螯合剂。本品是纺织工业中良好的溶剂、柔软剂、吸湿剂。

【安全性】 三乙醇胺的应用十分广泛,在胺类中口服毒性最低,对水有危害,对眼睛有刺激性。虽然本品吸入性中毒的可能性小,但如沾染或接触本品,手和前臂的背面可见皮炎和湿疹,在制备过程中注意不要触碰皮肤。纯三乙醇胺对铜、铝及其合金有较强腐蚀性。本品可燃,低毒,应避免与氧化剂、酸类接触,远离火种、热源、防潮、避光、密封储存。

岗 位 对 接

一、辅料应用分析

徐长卿乳膏

处方组成:丹皮酚 1.0 g,硬脂酸 15.0 g,三乙醇胺 2.0 g,甘油 4.0 g,羊毛脂 3.0 g,液状石蜡 25 ml,纯化水 50 ml。

制备方法:取硬脂酸、羊毛脂、丹皮酚,用少量液状石蜡研匀后置容器中,而后加入剩余液状石蜡混匀,水浴加热熔化,得油相,85℃保温备用。另取三乙醇胺、甘油溶于纯化水,加热至 85℃,得水相,将水相缓缓加入油相中,按同一方向不断搅拌至白色细腻膏状。

分析:处方中部分硬脂酸与三乙醇胺形成三乙醇胺皂,为 O/W 型乳化剂。处方中硬脂酸可增加基质的稠度;羊毛脂和液状石蜡为油相,羊毛脂具有改善基质吸收性的作用,液状石蜡用于调节基质稠度;丹皮酚难溶于水,是徐长卿乳膏的有效成分;甘油为保湿剂;纯化水为水相。

二、使用指导

制备过程中注意,油相制备完成应在 85℃保温,将水相加入油相中时注意要朝着一个方向边加边搅拌,直至呈白色细腻膏状为止。

(三) 水溶性基质

水溶性基质中含有水溶性成分,不含油脂性成分,又称为无油性基质。该类基质是由天然的或合成的水溶性高分子物质所组成,大部分经水溶解后能形成水凝胶。该类基质能与水溶液混合,且能够吸收组织分泌物,释放药物速率较快,多用于湿润和糜烂创面的治疗。水溶性基质易于涂布和清洗干净,不易污染衣物。因其含有大量水分,故在储存的过程中可能存在发生霉变的现象,同时水分蒸发会使基质变硬,可加入适宜的防腐剂和保湿剂来预防。常用的水溶性基质有聚乙二醇 4000、聚乙二醇 6000 和纤维素及其衍生物,如甲基纤维素、羧甲纤维素钠等。

第二节 凝胶基质

一、概述

凝胶剂是指药物与能够形成凝胶的辅料制成的均一、混悬或乳状液形的稠厚液体或半固体制剂,形成凝胶的辅料称为凝胶基质。凝胶剂有油性和水性凝胶剂之分,水性凝胶剂可用于皮肤、鼻腔、眼、阴道、直肠、口服等。目前,国内上市的水性凝胶剂主要有抗菌药、非甾体抗炎药、抗过敏药、抗病毒药、抗真菌药、局部用药及皮肤科常用药等。

凝胶剂可分为单相凝胶和双相凝胶,单相凝胶是指由有机化合物形成的局部应用的凝胶。双相凝胶又称混悬型凝胶,是由小分子无机药物的胶体小粒子以网状结构存在于液体中形成的,具有触变性,即静止时为半固体凝胶状,搅拌或振摇时变为液体状。

二、选用原则

(1) 化学性质应稳定,不与药物发生理化反应。

(2) 对机体安全无毒。

（3）对皮肤、黏膜无刺激性，无致敏性，不影响皮肤、黏膜的正常功能。

（4）能形成具有适宜黏度、稠度和涂展性的凝胶。

三、凝胶基质的分类与常见品种

单相凝胶又分为水性和油性凝胶。水性凝胶基质一般由水、丙二醇或甘油与卡波姆、明胶、西黄蓍胶、海藻酸钠、淀粉、纤维素及其衍生物等构成；油性凝胶基质由液状石蜡与聚乙烯、脂肪油与胶体硅、锌皂、铝皂构成。

水性凝胶剂因具有美观、使用舒适、生物利用度高、稳定性好、不良反应少、不污染衣物等优点，是近年来发展较快的剂型。大多数水性凝胶基质在水中不溶解，而是在水中发生溶胀形成水性凝胶剂。用水性凝胶基质制备得到的凝胶剂无油腻感，易涂展和清洗，能吸收组织渗出液和分泌物，且不妨碍皮肤的正常功能。由于黏滞度小而有利于药物的释放，释药速率快，生物利用度高。缺点是基质润滑能力较差，易发生霉变和失水变硬等，常需在制备过程中添加适宜的保湿剂和防腐剂。

卡 波 姆

【性状】 本品为白色疏松粉末（彩图 96），有特征性微臭，有引湿性。在水中可迅速溶胀。常用型号有 941、934、940 等，常用浓度为 0.2%~1.5%。因其分子中含有大量羧基而呈弱酸性，1% 水分散体的 pH 为 2.5~3.0，黏度小，用碱中和形成凝胶。一般情况下，中和 1 g 卡波姆约消耗三乙醇胺 1.35 g 或氢氧化钠 0.4 g。

彩图 96

固态卡波姆较稳定，104℃加热 2 h 不影响其性能，但 260℃加热 30 min 完全分解。长时间储藏后，黏性略有增加，但光照下储放黏性会有很大损失，加入抗氧剂可使反应减慢。卡波姆的水分散液中要加入防腐剂，如氯甲酚、0.18% 羟苯甲酯、0.02% 羟苯丙酯或 0.01% 硫柳汞。加入高浓度（0.1%）的某些抑菌剂如苯扎氯铵或苯甲酸钠会使凝胶黏度减小，并产生沉淀。

【应用】

1. 外用制剂的基质 卡波姆具有优良的增稠性、凝胶性、黏合性、乳化性、悬浮性和成膜性。在药剂中主要用作软膏剂、凝胶剂等的水溶性基质，润滑性、涂展性良好，常用量为 0.5%~3.0%。

2. 黏合剂 卡波姆可作颗粒剂和片剂的黏合剂，常用量为 0.2%~10.0%。

3. 包衣材料 卡波姆可作为薄膜包衣材料，具有衣层牢固、细腻等特点。

4. 缓控释材料 卡波姆可作缓释骨架材料，其缓控释作用是基于其溶胀与形成凝胶的性质。卡波姆可与碱性药物生成盐并形成可溶性凝胶，发挥缓控释作用，特别适合于制备缓释液体制剂，如滴眼剂、滴鼻剂等，同时还可以发挥掩味作用。一般用量为 6%~10%。另外，卡波姆具有很强的生物黏附性，可用作制备眼部、鼻腔、肠道和直肠膜等生物黏附制剂，使之在黏膜滞留时间长，提高药物的生物利用度。

5. 乳化剂和助悬剂 卡波姆可作为乳化剂，用于外用 O/W 型乳剂。因卡波姆具有交联的网状结构,可用作助悬剂,常用量为 0.5%~1%。0.4% 卡波姆 940 与 2.3% 羧甲纤维素钠(CMC-Na)或 6.0% 黄原胶的助悬效果相当。

6. 其他　卡波姆是一类重要的流变调节剂,中和后的卡波姆是优良的凝胶基质,有增稠、悬浮等重要用途,工艺简单,稳定性好,广泛地应用于乳液、膏霜、凝胶中,常用量为 0.1%~0.5%。

【安全性】　卡波姆易吸水,应保持干燥。水溶液易霉变,应加入防腐剂。遇间苯二酚变色,高浓度电解质、强酸、强碱可使凝胶黏性下降,故不能与盐类电解质、碱土金属离子、阳离子型聚合物、强酸等配伍,否则会降低或失去凝胶特性。本品干粉对眼睛、黏膜及呼吸道有刺激性,不慎与眼睛接触时,需要用盐水冲洗。以卡波姆为骨架材料、阻滞剂或黏合剂的缓控释制剂,储藏一段时间后其释药性能可能发生变化,实际应用中必须注意。

卡波姆粉末应避光保存在阴暗、干燥处,置于密闭的防腐容器中。含有卡波姆的制剂宜用玻璃、塑料或加有树脂内衬的容器保存。应用铝质容器包装的制剂要求 pH<6.5,其他金属管或容器中的制剂要求 pH>7.7,以提高卡波姆的稳定性。

课堂讨论

应用卡波姆制备凝胶剂时应注意哪些问题?

岗 位 对 接

一、辅料应用分析

卡波姆基质

处方组成:卡波姆 940 10 g,羟苯乙酯 1 g,乙醇 50 g,氢氧化钠 4 g,甘油 50 g,聚山梨酯 80 2 g,纯化水加至 1 000 g。

制备方法:将卡波姆与聚山梨酯 80、甘油及 300 ml 纯化水混合,氢氧化钠溶于 100 ml 纯化水后加入以上混合液并搅匀,再将羟苯乙酯溶于乙醇后逐渐加入搅匀,即得透明凝胶。

分析:本品为水性凝胶基质;卡波姆为凝胶基质;水性凝胶易霉变,加入羟苯乙酯作为防腐剂;甘油为保湿剂;聚山梨酯 80 为增溶剂;氢氧化钠为 pH 调节剂;纯化水为溶媒。

二、使用指导

卡波姆的黏性与 pH 有关,本身水溶液呈现酸性,黏度小,常与氢氧化钠或三乙醇胺等碱性物质中和后形成凝胶。使用过程中要严格控制加热温度和时间,防止分解变性。

壳 聚 糖

【性状】　本品为类白色粉末;无臭,无味(彩图 97)。本品微溶于水,几乎不溶于乙醇。20℃时本品的动力黏度应为标示量的 80%~120%。

彩图 97

【应用】

1. 凝胶基质　壳聚糖具有很强的亲水性,可在酸性介质中膨胀形成胶性黏稠凝胶,可用作凝胶剂基质。

2. 缓控释材料　在酸性介质中,壳聚糖膨胀形成胶性黏稠物质而阻滞药物扩散及溶出,可制成缓释微球与微囊、缓释片、缓释颗粒、缓释小丸等。由于壳聚糖具有很好的成膜性,在酸性介质中缓慢溶蚀,可作为片剂、颗粒剂等的包衣材料,达到缓释目的。

3. 其他应用　壳聚糖具有生物黏附性,其盐也被用于制造胃内漂浮制剂和生物黏附片,还可大大地加强制剂的靶向给药能力。壳聚糖是阳离子碱性多糖,以电中和及吸附架桥的方式沉降带负电荷的蛋白质、黏液质、鞣质等胶体粒子,达到澄清药液和去除杂质的目的。用作絮凝澄清剂,与中药浸膏传统的醇沉精制工艺对比,运用本品通常有效成分转移率相近或更高,还可省去醇沉的乙醇,节约成本。作为澄清剂,本品一般溶解在乙酸中,根据药液的重量,用量一般在 200~1 200 mg/kg,即按照处理药液的 12% 加入浓度为 1% 的澄清剂。

【安全性】　本品通常被视为一种无毒、无刺激性物质,可燃烧,应避免明火,对温度敏感,加热不应超过 200℃。可以引起皮肤或眼部不适,经皮肤吸收可能是有害的,如被吸入会对黏膜和上呼吸道有刺激性。应避免长期或者重复接触(吸入),应佩戴口罩在通风良好的场所进行操作。另外,本品和强氧化剂存在配伍禁忌。

岗 位 对 接

一、辅料应用分析

双氯芬酸钠壳聚糖凝胶剂

处方组成:双氯芬酸钠 1.5 g,壳聚糖 1.5 g,丙二醇 5.0 g,月桂氮䓬酮 1 ml,三乙醇胺 1.5 g,95% 乙醇 35 ml,纯化水加至 100 g。

制备方法:取双氯芬酸钠、丙二醇加入 35 ml 95% 乙醇中,搅拌溶解,加 40 ml 纯化水稀释,将壳聚糖撒于液体表面,使之充分溶胀,搅匀,加入月桂氮䓬酮,搅匀,再加入三乙醇胺充分搅拌,纯化水加至 100 g,搅匀即得透明凝胶,分装于塑料盒内。

分析:双氯芬酸钠为主药,壳聚糖为凝胶基质,丙二醇为保湿剂,月桂氮䓬酮为透皮吸收促进剂,三乙醇胺为 pH 调节剂,95% 乙醇为溶媒。

二、使用指导

壳聚糖是高分子材料,需要先溶胀后溶解,在制备过程中一定注意要将其轻撒在水面待充分溶胀后再进行搅拌。

自测题

一、处方分析

1. 乳膏基质 I 号

【处方】 硬脂酸 120 g,单硬脂酸甘油 35 g,白凡士林 50 g,三乙醇胺 4 g,液状石蜡 100 g,羟苯乙酯 1.5 g,甘油 50 g,纯化水加至 1 000 g。

(1) 请写出各组分的作用。

(2) 本品为何种类型的乳膏基质?

(3) 请写出制备过程。

2. 醋酸地塞米松乳膏

【处方】 醋酸地塞米松 0.5 g,单硬脂酸甘油酯 70.0 g,甘油 85.0 g,羟苯乙酯 1.0 g,硬脂酸 112.5 g,白凡士林 85.0 g,十二醇硫酸酯钠 10.0 g,纯化水 635.5 ml。

(1) 请写出各组分的作用。

(2) 请写出制备过程及注意事项。

二、简答题

1. 常见软膏基质种类包含哪些? 各有何特点?

2. 试述软膏基质的选用原则。

在线测试

第七章
新型给药系统辅料

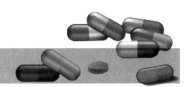

学习目标

- 掌握新型给药系统辅料的分类与常见品种。
- 熟悉新型给药系统辅料的选用原则。
- 了解新型给药系统常见剂型的概念与特点。

思维导图

第一节　缓控释制剂辅料

一、概述

缓释制剂是指在规定的释放介质中缓慢地非恒速释放药物的制剂,通常按一级速率规律释放药物。缓释制剂与相应的普通制剂比较,给药频率减少,血药浓度平稳,可以显著提高患者的依从性和减低药物的毒副作用。

控释制剂是指在规定的释放介质中缓慢地恒速释放药物的制剂,通常按零级速率或接近零级速率规律释放药物。控释制剂与相应的普通制剂比较,给药频率减少,血药浓度比缓释制剂更为平稳。

近年来,缓控释制剂有了极大的发展,其给药途径除了口服以外,还包括注射、透皮、眼内、植入、鼻腔和直肠给药等。国内外上市销售的缓控释制剂高达数百种,包括片剂、注射剂、胶囊剂、透皮贴剂、植入剂、栓剂等,是目前应用最为广泛的新剂型。

在缓控释制剂的处方设计中,能够控制药物释放速率、释放部位或起延时释放作用的辅料统称为缓控释材料。由于缓控释制剂中药物的释放是通过缓控释材料来调节和控制的,故缓控释制剂制备的关键是辅料的选择。

> **课堂讨论**
> 生活中你见过哪些缓控释制剂? 你知道哪些药物适合制成缓控释制剂吗?

二、缓控释制剂辅料选用原则

缓控释制剂辅料的筛选应遵循以下原则。

（1）应根据药物的理化性质及临床需要来选择适宜的缓控释制剂辅料。

（2）应充分考虑缓控释制剂的影响因素和使用范围来选择适宜的缓控释制剂辅料。

（3）应根据不同的给药途径来选择适宜的缓控释制剂辅料。

（4）根据安全性、有效性、稳定性和患者的依从性来选择适宜的缓控释制剂辅料。

（5）选用的辅料应无毒、无害,理化性质稳定,不与主药发生反应,不影响主药的含量检查。

三、缓控释制剂辅料的分类与常见品种

缓控释制剂主要是通过高分子化合物作为药物释放的阻滞剂来控制药物的释放速率,其阻滞材料主要有骨架型、膜控型及增稠型等药用辅料。

（一）骨架型缓控释材料

骨架型缓控释材料根据性质可分为不溶性骨架材料、生物溶蚀性骨架材料及亲水凝胶骨架材料。

◆ 不溶性骨架材料

不溶性骨架材料主要是指不溶于水或水溶性很小的高分子聚合物。胃肠液渗入骨架材料间隙后,药物溶解并通过骨架中细小的孔道缓慢扩散释放,而骨架几乎不变,随粪便排出体外。常见的不溶性骨架材料有乙基纤维素(EC)、乙烯－醋酸乙烯酯共聚物(EVA)、聚乙烯(PE)、聚丙烯(PP)、聚甲基丙烯酸甲酯(PMMA)等。

乙基纤维素(EC)

彩图98

【性状】　本品为白色或类白色的颗粒或粉末(彩图98);无臭,无味。本品在二氯甲烷中溶解,在乙酸乙酯中略溶,在水、丙三醇或丙二醇中不溶。

【应用】

1. 骨架材料　EC可作不溶性骨架材料,对片剂的崩解和释放有阻滞作用,常用的浓度为3.0%~20.0%。单独应用本品药物溶出速率不理想,可与羟丙纤维素(HPC)、聚维酮(PVP)、聚乙二醇(PEG)等合用来调节药物的释放速率。如长效盐酸去氧肾上腺素注射液即合用EC和HPC来达到调节药物释放速率的目的。

2. 黏合剂　EC溶于乙醇可作黏合剂使用,常用于不易压片或对水敏感药物的黏合。如2.0%~10.0%的EC乙醇溶液可作为维生素C类药物的黏合剂。用EC作黏合剂制得的片剂硬度大、脆性小、溶出慢。

3. 包衣材料　EC具有良好的成膜性能,可作为片剂、颗粒和小丸的疏水性包衣材

料,用 EC 包衣主要是为了调整药物的释放速率,掩盖不良气味,增加药物制剂的稳定性。EC 包衣的颗粒和小丸能承受一定压力,从而可以保护包衣层在压片中免于破裂。

4. 微囊材料　　高黏度的 EC 可用于药物微囊化,可调控水溶性药物的释放速率,药物从微囊中释放的过程与微囊壁厚度和表面积有关。微囊化后的药物既可增加其稳定性,又可延缓其释放速率以延长药效,还能掩盖药物异味。如将维生素 C 分散于溶有 EC 的异丙醇溶液中,经喷雾干燥可制成 EC 包囊的维生素 C 微囊,在储存期内稳定,不易变色。

5. 微球载体材料　　EC 可作微球载体材料,如丝裂霉素 C 用 EC 作载体材料,可制成直径约为 225 μm 的动脉化学栓塞微球。

6. 固体分散体载体材料　　EC 是一种理想的不溶性载体材料,广泛地应用于缓释固体分散体,载药量大,稳定性好,不易老化。EC 能溶于乙醇等有机溶剂,采用溶剂分散法制备。EC 的黏度和用量均能影响释药速率,可加入 PEG、HPC、PVP 等水溶性物质作致孔剂,调节释药速率,获得更理想的释药效果。

【安全性】　EC 广泛地应用于口服和外用制剂中,普遍认为无毒、无刺激性、无致敏性。人体不能代谢,故不能用于注射剂中,且注射剂使用 EC 可能有肾毒性。

岗 位 对 接

一、辅料应用分析

齐多夫定缓释片

处方组成:齐多夫定 300 g,聚维酮 K90 适量,尤特奇 RLPO 30 g,尤特奇 RSPO 30 g,EC 60 g,硬脂酸镁 5 g,制备 1 000 片。

制备方法:将齐多夫定和尤特奇 RLPO、尤特奇 RSPO、EC 进行混合,加 5% 的聚维酮 K90 乙醇溶液制成软材,过筛制粒,湿颗粒在 55 ℃ 干燥 1 h,再过筛整粒,然后加入硬脂酸镁混匀后压片,即得齐多夫定缓释片。

分析:齐多夫定为首个获批用于治疗获得性免疫缺陷综合征(艾滋病)的药物。聚维酮 K90 为黏合剂,尤特奇 RLPO、尤特奇 RSPO、EC 为缓释不溶性骨架材料,硬脂酸镁为润滑剂。

二、使用指导

EC 与石蜡和微晶石蜡有配伍禁忌。该缓释片应密闭储存。

◆ 生物溶蚀性骨架材料

生物溶蚀性骨架材料主要是指本身不溶解,但在胃肠液中可以逐渐溶蚀的惰性蜡质、脂肪酸及其酯类等材料。由于固体蜡类、脂肪的逐渐溶蚀,可通过孔道扩散和骨架溶蚀控制药物的释放。该类骨架片具有可以避免胃肠道局部药物浓度过高,易于滞留在胃肠黏膜,并使胃排空受食物影响较小等特点。常见的生物溶蚀性骨架材料有:① 蜡类,如硬脂醇(十八醇)、鲸蜡、蜂蜡、巴西棕榈蜡、蓖麻蜡等;② 脂肪酸及其酯类,如硬脂酸(十八烷酸)、氢化植物油、甘油三酯、单硬脂酸甘油酯等。

彩图 99

硬 脂 酸

【性状】 本品为白色或类白色粉末、颗粒、片状固体或结晶性硬块(彩图 99),其剖面有微带光泽的细针状结晶;有类似油脂的微臭。本品在三氯甲烷或乙醚中易溶,在乙醇中溶解,在水中几乎不溶。本品的酸值应为 194~212。

【应用】

1. 骨架材料　硬脂酸为蜡质生物溶蚀性骨架材料,在胃肠液中逐渐溶蚀,体积减小,通过孔道扩散和骨架溶蚀控制药物的释放,且释放较为彻底。

2. 润滑剂　硬脂酸可作片剂、胶囊剂的润滑剂,常用量为 1%~3%,应用时需制成微小粉末。不能用于碱性盐类药物,如苯巴比妥钠、碳酸氢钠等。硬脂酸作润滑剂用于苯巴比妥钠压片时会引起黏冲,储藏时则会发生化学变化,生成硬脂酸钠和苯巴比妥。

视频

生物溶蚀性骨架材料硬脂酸

3. 软膏基质　硬脂酸常用作乳膏剂的油相基质,水分蒸发后留有一层薄膜而具有保护作用,且具有珠光而美观,在乳膏剂中起稳定、增稠的作用。但单用其作为油相制得的乳膏剂润滑作用小,故常加入适量的液状石蜡、凡士林等进行调节。

4. 滴丸基质　硬脂酸可作滴丸剂的脂溶性基质。

5. 包衣材料　硬脂酸可与虫胶合用,作片剂的包衣材料。因其熔点的原因,采用水性薄膜包衣技术包衣时可引起衣层膜麻面。

6. 其他　硬脂酸广泛地用于制化妆品、塑料耐寒增塑剂、脱模剂、稳定剂、表面活性剂、橡胶硫化促进剂、防水剂、金属皂、软化剂,可作为油溶性颜料的溶剂、蜡纸打光剂等。

【安全性】 硬脂酸常用于口服和外用药物制剂中,无毒、无刺激性,口服过量可能有害,因此广泛应用于药物制剂、食品及化妆品制备中。

岗 位 对 接

一、辅料应用分析

硝酸甘油缓释片

处方组成:硝酸甘油 2.6 g(10% 乙醇 29.5 ml),鲸蜡醇 66 g,硬脂酸 60 g,微晶纤维素 58.8 g,聚维酮 31 g,乳糖 49.8 g,微粉硅胶 5.4 g,滑石粉 24.9 g,硬脂酸镁 1.5 g,制成 1 000 片。

制备方法:使用熔融法制备。将聚维酮溶于硝酸甘油乙醇溶液中,加微粉硅胶混合均匀,加入硬脂酸和鲸蜡醇,水浴加热至 60℃ 熔融。将微晶纤维素、乳糖和滑石粉均匀混合,加入上述熔融物中,搅拌 1 h。将上述混合物摊于盘中,室温放置约 20 min,待团块形成,16 目筛制粒,30℃ 进行干燥,整粒,加入硬脂酸镁压制而成。

分析:硝酸甘油为主药,鲸蜡醇、硬脂酸为生物溶蚀性骨架材料,微晶纤维素、乳糖为稀释剂,聚维酮为黏合剂,微粉硅胶、滑石粉为助流剂,硬脂酸镁为润滑剂。

二、使用指导

硬脂酸与氧化剂、金属氢氧化物有配伍禁忌,与金属可形成水不溶性的硬脂酸盐。用硬脂酸作软膏基质与钙盐、锌盐反应会变成黏稠的胶块。硬脂酸细粉对皮肤、黏膜、眼有刺激性,操作时应使用防尘口罩和防护眼罩。

巴西棕榈蜡

【性状】 本品为淡黄色或黄色粉末、薄片或块状物(彩图 100)。本品在热的二甲苯中易溶,在热的乙酸乙酯中溶解,在水或乙醇中几乎不溶。本品的熔点为 80~86℃,酸值应为 2~7,碘值应为 5~14,皂化值应为 78~95。

彩图 100

【应用】

1. 骨架材料 本品为生物溶蚀性骨架材料。在胃肠液中逐渐溶蚀,通过孔道扩散和骨架溶蚀控制药物的释放。

2. 包衣材料 本品以 10%(W/V)水性乳液的形式或粉末的形式用于糖衣片的打光。

3. 微球载体材料 本品可作微球的载体材料。如氟尿嘧啶用巴西棕榈蜡作载体材料,可制成直径为 30~800 μm 的动脉化学栓塞微球。

【安全性】 本品常用于口服药物制剂中,基本无毒、无刺激性,因此广泛地应用于药物制剂、食品及化妆品制备中。

◆ 亲水凝胶骨架材料

亲水凝胶骨架材料主要是指遇水或消化液后能够膨胀,形成凝胶层,从而控制药物溶出释放的材料。大致分为四类:① 天然胶类,如明胶、海藻酸钠、西黄蓍胶、琼脂等、黄原胶等;② 纤维素衍生物,如羟丙甲纤维素(HPMC)、甲基纤维素(MC)、羧甲纤维素钠(CMC-Na)、羟乙纤维素(HEC)等;③ 非纤维素多糖,如壳聚糖、半乳糖、甘露聚糖等;④ 乙烯聚合物和丙烯酸树脂,如聚乙烯醇(PVA)、卡波姆、尤特奇(Eudragit) 等。

羟丙甲纤维素(HPMC)

根据甲氧基与羟丙氧基含量的不同,HPMC 分为四种取代型,即 1828、2208、2906、2910 型。

【性状】 本品为白色或类白色纤维状或颗粒状粉末(彩图 101),无臭。本品在无水乙醇、乙醚或丙酮中几乎不溶;在冷水中溶胀成澄清或微浑浊的胶体溶液。

彩图 101

【应用】

1. 骨架材料 高黏度级别的 HPMC 可作亲水凝胶骨架材料,使用浓度为 10%~80%(W/W),用作片剂和胶囊剂骨架的释放阻滞剂,有延缓药物释放的作用。

2. 黏合剂 本品可作片剂的黏合剂,干法制粒压片常用浓度为 5%,湿法制粒压片常用浓度为 2%。

3. 增稠剂　本品常用作滴眼剂和人工泪液中的增稠剂,使用浓度为 0.45%~1.0%(W/W)。与甲基纤维素比较,其形成的溶液更为澄明,只有极少量的纤维状物存在,故多用于眼用制剂。

4. 包衣材料　本品可作薄膜包衣材料,低黏度者用于片剂、丸剂的水溶性薄膜包衣材料,高黏度者用作非水溶性薄膜包衣材料,使用浓度为 2%~10%。

5. 助悬剂　本品可在混悬剂中作助悬剂使用,增加分散介质的黏度以降低药物微粒的沉降速度,并增加药物的亲水性,防止药物晶型转变或结晶增长,使用浓度为0.5%~1.5%。

6. 成膜材料　本品可作成膜材料使用,具有优良的成膜性和韧性,在膜剂中得到广泛的应用。

7. 固体分散体载体材料　本品可在固体分散体中作水溶性载体材料,增加药物的溶出速率。

8. 其他　本品可作局部用凝胶剂和软膏剂的乳化剂,也可形成保护性胶体,阻止微粒或乳滴的聚集,从而抑制沉降物的形成,还可在隐形眼镜中作润湿剂使用。

【安全性】　羟丙甲纤维素常用于口服和局部用药制剂中,无毒,无刺激性,过量口服可致泻。因此,本品广泛应用于药物制剂、食品及化妆品制备中。

岗 位 对 接

一、辅料应用分析

卡托普利亲水凝胶骨架片

处方组成:卡托普利 25 g,羟丙甲纤维素 –K4M 60 g,乳糖 15 g,硬脂酸镁适量,制成 1 000 片。

制备方法:将卡托普利、羟丙甲纤维素 –K4M、乳糖和硬脂酸镁均过 5 号筛进行混合,再过 5 号筛 3 次充分混匀,用 9 mm 浅凹冲粉末直接压片而成。

分析:卡托普利为主药,羟丙甲纤维素 –K4M 是亲水凝胶骨架材料,随其用量增加,药物释放速率逐渐减慢,当其用量 >30% 后,由于凝胶层已经形成,用量再增加,缓释作用增加的程度不再明显。乳糖为稀释剂,硬脂酸镁为润滑剂。

二、使用指导

羟丙甲纤维素为非离子型化合物,和一些氧化剂有配伍禁忌,与离子型有机物或金属盐可形成不溶性沉淀。羟丙甲纤维素可燃,其粉尘对眼睛有刺激性,应避免过量的粉尘产生,减少爆炸的可能,并使用防护眼镜。

(二) 膜控型缓控释材料

通过包衣膜控制和调节药物释放速率的缓控释材料,包衣材料的选择、包衣膜的组成是制备此类缓控释制剂的关键。该类材料常需加入适宜的增塑剂和致孔剂,以改善膜的柔韧性和通透性。常用的水溶性增塑剂有甘油、聚乙二醇、丙二醇等;水不溶性增塑剂有蓖麻油、邻苯二甲酸二辛酯、乙酰化单甘油酯等。常用的致孔剂有聚乙二醇类、聚维酮、十二烷基硫酸钠、糖或盐等。膜控型缓控释材料主要有不溶性材料和肠溶性材料。

1. 不溶性材料　不溶性材料为一类不溶于水的高分子聚合物,无毒,具有良好的成膜性和机械性能,溶解性与胃肠液 pH 无关。常用的有:乙基纤维素、醋酸纤维素(CA)、乙烯－醋酸乙烯酯共聚物(EVA)及丙烯酸树脂类(尤特奇 RL100/RS100、尤特奇 RL30D/RS30D、尤特奇 RLPO/RSPO、尤特奇 NE30D、尤特奇 NE40D 等)。

2. 肠溶性材料　肠溶性材料是指在胃内不溶解,但在小肠偏碱性环境下溶解的高分子材料,目前市场上有不同 pH 敏感的肠溶性材料。常用的有:① 纤维素酯类,如羟丙甲纤维素邻苯二甲酸酯(HPMCP,pH 5.0~6.0 溶解)、纤维醋法酯(CAP,pH 5.8~6.0 溶解)、醋酸羟丙甲纤维素琥珀酸酯(HPMCAS,三种规格 L、M、H 分别在 pH 5.0、pH 5.5、pH 7.0 溶解)等;② 丙烯酸树脂类,如尤特奇 L100(国产聚丙烯酸树脂Ⅱ,pH>6.0 溶解)、尤特奇 S100(聚丙烯酸树脂Ⅲ,pH>7.0 溶解)、尤特奇 L30D–55 型(pH>5.5 溶解)、尤特奇 FS100(pH>7.0 溶解)、尤特奇 FS30D(pH>7.0 溶解)等。利用肠溶性材料在肠液中的溶解特性,可控制药物在适当的胃肠部位溶解而释放药物。

岗 位 对 接

一、辅料应用分析

硫酸沙丁胺醇渗透泵片

处方组成:

片芯:硫酸沙丁胺醇 9.6 g,羧甲纤维素钠 0.2 g,聚维酮 1.2 g,氯化钠 189 g,硬脂酸镁适量,75% 乙醇适量。

包衣液:醋酸纤维素与聚乙二醇 1500 的丙酮－乙醇(95:5)溶液。

制备方法:将硫酸沙丁胺醇、羧甲纤维素钠、聚维酮、氯化钠分别过 40 目筛并混合均匀,加 75% 乙醇制软材,20 目筛制粒,40℃进行干燥,整粒,加入硬脂酸镁混合均匀制得片芯。将片芯放入包衣锅中,吹入热空气,待温度约 50℃进行包衣,当包衣膜厚度达到标准时,继续吹入热空气约 30 min,再将包衣片在 40℃的干燥箱中放置 48 h。取出包衣片在其一侧打直径为 0.4 mm 的小孔,即得硫酸沙丁胺醇渗透泵片。

分析:硫酸沙丁胺醇为主药,羧甲纤维素钠和聚维酮为黏合剂,氯化钠为渗透压活性物质,硬脂酸镁为润滑剂,75% 乙醇为润湿剂,醋酸纤维素和聚乙二醇 1500 为半透膜材料。

二、使用指导

醋酸纤维素与强酸或碱性物质有配伍禁忌。醋酸纤维素可燃,其粉尘对眼睛有刺激性,应避免过量的粉尘产生,减少爆炸的可能,并使用防护眼镜。

（三）增稠剂

增稠剂是一类水溶性高分子材料，其水溶液黏度随浓度增加而增大，从而减慢药物的扩散速率，达到延长药物疗效的目的，主要用于液体缓控释制剂。常见的增稠剂有明胶、聚维酮（PVP）、聚乙烯醇（PVA）、羧甲纤维素（CMC）、右旋糖酐等。如盐酸普鲁卡因注射液中加入1%CMC后可使其药效延长至24 h。

第二节　透皮给药系统辅料

一、概述

透皮给药系统（TDDS）或透皮治疗系统（TTS）是指药物以一定的速率透过皮肤通过毛细血管吸收进入体循环产生药效的一类制剂。该制剂可长时间维持血药浓度平稳，避免首过效应和胃肠道因素的干扰，有效提高药物的生物利用度，减少给药次数且方便安全。同样，透皮给药系统也存在起效慢、个体差异大及给药部位差异大的问题，且大多数药物因为皮肤屏障达不到有效血药浓度而不宜制成透皮给药系统。

> **课堂讨论**
> 大多数药物由于皮肤屏障不宜制成透皮给药系统，那制成透皮给药系统的药物在剂量和药理作用上有何要求？

透皮给药系统一般是指透皮给药新剂型，即贴剂，为原料药物与适宜的材料制成的供粘贴在皮肤上的可产生全身或局部作用的一种薄片状制剂。贴剂可用于正常皮肤表面，也可用于有疾患或不完整的皮肤表面。给药后，药物透过皮肤经毛细血管吸收进入全身血液循环达到有效血药浓度，从而起到预防或治疗疾病的作用。

知识拓展 ////////

影响药物透皮吸收的剂型因素

1. **剂型的影响**　剂型能够影响药物的释放性能，一般半固体制剂比骨架型贴剂中药物释放更快。

2. **基质的影响**　药物与基质的亲和力不同，释药性能也不一样。一般基质与药物的亲和力不宜过大或过小，过大药物难以从基质中释放，过小则载药量达不到要求。

3. **pH 的影响**　pH 能影响有机酸或碱的解离程度，从而影响吸收。

4. 药物浓度与给药面积　一般浓度越高,吸收越多,但超过某一限度吸收量不再增加。给药面积越大,吸收量也越大,但患者依从性差,一般不宜超过 60 cm²。

5. 透皮吸收促进剂可提高药物的吸收速率或增加药物的透皮量。

二、透皮给药系统辅料的选用原则

(1) 化学性质稳定,不易受温度、光线、pH、储存时间等的影响。

(2) 与主药无配伍禁忌,不影响主药的剂量、疗效和制剂主成分的检验,尤其不影响主药的安全性。

(3) 在使用量下经合理评估后,对人体无毒害作用。

(4) 具有良好的释药性能。

三、透皮给药系统辅料的分类与常见品种

透皮给药系统辅料主要包括控释膜材料、骨架材料、透皮吸收促进剂、压敏胶、背衬材料、防黏层材料和药库材料。根据主药的理化性质,还可适当选用助溶剂、增溶剂等其他辅料。

(一) 控释膜材料和骨架材料

控释膜材料和骨架材料多为高分子化合物,用于控制药物的释放和扩散速率。常用的控释膜材料有 EVA、聚乙烯、聚丙烯、醋酸纤维素、聚氧乙烯、硅橡胶等。其中 EVA 因其无毒、无刺激性,释药速率易控,生物相容性好等优点得到广泛的应用。常用的骨架材料为一些高分子化合物,如聚乙烯醇、聚维酮、醋酸纤维素、聚丙烯酸酯和甲壳素等。

(二) 透皮吸收促进剂

透皮吸收促进剂又称皮肤渗透促进剂,是指能够降低药物通过皮肤的阻力,增加药物透皮速率或增加药物透皮量的物质。透皮吸收促进剂的使用是改善药物透皮吸收的首选措施。

理想的透皮吸收促进剂应具备以下性质:① 具有单向和可逆地降低皮肤屏障的作用,能促使药物从制剂中释放,并能促进药物透皮吸收。② 安全性高,无毒性、刺激性、致敏性、光敏性和致粉刺作用。③ 化学性质稳定,不与主药和其他辅料发生反应。④ 无药理活性,无味、无色、无臭。⑤ 价廉易得。

常用的透皮吸收促进剂有:① 月桂氮䓬酮类;② 二甲基亚砜类,如二甲基亚砜、二甲基甲酰胺、二甲基乙酰胺等;③ 醇类,如乙醇、丙二醇、甘油、聚乙二醇等;④ 有机酸类,如油酸、月桂酸等;⑤ 表面活性剂,如月桂醇硫酸钠、蔗糖脂肪酸酯、聚山梨酯类、聚氧乙烯脂肪醇醚类等;⑥ 吡咯烷酮类,如 N-甲基吡咯烷酮等;⑦ 其他,如薄荷油、桉叶油、尿酸等。

月桂氮䓬酮

彩图 102

月桂氮䓬酮又称月桂氮酮、氮酮等。

【性状】 本品为无色透明的黏稠液体(彩图 102);几乎无臭,无味。本品在无水乙醇、乙酸乙酯、乙醚、苯及环己烷中极易溶解,在水中不溶。本品的相对密度为 0.906~0.926;折光率为 1.470~1.473;在 25℃时,运动黏度为 32~34 mm²/s。

【应用】 透皮吸收促进剂:与丙二醇合用有协同作用,使用浓度为 0.5%~1.5%,具体浓度视药物而定。有些辅料会影响其活性,如少量凡士林即可降低或消除其透皮性能。月桂氮䓬酮对低浓度的药物作用强,如甲硝唑加 1% 的月桂氮䓬酮,透皮吸收在 20 h 内可以增加 25 倍,地西泮加入 5% 的月桂氮䓬酮可提高透皮量 43 倍。

【安全性】 浓度≤50%时对皮肤无刺激性,为安全、无毒、高效的透皮吸收促进剂。

(三) 其他辅料

1. 压敏胶 压敏胶是对压力敏感的胶黏剂,只需轻轻施加指压即可与被黏物牢固黏合。压敏胶既可使贴剂与皮肤紧密贴合,也可作为药物储库或载体材料,还可以调节药物的释放速率。用于透皮给药系统的压敏胶应具有足够的黏附力、良好的生物相容性、稳定的理化性质,并不得与药物发生配伍禁忌以及不影响药物的穿透。常用的压敏胶主要有聚丙烯酸酯压敏胶、聚异丁烯压敏胶、热熔压敏胶、硅酮压敏胶等。

2. 背衬材料 背衬材料是支持药库或压敏胶的薄膜,要求能支撑给药系统,具有一定的拉伸强度和柔韧性,对药物、溶剂、光线、湿气等有较好的阻隔作用。常用的背衬材料有铝–聚酯膜、聚乙烯–铝–聚酯/乙烯–醋酸乙烯复合膜、聚乙烯、聚酯–EVA复合膜等。

3. 药库材料 药库材料为一种或多种材料配制的软膏、水凝胶、糊剂、混悬液等。常用的药库材料有卡波姆、羟丙甲纤维素、聚乙烯醇等,同时骨架材料和压敏胶也可以作为药库材料。

岗 位 对 接

一、辅料应用分析

芬太尼贴剂

处方组成:芬太尼 14.7 mg/g,羟乙纤维素(HEC)2%,30% 乙醇,甲苯适量,纯化水适量,EVA,聚硅氧烷,聚乙烯–铝–聚酯/乙烯–醋酸乙烯酯复合膜,硅纸。

制备方法:将芬太尼加入 30% 乙醇中搅拌溶解,再加入适量的纯化水,配制成含有 14.7 mg/g 芬太尼的 30% 乙醇溶液。将 2%HEC 缓慢加入上述溶液中并不断搅拌,直到形成凝胶。在复合膜上展开聚硅氧烷溶液,并挥发溶剂,制成 0.05 mm 厚的压敏胶层。将 0.05 mm 厚的 EVA(醋酸乙烯含量为9%)控释膜压在压敏胶层上。使用旋转热封机将凝胶封装在背衬层和控释膜或压敏胶之间,并使得每平方厘米含 15 mg 凝胶,再切割成规定尺寸的单个贴剂,并平衡至少 2 周,即得芬太尼贴剂。

分析:该贴剂为储库型贴剂,芬太尼为主药,羟乙纤维素为药库材料。EVA 为控释膜材料,聚硅氧烷为胶黏剂,聚乙烯–铝–聚酯/乙烯–醋酸乙烯酯复合膜为背衬材料,硅纸为防黏层材料。溶剂甲苯在制备后期除去。

二、使用指导

切割封装要快,以防止乙醇泄漏。

第三节　固体分散体载体辅料

一、概述

固体分散体是应用一定的方法将难溶性药物高度分散在适宜的载体材料中所形成的一种固态物质,又称为固体分散物。常用熔融法、溶剂法、溶剂–熔融法和研磨法进行制备。固体分散体能将药物高度分散,药物以分子、微晶、胶体或无定形状的形式存在,不仅极大地增加了药物的溶出速率,提高了药物的生物利用度,还可以有效地降低药物的毒副作用。如吲哚美辛–PEG6000 固体分散体丸剂所使用的剂量为普通片剂的 50% 时,药效相同而对胃的刺激性明显降低。

固体分散体由北海道大学 Sekiguchi 于 1961 年首先提出。以尿素为载体材料,用熔融法制成磺胺噻唑固体分散体,可提高磺胺噻唑的溶出速率,从而提高药物的生物利用度。固体分散体的发展经历了三个阶段:第一代以尿素为载体材料;第二代以聚乙二醇、聚维酮等水溶性聚合物为载体材料;第三代以表面活性剂为载体材料。如采用水溶性载体,可制成速释制剂;如采用难溶性载体,可制成缓释制剂;如采用肠溶性载体,则可制成肠溶制剂。

> **课堂讨论**
> 根据你所学过的知识说出有哪些方法可以增加难溶性药物的溶解度。

固体分散体是药物制剂的一种中间体,需添加适宜辅料并通过一定的工艺进一步制成片剂、颗粒剂、胶囊剂、滴丸剂等。

知识拓展 //

固体分散体存在的问题

目前,固体分散体存在的问题主要有:① 载药量小。固体分散体的制备需要大量的载体材料才能达到理想的溶出效果,故常适用于小剂量的药物。② 物理稳定性差。药物分子高度分散后有可能自发聚集成晶核,并逐渐长大成晶粒,无定形(亚稳态)晶型可转化为稳定晶型,该过程称为老化。③ 生产自动化较困难。固体分散体一般需要在高温或大量使用有机溶剂的情况下进行生产,操作过程较为复杂,影响质量的关键环节也较多。

固体分散体载体辅料应具备以下条件。
(1) 增加溶解度的载体辅料需具有良好的溶解性能,易溶于水又溶于有机溶剂。
(2) 无毒,无不利的生理活性。
(3) 具有物理、化学稳定性。
(4) 不与主药发生反应,不影响主药的含量测定和稳定性。
(5) 对药物分散能力强。
(6) 价廉易得。

二、固体分散体载体辅料的选用原则

1. 选用时应考虑载体辅料的种类和分子量对固体分散体的影响　载体辅料种类不同,则增加药物溶出速率的大小也不一样,如糖类辅料制得的固体分散体的溶出速率顺序为:山梨醇 > 麦芽糖 > 葡萄糖 > 蔗糖。高分子聚合物类载体辅料由于分子量的大小与所形成的溶液黏度有关,故其溶出速率一般随分子量增加而降低。由于载体辅料溶出机制不同,有些辅料出现溶出速率与分子量无关的情况。如 PEG4000、PEG6000、PEG20000 的灰黄霉素固体分散体,药物溶出速率无明显差异。因此,载体辅料的选择要通过具体实验来确定。

2. 载体辅料与药物组成比例应适当　同一药物和载体辅料组成比例不同,所制得的固体分散体的溶出速率和生物利用度均出现较大差异。如苯巴比妥和 PEG6000 以重量比 1∶2 制成固体分散体,形成难溶于水的络合物,但比例调整为 1∶30 或 1∶50 时溶出速率则明显增加。

3. 混合载体辅料的应用　由各类载体制得的固体分散体都存在不同程度的稳定性问题,可用混合辅料来解决。如甘露醇熔点为 166~170℃,蔗糖熔点为 174℃,二者以 1∶1 进行混合后,混合物的熔点为 154℃,改善了单用蔗糖易吸潮和熔融变色的现象。

三、固体分散体载体辅料的分类与常见品种

固体分散体的溶出速率极大程度上取决于载体辅料的特性。常用的载体辅料有水溶性、难溶性和肠溶性三大类,增加药物溶出速率的主要是水溶性载体辅料。

(一) 水溶性载体辅料

水溶性载体辅料主要作为难溶性药物的载体辅料,提高难溶性药物的生物利

用度。

◆ 高分子聚合物

高分子聚合物主要包括聚乙二醇与聚维酮。① 聚乙二醇类(PEG):最常用的是PEG4000 和 PEG6000。具有良好的水溶性[1:(2~3)],能溶于多种有机溶剂,可使药物以分子或微晶状态分散于载体中,并阻止药物的聚集。PEG 因其毒性小,在胃肠道易于吸收,不干扰主药含量测定,能明显增加药物的溶出速率,有效地提高药物的生物利用度,故最为常用。可采用熔融法或溶剂法制备固体分散体。② 聚维酮(PVP)类:PVP 为无定形高分子聚合物,无毒,熔点较高(265℃),易溶于水和多种有机溶剂,一般采用溶剂法制备。对很多药物有较强的抑制结晶的作用,储存过程中易吸湿而析出药物晶体。

聚 维 酮

性状与应用详见第五章第二节。

岗 位 对 接

一、辅料应用分析

格列美脲分散片

处方组成:格列美脲 1 g,聚维酮 K30 7.5 g,微晶纤维素 27 g,预胶化淀粉 25 g,交联聚维酮 12 g,羧甲淀粉钠 2.5 g,二氯甲烷 40 ml,乙醇 100 ml,硬脂酸镁 0.7 g。

制备方法:取格列美脲 1 g,加二氯甲烷 40 ml,超声 1 min,使其溶解。另取聚维酮 K30 4 g,加乙醇 100 ml 搅拌使其溶解。将两溶液混匀,以 20 ml/min 的速度加料,于进风温度为 60℃,出风温度为 30℃的条件下用喷雾干燥机除去溶剂,即得格列美脲分散体。将制得的分散体与微晶纤维素、预胶化淀粉、聚维酮 K30 3.5 g 及交联聚维酮混匀,制粒、干燥、整粒,加入羧甲淀粉钠和硬脂酸镁混匀,压片,即得格列美脲分散片。

分析:格列美脲为降血糖药,前面的聚维酮 K30 为固体分散体载体辅料,二氯甲烷和乙醇分别为主药和载体的溶剂。微晶纤维素和预胶化淀粉为片剂的稀释剂,后面的聚维酮 K30 为黏合剂,交联聚维酮和羧甲淀粉钠为崩解剂,硬脂酸镁为润滑剂。

二、使用指导

聚维酮与多种物质在溶液中都相容,如天然或合成树脂、无机盐等。与磺胺噻唑、苯巴比妥、水杨酸、鞣酸等在溶液中可形成分子加合物。与硫柳汞合用可降低其抑菌活性。肌内注射可能会在注射局部形成皮下肉芽肿,并可在人体器官内蓄积。

◆ 表面活性剂

作为固体分散体载体辅料的表面活性剂多为含聚氧乙烯基的非离子型表面活性剂,如泊洛沙姆188、聚羧乙烯(CP)、聚氧乙烯(PEO)等。其特点是在水和有机溶剂中都有较高的溶解度,熔点较低,载药量大,在蒸发过程中可以防止药物析出结晶,增加溶出速率的效果明显优于聚乙二醇,是理想的速释材料。可采用熔融法和溶剂法制备固体分散体。

◆ 纤维素类

常用作固体分散体载体辅料的有羟丙甲纤维素、羟丙纤维素等,它们与药物形成的固体分散体难以研磨,常在制备过程中加入乳糖、微晶纤维素来加以改善。

◆ 糖类与醇类

作为载体辅料的糖类有壳聚糖、果糖、半乳糖、右旋糖酐、蔗糖等,醇类有甘露醇、山梨醇、木糖醇等。其特点为水溶性强,毒性小,因分子中有多个羟基,可与药物以氢键结合形成固体分散体,适用于剂量小而熔点高的皮质甾醇类药物,如醋酸可的松、泼尼松等,尤以甘露醇效果最好。其熔点较高,且不溶于有机溶剂,采用熔融法制备。

木　糖　醇

彩图103

【性状】　本品为白色结晶或结晶性粉末(彩图103);无臭,味甜;有引湿性。本品在水中极易溶解,在乙醇中微溶。本品的熔点为91.0~94.5℃。

【应用】

1. 固体分散体载体　木糖醇可作固体分散体的水溶性载体辅料,与聚乙二醇作复合载体分散效果更好。

2. 甜味剂　木糖醇甜度适宜,无砂粒感,在口腔溶化时有清凉感。木糖醇血糖指数低,且代谢不依赖胰岛素,特别适合糖尿病患者使用。

3. 稀释剂　因木糖醇口感好,常在咀嚼片中作稀释剂使用,但成本高。

4. 增塑剂　木糖醇可在胶囊剂和膜剂中作增塑剂使用,增加空胶囊和膜剂的坚韧性和可塑性。

5. 其他　木糖醇可作保湿剂、渗透压调节剂、缓释固体制剂的致孔剂与软膏基质等。

【安全性】　木糖醇用量在30g以上,口服可致轻泻,用于注射剂刺激性比甘露醇大。

◆ 有机酸类

作载体辅料的有机酸类物质分子量较小,易溶于水而不溶于有机溶剂。常用的有柠檬酸、酒石酸、琥珀酸、胆酸、去氧胆酸等,不适用于对酸敏感的药物。

◆ 尿素

尿素为无色棱柱状结晶或白色结晶性粉末,极易溶解于水或乙醇,熔点较高,为

132~135℃,有利尿、抑菌作用,常用作利尿药或增加排尿量的难溶性药物的载体辅料,如氢氯噻嗪、磺胺噻唑等。

(二) 难溶性载体辅料

常用的难溶性载体辅料有:① 纤维素类,如乙基纤维素;② 丙烯酸树脂类,如尤特奇 RL、尤特奇 RS 等,可在胃液中溶胀,在肠液中不溶,采用溶剂分散法制备,可加入 PEG 或 PVP 调节释药速率;③ 其他类,如硬脂酸、胆固醇、棕榈酸甘油酯、巴西棕榈蜡、二氧化硅等。该类载体辅料用于制备缓释制剂。

(三) 肠溶性载体辅料

常用的肠溶性载体辅料有:① 纤维素类,如 CAP、HPMCP 及 CMEC 等,可用于制备在胃中不稳定的药物的固体分散体;② 丙烯酸树脂类,如聚丙烯酸树脂Ⅱ、聚丙烯酸树脂Ⅲ等,前者在 pH 6 以上的介质中溶解,后者在 pH 7 以上的介质中溶解,联合应用可制成缓释速率理想的固体分散体。

第四节　　包合物辅料

一、概述

包合物是指一种分子被包含于另一种分子的空穴结构内而形成的一类特殊形式的络合物。包合物由主分子(包合材料)和客分子(药物)组成。在包合物中主分子与客分子彼此紧靠,其形成是由于客分子在主分子空间结构中的填充作用,而这种作用取决于两种分子的几何因素及其性质是否合适。

药物作为客分子所形成的包合物,可增加药物的溶解度,提高药物的稳定性,防止挥发性成分的挥发,使液体药物粉末化,调节药物释放速率,掩盖不良臭味及降低药物刺激性和毒副作用等。

包合物是制剂的一种中间体,药物制成包合物后需制成其他剂型才可以应用,如片剂、胶囊剂、注射剂等。

二、包合材料的选用原则

1. 明确利用包合技术所需达到的目的来选择包合材料　如某些难溶于水且生物利用度较差的药物,为了提高药物的疗效,药物可作为客分子包合在包合材料中,随着包合材料的溶解而随之溶解。一些易挥发药物为了防止其挥发也可制成包合物,还有一些有不良臭味的药物,也可制成包合物而增加患者的依从性。

2. 根据包合材料的理化性质来选择　选用包合材料应注意其溶解性、毒性、刺激性和稳定性,并保证所形成的包合物稳定。

3. 根据给药途径来选择　如 $\beta-$ 环糊精注射给药有肾毒性,不宜作注射剂中药物的包合材料。

4. 根据药物的理化性质来选择　客体分子的大小必须适应环糊精的结构,太大则难以嵌入环糊精分子空洞中形成包合物,太小则不能充满空洞,包合力弱,容易自由进出而脱落,不能形成稳定的包合物。如 $\alpha-$ 环糊精主要用于注射剂,但其空腔是环糊精中最小的,故只能与相对较少的小分子药物形成包合物。而 $\gamma-$ 环糊精空腔最大,水溶性也更高,可用于大分子药物的包合材料。

知识拓展

影响包合作用的因素

影响环糊精包合物形成的主要因素有:① 主客分子的大小。客分子的大小和形状应与主分子的空洞相适应才能得到稳定的包合物。② 客分子极性的影响。常用的包合材料环糊精空洞内为疏水区,疏水性或非解离型药物易进入空洞而被包合,极性药物可嵌在空洞口的亲水区与环糊精的羟基形成氢键而结合,自身可缔合的药物一般先解缔合,再进入环糊精空洞中。③ 主、客分子的比例。由于主分子提供的空洞内径是确定的,通常将主分子与客分子按 1:1 的摩尔比形成分子囊,但在包合物形成过程中主分子所提供的空洞往往不能完全被客分子占有,故包合物中主、客分子的比例取决于药物的性质。④ 包合条件。不同的包合方法、温度、搅拌速度及时间、干燥过程等工艺因素均可影响包合效率。

三、包合物辅料的分类与常见品种

常见的包合材料有环糊精(CD)及其衍生物、淀粉、纤维素、尿素、去氧胆酸、蛋白质等。目前常用的包合材料是环糊精及其衍生物。

(一)环糊精

环糊精为白色非还原性结晶性粉末,是环状糊精葡糖基转移酶作用于淀粉而生成的含有 6~12 个葡萄糖分子,并以 $\beta-1,4$ 糖苷键连接而成的环状低聚糖。最常用的有 $\alpha-$ 环糊精、$\beta-$ 环糊精和 $\gamma-$ 环糊精,它们的葡萄糖单体数、空隙大小与物理性质均有较大差异,见表 7-1。其中,$\beta-$ 环糊精空隙大小适中,较利于包合作用,且在水中的溶解度最小,易从酶反应液中析出结晶并分离提纯,故最为常用。$\beta-$ 环糊精的溶解度随着温度升高而增大,口服可作为糖类来源参与机体代谢,无蓄积作用,毒性低,因而在药剂学中有广泛的应用,并因其对药物以分子水平包合,故又称为分子胶囊。

表 7-1　三种环糊精的基本性质

项目	$\alpha-$ 环糊精	$\beta-$ 环糊精	$\gamma-$ 环糊精
葡萄糖单体数目	6	7	8
分子量	973	1 135	1 297
分子空隙内径 /nm	0.45~0.6	0.7~0.8	0.85~1.0
空隙深度 /nm	0.79	0.79	0.79
比旋度	+150.6°	+162.5°	+177.4°
溶解度(20℃)/($g \cdot L^{-1}$)	145	18.5	232
结晶形状	针状	棱柱状	棱柱状

倍他环糊精

彩图 104

【性状】　本品为白色结晶或结晶性粉末(彩图 104);无臭,味微甜。本品在水中略溶,在甲醇、乙醇或丙酮中几乎不溶。本品的比旋度为 +160°~+164°。

【应用】

1. 包合材料　倍他环糊精是最常用的包合材料,可用来制备多种药物的包合物,其作用有:① 增加药物的溶解度,如苯巴比妥倍他环糊精用饱和水溶液制得包合物,溶解度增加。② 增加药物的稳定性,如普鲁本辛与倍他环糊精制成包合物,能与制酸剂配伍,保持稳定。③ 降低药物的毒副作用,如吲哚美辛与倍他环糊精制得的包合物比吲哚美辛耐受性好,加入微晶纤维素、微粉硅胶等辅料制成胶囊剂,抗炎作用相同,而无引起溃疡的不良反应。④ 掩盖药物的不良气味,如雷尼替丁用倍他环糊精包合后可掩盖其臭味。⑤ 使挥发性液体、油状液体或固体粉末化,如肉桂醛、肉桂酸乙酯等液体与倍他环糊精形成的包合物,其挥发性大大地降低;碘、碘化钾与倍他环糊精形成的包合物无碘臭,室温放置 1 个月,重量无变化。⑥ 提高药物的生物利用度,如布洛芬与倍他环糊精以 1:1 分子比形成的冷冻干燥包合物,与单体冷冻干燥剂比较,家兔口服给药的血药浓度及累积尿排药量均更高。

2. 其他应用　农药经倍他环糊精包合后,可增加其对光的稳定性,减少挥发,延长药效并降低对人畜接触的毒性,如除虫菊酯、有机磷等包合物均具有以上的特点。

【安全性】　口服安全、无毒。胃肠外给药有一定的毒性,静脉给药后,在体内不代谢,形成不溶性胆固醇复合物蓄积于肾内,可引起肾毒性和溶血性。

岗 位 对 接

一、辅料应用分析

尼群地平倍他环糊精片

处方组成:尼群地平 10 mg,倍他环糊精 20 mg,乳糖 4.8 g,微晶纤维素 5 g,硬脂酸镁 0.05 g,丙酮适量,纯化水适量,淀粉浆适量。

制备方法:称取尼群地平适量,并用丙酮溶解。再称取适量倍他环糊精置于陶瓷乳钵中,加入足量的纯化水,缓慢加入尼群地平溶液,边加边研磨,在乳钵中研磨 70 min 后,放入冰箱冷藏 12 h,抽滤,用少量丙酮迅速洗去未包合的尼群地平,滤渣置于 60℃的烘箱中干燥,研细即得倍他环糊精包合物。取上述包合物加少量纯化水润湿,用乳糖吸收、稀释,再加入微晶纤维素混匀,加适量淀粉浆制成软材,过筛、制粒、干燥、整粒,加入硬脂酸镁混匀后压片即得。

分析:尼群地平为主药,在水中几乎不溶,用倍他环糊精包合后再制成片剂,可显著增加药物的溶出度和提高药物的生物利用度。乳糖为填充剂;微晶纤维素既可以作填充剂,也兼有崩解作用;淀粉浆为黏合剂;硬脂酸镁有润滑作用。

二、使用指导

水溶液中环糊精的存在可能导致某些抗菌防腐剂的活性降低。因其为细微的有机粉末,故应当在通风处操作,粉尘有爆炸性,应尽量控制粉尘的产生。

(二)环糊精衍生物

环糊精于 1891 年被发现,距今已有 100 多年的历史,但 1975 年以前的研究仅限于 α、β 和 γ 等母体,其水溶性和肾毒性等问题迫使人们近年来对其衍生物,特别是倍他环糊精进行了大量的研究,目前主要是对环糊精进行结构修饰。如环糊精羟基的烷基化和环糊精的葡糖基衍生物都可增加其溶解度,从而增加了环糊精在药剂中的应用范围。常见的环糊精衍生物(β–CDD)有:① 烷基化 β–CDD,如甲基 –β–CD、乙基 –β–CD 等,其中乙基 –β–CD 为疏水性 β–CDD,可作为缓释和靶向制剂的载体;② 羟烷基化 β–CDD,如羟丙基 –β–CD、羟乙基 –β–CD 等;③ 支链 β–CDD,如葡糖基 –β–CD、麦芽糖基 –β–CD、二麦芽糖基 –β–CD 等;④ 环糊精聚合物,至少含 2 个环糊精,如 β–CD 与 3- 氯 –1,2– 环氯丙烷交联生成的聚合物,其中分子量为 3 000~6 000 的低分子聚合物在水中极易溶解,其水溶液具中等黏度,而分子量 10 000 以上的环糊精聚合物仅在水中膨胀形成不溶性的凝胶。

羟丙基倍他环糊精

彩图 105

【性状】 本品为白色或类白色的无定形或结晶性粉末(彩图 105);无臭,味微甜;引湿性强。本品在水或丙二醇中极易溶解,在甲醇或乙醇中易溶,在丙酮或三氯甲烷中几乎不溶。

【应用】 包合材料:与倍他环糊精类似,可用于制备多种药物的包合物,其作用有:① 增加药物的溶解度。水溶性和稳定性差的生物活性大分子药物在现代药学中不断涌现,当传统的增溶手段无济于事时,可考虑使用环糊精衍生物,从而避免使用有机溶剂、表面活性剂或脂类等。用环糊精衍生物增溶药物,可减少刺激,增加稳定性。如用 HP-β–CD 与依托咪酯制得的注射液与丙二醇 – 水混合溶剂制得的注射剂比较,药动学和药理学活性相同,但后者的刺激性强于前者7~8倍。② 增加药物的稳定性。如 HP-β-CD 与毛果芸香碱以 1:1 制得的包合物稳定性明显提高。③ 降低药物的毒副作用。如 HP-β-CD 与前列腺素形成的包合物可降低眼球充血的发生率和严重性。④ 促进药物的吸收。如毛果芸香碱前体药物疗效好,但因刺激性太强而无法应用,可用羟丙基倍他环糊精包合后使用,在促进毛果芸香碱吸收的同时,降低了其刺激性。⑤ 作为缓释和靶向制剂的载体。如布比卡因用羟丙基倍他环糊精包合后,可延缓药物通过硬膜的吸收,使阻滞时间延长约2倍,从而使治疗指数增大。⑥ 提高药物的生物利用度。如孕酮、睾酮和雌酮以羟丙基倍他环糊精包合后制成舌下片,可避免首过效应。

【安全性】 口服安全、无毒,经皮肤、眼睛以及吸入给药无刺激性,注射给药溶血性小,无肾毒性,为注射剂首选环糊精品种。

岗 位 对 接

一、辅料应用分析

伏立康唑羟丙基倍他环糊精包合物

处方组成:伏立康唑 150 mg,羟丙基倍他环糊精 1 800 mg,纯化水适量。

制备方法:将伏立康唑 150 mg 加入含有 120 g/L 的羟丙基倍他环糊精的纯化水溶液中,于 25℃ ±2℃、400 r/min 条件下磁力搅拌 5 h,用 0.45 μm 的微孔滤膜进行过滤,即得伏立康唑羟丙基倍他环糊精包合物溶液。

分析:伏立康唑为治疗全身真菌感染的有效药物,抗菌谱广,抗菌活性强,但因其在水中溶解度小、化学性质不稳定而限制了临床应用。用羟丙基倍他环糊精包合后不仅提高了药物的生物利用度,还能够增加药物的稳定性。

二、使用指导

羟丙基倍他环糊精引湿性强,应遮光、密闭保存。

第五节　靶向给药系统辅料

一、概述

靶向给药系统(TDDS)又称为靶向制剂,是指载体将药物通过全身血液循环或局部给药而选择性地定位或浓集于靶组织、靶器官、靶细胞或细胞内结构的药物载体给药系统。根据作用机制可分为被动靶向制剂、主动靶向制剂和物理化学靶向制剂。被动靶向制剂是指将药物包裹或嵌入不同类型的微粒中,因机体不同组织、器官或细胞对不同大小的载体微粒的滞留性不同,而选择性地浓集于靶区的制剂。常用的微粒有微囊、微球、脂质体、微乳等。主动靶向制剂是指用修饰的药物载体作为"导弹",将药物定向地输送到靶区浓集而发挥药效的制剂。物理化学靶向制剂是指采用物理化学的方法,使药物在靶区释放,并发挥药效的制剂。

　　本节主要介绍微囊、微球和脂质体的载体材料。微囊是指利用天然的或合成的高分子材料为囊材,将固体或液体药物作为囊心物包裹而成的微型小囊。微球是指药物溶解或分散在高分子材料基质中形成的骨架型微小球状实体。微囊和微球可统称为微粒,其粒径大小为 1~250 nm,微囊为包囊结构,微球为骨架型球状实体。微囊和微球都是制剂过程中的一种中间体,药物先制备成微囊或微球后再根据需要制备成各种剂型,如片剂、注射剂等。

　　1. 理想的微囊囊材的基本要求　　① 性质稳定,不与囊心药物发生反应;② 成膜性能好,能包裹囊心物成膜,形成一层有黏着力的薄膜;③ 成膜后有一定强度、韧度、渗透性和稳定性;④ 供制备注射剂用的材料还要求有生物相容性与生物降解性。

　　2. 理想的微球载体材料的基本要求　　① 具有良好的生理适应性,不引起血象的改变,不引起过敏反应;② 能增加药物的定向性和在靶区的滞留性;③ 能增加组织和细胞膜的渗透性,以及对癌细胞的亲和性;④ 进入靶区后能按要求释放药物,并具有良好的生物降解性;⑤ 对药物有足够的结合、亲和力,并具有较大的载药量;⑥ 能增加药物的稳定性,降低其毒副作用。

　　脂质体是指将药物包封于类脂质双分子层中所形成的超微球形载体制剂。一般由磷脂和胆固醇组成。

知识拓展

脂质体的发展

　　脂质体最早由英国学者于 1965 年提出,他们发现磷脂分散在水中可形成多层封闭囊泡,与洋葱的结构相似。第一个上市的脂质体为益康唑脂质体凝胶,于 1988 年由瑞士茨拉格(Cilag)制药公司注册,现已在瑞士、比利时等多国上市销售。第一个用于治疗真菌感染的注射剂为注射用两性霉素 B 脂质体,于 1990 年在爱尔兰获批上市销售,可有效地降低两性霉素 B 所引起的肾毒性。第一个抗癌药物脂质体是阿霉素脂质体,由美国塞奎斯(Sequus)制药公司于 1995 获批上市销售。现用于临床治疗的脂质体还有柔红霉素脂质体、多柔比星脂质体、阿糖胞苷脂质体、制霉菌素脂质体、甲肝疫苗脂质体等。

二、靶向给药系统辅料的选用原则

(一)微囊囊材的选用原则

　　1. 根据制备微囊目的进行选择　　囊材选择前应明确该制剂制成微囊的目的,如提高药物稳定性,掩盖不良臭味,控制药物释放速率,减少挥发性药物的挥发,防止配伍禁忌等。在此基础上,再筛选合适的囊材以达到满足医疗和制剂特殊要求的目的。

2. 根据药物和囊材性质进行选择　选用囊材时,应根据囊材及药物的理化性质,如黏度、溶解性、渗透性、稳定性等,并结合制剂要求进行选用。

(二) 微球载体材料的选用原则

微球载体材料的选择应在同时满足医疗需要和载体材料基本要求的条件下,根据制备方法和工艺来选用适宜的载体材料。

分散法载体材料应具有水溶性,并达到一定浓度,且应有优良的被分散的性能和分散后的相对稳定性,以保证分散相达到所需要的大小,如血清蛋白。凝聚法制备微球的载体材料要求溶解性能良好,能溶于水或某种有机溶剂呈分子态,因外界理化因素的影响使载体材料溶解度发生变化,载体分子凝聚包裹药物自溶液中析出,如明胶制备微球多采用该种方法。聚合法制备微球一般是以载体材料单体,通过聚合反应将药物包裹形成微球。

(三) 脂质体载体材料的选用原则

磷脂和胆固醇是形成脂质体骨架的基础材料,但不同磷脂的结构、性质和制备方法都影响脂质体的质量及能否满足应用目的和医疗需求。

1. 根据载体的结构特点进行选择　磷脂分子有棒状、锥状和反锥状三种形状和不同的 HLB 值,选用时应根据其形状特点考虑是单独使用还是与其他磷脂混合使用。一般棒状的磷脂分子在水中能形成双分子层,可单独形成脂质体;锥状磷脂需与棒状磷脂共同形成脂质体;反锥状磷脂需与前两种中任一种形成脂质体。

2. 根据载体材料的理化性质进行选择　载体材料的理化性质直接影响脂质体的载药、释药性能和稳定性,其中影响最大的性质是磷脂的相变、氧化和水解。

三、靶向给药系统辅料的分类与常见品种

(一) 微囊囊材的分类与常见品种

1. 按来源分类

(1) 天然高分子材料:该类材料具有囊材要求的多种特性,无毒、稳定,成膜性好,价廉易得,是最常用的囊材,如明胶、海藻酸钠、阿拉伯胶、壳聚糖等。

(2) 半合成高分子材料:该类材料以纤维素衍生物为主,毒性小,黏度较大,成膜性能良好,因易水解,故稳定性稍差,如羧甲纤维素(钠)、乙基纤维素、醋酸纤维素酞酸酯、羟丙甲纤维素等。

(3) 合成高分子材料:该类材料化学性质稳定,成膜性能优良,特别是可生物降解的材料更受关注,如聚维酮、聚乙烯醇、聚乳酸等。

2. 按溶解性能分类

(1) 水溶性囊材:包括胶类、纤维素衍生物及其盐类、亲水性聚合物等,如明胶、甲基纤维素、聚乙二醇等。

（2）非水溶性材料：包括纤维素衍生物、水不溶性高分子聚合物、类脂类与蜡类，如乙基纤维素、醋酸纤维素、聚酰胺、硬脂酸、蜂蜡等。

（3）肠溶性囊材：可制成肠溶微囊，如醋酸纤维素酞酸酯、羟丙甲纤维素酞酸酯、玉米朊等。

明　胶

彩图 106

【性状】 本品为微黄色至黄色、透明或半透明、微带光泽的薄片或粉粒（彩图 106），无臭。在冷水中不溶，久浸可吸水膨胀并软化，重量增加 5~10 倍。本品既可在热水或甘油与水的热混合液中溶解，也可在醋酸中溶解，在乙醇、乙醚或三氯甲烷中不溶。

【应用】

1. 微囊材料　明胶在体内可生物降解，用于制备微囊的量常为 20~100 g/L，由于明胶具有脆碎性，故常加入增塑剂甘油、丙二醇等改善明胶的弹性，用量通常为 10%~20%。如维生素 A 微囊、β- 胡萝卜素微囊等制剂均可用明胶作包囊材料。

2. 微球载体材料　用明胶制备微球可用乳化交联法制备，也可用两步法制备。即先用明胶制备空白微球，选用既能溶解药物，又能浸入微球的溶剂系统，将微球浸泡在药物溶液后干燥即得。用于制备微球的量一般在 200 g/L 以上。

3. 胶囊壳材料　明胶为硬胶囊和软胶囊最常用胶囊壳材料。

4. 黏合剂　明胶在片剂中可作黏合剂使用。由于在冷水中形成胶冻或凝胶，故制粒时明胶应保持一定的温度。明胶制得的颗粒较硬，适用于不需要崩解或延长药效的片剂，如口含片等。

5. 包衣材料　明胶可作片剂、丸剂的包衣材料。

6. 栓剂基质　明胶与甘油、水可制成甘油明胶基质，弹性大，不易折断，塞入腔道后可缓慢溶解于分泌液中，为最常用的栓剂水溶性基质。

7. 其他　明胶在临床上可作吸收性止血剂。在食品工业中常作增稠剂添加在果冻、高级软糖、酸奶等食品中。

【安全性】 口服制剂中，明胶为无毒、无刺激性的原料，偶见明胶胶囊黏附于食管的报道，可能导致局部刺激性，明胶注射给药可能引起过敏反应。

岗 位 对 接

一、辅料应用分析

复方醋酸甲羟孕酮微囊注射剂

处方组成：醋酸甲羟孕酮 450 g，戊酸雌二醇 150 g，明胶适量，阿拉伯胶胶粉适量，5% 醋酸溶液适量，36% 甲醛溶液适量，20% 氢氧化钠溶液适量，注射用水适量。

制备方法：将醋酸甲羟孕酮与戊酸雌二醇分别用气流粉碎法制成微粉，明胶与阿拉伯胶胶粉用注射用水溶胀，待溶解后用 3 号垂熔玻璃漏斗抽滤得到澄明溶液。用该溶液与药物进行加液研磨，混匀，置夹层反应锅中，维持温度 50~55℃，不断进行搅拌,滴加 5% 醋酸溶液至 pH 为 4.0~4.1,在显微镜下观察成囊后,继续加入总容积 1~3 倍 40℃ 的注射用水,囊形更为完好后,冷却至 10℃ 以下,再加入 36% 甲醛溶液继续搅拌,用 20% 氢氧化钠溶液调至 pH 为 8~9,固化完全后用水洗微囊至无甲醛为止。将微囊混悬于羧甲纤维素钠、氯化钠、硫柳汞的溶液中混匀,测药物含量后分装于安瓿中进行熔封,100℃ 灭菌 15 min,即得。

　　分析:醋酸甲羟孕酮和戊酸雌二醇为主药,明胶和阿拉伯胶胶粉为成囊材料,5% 醋酸溶液为 pH 调节剂,以利于囊材的凝聚过程,20% 氢氧化钠溶液为固化过程提供所需的 pH 环境,36% 甲醛溶液作为交联剂固化微囊。

二、使用指导

　　明胶为两性物质,与酸、碱都可发生反应。明胶是一种蛋白质,故具有蛋白质类物质的化学性质,如可在酸、碱或酶的作用下发生水解生成氨基酸。明胶可与阴离子和阳离子型聚合物、电解质、醛和醛糖、金属离子、表面活性剂、防腐剂、增塑剂等发生反应,可被乙醇、乙醚、三氯甲烷、鞣酸、汞盐等沉淀。如不加防腐剂或抑菌剂妥善储存,凝胶可被细菌作用而成为液体。

(二)微球载体材料的分类与常见品种

1. 按来源分类

(1)天然载体材料:该类材料一般无毒、无抗原性,是最常用的载体材料。如白蛋白、明胶、甲壳素、淀粉、海藻酸盐等。

(2)半合成高分子材料:常用的包括羧甲纤维素钠、醋酸纤维素酞酸酯、乙基纤维素、甲基纤维素、羟丙甲纤维素等,其整体特点表现为毒性小,黏度大,成盐后溶解度增大等。

(3)合成高分子材料:该类材料化学性质稳定,如聚乳酸、聚乙烯醇、聚酰胺等、聚维酮等。

2. 按降解性能分类

(1)可生物降解的载体材料:天然载体材料多为该类载体材料,一些合成的高分子材料如聚乳酸、聚碳酸酯、聚氨基酸、聚乳酸 – 聚乙二醇嵌段共聚物(PLA–PEG)等也可生物降解。其特点是无毒,成膜性好,稳定性高,可用于注射给药。

(2)不可生物降解的载体材料:不可生物降解且不受 pH 影响的载体材料有聚酰胺、硅橡胶等。生物不降解,但在一定 pH 条件下可溶解的载体材料有聚乙烯醇、聚丙烯酸树脂等。

聚乳酸 – 羟基乙酸共聚物(PLGA)

【性状】　本品为白色粉末(彩图 107),无臭或几乎无臭,味微酸。不溶于水或乙醇,溶于丙酮、丙二醇碳酸酐、三氯甲烷等有机溶剂,玻璃化温度在 40~60℃。不同的单体比例可以制备出不同类型的 PLGA,如 PLGA(5050)表示该聚合物由 50% 乳酸和 50% 羟基

彩图 107

乙酸组成。所有 PLGA 都是非定形的,在水中可缓慢水解成乳酸和羟基乙酸,降解速率与聚合物的比例和分子量有关。PLGA(7525)可在体内维持 1 个月,PLGA(8515)可在体内维持 3 个月,PLGA(5050)可在体内维持 21~42 日。在相同比例下,释药速率随分子量增大而减少。

【应用】

1. 微球载体材料　因其具有良好的生物相容性和可控的生物降解性,常用作蛋白质、酶类药物的微球载体材料。

2. 其他　本品可作人工导管、组织工程支架材料等,广泛地应用于生物医学领域,如皮肤移植、伤口缝合、纳米粒及体内植入等。

【安全性】　本品无毒,安全,在体内可生物降解,最后转化成水和二氧化碳排出,故其在体内无蓄积毒副作用。

岗 位 对 接

一、辅料应用分析

紫杉醇 PLGA 微球

处方组成:紫杉醇 1.6 mg,PLGA(7525)100 mg,二氯甲烷 2.0 ml,2% 聚乙烯醇水溶液适量,纯化水适量。

制备方法:精密称取 PLGA(7525)100 mg,溶于 2.0 ml 二氯甲烷中,加入 1.6 mg 紫杉醇,超声溶解,作为有机相。水相为 2% 聚乙烯醇水溶液,冰水浴保持 0℃,在 800 r/min ± 10 r/min 条件下搅拌,将有机相缓缓加入水相中,继续搅拌至有机相完全挥发,再用 0.45 μm 微孔滤膜抽滤收集微球,200 ml 纯化水洗涤,置干燥器中放置 48 h,即得。

分析:紫杉醇目前用于治疗恶性肿瘤,尤其是耐药的卵巢癌和转移性乳腺癌,但其在水中几乎不溶,用 PLGA 作载体,制成紫杉醇 PLGA 长效缓释微球。

二、使用指导

PLGA(7525)应密封、冷藏或冷冻(−20~8℃)储藏,在开封前使产品接近室温,以尽量减少由于水分冷凝引起的降解。

(三) 脂质体载体材料的分类与常见品种

脂质体载体骨架的基础材料主要是磷脂和胆固醇。

1. 磷脂　磷脂是构成脂质体载体的主要基础材料,可分为以下几类。

(1) 卵磷脂:又称为磷脂酰胆碱(PC),是最常见的中性磷脂,有天然的,也有合成的。天然卵磷脂可从蛋黄和大豆中提取,是构成细胞膜的主要磷脂成分,也是制备脂质体的主要原料。与其他磷脂相比,价格较低,化学性质也较稳定,是由一大类磷脂酰胆碱化合物所组成的混合物。合成卵磷脂由二棕榈酰磷脂酰胆碱(DPPC)、二硬脂酰磷脂酰胆碱(DSPC)及二肉豆蔻酰磷脂酰胆碱(DMPC)等组成,与天然卵磷脂比较,不易氧化,成分固定,更适合研究和生产。

(2) 其他中性卵磷脂:除卵磷脂外,脂质双分子膜还可由神经鞘磷脂(SM)、烷基醚卵磷脂及磷脂酰乙醇胺(PE)等中性卵磷脂组成。神经鞘磷脂组成的双分子膜排列较为紧密,物质不容易渗透,膜流动性也较低,故比卵磷脂更为稳定。

(3) 负电荷磷脂:又称为酸性磷脂,是脂质体带负电荷的原因,常见的有磷脂酰丝氨酸(PS)、磷脂酸(PA)、磷脂酰甘油(PG)、磷脂酰肌醇(PI)及甘油磷脂等。由负电荷磷脂组成的膜排列紧密。

(4) 正电荷脂质:制备脂质体所用的正电荷脂质都是人工合成的产品,常用的有硬质酰胺、油酰基脂肪胺衍生物及胆固醇衍生物等,常用于制备基因转染脂质体。

2. 胆固醇　胆固醇又称胆甾醇、胆脂醇,是一种环戊烷多氢菲的衍生物。主要是以高浓度形式嵌入磷脂双分子层,以阻止磷脂凝聚成晶体结构。它能减小脂质体膜中类脂与蛋白质复合体之间的连接,像“缓冲剂”一样调节膜结构的“流动性”。胆固醇能对磷脂的相变进行双向调节:当低于相变温度时,可增加膜的通透性和流动性;当高于相变温度时,则使膜的通透性和流动性下降,从而有稳定磷脂双分子膜的作用。

胆　固　醇

【性状】　本品为白色片状结晶(彩图108),无臭。本品在三氯甲烷中易溶,在乙醚中溶解,在丙酮、乙酸乙酯或石油醚中略溶,在乙醇中微溶,在水中不溶。本品的熔点为147~150℃,比旋度应为 −34°~−38°。

彩图108

【应用】

1. 脂质体膜材　为生物膜的重要成分之一,也是脂质体膜的主要组成成分。胆固醇是一种中性脂质,为两亲分子,其亲油性大于亲水性。它能提高脂质体膜的稳定性,在体内外的稳定性与脂质体中胆固醇的含量相关,胆固醇含量越高,稳定性越好,原因可能是胆固醇能使磷脂在膜中排列更紧密,从而防止磷脂的丢失。胆固醇不能单独制备脂质体,必须与磷脂一起形成双分子膜,用以改善膜的流动性。

2. 乳化剂　可作乳化剂用于外用药物制剂和化妆品中,能增加软膏的吸水能力,并具有润肤作用。

3. 其他　可作固体分散体的难溶性载体材料和软膏基质。

【安全性】　无毒,对皮肤无刺激性,但可刺激眼睛。吸入或吞入大量的胆固醇,或长期使用胆固醇可造成动脉粥样硬化或胆结石。

岗 位 对 接

一、辅料应用分析

莪术醇脂质体

处方组成:莪术醇 90 mg,卵磷脂 80 mg,胆固醇 10 mg,无水乙醇 10 ml,磷酸盐缓冲液 20 ml,纯化水适量。

制备方法:称取卵磷脂、胆固醇(重量比 8∶1)和莪术醇,用适量无水乙醇充分溶解,形成有机相。量取处方量的磷酸盐缓冲液(pH 6.0)于圆底烧瓶中,在水浴温度 50℃、30 r/min 磁力搅拌下,用注射器将有机相缓缓注入磷酸盐缓冲液中,并继续搅拌 30 min,得到莪术醇脂质体混悬液。室温下旋转蒸发除去乙醇,将得到的溶液用纯化水定容,于 50℃水浴中保温 1 h,冷却至室温,探头超声 4 min,用 0.8 μm、0.45 μm、0.22 μm 的微孔滤膜依次过滤各 5 次,即得莪术醇脂质体。

分析:莪术醇具有抗肿瘤活性,毒副作用小,但几乎不溶于水,生物利用度低。卵磷脂和胆固醇为脂质体膜材。

二、使用指导

胆固醇与洋地黄皂苷可发生沉淀反应。应遮光、密闭储存。

自 测 题

一、处方分析

分析下列处方中各成分的作用。

1. 双氯芬酸钠缓释片

【处方1】 速释颗粒

双氯芬酸钠 50 g,乳糖 10 g,聚维酮 10 g,玉米淀粉 20 g,羧甲淀粉钠 20 g,95% 乙醇 20 ml。

【处方2】 缓释颗粒

双氯芬酸钠 150 g,乙基纤维素 40 g,氢化蓖麻油 120 g,95% 乙醇 90 ml。

2. 硝酸异山梨酯缓释片

【处方】 硝酸异山梨酯 20 g,海藻酸钠 100 g,30% 乙醇适量,滑石粉 1.8 g,共制成 1 000 片。

二、简答题

1. 简述缓控释制剂辅料的分类与常见品种。

2. 简述乙基纤维素和羟丙甲纤维素在药剂学中的应用。

在线测试

第八章
生物制品生产用辅料

学习目标

- 掌握佐剂、冻干保护剂的概念及常见品种。
- 熟悉生物制品生产用辅料的质量控制；疫苗培养液的种类。
- 了解常见的灭活剂、脱毒剂。

思维导图

第一节　生物制品生产用辅料概述

一、生物制品生产用辅料的定义

生物制品是应用普通的或以细胞工程、基因工程、发酵工程、蛋白质工程等生物技术获得的微生物、细胞及各种动物和人源的组织和液体等生物材料制备，用于疾病预防、治疗和诊断的药品，这些药品大多数为肽类、蛋白质类药物，性质不稳定，容易变质，在其生产过程中涉及多种原材料和辅料。因此，将生物制品制成安全、稳定、有效的制剂，原材料和辅料的选择尤为重要。生物制品生产用辅料是指生物制品配方中所使用的辅助材料，主要包括疫苗用培养液、免疫佐剂、冻干保护剂、灭活剂、脱毒剂、助溶剂、赋形剂和矫味剂等。

二、生物制品生产用辅料的质量控制

生物制品的生物学特性决定了其为不同于一般药品的"特殊药品"，因此，对生物制品生产过程中使用的辅料的要求更加严格。

根据辅料潜在的毒性、风险性可以将生物制品生产用辅料分为四个风险等级：第一级是指已获得上市许可的生物制品或药品无菌制剂，为较低风险的辅料；第二级是指已有国家药品标准，并按 GMP 生产的化学原料药，为低风险辅料；第三级是指按照 GMP 规范生产，并取得药用辅料批准文号的非动物源性辅料，为中等风险辅料；第四级为高风险辅料，指第一至三级辅料之外的辅料。不同等级辅料的质量控制要求如表 8-1。

表 8-1 不同等级辅料的质量控制要求

项目	第一级	第二级	第三级	第四级
上市许可证明	√	√	—	—
供应岗药品生产 GMP 证书	√	√	—	非注射用的原料药用作注射剂的辅料,应提供
辅料注册或备案证明	—	—	如为注册管理或备案的辅料,应提供	注册管理或备案的非注射用的
供应商出厂检验报告	√	√	√	√
国家批签发合格证	如有供应	—	—	—
按照国家药品标准或生物制品生产企业内控质量标准全检	—	抽检(批)	√	√
关键项目检查	√	√	—	—
外源因子检测	—	—	—	如为动物来源,应检测
进一步加工,纯化	—	—	如需要	如需要
来源证明	—	—	—	如为动物来源,应提供
符合原产国和中国相关动物源性疾病的安全性要求	—	—	—	如为动物来源,应提供
供应商审计	√	√	√	√

三、生物制品生产用辅料限度的控制

生物制品生产用辅料应根据生物制品制剂工艺和产品的安全性、有效性研究结果,以发挥有效作用的最小加量确定制剂配辅料的加量。具有明确功能并且可采用适宜方法进行性能测试的辅料,还应结合辅料性能测试结果综合考虑以确定辅料的加量,如疫苗佐剂抗原吸附效果检测、防腐剂抑菌效力检查等。

另外,具有毒副作用或特定功能的辅料及其他需要在生物制品中控制量的辅料,应该在成品检定或中间产物阶段设定辅料含量检查项并规定限度要求。

第二节 生物制品生产用辅料的分类与常见品种

生物制品生产用辅料根据其用途可以分为疫苗培养液、佐剂、灭活剂、脱毒剂、冻干赋形剂、稳定剂或保护剂、稀释剂、缓冲剂等。

一、疫苗培养液

疫苗培养液可以为疫苗扩大培养时提供营养,主要包括细菌性疫苗培养液和病毒性疫苗培养液。

（一）细菌性疫苗培养液

细菌性疫苗培养液是指根据细菌所需营养类型和培养的目的配制而成的细菌生长用基质,包括天然培养基和合成培养基。常见的为天然培养基牛肉膏蛋白胨琼脂培养基。

培养基中供细菌生长所需营养成分包括蛋白质、糖类、无机盐、微量元素、氨基酸及维生素等物质,应尽可能地避免使用可引起人体过敏反应或动物来源的原材料,任何动物源性的成分均应溯源并进行外源因子检测。

牛肉膏蛋白胨琼脂培养基

【性状】　牛肉膏蛋白胨琼脂培养基为淡黄色半固体,去除其中的琼脂为淡黄色液体(彩图 109)。本品是一种应用十分广泛的天然培养基,其中的牛肉膏为微生物提供碳源、磷酸盐和维生素,氯化钠提供无机盐,蛋白胨主要提供氮源和维生素。

彩图 109

【应用】

1. 疫苗培养　本品可为细菌性疫苗的培养提供营养。

2. 微生物发酵　通过微生物发酵技术制得的药物生产过程中可用此培养基作为微生物发酵的培养液。

【安全性】　本品主要用于疫苗或微生物的扩大培养,在后续生产过程中除去。本品为营养物质,无毒,无刺激性。

知识拓展

牛肉膏蛋白胨琼脂培养基的组成及配制

配方:牛肉膏 3.0 g,蛋白胨 10.0 g,氯化钠 5.0 g,琼脂 15~25 g,水 1 000 ml。

配制:可按配方的比例配制需要体积的培养基,调整 pH 为 7.4~7.6,高压蒸汽灭菌,倾注培养基制备平板。

注意:培养基倾注时温度为 50℃左右,若不含琼脂成分则为液体培养基。

 视频

细菌性疫苗
培养液的
配制

（二）病毒性疫苗培养液

病毒性疫苗培养液,一般称之为细胞培养液,是在平衡盐溶液的基础上加入一些营养成分,如氨基酸、维生素、生长因子、激素、辅酶等与血清中浓度相似的营养物质。

常用的有 RPMI 1640 培养基,DMEM 培养基,MEM 培养基等。

病毒性疫苗生产用细胞培养液应采用成分明确的材料制备并验证生产用细胞的适应性。对使用无动物源性血清培养基的,应详细记载所有替代物及添加物质的来源、属性和数量比率等信息。疫苗生产用培养基中不得使用人血清。使用生物源性材料,应检测外源性因子污染,包括细菌和真菌、支原体、分枝杆菌以及病毒。对生产过程中添加的具有潜在毒性的外源性物质,应对后续工艺去除效果进行验证,残留物检测及限度应符合相关规定。

RPMI 1640 培养基

彩图 110

【性状】　配制好的培养基为红色澄清液体(彩图 110)。因其含有酚红指示剂,在细胞培养的过程中,培养液中 pH 变化也会引起培养液颜色的变化。

其主要成分包括各种氨基酸、无机盐、维生素等,具体组分如表 8-2,在细胞培养时可根据需要添加抗生素和血清。

表 8-2　RPMI1640 培养基的组成

序号	化合物名称	含量/ (mg·L⁻¹)	序号	化合物名称	含量/ (mg·L⁻¹)
1	L- 精氨酸	290.00	21	硝酸钙	100.00
2	L- 门冬酰胺	50.00	22	无水硫酸镁	48.84
3	L- 门冬氨酸	20.00	23	无水磷酸二氢钠	676.13
4	L- 胱氨酸二盐酸盐	65.15	24	氯化钾	400.00
5	L- 谷氨酸	20.00	25	氯化钠	6 000.00
6	甘氨酸	10.00	26	葡萄糖	2 000.00
7	L- 组氨酸	15.00	27	还原型谷胱甘肽	1.00
8	L- 羟脯氨酸	20.00	28	酚红	5.00
9	L- 异亮氨酸	50.00	29	L- 谷氨酰胺	300.00
10	L- 亮氨酸	50.00	30	生物素	0.20
11	L- 赖氨酸盐酸盐	40.00	31	D- 泛酸钙	0.25
12	L- 甲硫氨酸	15.00	32	叶酸	1.00
13	L- 苯丙氨酸	15.00	33	肌醇	35.00
14	L- 脯氨酸	20.00	34	烟酰胺	1.00
15	L- 丝氨酸	30.00	35	氯化胆碱	3.00
16	L- 苏氨酸	20.00	36	盐酸吡哆醇	1.00
17	L- 色氨酸	5.00	37	核黄素	0.20
18	L- 酪氨酸	23.19	38	盐酸硫胺素	1.00
19	L- 缬氨酸	20.00	39	维生素 B₁₂	0.005
20	对氨基苯甲酸	1.00			

【应用】　细胞培养:广泛地用于细胞培养相关生产过程,如病毒性疫苗培养,分子生物学相关实验等。

【安全性】　无毒,无刺激,安全性高。

二、佐剂

佐剂是指与一种疫苗结合以增强其抗原特异性免疫应答的物质。佐剂能明显增强多肽或多糖等抗原性微弱的物质所诱导的特异性免疫应答,而自身无免疫原性,不能引起免疫应答反应。

铝盐佐剂是目前唯一应用于临床的佐剂,主要包括氢氧化铝、磷酸铝等。

氢 氧 化 铝

【性状】　本品为白色粉末(彩图 111);无臭,无味。本品在水和乙醇中不溶,在稀无机酸或 10 mol/L 的氢氧化钠溶液中溶解。

彩图 111

【应用】

1. 稀释剂　为挥发油的良好吸收剂,也可用于粉末直接压片的干黏合剂和助流剂。

2. 佐剂　常用于疫苗之中以加强其诱导机体产生特异性免疫应答的能力,增强临床效果。如百白破联合疫苗、森林脑炎疫苗等。

3. 抗酸药　临床上可用作抗酸药,治疗胃酸过多、胃溃疡。与钙剂和维生素 D 合用时可治疗新生儿低钙血症。

4. 无机阻燃添加剂　氢氧化铝是用量最大和应用最广的无机阻燃添加剂,使用范围包括热固性塑料、热塑性塑料、合成橡胶、涂料及建材等行业。

【安全性】　本品无毒,对皮肤和黏膜无刺激性,一般公认是安全的。

岗 位 对 接

一、辅料应用分析

吸附百白破联合疫苗

处方组成:百日咳疫苗原液,白喉类毒素原液,破伤风类毒素原液,氢氧化铝。

制备方法:

(1) 百日咳疫苗原液、白喉类毒素原液、破伤风类毒素原液的制造与检定。

(2) 配制疫苗:① 氢氧化铝稀释。按吸附后的浓度,将氢氧化铝原液用注射用水稀释成 1.0~1.5 mg/ml。加硫柳汞含量不高于 0.1 g/L,氯化钠含量补足至 8.5 g/L。② 吸附。按计算量将百日咳疫苗原液、白喉类毒素原液及破伤风类毒素原液加入已稀释的氢氧化铝内,调 pH 至 5.8~7.2,使每 1 ml 半成品含百日咳杆菌不高于

9.0×10^9 个菌,白喉类毒素不高于 20 Lf,破伤风类毒素不高于 5 Lf。

(3) 对其进行分批、分装和检定制得。

分析:氢氧化铝佐剂在偏中性环境中吸附能力较强,故在吸附步骤需要调节 pH。

二、使用指导

吸附百白破联合疫苗为乳白色悬液,放置后佐剂下沉,摇动后即成均匀悬液,含防腐剂。铝佐剂能增强疫苗免疫作用,主要是通过铝佐剂与抗原的吸附作用,因此铝盐的含量是其吸附和免疫增强作用的前提条件。铝会损害人的脑细胞,且在人体内会慢慢蓄积,引起的毒性缓慢,不易察觉,一旦发生毒性反应则会非常严重,因此应严格控制人体通过各种途径摄入铝。

三、灭活剂、脱毒剂

灭活疫苗是指病原微生物经培养,增殖,用理化方法灭活后制得的疫苗。常用的化学灭活方法就是加入灭活剂。现在常用的灭活剂主要有甲醛和 β- 丙内酯。

(一) 甲醛

甲醛 (CH_2O) 对病毒蛋白质和病毒核酸都有破坏作用,但首先是使病毒核酸灭活,与含氨基的核苷酸碱基结合而使病毒核酸变性。通过较高浓度和较长时间的作用,甲醛可与病毒蛋白质的胺基结合而形成羟甲基衍生物或二羟甲基衍生物,后者再与酰胺发生交联反应,使病毒蛋白质变性,阻止病毒核酸的逸出。适当浓度的甲醛灭活病毒后,病毒抗原性、血凝性均不改变,故常用其灭活病毒制造疫苗。

甲 醛

彩图 112

【性状】 本品为无色、有强烈刺激性气味的气体,易溶于水、醇和醚。甲醛在常温下是气态,通常以水溶液形式出现(彩图 112)。35%~40% 的甲醛水溶液称为福尔马林。

【应用】

1. 脱毒剂和灭活剂 本品具有杀菌、灭活病毒的作用,在各类疫苗制备过程中作为脱毒剂和灭活剂。

2. 其他 甲醛是一种重要的化工原料和有机溶剂,广泛地用于木材工业及纺织产业,化妆品、清洁剂、杀虫剂、消毒剂、防腐剂、印刷油墨、纸张、纺织纤维等多种化工轻工产品。在化妆品中作防腐剂。

【安全性】 甲醛是一种细胞原生质毒物,已被 WHO 确认为是致癌、致畸的化学物质,是公认的变态反应原,能与蛋白质结合,皮肤直接接触甲醛可引起过敏性皮炎、色斑、坏死。高浓度吸入甲醛可出现严重的呼吸道刺激、眼刺激、头痛,可诱发哮喘和鼻咽肿瘤。作为灭活剂,须在后续的生产工艺中除去残留的游离甲醛,若随疫苗注入机体,会产生刺激性反应。

课堂讨论

1. 说一说生活中你知道的甲醛的应用及常见的除甲醛的方法。

2. 说一说甲醛的危害。

岗 位 对 接

一、辅料应用分析

伤 寒 疫 苗

处方组成:灭活的伤寒沙门菌菌体,磷酸盐缓冲液(PBS),甲醛溶液。

制备方法:

1. 种子批的建立与检定　采用伤寒沙门菌 CMCC 50098(Ty2 株) 和 CMCC 50402,且种子批的建立应符合《生物制品生产检定用菌毒种管理规程》的有关规定。应对种子批的培养特性、血清学特性、毒性、免疫力、抗原性等进行检定,须符合规定。

2. 原液的制备

(1) 制备生产用种子:工作种子批检定合格后方可用于生产,将种子批菌种接种于改良半综合培养基或其他适宜培养基,制备生产用种子。

(2) 菌种的接种和培养:采用涂种法接种,接种后置 35~37℃培养 18~24 h。生产用培养基为 pH 7.2~7.4 的马丁琼脂、肉汤琼脂或经批准的其他培养基。

(3) 收获:培养完成后,刮取菌苔混悬于 PBS 中即为原液。

3. 杀菌　在纯菌检查合格的原液中加入终浓度为 1.0%~1.2% 的甲醛溶液,置于 37℃杀菌,时间不得超过 7 日,再保存于 2~8℃,并进行杀菌检查。

4. 配制　将收获的已杀菌原液进行合并并加入适宜的防腐剂,并用 PBS 稀释,稀释后浓度为每 1 ml 含伤寒沙门菌 3.0×10^8 个。

5. 进行检定,分批,分装包装。

分析:甲醛作为灭活剂、杀菌剂制备灭活菌体,灭活菌体为疫苗活性成分。游离甲醛含量应不高于 0.2 g/L。

二、使用指导

在灭活疫苗过程中,用甲醛灭活时间长,一般需要在 37~39℃ 处理 24 h 以上或更长时间。灭活的效果易受温度、pH、浓度、是否存在有机物、病原体的种类和含氮量等因素影响。残留的游离甲醛,若随疫苗注入机体,会产生刺激性反应,故需要对游离甲醛含量进行检测(检测方法:《中国药典》(2020 年版)三部通则 3207 第一法)。

知识拓展

游离甲醛测定法

甲醛在疫苗的制备中可作为灭活剂灭活病毒或活菌。由于甲醛具有毒性,须在后续工艺中除去,所以需对疫苗产品进行游离甲醛含量的测定。根据《中国药典》(2020 年版)通则,游离甲醛含量测定主要有品红亚硫酸比色法和乙酰丙酮比色法。

品红亚硫酸比色法:根据品红亚硫酸在酸性溶液中能与甲醛生成紫色复合物,用比色法测定供试品中游离甲醛含量。

乙酰丙酮比色法:根据汉栖反应原理测定微量游离甲醛的含量。甲醛在接近中性的铵盐、乙酰丙酮混合溶液中,生成黄色产物,即 3,5– 二乙酰基 –1,4– 二氢二甲基吡啶(DDL),该产物在波长 412 nm 处吸光度与甲醛含量成正比。因此,可根据供试品的吸光度,计算供试品的游离甲醛含量。

(二) β – 丙内酯

β– 丙内酯作用于病原体 DNA 或 RNA,改变病毒核酸结构,达到灭活目的。不直接作用于蛋白,从而使得病原体保持免疫原性不被破坏。极易水解,水解为无毒性的人体脂肪代谢产物 β– 羟基丙酸。由于其能在疫苗液体中完全水解,所以不必考虑在成品疫苗中的残留。

β – 丙内酯(β –PL)

【性状】　本品为杂环类化合物($C_3H_4O_2$),常温下为无色黏稠状液体,有刺激性气味,沸点为 155℃,对病毒具有很强的灭活作用。

【应用】　脱毒剂、灭活剂:本品具有杀菌、灭活病毒的作用,常用于疫苗的灭活。β– 丙内酯灭活时间短,缩短了疫苗的生产周期。不同疫苗的作用浓度、灭活作用时间、作用温度、pH 等条件不同,需要使用者经过试验确定最佳条件。

【安全性】　本品具有致癌性和毒性,属高毒性物质,最小致死剂量,即 MLD(大鼠,口服)为 50 mg/kg,LD_{50}(小鼠,静脉注射)为 345 mg/kg,对肝、肾有损害。可透皮吸收,且刺激性较强。皮下注射可致大鼠、小鼠局部肉瘤及腺癌,涂于皮肤可致小鼠、豚鼠及仓鼠皮肤肿瘤,小鼠腹腔注射及新生小鼠皮肤涂抹可致肺、肝肿瘤及淋巴肉瘤,具有致癌性。由于其能在疫苗液体中完全水解,所以不必考虑在成品疫苗中的残留。

课堂讨论

比较甲醛和 β- 丙内酯作为疫苗灭活剂的异同。

四、冻干赋形剂

冷冻干燥制剂简称为冻干剂,是用无菌操作法将滤过除菌的药物溶液分装于西林瓶中,经过冷冻干燥的方法使水冻结为固态,再升华除去溶液中的水分,留下固体再经加塞压盖制得。冻干剂适用于不耐热或在水中储存不稳定,但在干燥状态下稳定的化学或生物制品,如青霉素、胰蛋白酶、辅酶A、血清、血浆、疫苗等。生物制品具有受热易失活、稳定性差、易水解等特点,因此常常将其做成冻干剂。

冷冻干燥的处方设计必须确保冻干后的固体物具备其应有的特性,如结晶均匀、色泽一致,冻干后固体支架基本保持原有的体积,且具有足够的强度,避免储存时破碎等。单独的药物冻干后一般难以得到特性符合要求的固体物,因此,需要加入一些辅料以达到要求。

冻干剂处方中固体的百分含量应在7%~25%。为了使结晶均匀、质地良好,具有一定的强度和较快的溶解度,可加入赋形剂和其他附加剂。

生物制品冻干剂中赋形剂是指使药品成型,起支架作用的物质。常见的赋形剂有明胶(来源于动物)、蔗糖、乳糖、甘露醇等。

蔗　　糖

【性状】　本品为无色结晶或白色结晶性的松散粉末(彩图113);无臭,味甜。本品在水中极易溶解,在乙醇中微溶,在无水乙醇中几乎不溶。本品的比旋度为+66.3°~+67.0°。

彩图113

【应用】

1. 黏合剂　50%~67%的糖浆可用作湿法制粒制备片剂的黏合剂。可压性蔗糖可作为干法制粒的干黏合剂,一般用量为2%~20%。

2. 甜味剂　蔗糖可用于咀嚼片或锭剂的增溶剂和甜味剂,但当片剂中含糖分较多时,能够增加片剂的硬度并使得崩解度变差。

3. 矫味剂　制成85%糖浆或芳香性糖浆用作内服液体制剂的矫味剂。

4. 糖包衣液　50%~67%糖浆可用于片剂糖包衣。

5. 冻干赋形剂　在冷冻干燥制剂中,本品可使药品成型,起支架作用。同时,本品也是非特异性蛋白质稳定剂,可在冻干时保护蛋白质类药物不被破坏。

6. 其他　本品用于制备糖浆,可增加制剂的可口性和黏度;蔗糖酯与硝苯地平共沉淀使其更易于润湿从而增强药物的溶出度;蔗糖的酯类具有较好的乳化性,较多用于化妆品中。

【安全性】　本品为天然可食用甜味剂,安全无毒,但糖尿病患者或其他对糖代谢不良的患者,应禁止使用。蔗糖较其他糖类更容易引起龋齿、牙菌斑,因此口服制剂中应用较少。蔗糖与肥胖症、肾损伤等疾病有关,因此在饮食中也要尽量控制蔗糖的摄入量。

岗 位 对 接

一、辅料应用分析

注射用放线菌素 K

处方组成:放线菌素 K 0.2 mg,蔗糖 200 mg,注射用水适量。

制备方法:放线菌素 K 和蔗糖用适量注射用水溶解,无菌过滤,分装在安瓿中,冷冻干燥,熔封,质检,包装。

分析:蔗糖起赋形剂和冻干保护剂的作用。

二、使用指导

粉状蔗糖含有痕量重金属,从而可与某些活性成分如抗坏血酸产生配伍禁忌。蔗糖在精制过程中可能会混入亚硫酸盐,从而使得糖衣片变色,因此在制备糖衣片时,应控制蔗糖中亚硫酸盐的含量。在烯酸或浓酸条件下,蔗糖可转化为果糖和葡萄糖,糖尿病患者禁止使用本品。另外,本品对铝制品有腐蚀作用。

五、稳定剂或保护剂

生物制品多为蛋白质和多肽,性质很不稳定,容易变质,因此在制备过程中常常需要加入稳定剂或保护剂。稳定剂或保护剂是指用于稳定或保护生物制品有效成分、防止其降解或失去活性的物质。根据保护剂的化学性质,可将其分为以下几类。

(一) 糖与多元醇类

糖与多元醇属于非特异性蛋白质稳定剂,常用蔗糖、海藻糖、乳糖、葡萄糖、甘露醇、甘油、山梨醇,是应用最广泛的一类冻干保护剂。根据蛋白质的种类来确定糖和多元醇的种类与浓度,其保护作用与蛋白质和糖的比例有关。

山 梨 醇

【性状】 本品为白色结晶性粉末(彩图 114);无臭,味甜而清凉,甜度约为蔗糖的60%;具吸湿性。本品易溶于水,微溶于乙醇,在三氯甲烷或乙醚中不溶。

【应用】

1. 稳定剂 在液体制剂中,本品可以作为药物、维生素和抗酸剂混悬剂的稳定剂。在生物制品中,可以作为冻干保护剂,保护蛋白质类药物不被低温破坏。

2. 稀释剂 在湿法制粒或直接压片制备的片剂中,本品可作为稀释剂。山梨醇是易吸湿粉末,在直接压片的片剂处方中含有山梨醇时,25℃时应避免在相对湿度60% 以上的环境下操作。

彩图 114

3. 甜味剂　本品具有甜味和清爽的口感,常用于咀嚼片。

4. 增塑剂　在胶囊囊材的处方中,本品可以作为明胶的增塑剂。

5. 其他　本品可用作渗透性泻药,缓释固体制剂的致孔剂,固体分散物载体,软膏基质等。

【安全性】　山梨醇天然存在于许多可食用的水果中,其在胃肠道的吸收比蔗糖慢,糖尿病患者对山梨醇的耐受性比蔗糖好,因此广泛地用于不宜含蔗糖的液体制剂中,但并不能认定山梨醇对糖尿病患者是安全的。

山梨醇不易被口腔微生物发酵,因此基本不会导致龋齿。

关于山梨醇不良反应的报道主要见于口服作为渗透性泻药时,因此应避免大量(成人 >20 g/d)摄入山梨醇。山梨醇比甘露醇有更大的刺激性。

(二)聚合物

常用作保护剂的聚合物包括聚乙烯吡咯烷酮(PVP)、聚乙二醇(PEG)等,一般与其他保护剂联用。高浓度的 PEG 常作为蛋白质的沉淀结晶剂和低温保护剂。通常根据蛋白质药物的种类选用不同分子量的 PEG。

(三)大分子化合物

很多大分子化合物通过其表面活性作用、蛋白质 - 蛋白质相互作用的空间隐蔽、提高黏度来限制蛋白质运动,起到稳定作用,如人血白蛋白、$\beta-$ 环糊精。用作保护剂的蛋白质包括蛋白质制品自身和外来蛋白质。

人血白蛋白

【性状】　人血白蛋白是一种从健康供血者获得的灭菌无热原血清白蛋白制品。人血白蛋白溶液为微带黏性、黄色或绿色至棕色澄明液体(彩图 115)。

彩图 115

一级结构:含有 585 个氨基酸的单多肽链,并含有 7 个双硫桥。

二级结构:约 55% 的 α 螺旋结构,其余分别为回旋结构、无规线团结构和 β 折叠结构。

【应用】

1. 稳定剂　人血白蛋白主要用于注射用药物的处方中,作为酶和蛋白质的稳定剂,常用于病毒性疫苗、重组技术产品中。另外,作为稳定剂,白蛋白在蛋白处方中含量很低,通常为 0.003%。

2. 冻干保护剂　人血白蛋白也可用于冻干制剂中,作为冻干保护剂防止药物表面吸附其他蛋白。

3. 其他　人血白蛋白也在实验性的药物给药系统中用于制备微囊或微球;在治疗上,常用于胶体输液,用于调节血液的胶体渗透压,补充血浆容量,治疗严重的急性蛋白流失。

【安全性】　人血白蛋白是体内自然生成的,约占全血浆蛋白的 60%,作为辅料一般用作注射用制剂,通常被认为是无毒、无刺激的物质。

（四）氨基酸

氨基酸也是常用的蛋白质保护剂,常用的有甘氨酸、色氨酸、谷氨酸、苯丙氨酸等。

<h2 style="text-align:center">甘　氨　酸</h2>

彩图 116

【性状】　本品为白色或类白色结晶性粉末(彩图116),无臭。本品易溶于水,在乙醇或乙醚中几乎不溶。

【应用】

1. 营养增补剂　本品常用于食品,主要用于调味。

2. 防腐剂　对枯草杆菌和大肠埃希菌的繁殖有一定的抑制作用,可用于花生酱、鱼糜制品等的防腐。

3. 助溶剂　本品可作为助溶剂用作制备前体药物,增加药物溶解度,减少药物的不良反应。

4. 抗氧剂　本品具有络合金属离子的作用,也用作注射剂的抗氧增效剂。

5. 稳定剂　本品可作为蛋白质类药物的稳定剂,如人免疫球蛋白。

6. 治疗作用　治疗重症肌无力和进行性肌肉萎缩。

【安全性】　本品为必需氨基酸之一,无毒,作为辅料用量较少,安全。

<h2 style="text-align:center">色　氨　酸</h2>

彩图 117

【性状】　本品为白色至微黄色结晶或结晶性粉末(彩图117),无臭。本品在水中微溶,在乙醇中极微溶解,在三氯甲烷中不溶,在甲酸中易溶,在氢氧化钠溶液和稀盐酸溶液中溶解。

【应用】

1. 稳定剂或保护剂　本品具有还原性,主要用于生化药品的粉针剂中起抗氧化和疏松粉末的作用。辛酸钠/乙酰色氨酸是制备人血白蛋白的稳定剂。

2. 营养剂　本品可参与动物体内血浆蛋白的更新,并可促使核黄素发挥作用,还有助于烟酸及血红素的合成,可显著增加妊娠动物胎仔体内抗体,对泌乳期的乳牛和母猪有促进泌乳作用。

【安全性】　本品为必需氨基酸之一,无毒,作为辅料用量较少,安全。

<h2 style="text-align:center">岗 位 对 接</h2>

一、辅料应用分析

冻干人血白蛋白

处方组成:人血白蛋白原液,辛酸钠,色氨酸,注射用水。

制备方法:原料血浆经低温乙醇蛋白分离法或经 NMPA 批准的其他方法制

备,经纯化、超滤、除菌过滤后得到人血白蛋白原液。原液检定后配制半成品,制品中应加入稳定剂,按每 1 g 蛋白质加入 0.16 mmol 或 0.08 mmol 辛酸钠和 0.08 mmol 色氨酸。按成品规格加入注射用水调整 pH 和钠离子浓度,再将其在 60℃ 水浴中连续加热 10 h 以上进行病毒灭活,然后进行半成品检定,分装,冻干,包装。

　　分析:辛酸钠和色氨酸按一定比例作为保护剂添加到人血白蛋白制品中,能够防止蛋白质在病毒灭活过程中发生高温变性。在冻干过程中也能起到疏松粉末的作用。

二、使用指导

　　人体摄入浓度过高的辛酸钠会引起低血糖、抑制血小板聚集等现象,摄入过多色氨酸会引起精神萎靡、发热等症状,因此应严格监控其用量。

六、稀释剂、缓冲剂

　　稀释剂、缓冲剂是用于溶解和稀释制品,调整制品酸碱度的溶剂,如注射用水、氯化钠注射液、磷酸盐缓冲液等。

　　磷酸盐缓冲液(PBS)是生物化学研究中使用最为广泛的一种缓冲液,主要成分为 Na_2HPO_4、KH_2PO_4、$NaCl$、KCl。由于 Na_2HPO_4 和 KH_2PO_4 分子有二级解离,故缓冲液的 pH 范围很大。$NaCl$ 和 KCl 主要作用为增加盐离子浓度。

知识拓展 //

PBS 的配制

　　PBS 1 L(pH=7.4):称取 KH_2PO_4 0.27 g,Na_2HPO_4 1.42 g,$NaCl$ 8 g,KCl 0.2 g。加去离子水约 800 ml 充分搅拌溶解,然后加入浓盐酸调 pH 至 7.4,最后定容到 1 L。经高压灭菌后置于 4℃ 冰箱保存待用。

七、其他附加剂

　　除了以上生物制品生产用辅料外,根据需要,生物制品中通常还会加入其他附加剂,如助溶剂、矫味剂、防腐剂等。

自 测 题

一、处方分析

注射用辅酶 A 的无菌冻干制剂

【处方】 辅酶 A 56.1 U,水解明胶 5 mg,甘露醇 10 mg,葡萄糖酸钙 1 mg,半胱氨酸 0.5 mg。

(1) 请写出各组分的作用。

(2) 请写出制备过程。

二、简答题

简述 β - 丙内酯作为疫苗灭活剂的作用机制。

在线测试

第九章
药品包装概述

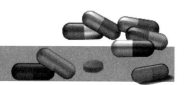

思维导图

学习目标

- 掌握药品包装的定义、分类与作用。
- 熟悉药品包装的特点。
- 了解药品包装材料性能要求，我国药品包装的标准与法规，药品包装的发展。

第一节　药品包装的定义与分类

一、药品包装的定义与特点

（一）药品包装的定义

药品是一种特殊商品，在流通过程中由于受到光照、潮湿、微生物污染等周围环境的影响很容易分解变质，所以在药品加工成型后，必须选用合适的包装才能保持药品的效能，提高药品的稳定性，保障广大人民群众的用药安全。

近年来，药品安全事故时有发生，药品包装作为与药品直接或间接接触的"防护外衣"，药品的"第二生命"，理应加强自身安全性，为药品安全保驾护航。合格的药品包装应具备密封、稳定、轻便、美观、规格适宜，包装标识规范、合理、清晰等特点，满足药品流通、储存及应用各环节的要求。

因此，药品包装一方面是指为药品在运输、储存、管理过程和使用中，提供保护、分类和说明作用的包装材料，容器及辅助物；另一方面是指包装药品操作过程，包括包装方法和技术，即药品的包装和包装药品。本书重点介绍"药品的包装"。

近年来，药品包装越来越受到重视，在很多发达国家，各种包装材料和包装形式不断发展变化，药品包装占药品价值的 30%。《中华人民共和国药品管理法》对包装做了详细的规定，设药品的包装和分装专章，要求药品包装标签或说明书上必须注明药品的品名、规格、生产企业、批准文号、产品批号、主要成分、适应证、用法、用量、禁忌、不良反应和注意事项等。这些足见药品包装的重要性。

(二) 药品包装的特点

药品包装属于专用包装范畴,它具有包装的所有属性,并具有以下特殊性。

(1) 能保护药品在储藏、使用过程中不受环境的影响,保持药品原有属性。

(2) 药品包装材料(简称药包材)自身在储藏、使用过程中性质应有一定的稳定性。

(3) 药包材不能污染药品生产环境。

(4) 药包材不得带有在使用过程中不能消除的对所包装药物有影响的物质。

(5) 药包材与所包装的药品不能发生化学、生物意义上的反应。

(6) 药品包装必须遵循国家相关政策法令。这主要是由于药品包装直接关系到药品与药包材的相容性能,以及药品储存期内药包材对药物稳定性的影响。目前新药在申报的同时,也必须提供药品包装、药品与药包材相容性的试验、材料的质量标准等资料。所有生产药品的公司、企业必须建有产品包装档案,其中包括包装形式、所用药包材的质量标准、检验操作程序、药包材提供商等。

二、药品包装的分类

药品包装根据不同标准,可分为不同类型。

(一) 按在流通领域的作用分类

1. 内包装 内包装是指直接与药品接触的包装,如输液瓶、输液软袋、安瓿、软管等。内包装必须能保证药品在生产、运输、储存及使用过程中的质量,且便于临床应用。药品内包装材料、容器的更改,应根据药品的理化性质及所选用材料的性质进行稳定性试验,考察所选材料与药品的相容性。

2. 外包装 外包装是指内包装以外的包装,按由里向外分为中包装和大包装,即把已完成内包装的药品装入箱中或其他袋、桶和罐等容器中的过程。进行外包装的目的是将小包装的药品进一步集中于较大的容器内,以便于药品的储存和运输。外包装应根据内包装的包装形式、材料特性选用不易破损的包装,以保证药品在运输、储存、使用过程中的质量。

(二) 按药包材使用管理分类

1. Ⅰ类药包材 指直接接触药品且直接使用的药品包装材料。包括药用丁基橡胶瓶塞、PTP铝箔、药用PVC硬片、药用塑料复合硬片、复合膜(袋)、塑料输液瓶(袋)、固体和液体药用塑料瓶、塑料滴眼剂瓶、软膏管、气雾剂喷雾阀门、抗生素瓶铝塑组合盖及其他直接接触药品的包装材料及容器等。

2. Ⅱ类药包材 指直接接触药品,清洗后可以消毒灭菌的包装材料。包括药用玻璃管、玻璃输液瓶、玻璃模制与管制抗生素瓶、玻璃模制与管制口服液瓶、玻璃(黄料、白料)药瓶、安瓿、玻璃滴眼剂瓶、输液瓶与抗生素瓶天然胶塞、气雾剂罐、瓶盖橡胶垫片(垫圈)、输液瓶涤纶膜、陶瓷药瓶、中药丸塑料球壳及其他接触药品,且便于清洗、消毒灭菌的包装材料及容器等。

3. Ⅲ类药包材　指Ⅰ、Ⅱ类以外其他可能直接影响药品质量的包装材料。包括抗生素瓶铝(合金铝)盖、输液瓶铝(合金铝)盖、铝塑组合盖、口服液瓶铝(合金铝)盖,以及除实施Ⅱ、Ⅲ类管理以外其他可能直接影响药品质量的包装材料及容器等。

(三) 按材质分类

药品包装按材质可分为塑料、橡胶(或弹性体)、玻璃、金属及其他类(如布类、陶瓷类、纸类、干燥剂类)五类。

(四) 按剂量分类

1. 单剂量包装　指药品按照用途和给药方法分装的一次服用的包装剂量。如将颗粒剂装入小包装袋,将注射剂装入玻璃安瓿,将片剂、胶囊剂装入泡罩式铝塑材料中的分装过程等,此类包装也称为分剂量包装。

2. 多剂量包装　指对药品按照用途和给药方法分装的多次服用的包装剂量。如普通滴眼剂可多次使用。

(五) 按包装形式分类

药品包装按包装形式分类可分为容器(如口服固体药用高密度聚乙烯瓶等)、硬片或袋(如PVC固体药用硬片、药品包装用复合膜、袋等)、塞(如药用氯化丁基橡胶塞等)、盖(如口服液瓶撕拉铝盖等)、辅助用途(如输液接口等)五类。

知识拓展

药品包装其他形式分类

目前药品包装主要有以下新的包装分类形式。

1. 小剂量包装　是方便患者使用,保证作用疗效的一次性用量包装。

2. 无菌包装　是在无菌环境中,采用瞬间超高温灭菌技术对包装药物进行杀菌、包装的一种方法,多用复合材料通过不同形式的挤压、复合成型进行包装。

3. 包装系列化　指同一厂家生产的药品采用统一和相近的包装造型特点、色调、图案和标识等,如泡罩包装可通过板块尺寸及铝箔画面有关要素的变化达到系列包装。

4. 防伪包装　目前有两种方式,一种是直接把标贴在包装上,另一种是与包装融合为一体,也就是防伪包装一体化。

▶ 视频

药品包装的分类

第二节　药品包装的作用

从原料准备、制剂生产、质量检测再到包装,才算完成药品生产全过程,因此药品包装是药品生产的最后工序。包装完成后进入流通领域,因此药品包装是生产与流通的重要桥梁。2016—2017 年,原国家食品药品监督管理总局相继发布了《药包材申报资料要求(试行)》《药用辅料申报资料要求(试行)》及《药包材药用辅料关联审评审批政策解读》,足见国家对药品包装的重视及药品包装的重要性。

一、保护作用

药品包装的保护作用主要包含两个方面,即保护药品质量与患者用药安全。

(一) 保护药品质量

药品的外包装通常具有一定的力学强度,能起到防震、耐压的作用,以确保药品在搬运、运输过程中完好无损。药品在运输、储存过程中常常受到各种外力的作用,如震动、挤压和冲击,从而造成药品的破坏,因此在选择包装材料时,应当充分考虑这些因素。如片剂和胶囊剂等固体制剂包装时,常在内包装容器中多余空间部位填装消毒的棉花等,单剂量包装的外面多使用瓦楞纸或硬质塑料,将每个容器分隔且固定起来。

药品的内包装通常具有密封作用,能较好地起到防潮、防虫蛀、防氧化等效果,以提高制剂稳定性,延缓药品变质。如注射液灌注于安瓿后,以拉丝熔封的方式进行封口,确保药液不与空气接触,避免药品因暴露在空气中而氧化与染菌。以密闭的形式将药品中的药物成分与外界隔离,还可以防止药物挥发、逸散及泄漏。

适宜药品包装及材料还具有防止光敏药物分解,对温敏药物隔热防寒的作用。如对光敏药物使用棕色瓶包装或在包装材料中加入遮光剂等。

(二) 保护患者用药安全

部分药品包装设计从患者角度出发,充分考虑患者用药安全。保险盖安全瓶设计,既方便成人取药,又使儿童无法打开,防止儿童误食;药品防伪包装的条形码设计,可用专用仪器识读,既可避免药品的混淆,又防止假药、劣药的危害;特殊形状、材质及外观设计,可减少差错用药,如速效救心丸采用陶瓷瓶及葫芦形的包装,对于老年患者,更易于识别,不易拿错或用错药等。

> **课堂讨论**
>
> 你能想到其他药品包装保护患者安全的实例吗?

二、标识作用

(一) 标签与说明书

标签与说明书是药品包装的重要组成部分,每个包装上都应具备标签,内包装中应当有单独的药品说明书,目的是科学准确地介绍具体药物品种的基本内容,查看用药方法及禁忌等。

药品的标签分为内标签和外标签。药品内标签是粘贴或印刷于内包装的标签或标识;外标签是内标签以外的其他包装的标签。药品的内标签应当包含药品通用名称、适应证或者功能主治、规格、用法用量、生产日期、产品批号、有效期、生产企业等内容。包装尺寸过小无法全部标明上述内容的,至少应当标注药品通用名称、规格、产品批号、有效期等内容。药品外标签应当注明药品通用名称、成分、性状、适应证或者功能主治、规格、用法用量、不良反应、禁忌证、注意事项、储藏、生产日期、产品批号、有效期、批准文号、生产企业等内容。适应证或者功能主治、用法用量、不良反应、禁忌证、注意事项不能全部注明的,应当标出主要内容并注明"详见说明书"字样。

用于运输、储藏的包装的标签,至少应当注明药品通用名称、规格、储藏、生产日期、产品批号、有效期、批准文号、生产企业,也可以根据需要注明包装数量、运输注意事项或者其他标记等必要内容。中药饮片包装必须印有或者贴有标签,必须注明品名、规格、产地、生产企业、产品批号、生产日期,实施批准文号管理的中药饮片还必须注明药品批准文号。

药品说明书应当包含药品安全性和有效性的重要科学数据、结论和信息,用以指导安全、合理使用药品。药品说明书的内容包括药品名称、分子式、分子量、结构式、性状、药理毒理、药代动力学、适应证、用法用量、不良反应、禁忌证、注意事项、有效期、储存、批准文号、生产企业等内容。如某一项目尚不明确,应注明"尚不明确";如明确无影响,应注明"无"。

(二) 包装标志

包装标志是为了药品的分类、运输、储藏和临床使用时便于识别与防止用错的标识等。如药品包装上应对剧毒、易燃易爆等药品加特殊且鲜明的标识,以防不当处理和使用。

药品外包装具有运输保存标志,其主要是为防止药品在储藏和运输过程中质量受到影响而添加的特殊标志。① 识别标志:一般用三角形等图案配以代用简字作为发货人向收货人表示该批货的特定记号,同时还要标出品名、规格、数量、批号、出厂日期、有效期、体积、质量、生产单位等,以防弄错。② 运输与放置标志:对装卸、搬运操作的要求或存放保管条件应在包装上明确提出,如"向上""防湿""小心轻放""防晒""冷藏"等。

三、便于流通使用和促销作用

(一) 便于流通使用

药品包装可以为流通与使用提供多样的形态,其大小、造型、颜色、外观各有不同。若无适当的包装,势必增加药品流通的困难,将医药商品按一定的数量或重量、形状、规格等相互配套"打包",是保证药品流通迅速便利,降低物流费用的有效方式。若无适宜的包装形式,则难以在使用时准确定量,特别是液体、气体、粉末状、颗粒状药品。

1. 单剂量包装　从方便患者使用及药房销售出发,采用单剂量包装,也可以减少药品的浪费。单剂量包装主要体现便捷性、必要性,适用于一次性给药的药品,如镇痛药、抗晕药、抗过敏药、催眠药等。也可采用一个疗程一个包装,即适用于各种疾病不同的药物疗程需要而采用的包装,如抗生素药、抗癌药、驱虫药等。

2. 配套包装　此类包装包括便于使用的配套包装和便于旅行、家用的配套包装。前者如输液药物配带输液管和针头;后者通常将数种常用药物集中于一个包装盒内以备旅行和家用,如旅行保健药盒,内装风油精、索米痛片、小檗碱等常用药,又如冠心病急救药盒,内装硝酸甘油片、速效救心丸、麝香保心丸等。

3. 缓冲包装　为防止药品在运输中因受震动、冲击、跌落而损坏,采用缓冲材料以达到保护药品目的的包装,称为药品缓冲包装。缓冲材料种类较多,包括纸类缓冲材料,如瓦楞纸板、皱纹纸、纸丝等,以及气泡结构缓冲材料,如泡沫塑料、气囊塑料薄膜等。

4. 内、外包装　药品的内包装与外包装除具有保护与标识作用外,其根本还在于便于药品运送与分剂量,既有利于流通,也有利于使用。

5. 特殊群体包装　科学合理的药品包装设计不仅能保护药品和体现药企文化,更能保证患者方便、安全、有效用药,体现对患者的人文关怀。以帕金森病患者用药包装为例,鉴于患者静止性震颤等症状对身体协调性等多方面功能影响较大,抗帕金森药物在内、外包装设计上更多体现了利于患者取用,利于药物分剂量等操作;制剂外包装应设计为容易拆开的纸盒包装,内包装设计为铝塑板包装,要利于患者拿捏操作,药片应有易于分剂量的刻痕等。

(二) 促销作用

药品包装是消费者购买的最好媒介,其消费功能可以通过包装设计体现。如精巧的造型、醒目的商标、得体的文字及明快的颜色等,均会对销售产生影响。

1. 易于辨认　选购药品时,首先被消费者感知的不是药品本身,而是药品的包装。采用差异化的独特包装可使产品易于辨认,尽管药品的内在质量是市场消费者关注的重点,但优质的包装更有利于提升产品的竞争力。

2. 宣传作用　包装是一种经济有效的广告,对消费者可产生直接的吸引力。药品包装良好的装潢设计能促进消费者购买。一位美国的市场学者研究发现,媒体广告所吸引来的购买者中有 33% 的人转向购买包装吸引人的品牌,可见包装对于促进销售有直接宣传效果。

四、警示作用

药品包装的警示作用主要体现在两个方面:一方面,用清晰的标识提示医药工作人员或患者该药品如何正确使用或其存在的危险性等。如剧毒药品的标签上用黑色标示"毒";在危险品的标签上用红色标示"爆炸品""易燃品";在外用药品标签上标示"外用"。另一方面,药品包装的异样可提醒患者,药品可能已出现变质等不良现象。如药品采用真空包装的形式来阻隔空气、微生物等对药物稳定性的影响,当包装出现胀气时,可能是因为真空包装本身密封出现问题,或里面的细菌繁殖导致胀气等,无论何种原因,都不应再使用胀气药品;又如有些包装采用充填惰性气体的方式来有效延长保质期或保持包装形体美观等,出现漏气则提示药品包装出现异常状况,可能已影响其质量,不应再使用。

五、其他方面作用

随着现代包装理念的转变,药品包装逐渐从便于运输、保护、宣传药品,到针对不同用药人群,进行人性化、情趣化、智能化设计,使包装不仅体现药品的促销形式,更体现对患者的尊重与关爱。

(一) 包装的人性化

针对老年患者"紧急用药、忘记用药、错拿药品"等行为特点,从药品包装设计上引导老年人有效用药,如在包装盒上设计突起、缺失以及具有指示性质的图示等,引起老年患者注意,帮助老年人在开启包装时正确、便捷、省力地取药用药。在药品包装中,通过对称、均衡等体现平衡感的视觉形式设计给老年患者一种视觉上的舒适性。老年患者用药包装的视觉形式还可具备审美性特征,如规则简洁的形态易于老年人对包装结构进行整体性感知,沉稳大气的色彩符合老年人气质特点,秩序理性的编排有明显的韵律感,给老年人以舒适的审美体验。针对儿童患者药品包装,需考虑到儿童多喜爱明快、艳丽的颜色及卡通图案等,因此儿童用药包装多色彩鲜明,以卡通人物及对比强烈的颜色组合为主。

(二) 包装的情趣化

本着以人为本的思想,优秀的包装设计不仅要为人提供便利,还要满足人的各种情感需要。如儿童往往对药品充满抵触、消极情绪,吴太感康的勋章式新包装采用简洁的几何形与其特有的金色金属材料组合成勋章,这样的药品包装就像奖励给服药最勇敢儿童的勋章,不仅使儿童感到自豪,而且受到关怀,从而提高了服药热情。又如日本池田模范堂出品的面包超人系列儿童药品包装,将图案设计为勇敢正义的角色或场景,从侧面激发患儿克服困难的积极情绪。

(三) 包装的智能化

智能包装是指利用新型的包装材料、结构与形式对商品的质量和流通安全性进行积极干预与保障;利用信息收集、管理、控制与处理技术完成对运输包装系统的优化管理等。目前,包装智能化是一个动态且潜在的高增长市场,数码印刷、微传感器、认证平台和物联网的发展推动了这项新技术的应用。智能包装可以提供商品信息、查询真伪、保质情况、储存温度、运输状况等,加大消费者的知情度,提高消费水平和主动性,满足消费者的购买意愿。如米德维实伟克(MWV)公司的电子提示包装是专门针对临床试验市场开发的一种智能泡罩包装,它可以记录每个药片或药丸从泡罩包装中取出的日期、时间和地点,患者或健康专家可以将这些数据快速下载到计算机中并对其进行分析。电子提示包装还可以和患者进行互动,可以记录患者服用药品后的不良反应或其他症状,也可以通过光、声音或震动提示患者按时服药。这种智能包装可在准确记录患者取药时间的同时,帮助临床医生判断患者用药的依从性,确保用药安全。

知识拓展

儿童药品包装中的五感设计

儿童药品包装中的五感设计,即视觉、听觉、嗅觉、触觉、味觉设计。

视觉设计中,通过各种儿童喜爱的色彩、图形来分散其注意力,缓解其紧张、焦虑或恐惧的情绪;听觉设计中,借助新技术,使儿童药品外包装发出特定的声音,以此来吸引患儿注意力;嗅觉设计中,通过药品包装散发出美好气味来刺激患儿嗅觉,增加其对药品的好感;触觉设计中,通过触觉刺激和对包装物表面质感的直接接触,让患儿对药品得出综合印象;味觉设计中,除添加矫味剂外,还可通过包装给予儿童多个感官上的刺激,调动患儿味觉系统的活动。如使用简单水果图形表达药品的口味,可将这种图形加以视觉上的强化和突出等,以此来深层次地调动患儿的记忆层思维,影响其情绪状态的变化。

第三节　我国药品包装的标准与法规

一、我国药品包装材料标准体系

为强化药包材的质量控制,原国家食品药品监督管理局于 2002 年制定并颁布实施了国家药品包装容器(材料)标准(YBB 标准)。2002 年颁布了二辑 34 个标准,2003

年又颁布了二辑 40 个标准。涉及产品标准 47 个,其中产品通则 2 个,具体产品标准 45 个,方法标准 26 个,药包材与药物相容性试验指导原则 1 个。具体产品标准包括塑料产品 19 个,类型有输液瓶(袋)、滴眼剂瓶、口服固体(或液体)瓶、复合膜(袋)、硬片类等;金属产品 5 个,类型有铝箔、铝管、铝盖等;橡胶产品 2 个,均为丁基橡胶产品;玻璃类产品 19 个,类型有安瓿、输液瓶、口服液瓶等。方法标准主要涉及药包材检验方法。

2004 年又颁布了 41 个标准。涉及产品标准 25 个,方法标准 16 个。产品标准包括塑料产品 4 个,类型有复合膜(袋)、栓剂用 AL/PE 冷成型复合硬片、口服固体防组合瓶盖等;金属产品 2 个,类型有笔式注射器用铝盖、注射针等;橡胶产品 7 个;类型有聚异戊二烯垫片、口服液硅橡胶塞、笔式注射器用活塞、预灌封注射器用活塞;玻璃类产品 8 个,类型有药瓶、输液瓶、口服液瓶等;胶囊用明胶 1 个;组合式产品 3 个,类型有输液容器用组合盖、封口垫片、预灌封注射器等。16 个方法标准为药包材检验时通用性的检验方法。

国家药品监督管理局(NMPA)制定颁布的药包材标准是国家为保证药包材质量,保证药品安全有效的法定标准,是我国药品生产企业使用药包材、药包材企业生产药包材和药品监督部门检验药包材的法定标准。YBB 标准对不同材料控制的项目涵盖了鉴别试验、物理试验、机械性能试验、化学试验、微生物和生物试验。这些项目的设置为安全合理选择药品包装材料和容器提供了基本的保证,也为国家对药品包装容器实施国家注册制度提供了技术支持。

2015 年,NMPA 发布了 YBB 00032005—2015《钠钙玻璃输液瓶》等 130 项直接接触药品的包装材料和容器国家标准的公告(2015 年第 164 号),新标准于 2015 年 12 月 1 日实施。

2019 年修订的《中华人民共和国药品管理法》要求,国务院药品监督管理部门在审批药品时,对相关辅料、直接接触药品的包装材料和容器一并审评,这对于进一步推动我国药包材标准体系建设,提高药包材和药品质量,促进药包材产业发展,保障公众用药安全有效等方面均具有积极意义。

二、我国药品包装的法律法规

我国的药品包装管理主要实行的是行业管理,缺少相应的具体的管理办法与法律法规规范指导,直至 2000 年 4 月 29 日原国家药品监督管理局发布《药品包装用材料、容器管理办法(暂行)》,药品包装管理才得以快速发展。

我国药品包装法律法规体系由两大部分组成,即专门的法律法规体系和相关的法律法规体系。

1. 专门的法律法规体系

(1) 法律:我国现阶段拥有的药品包装管理的专门法律是《中华人民共和国药品管理法》,是由 1984 年 9 月 20 日第六届全国人民代表大会常务委员会第七次会议通过;2001 年 2 月 28 日第九届全国人民代表大会常务委员会第二十次会议第一次修订;根据 2013 年 12 月 28 日第十二届全国人民代表大会常务委员会第六次会议《关于修改〈中华人民共和国海洋环境保护法〉等七部法律的决定》第一次修正;根据 2015 年

4 月 24 日第十二届全国人民代表大会常务委员会第十四次会议《关于修改〈中华人民共和国药品管理法〉的决定》第二次修正;2019 年 8 月 26 日第十三届全国人民代表大会常务委员会第十二次会议第二次修订,自 2019 年 12 月 1 日起施行。

(2) 行政法规:我国现阶段拥有的药品包装管理的行政法规包括《中华人民共和国药品管理法实施条例》(2002 年 8 月 4 日国务院令第 360 号发布,根据 2016 年 2 月 6 日《国务院关于修改部分行政法规的决定》第一次修订,根据 2019 年 3 月 2 日国务院令第 709 号《国务院关于修改部分行政法规的决定》第二次修订)、《医疗用毒性药品管理办法》(1988 年 12 月 27 日国务院令第 23 号)、《放射性药品管理办法》(1989 年 1 月 13 日国务院令第 25 号发布,根据 2011 年 1 月 8 日《国务院关于废止和修改部分行政法规的决定》第一次修订,根据 2017 年 3 月 1 日《国务院关于修改和废止部分行政法规的决定》第二次修订并施行)、《血液制品管理条例》(1996 年 12 月 30 日国务院令第 208 号发布,根据 2016 年 2 月 6 日《国务院关于修改部分行政法规的决定》修订)等。

(3) 部门规章:我国颁布的涉及药品包装管理的部门规章有《药品包装管理办法》《药品包装用材料、容器管理办法(暂行)》(局令第 21 号,2000 年 3 月 17 日经国家药品监督管理局局务会审议通过,自 2000 年 10 月 1 日起施行)等。

　　2. 我国药品包装法律法规体系的主要内容

(1)《中华人民共和国药品管理法》:《中华人民共和国药品管理法》第二十五条、第四十八条、第四十九条包含有药品包装的相关规定。其中第二十五条明确提出实施原料、辅料、药包材关联审评审批制度。对药品包装要求不再单独设置章节,而是纳入药品生产章节中。第四十九条还规定"药品包装应当按照规定印有或者贴有标签并附有说明书。标签或者说明书应当注明药品的通用名称、成份、规格、上市许可持有人及其地址、生产企业及其地址、批准文号、产品批号、生产日期、有效期、适应症或者功能主治、用法、用量、禁忌、不良反应和注意事项。标签、说明书中的文字应当清晰,生产日期、有效期等事项应当显著标注,容易辨识。麻醉药品、精神药品、医疗用毒性药品、放射性药品、外用药品和非处方药的标签、说明书,应当印有规定的标志"。

(2)《中华人民共和国药品管理法实施条例》:《中华人民共和国药品管理法实施条例》第四十三条至第四十六条涉及药品包装的相关规定。其中第四十三条规定"药品生产企业使用的直接接触药品的包装材料和容器,必须符合药用要求和保障人体健康、安全的标准"。第四十四条规定"中药饮片包装必须印有或者贴有标签。中药饮片的标签必须注明品名、规格、产地、生产企业、产品批号、生产日期,实施批准文号管理的中药饮片还必须注明药品批准文号"。第四十五条规定"药品商品名称应当符合国务院药品监督管理部门的规定"。第四十六条规定"医疗机构配制制剂所使用的直接接触药品的包装材料和容器、制剂的标签和说明书应当符合《药品管理法》第六章和本条例的有关规定,并经省、自治区、直辖市人民政府药品监督管理部门批准"。

(3)《医疗用毒性药品管理办法》:《医疗用毒性药品管理办法》第四条和第六条是关于药包材的管理规定,其中第四条规定"药厂必须由医药专业人员负责生产、配制和质量检验,并建立严格的管理制度。严防与其他药品混杂。每次配料,必须经二人以上复核无误,并详细记录每次生产所用原料和成品数。经手人要签字备查,所有工具、容器要处理干净,以防污染其他药品。标示量要准确无误,包装容器要有毒药标志"。第六条规定"收购、经营、加工、使用毒性药品的单位必须建立健全保管、验收、颁发、核对等制度,严防收假、发错,严禁与其他药品混杂,做到划定仓间或仓位,专柜加锁并由专人保管。毒性药品的包装容器上必须印有毒药标志。在运输毒性药品的过程中,应当采取有效措施,防止发生事故"。

(4)《放射性药品管理办法》:《放射性药品管理办法》第十八条规定"放射性药品的包装必须安全实用,符合放射性药品质量要求,具有与放射性剂量相适应的防护装置。包装必须分内包装和外包装两部分,外包装必须贴有商标、标签、说明书和放射性药品标志,内包装必须贴有标签。标签必须注明药品品名、放射性比活度、装量。说明书除注明前款内容外,还须注明生产单位、批准文号、批号、主要成份、出厂日期、放射性核素半衰期、适应症、用法、用量、禁忌症、有效期和注意事项等"。

知识拓展 //

《药品说明书和标签管理规定》节选

药品的内标签应当包含药品通用名称、适应症或者功能主治、规格、用法用量、生产日期、产品批号、有效期、生产企业等内容。包装尺寸过小无法全部标明上述内容的,至少应当标注药品通用名称、规格、产品批号、有效期等内容。

药品外标签应当注明药品通用名称、成份、性状、适应症或者功能主治、规格、用法用量、不良反应、禁忌、注意事项、贮藏、生产日期、产品批号、有效期、批准文号、生产企业等内容。适应症或者功能主治、用法用量、不良反应、禁忌、注意事项不能全部注明的,应当标出主要内容并注明"详见说明书"字样。

药品说明书对疾病名称、药学专业名词、药品名称、临床检验名称和结果的表述,应当采用国家统一颁布或规范的专用词汇,度量衡单位应当符合国家标准的规定。

第四节　药品包装的发展

一、药品包装的现状

目前,药品包装以纸类、玻璃、金属、橡胶、塑料及其复合片(膜)等材料最为常见。塑料作为包装材料具有强度高、阻隔性好、重量轻、携带方便、透明等许多优良特性,成为药品包装中主要材料之一,占有越来越重要的位置。用于药品包装的塑料材料种类较多,包括聚四氟乙烯(PTFE)、聚氯乙烯(PVC)、聚乙烯(PE)、聚丙烯(PP)、聚苯乙烯(PS)、聚对苯二甲酸乙二醇酯(PET)、聚酰胺(PA)等。其中 PE、PP 和 PET 所占比例最大,而 PVC 的用量在减少。塑铝复合袋、多层塑料复合袋、水泡眼式泡罩包装,各种盛装固、液体药品的药瓶和输液瓶是其主要药品包装形式。其中水泡眼式泡罩包装正成为最重要的固体药品包装方式。PP、PE 和 PET 瓶在固体和液体药品中都有使用。用塑料制成的合成纸,可阻挡细菌透过,为实现无菌纸包装提供条件。PE 除用来制瓶外,还用来制瓶盖。PP 有多种牌号,是不同的共聚改性产物。PS 无熔点,纯的较脆,所以也有多种改性品种,例如高冲击强度聚苯乙烯(HIPS)。PET 是近年进入医用塑料瓶的材料,其特点是透明度高,能看到药品有无变质,阻隔防潮性能特别优良,这大大地有利于药品的保存,PET 易着色或添加一些助剂,以满足专门要求(阻紫外线)。PVC 片材要求无毒配方,PET 片材是继 PVC 片材之后用于药品包装的片材,在欧洲一些国家禁止 PVC 用于一次性包装之后,PET 更成为主要的药品包装用片材。

二、药品包装的发展趋势

随着人们环保理念的提升,对于药品使用之后的包装材料随意丢弃现象越来越感到不适,故而研发可回收的环保型材料,选用绿色包装成为当前药品包装的一大趋势。

(一) 绿色包装

随着环境污染的日益严重,环境保护受到了各国的重视,越来越多的药物制造商都顺应趋势,推出绿色包装。

绿色包装是指用于产品的包装对生态环境和人体健康无害、节约资源和能源、能循环利用和再生利用、能促进可持续发展的包装,从包装原材料的选择到包装产品的制造、使用、回收和废弃的整个过程均应符合生态环保的要求。实行绿色包装,可以在相当程度上抑制物流过程对环境造成危害,实现对物流环境的净化,使物流资源得到充分利用。发达国家坚持以符合低消耗、开发新绿色材料、再利用、再循环和可降解的"4R +1D"为原则,选用绿色包装。"4R"是指 Reduce(即在满足包装的各项功能条件下尽量减少包装材料的使用),Reuse(即物品包装要能够再重复使用,得到有效利用),Recycle(即物品包装应使用可再生材料制作且无负面影响)和 Recover(即物品包装进行焚烧处理时,要不污染空气并且可产生新能源);"1D"是指 Degradable(即物品包装要可降解,不产生环境污染)。

1. 国际绿色包装的发展现状 欧美等发达国家已经制定了绿色包装制度。绿色包装制度就是要求进口商品包装节约资源,用后易于回收或再利用,易于自然分解,不污染环境,保护环境资源和消费者健康。

欧美等发达国家的绿色包装制度已成为设置绿色标准的主要内容之一。1994 年 12 月,欧共体发布《包装及包装废弃物指令》和《柏林宣言》之后,西欧各国先后制定了相关法律法规。美国、加拿大、新加坡、韩国、中国香港、菲律宾、巴西等国家和地区也相继制定了包装法律法规。1991 年 1 月,ISO 绿色环保标志开始在全球实行。美国 FDA 明确规定了用于食品或医药包装的黏合剂和油墨类型,只要是法规中没有提到的化学品,一律禁止采用。

欧盟议会和欧盟理事会于 2003 年 1 月通过了《关于限制在电子电气设备中使用

某些有害成分的指令》(RoHS 指令)。RoHS 指令要求在电子、电气设备中限制使用某些有害物质。2005 年欧盟对 RoHS 指令进行了补充,明确规定了六种有害物质的最大限量值。RoHS 标准共列出了六种有毒有害物质,分别是铅、镉、汞、六价铬、多溴联苯、多溴二苯醚。镉允许的最大含量为 0.01%,除镉外其他有毒有害物质允许的最大含量为 0.1%,这作为产品是否符合 RoHS 指令的法定依据。

国际上食品药品包装也在采用绿色环保材料,以高阻隔塑料包装为主。除了 PE、PET、PA、乙烯 / 乙烯醇共聚物(EVOH)的复合材料外,聚偏二氯乙烯(PVDC)具有优秀的耐油性、保味性、防潮性及防霉等性能。2004 年以来,PVDC 涂敷技术的兴起为高阻隔软包装膜带来新的进展。在欧洲和美国,软包装的黏合剂已经逐渐转向水性或无溶剂产品,而醇溶油墨取代甲苯油墨也在欧美国家、日本以及韩国成为主要的趋势。

2. 我国绿色包装的发展现状　　我国有关法律中有对产品包装的要求,但无绿色包装的单行法律法规。改革开放以来,我国先后颁布了《中华人民共和国环境保护法》《中华人民共和国固体废物污染环境防治法》《中华人民共和国水污染防治法》《中华人民共和国大气污染防治法》等 4 部专项法、8 部资源法和 30 多项环保法规,明文规定了包装废弃物的管理条款。

来自药品包装中的污染主要是带有病毒的"白色污染"。在处理药品包装时,为防止因接触患者而可能带有的病毒不断扩散,消毒是必不可少的,只有这样才能真正使药品起到保护人类健康的作用。对于"白色污染",虽然现在开发的新型可降解包装材料解决了一些问题,但对药品来说,要更换包装材料,至少要进行 3 年的稳定性试验,可见这一工作任重道远。

在全球经济高速发展的同时,人类生产制造大量产品,消耗自然资源的行为也在不断地加剧生态环境的恶化。绿色包装设计是以环境和资源为核心概念的包装设计过程,符合可持续发展的基本战略,绿色包装是发达国家和发展中国家的共同责任,必定会引领世界包装发展的趋势,更是对传统包装的一次革命。如今,各国的设计师都以包装设计、绿色包装、生态包装作为共同追求的目标。

(二) 纳米包装

随着人们对食品药品卫生与安全性要求的提高及绿色环保意识的增强,食品与药品包装领域面临的竞争和挑战也越来越激烈。纳米技术是 20 世纪 80 年代末、90 年代初逐步发展起来的前沿性和交叉性科学领域,并被认为是 21 世纪科技战略制高点。纳米包装材料具有更多优良性能,且成本合理、绿色环保,其在食品与药品包装领域的研究正步入一个新的发展阶段,包装行业已经进入纳米时代。

纳米包装材料是通过对包装材料进行纳米合成、纳米添加、纳米改性,使其具备纳米结构、尺度、特异功能的包装新物性。由于纳米粒子具有表面效应、量子尺寸效应、体积效应和宏观量子隧道效应,所以纳米材料表现出传统固体不具有的许多特异性质,如特异的化学性能、机械性能、电子性能、磁学性能及光学性能。纳米包装材料是由纳米颗粒包装材料合成的复合材料,有许多新的特性。如纳米二氧化硅,因其透光、粒度小，纳米粒子添加到塑料中，可提高塑料薄膜的透明度、强度、韧性和防水性，可作为特殊用途的高级塑料包装薄膜。

纳米包装材料与传统包装材料相比，具有以下特性。① 较高的机械性能：纳米包装材料具有较高的韧性、耐磨性和可塑性，作为包装材料可靠性更好，使用寿命更长。② 优异的物理、化学性能：纳米微粒由于粒径小，比表面积大，具有奇异或反常的物理、化学性能，如高耐热性、好的光泽和透明度、高阻隔性、抗磁防爆等特性，可用于特种包装如耐蚀包装、防静电防电磁包装、防火防爆包装、迷彩包装、高阻包装、隐身包装、危险品包装等。③ 优良的加工性能：由于纳米包装材料具有较高的弹性、韧性和屈挠度等，在吹塑、压延、浇铸、注塑等成型中，表现出较好的加工性能。④ 较好的生态性：如纳米二氧化钛具有很强的紫外线吸收和光催化降解能力，作为包装材料可通过降解作用避免对环境造成危害，也可涂在塑料或玻璃表面，在光的照射下，除去黏附在表面的油污、细菌等。

无论是硬包装还是软包装，药品包装材料的阻隔性一直是一项重要性能，因为包装品的货价寿命（保质期）与此性能直接有关。为了提高药品包装材料（主要指聚合物）的阻隔性，多年以来已经对聚合物这种高分子结构的材料实施了很多改性研究、复合研究及加工过程的研究，取得了显著的效果。正是在大量研究的基础上，现已在世界上开发出多达几百种的塑料包装阻隔性材料，并得到了相当广泛的应用。但是，要使这种材料的阻隔性达到玻璃容器或金属薄膜那样的水平，仍然有相当大的距离。当前，纳米技术的理论及应用研究的成果为进一步提高包装的阻隔性开辟了一条新途径。纳米纸、聚合物基纳米复合材料、纳米黏合剂及纳米抗菌包装的发展将为药品软包装开辟新的领域。

1. 纳米高阻隔性包装　高阻隔性包装是指对氧气、水蒸气、二氧化碳等有高阻隔性的包装，高阻隔性包装常采用多层复合膜。药用泡罩包装材料包括药用铝箔、塑料硬片（最常用的材料是药用 PVC 硬片）、热封涂料等。因为药品对湿气、氧气等敏感和人们对药用包装要求的提高及药品储存期的延长，现在正在采用新技术将塑料硬片复合一层高阻隔性材料，如 PVDC 等，以提高对湿气等气体的阻隔性能，最具有代表性的结构为 PVC/PVDC。PVDC 作为高阻隔层材料，其最大的特点是对气体水蒸气具有优异的阻隔性，能很好地保持药品原味。添加纳米级材料的无机粒子可以极大地改进基础树脂的物性，在高阻隔性包装材料中发挥作用。如德国拜耳（Bayer）公司推出的尼龙纳米复合材料，把化学改性的硅酸盐黏土分散在 PA6 薄膜中，这些细小颗粒不影响薄膜透明度，但建立了迷宫式的气体通路，可减慢气体通过薄膜的进程。日本纳米材料公司将纳米复合材料涂在各种薄膜基体上，据称阻隔性与镀铝膜相同。既具有无机材料的高阻隔性，又有塑料透明性的涂氧化硅膜是塑料阻隔技术发展的代表，这种薄膜光泽、透明性好，阻隔性优于一般共挤出薄膜和 PVDC 涂布膜。氧化硅的深层厚度仅为 0.05~0.06 μm，不会影响透明度，氧气、水蒸气的透过率极低，与塑料膜黏合极牢，抗弯折性极佳，耐消毒，因而在美国、日本等发达国家已生产和使用。

2. 纳米抗菌性包装　在药品包装领域，纳米抗菌性包装材料具有较好的应用前景，如纳米纸、纳米复合抗生素薄膜等。将一些纳米级的无机抗菌剂加入造纸浆料或薄膜中,可制成抗菌性能极强的纳米纸、纳米薄膜。由于许多有机抗菌剂存在耐热性差、易挥发、易分解产生有害物质、安全性能不好等问题,所以无机抗菌剂的开发成为人们的研究重点。人们利用超微细技术可以产生纳米级的无机抗菌剂,无机抗菌剂主要包括银、铜、锌、硫、砷及其离子元素。光催化抗菌剂有纳米级氧化钛、氧化硅、氧化锌等,它们能将细菌和残骸一起杀灭和消除,所以比传统的抗菌剂仅能杀死细菌本身的性能更加优越。

自　测　题

一、名词解释

1. 药品包装

2. 单剂量包装

3. 多剂量包装

4. 绿色包装

5. 纳米包装

二、简答题

1. 药品包装的作用表现在哪些方面?

2. 药品包装材料的性能要求包含哪些方面?

3. 我国药品包装材料标准体系有哪些?

4. 我国药品包装法律法规体系的主要内容有哪些?

在线测试

第十章
常用药品包装材料

学习目标

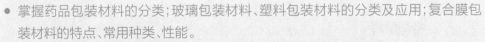
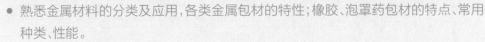
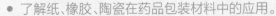

- 掌握药品包装材料的分类;玻璃包装材料、塑料包装材料的分类及应用;复合膜包装材料的特点、常用种类、性能。
- 熟悉金属材料的分类及应用,各类金属包材的特性;橡胶、泡罩药包材的特点、常用种类、性能。
- 了解纸、橡胶、陶瓷在药品包装材料中的应用。

第一节 药品包装材料概述

根据世界卫生组织颁布的《药品包装指导原则》,药品包装材料是指任何用于药品包装的材料,包括印刷材料,但用于运输的外包装除外。我国对于药品包装材料的定义是药品生产企业生产的药品和医疗机构配制的制剂所使用的直接接触药品的包装材料和容器,简称药包材。因此,药品包装材料不但包括用于容纳、密封药品或方便剂量应用并与之直接接触的包装材料,也包括便于药品运输、展示等功能的所有其他非接触性包装材料。

一、药包材的特性

作为一种特殊的商品,药品质量的优劣与人民群众的健康息息相关,而药品使用的包装材料对于其储存、运输、使用都具有重要意义,适当的包装材料不但可以保证药品质量在有效期内始终符合质量标准,更可以方便医护人员、患者安全便捷使用药品。

为了达到这一要求,药包材应具有以下特性:① 自身稳定性较好,在储存、使用过程中性质能保持不变;② 不能含有在使用过程中无法消除的对所包装药物有影响的物质;③ 药包材与被包装的药品不能发生反应;④ 能保护被包装药品在储存、使用过程中不受环境的影响,保持其原有属性;⑤ 在包裹药品时不能污染药品生产环境;⑥ 包装材料具有良好的展示、标识、提醒功能。

由于药包材与药品的相容性能直接关系到药品质量,以及药品有效期内药物稳定性变化的趋势,所以新药在申报的同时,也必须提供药包材证明性文件、药品与包材相容性的试验材料等资料。

二、药包材的性能要求

药品包装离不开包装材料,因为材料是包装的物质基础。在现代包装工业中,尤其是药品包装中,材料更是决定整体包装质量的重要因素,制约着医药包装工业的发展速度和水平。适宜的包装材料可实现包装的保护作用,而合理的选材除了考虑包装的形式与设计外,更应该考虑包装材料的性能。

(一)力学性能

药包材的力学性能主要包括弹性、强度、塑性、韧性和脆性等。药包材的缓冲防震性能主要取决于弹性。通常,变形量越大,其弹性越好,缓冲性能越佳。

药包材的强度分为抗压性、抗拉性、抗跌落性、抗撕裂性等,用于不同场合和范围的药包材,其承受外力的形式不同,因此强度指标对于不同的药包材具有不同的重要意义。

塑性是指药包材在外力的作用下发生形变,移去外力后不能恢复原来形状的性质,这种形变称为塑性变形或永久变形。药包材受外力作用,拉长或变形的量大,且没有破裂现象,说明该种药包材的塑性良好。

(二)物理性能

药包材的物理性能主要包括密度、吸湿性、阻隔性、导热性、耐热性和耐寒性等。密度是表示和评价一些药包材的重要参数,它不但有助于判断这些药包材的紧密度和多孔性,而且对药包材生产时的投料量、价格性能比很重要。现代医药生产需要的药包材应具有价格性能比优、密度小、重量轻、易流通的特点。

吸湿性是指药包材在一定的温度和湿度条件下,从空气中吸收或放出水分的性能。具有吸湿性的药包材,在潮湿的环境中能吸收空气中的水分而增大其含水量;在干燥的环境中,则会放出水分而减少其含水量。药包材吸湿性的大小,对所包装的药物影响很大。吸湿率和含水量对控制水分,保障药物的质量,具有重要的意义。

阻隔性是指药包材对气体如氧气、氮气、二氧化碳和水汽的阻隔性能。它对于防湿、保香包装十分重要。不同的药包材对阻隔性能的要求不完全相同,阻隔性主要取决于药包材结构的紧密程度,材料的紧密程度越好,阻隔性能就越好,反之亦然。

导热性是指药包材对热量的传递性能。由于药包材的配方或结构的差异,各种药包材的导热性也千差万别。金属材料的导热性好,陶瓷的导热性较差。

耐热性和耐寒性是指药包材耐温度变化的性能。耐热性的大小取决于药包材的配比和结构的均匀性。一般说来,晶体结构的药包材的耐热性大于非晶体结构的药包材,无机材料的耐热性大于有机材料,金属材料的耐热性最高,玻璃材料次之,塑料最低。熔点越高,耐热性越好。药包材有时又需在低温或冷冻条件下使用,因此要求其具有耐寒性,即在低温下保持韧性,脆化倾向小。

(三) 化学性能

化学性能主要是指药包材在外界环境的影响下,不易发生化学作用的性能,即化学稳定性。老化、锈蚀是常见的化学不稳定现象。老化是指高分子材料在可见光、空气及高温的作用下,分子结构受到破坏,物理机械性能急剧变化的现象。塑料的老化会造成材料变软与发黏,机械性能变差。为了加强药包材的防老化性能,一般是在材料的制造过程中,添加防老剂。锈蚀是指金属表面受周围电介质腐蚀的现象。为提高金属药包材的抗锈蚀性能,可采取使用金属合金、电镀、涂防锈油,采用气相防锈或表面涂保护剂等方法。抗锈蚀性主要要求药用金属包装材料能耐酸、耐碱、耐水、耐腐蚀性气体等,使药用金属包装材料不易与上述物质发生化学反应。

(四) 加工性能

药包材应能够适应工业生产的加工处理;对于某些药品来说还要求包装材料具有可印刷、着色的性质;应能根据使用对象的需要,加工成不同形状的容器。因此,药包材加工、成型性能的好坏,对该产品的推广使用会产生较大的影响。对不同的药包材和不同的加工工艺有不同的加工性能的要求,如纸类药包材加工性能强,常常被用于各种剂型的中包装与外包装。

(五) 安全性能

药品的包装材料即为直接或间接与药品接触的材料,若包装材料使用错误,可能会吸收药品药性,可能会与药物发生相互作用导致药品失效,危及人们的身体健康等。因此,药包材必须按照国家标准来选择,确保药品的质量不受影响,即其应具有安全性能,特别是生物药品的包装材料必须无毒,不含或不溶出有害物质,与药物接触不产生有害物质,无放射性,无菌或微生物限度控制在合理的范围等。总之,药包材必须对人体不产生伤害,对药品无污染和影响,充分体现材料的生物惰性功能。

(六) 经济性能

包装材料应来源广泛,应首选取材方便、成本低廉安全的材料进行加工处理。当然药品包装并不是一味地追求价格低廉,若药品本身为贵重物或附加值高的药物,则可根据需求选择匹配的材料,这同样也是一种宣传手段。

(七) 环保性能

药品包装工业的发展在改善药品包装、促进药品包装技术发展和市场繁荣的同时,也给社会带来了一些危害,如"白色污染""包装垃圾"等。这一问题已引起人们的足够重视,目前许多国家都已禁止或限制某些药包材的使用。选择合适的药包材及包装形式,特别是使用可降解的药包材,研究药包材再利用的可能性,是摆在我们面前的紧迫问题。我们要借鉴国外的先进经验,制定必要的法规,选择和使用无污染、能自然分解和易于回收利用的绿色药包材。

知识拓展 ///

我国药企开启"药品包装环保回收机制"活动

2008 年 6 月 5 日,即世界环境日,我国广州一药企联合中华环保联合会举办了一次药品包装环保回收机制活动,这是我国药企首次开展的废旧药品外包装环保回收行动,也开创了我国药企积极参与环保公益活动的先河。

活动主要通过在全国各地设立定点,进行药品包装的有偿回收。只要是家庭所用药品的废旧外包装都可以在所设回收点进行回收,并得到经济激励。此次活动覆盖全国 24 个省、自治区及直辖市,600 多个城市,涉及超过 8 亿人口。

药包材对于药品包装和使用有十分重要的影响,其选择要求如下:包装材料能够保护药品不受环境条件如空气、光、湿度、温度、微生物的影响;药包材与药品不能发生物理和化学反应;药包材本身应无毒性;药包材的生产应经药品监督管理部门批准,药品在临床前研究时,应考察药品采用的上市包装对于制剂成品稳定性的影响,并连同药品一起经国家相关部门批准,才能生产、销售和使用;能够适应工业生产如高速度的加工处理。对于某些药品,还要求药包材具有可印刷、着色的性质。

三、药包材的分类

根据分类标准不同,药包材有不同的分类方法。

(一) 按质地分类

按质地可分为玻璃、金属、塑料、橡胶(或弹性体)及其他类(如纸类、陶瓷类、布类、干燥剂类)五类药包材。

(二) 按作用分类

1. 初级包装材料　俗称内包装,如口服液瓶、注射剂瓶、泡罩等,为直接接触药品的包装材料。药品初级包装材料、容器的更改,尤其是材料种类的更改对药品质量有可能产生较大影响,应依据药品的理化性质及更换的材料进行稳定性试验,考察包装材料与药品的相容性。

2. 次级包装材料　系指用于外包装的包装材料,根据内包装的包装形式、材料特性选用相应的不易破损的包装材料,以保证药品在运输、储存、使用过程中的质量。

表 10-1 为各种常见药用包装材料、容器适用的制剂形式的汇总。

表 10-1　药用包装材料、容器的使用范围

类型	包装材质	对应的药物 / 剂型	备注
纸	普通食品包装纸	散剂	
	蜡纸	大蜜丸	
	铜版纸	说明书、标签	
	白纸板	中包装盒	
	瓦楞纸	包装箱	
玻璃	玻璃输液瓶	输液剂	
	冻干注射剂瓶	冻干粉针剂	
	玻璃药瓶	片剂、胶囊剂、丸剂、酊剂、搽剂、洗剂	
	模制管制注射剂玻璃瓶		
	安瓿	注射剂（<50 ml）	
	玻璃滴眼剂瓶	滴眼剂	
	玻璃管制口服液瓶	糖浆剂、混悬剂	
	预灌封注射器	注射剂（<50 ml）	
金属	双铝包装	片剂、胶囊	
	药品包装用铝箔	片剂、胶囊	
	药用软膏铝管	软膏剂、眼膏剂	
	药用硬质铝管	泡腾片	
	药用铝瓶	原料药	
	药用铝盖、铝塑组合盖	注射剂、口服液	
塑料	塑料输液瓶	输液剂	聚乙烯、聚丙烯
	输液膜袋	输液剂	非 PVC
	口服固体药用塑料瓶	片剂、胶囊剂、丸剂	聚乙烯、聚丙烯
	聚乙烯固体药用硬片	片剂、胶囊剂	铝塑包装
	聚氯乙烯 / 低密度聚乙烯固体药用复合硬片	片剂、胶囊剂、栓剂	铝塑包装
	聚氯乙烯 / 聚偏二氯乙烯固体药用复合硬片	片剂、胶囊剂	铝塑包装
	聚氯乙烯 / 聚乙烯 / 聚偏二氯乙烯固体药用复合硬片	片剂、胶囊剂	铝塑包装
	外用液体药用高密度聚乙烯瓶	酊剂、搽剂、洗剂	
	口服液体药用塑料瓶	糖浆剂、混悬剂、乳剂、口服溶液	

类型	包装材质	对应的药物 / 剂型	备注
塑料	塑料输液容器用聚丙烯组合盖(拉环式)	输液剂	
	口服固体药用低密度聚乙烯防潮组合瓶盖	片剂、胶囊剂、丸剂	
	聚乙烯药用滴眼剂瓶	滴眼剂	
	药用低密度聚乙烯膜、袋	原料药	
	药用合成聚异戊二烯垫片	注射液	
复合材料	聚乙烯 / 铝 / 聚乙烯复合药用软膏管	软膏剂	
	药用聚酯 / 铝 / 聚丙烯封口垫片		封口
	玻璃纸 / 铝 / 聚乙烯药用复合膜、袋	散剂、颗粒剂、片剂	
	聚酰胺 / 铝 / 聚氯乙烯冷冲压成型固体药用复合硬片	片剂、胶囊剂	铝塑包装
	聚酯 / 铝 / 聚乙烯药用复合膜、袋	散剂、颗粒剂	
橡胶	卤化丁基橡胶塞	注射剂	
	口服制剂用硅橡胶胶塞、垫片	口服制剂瓶密封	
陶瓷	口服固体药用陶瓷瓶	散剂、丸剂	

四、药包材对药品稳定性的影响

药品的稳定性不仅受到内部因素、环境因素的影响,还受到药品包装的影响。因此在为药品包装前,必须充分了解影响包装材料对药品稳定性的各种因素,认真评估不同药包材的保护效果。

(一) 纸类药包材对药品稳定性的影响

纸张和纸板具有一定的强度、挺度(抗挠刚度),它的强度大小主要取决于纸的材料、厚度、重量、加工工艺及外界温度和湿度条件等。另外,纸还有一定的折叠性、弹性和撕裂性,适合制成包装容器。外界的相对湿度增大时,纸的抗拉强度和抗撕裂强度会下降,影响其使用。

从阻隔性能来看,纸和纸板都属于多孔性纤维材料,对水分、气体、油脂、光线均有一定程度的渗透性,其阻隔性能受温、湿度影响较大。单一的纸类药包材往往无法用于包装水分、油脂含量较高及对阻隔性要求较高的药品。

纸和纸板的印刷性能优良,因为它们吸收和黏结油墨的能力较强,所以用于包装的印刷表面非常合适。其印刷性能取决于表面平滑度、弹性和黏结力等。

纸类药包材的加工性能优良,可以折叠处理,并可采取多种封合方式,制作成各种性能的包装容器,容易实现机械化加工。另外,经过表面加工处理后,可以使其防潮性、阻隔性、热封性、强度有所上升。

纸的生产过程中一般会残留一些化学物质,比如碱类和盐类,因此必须根据被包装药品选择纸的材质。

(二) 玻璃药包材对药品稳定性的影响

在药包材中,玻璃是存放药品的绝佳容器,它具有优良的保护性能和良好的化学稳定性。玻璃容易加工,可以根据需求制成大小不同、形状各异的玻璃容器。玻璃不会受到空气影响,也不会被不同化学组成的固体或液体药物破坏分解。

玻璃基本无穿透性、刚性强,长期存放也不会变质。普通的无色玻璃可透光,如果盛装对光敏感的药物,又不采用黑纸或纸盒遮光,会使内部药品分解失效。棕色玻璃瓶可以避光,对于波长 470 nm 的光有很强的阻隔作用,保证药物不受光照影响,防止其光解。蓝色和绿色的玻璃容器不能阻挡紫外光,因此不能保护被包装药品的光化学降解。棕色玻璃配方中含有铁盐,使用时注意和药品的配伍稳定问题。

玻璃是一种硅酸盐混合物,主要成分是酸性氧化物、碱金属氧化物和碱土金属氧化物等。用于药物制剂包装的容器,尤其是输液瓶、安瓿瓶,应有良好的抗机械性、耐热性和化学稳定性。不同化学组成的玻璃稳定性有较大差异,其中硼硅含量对其性质影响很大,在玻璃中添加不同的元素如锆元素、钡元素等会改善其耐酸碱能力。

玻璃对水、空气、味道的阻隔性优异,但其质脆易碎,因此在运输、使用过程中的破损不容忽视。

(三) 金属药包材对药品稳定性的影响

金属用来做药包材是很好的选择,其常用材质是铝,最常见的铝制药包材是铝箔和铝管(软管和铝瓶)。

从阻隔性能分析,铝是非常理想的药包材,它对水分和气体有极佳的阻隔性能。把铝做软管或比较硬的罐体(硬质铝管或铝瓶),都能很好地隔绝外界空气对药品的影响,也可防止药品挥发、跑味、风化等现象的发生。某些特别容易吸湿潮解的药物如果采用双铝包装,可以很好地解决其吸湿问题。铝箔放在复合材料中使用,可以起到优良的阻隔作用,它是复合材料实现其阻隔功能的重要部分。

铝加工性能优良,易成型,可以和纸、各类塑料形成复合药包材,比如各类含铝的复合膜,成为集多种功能于一身的优良药包材。铝不透光,耐热、耐寒,易开封,其氧化物没有毒性,对盛装药品比较稳定。如果在铝瓶的内壁用涂层改良后,其化学稳定性、机械强度也大幅度上升,耐冲击和抗磨损性能更加优良。

铝没有弹性,做成软管(目前多是复合软管)后盛装乳膏剂、糊剂、乳膏剂这类半固体制剂,不会在使用中出现回弹,管内不进气体,增加了药品的稳定性。

(四) 塑料药包材对药品稳定性的影响

塑料种类繁多,本质上都是高分子聚合物,重量轻,不易破碎,耐碰撞,即使破碎也不会造成伤害。采用不同的塑料,可以做出刚性或柔性的包装容器。

总体来说,塑料药包材在阻隔性上比玻璃和金属稍逊一筹,大多数都有一定的透气性、透湿性。遇热会软化,所有的塑料都可能受到溶剂的影响,直接或间接影响盛装药品的稳定性。塑料受到冷、热、挤压后可能变形,这就可能出现容器密封不严的现象。

塑料中或多或少使用了添加剂,它们主要起稳定、增塑、抗氧、润滑、着色等作用,这些物质可能迁移到药品中,影响药物的质量。

塑料种类繁多,性质差别较大,阻隔性不同,稳定性不同,选择时要结合药物自身稳定性和其受环境影响大小,同时兼顾塑料和药物之间的相互作用,谨慎选择。

(五) 橡胶药包材对药品稳定性的影响

药品如果采用瓶装容器,大多会使用橡胶塞或橡胶内衬垫片的盖子,因此橡胶和药品的接触也是影响药物稳定性的因素。天然橡胶已经退出了药品包装的舞台,目前主要采用的是各类丁基胶塞。

橡胶有很好的弹性,即使受力产生形变也会在很短时间恢复原来的形状。这适合做输液剂的封口,使用过程中橡胶塞能很好地与输液管管头契合,保证严密不漏,其内部药品才能发挥作用。橡胶对水或氧气也有穿透现象,这一点和塑料类似。

橡胶塞的成分和生产过程都十分复杂,不同厂家生产的橡胶塞质量良莠不齐,橡胶塞中的一些附加成分可能与药品发生化学反应,比如某些橡胶塞可能对头孢曲松钠产生吸附,甚至发生化学反应等,即存在相容性问题,使得其杂质增多,可见异物超标,因此在选择橡胶塞时要以相容性试验为依据。

为了改善橡胶塞与药品之间的反应,可以采用覆膜的方法,在橡胶塞外面全部或部分涂布(通常是接触药品面)惰性的高分子层,隔绝橡胶塞和药品之间的接触,保证其稳定性。

第二节　纸类药包材

纸是连续的片状形式或卷筒薄材形式的一类材料的通称,由植物纤维、矿物纤维、动物纤维、合成纤维或其混合纤维的悬浮液沉淀,加或不加其他添加物质在成型机上成型制成。在制造过程中或制成后,可以涂布、浸渍或转制而不失纸的特性。纸作为一种传统的药包材,至今仍发挥着重要作用,部分药物及制剂的内包装以及几乎所有药品的外包装,包括标签与说明书、药品包装中的装潢均采用纸质材料。

一、纸类药包材的特点

1. 优点　① 卫生安全性好,纸类包装材料无毒、无味、无污染;② 绿色环保,自然降解,可再生利用,不污染环境,是典型的绿色包装材料;③ 原料广泛、价格低廉;

④ 加工性能好,纸和纸板的成型性和折叠性优良,便于剪裁、折叠、黏合、钉接,可满足手工、机械化和自动化生产的不同要求;⑤ 易于复合加工,可与塑料、金属箔等制成复合包装材料改善性能;⑥ 装潢展示性好,纸和纸板具有良好的印刷性能,字迹、图文清晰牢固。

2. 缺点　阻隔性较差,对水分、气体、油脂有一定的渗透性。容易燃烧,力学强度不高。虽然纸制品属于绿色包装材料,但传统造纸工艺对环境的污染较大,应积极开展环保的造纸新工艺与新技术的研究和应用。

二、纸类药包材的检查项目

1. 纸和纸板的一般测试项目　主要包括定量、厚度、密度、抗拉强度、含水量、气体渗透性、纹理方向或垂直方向的撕裂强度、耐破度、戳穿强度、挺度、板的压痕性能、层压板的黏合强度、耐摩擦性、污点测试、吸水性、pH、氯化物和硫酸盐含量、白度、不透明度、粗糙平滑度、湿润破裂强度、湿润拉伸强度、灰分、含氮物质的检出和测定、油墨吸附性等项目。

2. 纸盒的专门测试　主要包括纸盒启封力、摩擦系数、折痕强度、接合处的剪切强度等项目。

3. 瓦楞纸的专门测试　主要包括瓦楞纸的边压试验、平压强度试验、环压强度测试、瓦楞纸的平压强度测试、瓦楞纸厚度测试。

4. 纸的安全性测试　食品包装纸等与药品直接接触的纸张,还应做铅、砷、荧光物质、脱色试验、卫生学(大肠埃希菌、致病菌等)标准检查。

三、常用纸类药包材

常见纸类药包材

纸类药包材可依据纸的定量(单位面积的重量称为纸的定量,g/m²)分为药品包装用纸和药品包装用纸板。定量小于 225 g/m² 或厚度小于 0.1 mm 的称为纸张;定量大于 225 g/m² 或厚度大于 0.1 mm 的称为纸板;定量为 200 g/m² 左右,介于纸和纸板之间的一类厚纸或薄纸板称为卡纸。按照在包装中的作用,纸类药包材分为内包装纸类药包材,销售、运输包装用纸类药包材和印刷装潢用纸类药包材三种。

(一) 药品包装用纸

1. 普通食品包装纸　普通食品包装纸是指一种不经涂蜡加工,直接用于入口食品包装用的食品包装用纸,在食品零售市场广泛应用,有双面光和单面光两种。它应该符合食品包装纸国家行业标准。食品包装纸直接与食品接触,必须严格遵守其理化卫生指标,纸张纤维组织应均匀,不允许有明显的云彩花,纸面应平整,不许有折痕、皱纹、破损裂口等纸病,不能添加荧光增白剂。

2. 蜡纸　蜡纸主要采用亚硫酸盐纸浆生产的纸为基材,再涂布食品级硬脂酸或石蜡等而制成。蜡纸具有防潮、防止气味渗透等特性,可作防潮纸。

3. 玻璃纸 玻璃纸是一种再生纤维薄膜,它高度透明,可见光透过率可达到100%,属于比较高级的包装用纸。常用于医药、化妆品、食品等的美化包装,也可用于纸盒包装的开窗部分,内装物清晰可见。普通玻璃纸具有以下特点:① 装饰展示效果好,透明,有光泽,印刷文字或图案清晰精美;② 不带静电,不易粘上灰尘;③ 耐热、耐寒性好,可耐 180~190℃高温,但不耐火;④ 不透气,防油性能好,耐化学品性能好;⑤ 撕裂强度小,适用于撕裂带启封的包装。玻璃纸的缺点是尺寸稳定性差;防潮性差,遇潮后易起皱和粘连;无热封性。在玻璃纸上涂布树脂(硝酸纤维素酯、PVC、PVDC)等可制成防潮玻璃纸,大大地改善防潮性能和热封性能。

4. 热封型茶叶滤纸 是一种低定量专用包装纸,按颜色可分为本色和白色两种。产品为卷筒纸,卷纸按宽度不同分为四种规格。其质量标准(GB/T 25436—2010)包括紧度、抗张强度(纵向、横向)、纵向湿抗张强度、热封强度、透气度、水分等。其纸张纤维组织应均匀,纸面应洁净、平整,不应有硬质块、皱褶、洞眼、裂口及较大纤维束等影响使用的纸病。

5. 其他药品包装用纸 铜版纸是一种涂布印刷纸,是以原纸涂布白色涂料,经过压光工艺制成的高级印刷纸。轻涂纸是轻量涂布纸的简称,是指一类克重较低的涂布加工纸,其性能介于铜版纸和胶版纸之间。胶版纸是指定量为 60~120 g/m^2 的印刷用纸,有双胶纸与单胶纸之分,定量低于 60 g/m^2 又称书写纸。选用强度较大的纸张,在背面涂上胶黏剂,如以涂硅保护纸为底纸可制成不干胶纸,是用于自黏标签的材料。纸类包材还常与铝箔、塑料等制成复合包装材料,如铝箔防潮纸、多层复合防潮纸等。

(二) 药品包装用纸板

纸板通常不直接接触药品,主要用途是制作纸盒、纸箱,用于药品销售包装和运输包装。常用纸板有以下几类。

1. 白纸板 白纸板是一种白色挂面纸板,定量为 200~400 g/m^2,分为双面白纸板(白底白)和单面白纸板(灰底白)。白纸板的印刷性能优良,能印出清晰精美的图案。它的机械保护性能较好,具有一定的抗张强度、耐折度和挺度等。有良好的加工性能,便于刻痕、模切和模压,可以制成形状各异、形式多样的包装纸盒。可以回收利用,自然降解,不污染环境,还可以和其他材料做成复合药包材,提升性能。白纸板主要用于药品的销售包装,经单面彩色印刷后制成纸盒,起保护商品、装潢美化和宣传作用,也可用于吊牌、衬板的底板制作。高档商品的纸盒包装通常采用双面白纸板。

2. 箱纸板 箱纸板是药品用于制造运输包装纸箱的主要材料。它是以化学草浆或废纸浆为主的纸板,以本色居多,表面平整光滑,纤维紧密、纸质坚挺强韧,具有较好的机械防护性,印刷性能好。箱纸板用于制造瓦楞纸板、固体纤维板或纸板盒等产品的表面材料。箱纸板包括普通箱纸板、牛皮挂面箱纸板和牛皮箱纸板三类,其中牛皮箱纸板质量最好,是运输包装用高级纸板,外观质量好,物理强度高,具有较高的挺度,其耐折性、耐破性和抗压性优良,防潮性好,多用于贵重药品的包装纸箱。

3. 草纸板 又名黄纸板,定量为 120~400 g/m^2,其纤维来源于稻草,采用普通的制板机生产。此种纸板非常坚固,但是具有轻微的气味,故在药品包装中的应用受到了一些限制。

4. 瓦楞纸板　瓦楞纸板是由瓦楞(芯)纸轧制成屋顶瓦片状波纹,然后将瓦楞纸与网面箱板纸黏合制成。瓦楞的波形宛如一排小小的拱形门彼此相连、互相支撑,与纸板连接形成三角结构体,使瓦楞纸板具有较高的强度,其挺度、硬度、耐压性、耐破性、延伸性均高于一般纸板,由它制成的瓦楞纸板箱更有利于保护内部商品。

根据瓦楞(芯)纸波形可将其分为 U 形、V 形和 UV 形三种。U 形板强度较高,弹性好,压力消失后能恢复原状,但抗压性差,易黏合;V 形板黏合面积小,成本较低,抗压力强,缓冲能力差;UV 形板兼具两者优点,使用较为广泛。根据一定长度上瓦楞的数量、楞宽及楞高,瓦楞纸可分为 A、C、B、E、F 五种类型(表 10-2),可根据需要组合应用。根据结构可分为单瓦楞纸板、双瓦楞纸板、三瓦楞纸板等。

表 10-2　瓦楞纸的纸型

纸型	楞高 /mm	楞宽 /mm	楞数 /(个·300 mm^{-1})
A	4.5~5.0	8.0~9.5	34 ± 3
C	3.5~4.0	6.8~7.9	41 ± 3
B	2.5~3.0	5.5~6.5	50 ± 4
E	1.1~2.0	3.0~3.5	93 ± 6
F	0.6~0.9	1.9~2.6	136 ± 20

四、纸类药包材的应用

(一) 直接接触药品的纸包装

1. 纸张　纸张可用于中药饮片的临时包装,但已逐渐被塑料袋代替,有些大蜜丸的内包装采用蜡纸。有些散剂的内包装采用食品专用纸。纸张可作为药品充填纸,将纸张填满瓶装片剂的包装空隙中,可以减少运输过程中药片之间、药品和瓶之间的碰撞或磨损。也可以用蜡纸、铝塑复合纸作为药瓶封口纸,贴合在瓶口起密封作用。纸张还能用于其他材料的衬里,如玻璃纸用于金属、塑料、纤维板小桶的内壁作内衬。

2. 纸袋　纸袋是一端封口的单层或多层扁平包装制品,据其外形可分成扁平袋、角底袋、尖底袋、圆底内衬大袋等多种形式。可用于原料药、散剂、颗粒剂的包装,在医院药房和零售药店中拆零固体制剂药品的销售都会使用纸袋。为了便于患者服用,上面印有简单的使用说明,配合药师的药嘱服用。

3. 热封型茶叶滤纸袋　由热封型茶叶滤纸内装固体硅胶干燥剂,再热封而成,放于固体制剂瓶中,外观平整,无明显色差。

(二) 非直接接触药品的纸包装

1. 标签、说明书　药品包装中的标签、说明书以及装潢用纸张不与药品直接接触,可选择种类较多,比如铜版纸、轻涂纸、胶版纸、书写纸、不干胶纸等。要求印刷效果清晰,字迹清楚。

2. 纸盒　纸盒通常用白纸板制成,它是药品小包装、中包装的常用形式。例如固体制剂中的片剂、胶囊经铝塑包装后再用小纸盒外包或将安瓿瓶 5 个或 10 个一组放于塑料托内,再用小纸盒外包。

3. 瓦楞纸箱　瓦楞纸箱是把瓦楞纸经模切、压痕、钉箱或黏箱等制成的刚性纸质容器,一般作为运输包装,一箱俗称"一件"。瓦楞纸箱具有良好的加工性能和卓越的使用性能,目前已经取代了木箱等传统包装容器,成为药品运输的主力军。

第三节　玻璃药包材

玻璃是一种历史悠久的包装用材料。它是介于晶态和液态之间的一种特殊状态,由熔融体过冷却而得。它在理化性质方面具有良好的化学稳定性、抗热展性、密封性、一定的机械强度和光洁透明等诸多优点。因此,玻璃制品广泛地应用于食品、化学试剂和医药工业产品的包装。药用玻璃也被称为玻璃药包材,是玻璃制品的一个重要组成部分,其性能及质量要求都优于普通的玻璃制品,鉴于其良好的化学稳定性、气密性、透明、耐高温以及易清洗消毒等性质,玻璃成为药品包装的主要材料之一。

一、玻璃药包材的特点

玻璃药包材的优点包括:① 化学稳定性高,与药物相容性较好,耐药物腐蚀,对药物的吸附少;② 卫生安全,无毒,无异味;③ 对空气和水蒸气具有良好的阻隔作用;④ 光洁透明,造型美观;⑤ 棕色玻璃可以起到避光的作用;⑥ 可回收利用,成本低。

玻璃药包材的缺点包括:重量重、体积大、质脆易碎;质量较差的玻璃易析出游离碱和产生脱片现象,可能影响药液 pH 和澄明度。玻璃脱片和使用中的碎屑也是形成血栓的隐患,危害人们的健康。

二、玻璃药包材的主要检查项目

玻璃药包材的外观、鉴别、理化性质、规格尺寸、化学成分、有害物质含量应符合相应的标准。

玻璃药包材的外观应当无色透明或棕色透明,不应有明显的玻璃缺陷,不得在任何部位发现裂纹。材质的鉴别指标主要是三氧化二硼含量和线热膨胀系数,三氧化二硼含量可采用三氧化二硼测定法(YBB 60432012),线热膨胀系数可采用线热膨胀系数测定法(YBB 60422012)或平均线热膨胀系数测定法(YBB 60412012)。理化性质的主要检查项目包括耐酸性(YBB 60092012)、耐碱性(YBB 60102012)和表面耐水性(YBB 60442012)。玻璃生产中使用的 As_2O_3、Sb_2O_3 可能把 As、Sb 残留在成品中,氧化物 PbO、CdO 也可能有重金属残留。因此,玻璃药包材需要对有害元素砷、锑、铅、镉进行限度检查以保证药品的安全。其他如热稳定性、力学性质(如内应力、耐内压力、折断力等)检查也要符合相关规定。

三、玻璃药包材常见材料种类

玻璃是由熔融体过冷制得的介于晶态和液态之间的无定形物体,经配料、熔制、成型、退火等工艺制备而成。它的主要成分包括酸性氧化物(如 SiO_2、B_2O_3、Al_2O_3)、碱金属氧化物(如 Na_2O、K_2O)和碱土金属氧化物(如 CaO、ZnO、MgO、PbO、BaO)等。玻璃的性质与其组成和结构有密切的关系。作为玻璃最主要成分的 SiO_2 以四面体方式构成玻璃的基本骨架;B_2O_3 可以降低玻璃的热膨胀系数,提高玻璃的热稳定性和改善玻璃的成型性能;Al_2O_3 可以增加玻璃的硬度、弹性和化学稳定性;Na_2O 可以降低熔融玻璃液的黏度,加快玻璃的熔制速度。

国际标准 ISO 12775—1997《正常大规模生产合成的玻璃成分分类指南及其试验方法》中规定了三种药用玻璃,即钠钙玻璃、3.3 硼硅玻璃和中性玻璃,其成分见表 10-3。

表 10-3 按化学组成对药用玻璃的分类

化学组成及性能		硼硅玻璃		含碱土氧化物(中性玻璃)
		碱性或碱土硅酸盐玻璃	无碱土氧化物(3.3 硼硅玻璃)	
w^*(氧化物)/%		$Na_2O>10$ $CaO>10$	$B_2O_3>8$	$B_2O_3>8$
典型组成	$w(SiO_2)$/%	70~75	约 81	约 75
	$w(Na_2O+K_2O)$/%	12~16	约 4	4~8
	$w(MgO+CaO+SrO)$/%	10~15	—	<5
	$w(Al_2O_3)$/%	0.5~2.5	2~3	2~7
	$w(B_2O_3)$/%	—	12~13	8~12
	$w(PbO)$/%	—	—	—
平均线膨胀系数 (20~300℃)/$10^{-6}\ K^{-1}$		8~10	3.3	4~5
抗水性		中等,弱	很强	很强
耐酸性		很强	很强	很强
耐碱性		中等	中等	中等
主要应用领域		瓶罐容器(玻璃)等	化学用实验室仪器,医药和食品工业	医药容器

注:$*w$ 表示质量分数。

国际上注射剂一般都采用上述标准中的中性玻璃,故将其称为国际中性玻璃。由于技术水平原因,我国一直不能规模化生产国际中性玻璃,所以只能在其配方的基础上,降低氧化硼和氧化硅的含量,增加氧化钾和氧化钠的含量,并将其称为中性玻璃2。另外,把 ISO 12775—1997 中的中性玻璃称为中性玻璃 1。

知识拓展 //

玻璃的生产过程

玻璃的生产过程首先是原料(主要有 SiO_2、Na_2O、Al_2O_3 等)的预处理(包括粉碎、筛分、混合等操作),然后将其在熔窑中利用高温熔制(温度可达到 1 500℃)成均匀、无气泡的液态玻璃。液态玻璃采取一定的手段形成所需的形状,就是成型工艺,成型的方法分为冷成型和热塑成型两种。成型的玻璃必须经过退火,退火也称为回火,目的是消除玻璃中的永久应力,制品成型后立即退火的称为一次退火,而制品冷却后再进行退火的称为二次退火,它是把玻璃加热到低于玻璃转变温度附近某一温度进行保温均热,以消除玻璃各部分的温度梯度,使应力松弛的操作过程。玻璃温度降到常温后就可以出炉了。

我国药用玻璃按材质可分为四种类型:3.3 硼硅玻璃、5.0 中性玻璃(5.0 硼硅玻璃、中性玻璃 1)、低硼硅玻璃(中性玻璃 2)、钠钙玻璃。

(一) 3.3 硼硅玻璃

3.3 硼硅玻璃的化学组成包括 SiO_2(81%)、B_2O_3(12%~13%)、R_2O(4%)和 Al_2O_3(2%~3%)。产品性能可达到 121℃颗粒法耐水性 1 级;内表面耐水侵蚀性 HCl 级;耐酸性 1 级;耐碱性 2 级。其线热膨胀系数为$(3.2~3.4)×10^{-6} K^{-1}$(20~300℃)。硼硅玻璃又称硬质玻璃,这种玻璃化学稳定性好、耐热性好,常用于制造对质量有较高要求的玻璃制品。

(二) 5.0 中性玻璃

5.0 中性玻璃(5.0 硼硅玻璃、中性玻璃 1)的化学组成包括 SiO_2(75%)、B_2O_3(8%~12%)、RO(5%)和 Al_2O_3(2%~7%)。产品的性能可达到 121℃颗粒法耐水性 1 级,内表面耐水侵蚀性 HCl 级,耐酸性 1 级,耐碱性 2 级,0.001 mol/L NaOH 溶液无脱片;线热膨胀系数为$(4.0~5.0)×10^{-6} K^{-1}$(20~300℃)。中性玻璃质量可靠,在药包材中使用广泛,在我国尚未有大规模生产。

(三) 低硼硅玻璃

低硼硅玻璃的化学组成为 SiO_2(71%)、B_2O_3(6%~7%)、R_2O(11.5%)、RO(5.5%)和 Al_2O_3(3%~6%)。产品的性能可达到 121℃颗粒法耐水性 1 级,内表面耐水侵蚀性 HCl 级,线热膨胀系数为$(6.2~7.5)×10^{-6} K^{-1}$(20~300℃),为我国特有的药用玻璃产品,过去

将之称为中性玻璃 2、乙级料，而将符合 ISO 12775—1997 中的中性玻璃称为中性玻璃 1、甲级料。低硼硅玻璃在国际上不通用，在我国也处于淘汰阶段。目前，此类玻璃基本都被 3.3 硼硅玻璃取代。

（四）钠钙玻璃（碱性或碱土硅酸盐玻璃）

钠钙玻璃的化学组成是 SiO_2（70%）、B_2O_3（0~3.5%）、R_2O（12%~16%）、RO（12%）和 Al_2O_3（0~3.5%），产品的性能可达到 121℃颗粒法耐水性 2 级，内表面耐水侵蚀性 1~3 级，线热膨胀系数为 $(7.6~9.0) \times 10^{-6}\ K^{-1}$（20~300℃）。相比硼硅玻璃，钠钙玻璃的熔制加工更加容易，价格低廉，多用于对某些耐热性、化学稳定性要求不高的玻璃制品。

玻璃通常是无色透明的，还有两种有色玻璃，分别是蓝色和棕色（琥珀色）。蓝色玻璃含有着色剂氧化钴（CoO），棕色玻璃的氧化剂是氧化铁（Fe_2O_3）、氧化锰（MnO_2）和硫化物。棕色玻璃可以阻隔 470 nm 的光线，但是要注意铁元素对于药液的影响。玻璃中加入金属元素可以改善其性能，例如含钡玻璃的耐碱性好，含锆（氧化锆）中性玻璃对于酸、碱均有较好的稳定性，不易受药液侵蚀。

四、玻璃药包材的应用

（一）包装容器

作为直接接触药品的包装材料，玻璃药包材可用于大多数无菌注射剂和部分口服制剂，与玻璃药包材配套的橡胶塞、铝塑盖等，分别在橡胶、金属及塑料材料中介绍。

根据成型工艺的差异，把药用玻璃制品分为模制瓶和管制瓶两类。模制瓶是利用形状各异的玻璃模具制造的产品，包括模制抗生素玻璃瓶、玻璃输液瓶、口服液瓶、玻璃药瓶等，其材质有钠钙玻璃、低硼硅玻璃及中性玻璃等，模制瓶具有强度高，尺寸稳定的特点。管制瓶则是将预先拉制成型的各类玻璃管二次加工成型制造的产品，其种类涵盖管制注射剂瓶、安瓿、预灌封玻璃瓶（卡式瓶）及口服液瓶等，其材质有低硼硅玻璃、中性玻璃和硼硅玻璃等，它的特点是重量轻、外观透明度好。

常用的包装容器有如下产品。

1. 安瓿　安瓿瓶常用于水针剂的包装，国内使用的安瓿是曲颈易折安瓿，按外观分为无色玻璃和棕色玻璃两种。规格有 1 ml、2 ml、5 ml、10 ml 和 20 ml 等。曲颈易折安瓿有两种，一种是色点刻安瓿，另一种是色环安瓿（图 10-1）。色点刻安瓿颈部有一道刻痕，其上方有一色点标志，使用该种安瓿时，将刻痕的标志向上，两手斜握安瓿的两端，右手向下用力即可折断。色环安瓿在颈部有一圈低熔点玻璃色环，该色

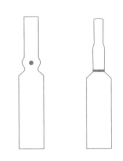

色点刻安瓿　色环安瓿

图 10-1　色点刻安瓿与色环安瓿

环与安瓿玻璃本身的膨胀系数有差异,使用时无方向性,只需双手斜握安瓿两端,右手向下用力即可折断。

安瓿的材质有 5.0 硼硅玻璃(中性玻璃)和低硼硅玻璃。钠钙玻璃的质量差,没有在安瓿中使用;3.3 硼硅玻璃软化点比较高,封口比较困难,也不适合做成安瓿。鉴于目前国内 5.0 硼硅玻璃尚未达到稳定的大规模生产,我国独有的低硼硅玻璃安瓿作为一种过渡产品在使用。下一步要在限用低硼硅玻璃安瓿的基础上,发展 5.0 硼硅玻璃安瓿。

2. 玻璃输液瓶　玻璃输液瓶具有光洁透明、易清洗消毒、耐侵蚀和高温、密封性能好等特点,是用于大输液的常用包装材料。依据材质,制造输液瓶的玻璃有两种。一种输液瓶采用中性硼硅玻璃,B_2O_3 的含量不得小于 8%(g/g),简称 I 型玻璃瓶,此种玻璃瓶具有优良的化学稳定性,所以可回收使用。另一种输液瓶采用内表面经过处理的钠钙玻璃,简称 II 型玻璃瓶,由于经过中性化处理,其内表面形成一层很薄的富硅层,能达到 I 型玻璃瓶的效果,应用广泛,但反复使用,极薄的富硅层会在洗瓶及灌装消毒过程中遭到破坏而导致性能下降,存在性能下降的问题。因此,国家标准 GB/T 2639—2008《玻璃输液瓶》中明确规定,II 型玻璃瓶只能适用于一次性使用的输液瓶。

虽然近年来塑料输液容器使用日益增长,但是 II 型玻璃瓶仍在某些品种中使用,其发展趋势一个是薄壁轻量化减轻瓶体重量,另一个是小规格化,500 ml 规格减少,而 100 ml、50 ml 规格增加。国际上贵重、高档药物输液仍采用玻璃瓶包装。一些特殊的输液制剂(如强碱性输液剂)应选用材质为硼硅玻璃的输液瓶。

3. 管制注射剂瓶和模制注射剂瓶　此类玻璃瓶包装主要用于粉针剂的包装。管制注射剂瓶具有重量轻、外观透明度好等特点,但价格较高且易破碎。模制注射剂瓶具有强度高,尺寸稳定,价格低廉等特点。

管制注射剂瓶的玻璃多数为硼硅玻璃,国内企业多依赖直接进口成品瓶或进口玻璃管二次加工,模制注射剂瓶的玻璃多数采用钠钙玻璃或含 B_2O_3 10% 的国际中性玻璃。从数量上看,药品粉针制剂包装以模制注射剂瓶为主(约占 70%)。从国内外抗生素粉针包装的发展趋势看,模制注射剂瓶仍将占据主导地位。

4. 口服制剂用玻璃瓶　近年来,由于各种泡罩包装和塑料瓶包装的广泛使用,口服固体制剂的玻璃药瓶包装逐渐减少,玻璃药瓶大部分用于口服液体制剂。包括模制瓶和管制瓶,模制瓶材料有低硼硅玻璃和硼硅玻璃,管制瓶材料更多,还包括钠钙玻璃。口服液用玻璃瓶多是管制瓶。对化学性质较活泼的各种口服液制剂应选用避光性能较好的棕色玻璃药瓶。随着非处方药和保健药品的增多,此种包装尚有一定的发展空间。

5. 预灌封玻璃容器　预灌封玻璃容器是一种药品生产企业采用专业厂家提供的注射容器及配件,将药品预先充入容器中供医院使用的新型药品包装方式。

预灌封玻璃容器由注射针筒、推杆和胶塞等部分组成。针筒部分采用药用玻璃管二次加工,因为对玻璃管的材质(甲级料)和公差要求很高,目前主要依赖进口。其生产过程包括拉管、切管成型、退火、针头组装、清洗、灭菌等。国内对于此类产品的需求日益增长。

6. 其他　玻璃还可用作气雾剂的耐压容器,尽管玻璃化学性质稳定,但是其撞击易碎,且耐压性差,所以要在其外搪以塑料层。

(二) 玻璃药包材的使用注意

不同剂型、不同性质和不同档次的各类药品对玻璃药包材的选择应用应遵循下述原则。

1. 良好适宜的化学稳定性　药品和玻璃瓶之间应该有很好的相容性,药物不能和玻璃发生化学反应,不能被玻璃瓶吸附有效成分,玻璃瓶中的组分也不应该迁移到药液中。药品对于玻璃的侵蚀程度,通常是液体大于固体,碱性大于酸性,尤其是强碱的溶液型针剂对药用玻璃的化学性能要求更高。血液制剂、疫苗、生物制剂等高档药品以及各种强酸碱性的水针制剂应选用硼硅玻璃材质的玻璃容器。然而,目前我国盛装水针制剂广泛使用的低硼硅玻璃安瓿是不适宜的,应该逐步向 5.0 中性玻璃材质过渡,确保其盛装的药品在使用中不出现脱片、浑浊、变质等现象。对一般的粉针剂、口服制剂及大输液等药品,使用低硼硅玻璃或经过中性化处理的钠钙玻璃尚可满足其化学稳定性要求。

2. 良好的抗温度急变性　药包材在生产中要经过高温烘干、消毒灭菌或冷冻等工序,所以药用玻璃应具备良好的抵抗温度变化的能力。玻璃的线热膨胀系数越低,其抵抗温度变化的能力就越强。高档的疫苗制剂、生物制剂以及冻干制剂一般应选用 3.3 硼硅玻璃或 5.0 中性玻璃。低硼硅玻璃经受较大温度差剧变时,往往易产生炸裂、瓶子掉底等现象。我国的 3.3 硼硅玻璃制作管制注射剂瓶特别适用于冻干制品,其耐热冲击性能优于 5.0 硼硅玻璃。

3. 良好的机械强度　为防止各类剂型的药品在生产、运输过程中因为机械冲击而破碎,药用玻璃容器必须有一定的机械强度,它和玻璃材质、玻璃瓶型、几何尺寸、热加工等因素有关。

4. 稳定的规格尺寸　玻璃药包材的尺寸应该保持稳定,以便与相应的包装材料配套使用,并且在生产线上顺利生产。如注射剂瓶、输液瓶、口服液瓶等,应与胶塞、铝盖配套,才能适应各种剂型药品的清洗、消毒烘干、灌封等生产线的高速和连续运转。

5. 适宜的避光性能　对需要避光保存的制剂,应选用带有颜色且具有良好避光性能的药用玻璃。

6. 良好的外观及透明度　对于溶液型注射剂、输液剂以及使用前配制成溶液剂的粉针剂等需要检查可见异物的药品,其所用药用玻璃应具备良好的光洁度和透明度。另外,在选择药用玻璃包装时还应从经济性、与其他包装材料及药品分装设备的配套性等方面予以综合评价。

课堂讨论

说一说你所见过的药品哪些是玻璃包装,哪些属于模制瓶,哪些属于管制瓶。

岗 位 对 接

◆ 药品包装实例分析

注射用单硝酸异山梨酯

剂型：注射用无菌粉末。

规格：20 mg。

包装：西林瓶。

主要包装材料：中硼硅玻璃管制注射剂瓶、注射用无菌粉末用卤化丁基橡胶塞、抗生素瓶用铝塑组合盖。

主要包装设备：灌装加塞机、冷冻干燥机、轧盖机。

主要包装设备操作过程：玻璃瓶用洗瓶机清洗、干燥、灭菌，橡胶塞和铝塑组合盖分别用胶塞清洗机和铝塑盖清洗机处理备用。配制好的单硝酸异山梨酯水溶液在灌装加塞机上完成灌装和半加塞，送入冷冻干燥机，–40℃预冻 4 h，开启真空至 0.2 mbar，升温至 –10℃，维持 24 h，再升温至 30℃，维持 12 h。下降隔板至胶塞全部压紧。放入空气，开启舱门，将压胶塞的注射剂瓶放入轧盖机压铝塑盖，得成品。

分析：目前，注射用无菌粉末采用管制玻璃瓶，由于我国的玻璃生产水平逐渐提高，在我国存在多年的低硼硅玻璃已不能满足对药品质量的要求，取而代之的是 3.3 硼硅玻璃，即中硼硅玻璃。

第四节　金属药包材

　　金属药包材曾在药学领域独领风骚，例如镀锡薄板（马口铁）曾广泛地用于锭剂罐、软膏管以及多种包装散剂、片剂和胶囊的组合容器。随着新材料的进步，塑料、复合药包材的出现使金属药包材的应用日益减少，但金属药包材的制作水平也在提高，容器重量持续降低，使用同样重量的金属能制作更多的容器，所以其仍有一定的竞争力。

一、金属药包材的特点

　　金属药包材的特点：① 机械性能优良，具有良好的强度和刚性，其容器可薄壁化或大型化，并适合危险品的包装；② 阻隔性优良，密闭性好，货架期长；③ 加工成型性能好，金属药包材具良好的延展性，可轧成各种板材、箔材，制备各种形状的容器，可与纸、塑料复合应用；④ 具有特殊的金属光泽，装潢华贵美观、适印性好，各种金属箔和镀金属薄膜可做理想的商标材料。但金属药包材的耐腐蚀性能低，金属材料中含有的铅、锌等重金属离子可影响药品质量,危害人体健康,金属药包材需镀层或涂层,且材料价格较高。

二、金属药包材的主要检查项目

不同金属材质的质量要求和检测项目不尽相同,主要检测项目包括外观、理化性质(主要是阻隔性能、密封性能、机械性能、规定物质检测)和生物学性质(主要是微生物限度、异常毒性)。例如,药品包装用铝箔可以参照原国家食品药品监督管理局的药包材标准 YBB 10012012 等。

三、金属药包材常见材料种类

(一) 锡

锡是古老的金属,曾用于青铜器的制造。锡呈银白而略带蓝色,熔点为 231.96℃。锡的冷锻性好,其延展性仅次于金、银和铜,可以压成 0.04 mm 以下的锡箔。金属锡长期与潮湿空气接触后,在其表面生成一层较致密的氧化物薄膜,它可以保护锡免遭进一步腐蚀,因此与大多数金属比较,锡具有较强的抗腐蚀能力。锡可以和其他金属很好地熔合或牢固地包附在很多金属的表面。

由于锡具有良好的化学稳定性和冷锻性,可用于食品和药品包装,大量锡箔常作为包裹材料应用在药品包装工业中,如某些眼膏剂的包装。但锡资源较少,价格高,如今药品包装极少用纯锡,而采取镀锡方式应用。

(二) 镀锡薄板

镀锡薄板是指两面镀有纯锡的冷轧低碳薄钢板或钢带。锡主要起防止腐蚀与生锈的作用。它将钢的强度和成型性与锡的耐蚀性结合于一种材料之中,具有耐腐蚀、无毒、强度高、延展性好的特性。但镀锡层的完好无损是其抗腐蚀的前提,若锡层出现破损,由于原电池效应,锡会加速铁的腐蚀速度。

镀锡薄板一般用作药品包装中的桶、盒、罐。表面涂漆后装潢美观,并可增强保护性能。罐内层涂布环氧－酚醛树脂后可以提高抗酸腐蚀能力,适用范围最广。内层涂布丙烯酸树脂涂料后其抗硫性能极佳,内层衬蜡可盛装水溶性基质制剂,涂布环氧树脂可装碱性制品。

(三) 铝

铝属于轻金属,银白色,产量巨大,纯度(铝含量)超过 99.8% 的称为高纯铝。铝具有一系列优良性能:① 密度小,仅为 2.7 g/cm³,大约是铁的 1/3 ;② 良好的耐腐蚀性,不会生锈,铝表面形成的氧化铝薄膜可防止其继续氧化,若表面镀锡或涂漆可增强其防腐性;③ 易于加工性能,具有良好的延展性和塑性,良好的铸造性能;④ 良好的阻隔性,不透光,不透气,防潮性能好;⑤ 表面光滑,易清洗;⑥ 导热性,易于杀菌消毒;⑦ 色泽美观,铝及其氧化物呈银白色,容易染色和涂刷;⑧ 易于回收利用,利于绿色环保。铝的缺点是材质较软,强度较低,受碰撞易于变形,焊接性能差。在药品包装中常用的有铝板、铝箔、镀铝薄膜等。

四、金属药包材的应用

(一) 铝箔

药品包装用铝箔,俗称PTP铝箔。它是用高纯度铝经过多次压延制得的基材产品,其厚度仅为 0.005~0.2 mm,具有优良的防潮性和漂亮的金属光泽。

铝箔不易生锈,其氧化物无毒性;化学惰性强,耐腐蚀和油脂;具有良好的导电性和导热性,无磁性,耐热性和耐寒性俱佳,不燃烧。铝箔阻隔性优良,不透光、不透气,对湿和异味有很好的阻隔作用;塑性好,无弹性,延展性好,易加工,可与多种材料如纸、塑料复合。但铝箔不耐磨损和摩擦,延展性好可导致伸长和穿孔,也可能因褶皱而容易出现针眼和穿孔。铝箔易被强酸或强碱腐蚀。

铝箔作为复合型包装的阻隔层在现代药品包装中有广泛的应用,这都得益于其良好的避光、防透气和防潮效能。铝箔根据厚度分为无零铝、单零铝和双零铝。铝箔的形状通常有卷状和片状。可以作为药包材用的铝箔,分为硬质铝和软质铝两种,前者常用于片剂、胶囊的泡罩包装(PTP 包装)和双铝包装;后者的厚度仅 7~9 μm,通常不单独作为包装材料使用,而是与塑料、纸、玻璃纸等制成复合软包装材料。药用铝箔的加工方式有复合铝、涂层铝和印刷铝。

PTP 铝箔结构见图 10-2,品种分Ⅰ、Ⅱ、Ⅲ、Ⅳ四种形式,见表 10-4。

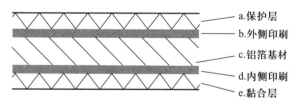

图 10-2　PTP 铝箔结构示意

表 10-4　PTP 铝箔品种

品种	a	b	c	d	e
Ⅰ	保护层	外侧印刷	铝箔基材	内侧印刷	黏合层
Ⅱ	保护层	—	铝箔基材	内侧印刷	黏合层
Ⅲ	保护层	外侧印刷	铝箔基材	—	黏合层
Ⅳ	保护层	—	铝箔基材	—	黏合层

PTP 铝箔的质量可依据 YBB 10012012《药品包装用铝箔》检测,其指标主要有水蒸气透过量、黏合层热封强度、保护层黏合性、破裂强度、异常毒性、保护层耐热性等。这些指标与 PTP 铝箔的阻隔性、热封性、卫生性和机械强度息息相关。

(二) 包装容器

1. 铝管　药用铝管通常分为软质铝管和硬质铝管,它们的基本材料是纯铝(含量不低于 99.5%,通常是含量 99.7% 的一级工业纯铝)坯片,通过冷挤压成型工艺制成的不同形式、不同用途的两种药品包装容器。

铝管的内壁通常需要内衬涂层以增加稳定性,内壁涂层主要有环氧树脂和固化剂,成膜后形成能量较低的网状结构,无毒。使用较多的固化剂主要是酚醛类树脂、氨基类树脂、乙烯树脂等。这些材料在耐溶剂、耐腐蚀、耐酸碱、柔韧性、黏结力和硬度等方面各有优点,但均有比较长的分子链,固化后形成庞大而又致密的网状结构,能有效地隔离药物和铝的直接接触,增强耐酸碱和耐腐蚀性能。外壁涂层材料主要由二氧化钛和树脂组成。树脂可采用醇酸树脂、聚酯树脂、聚氨酯树脂等多种材料,国内主要使用聚酯树脂和醇酸树脂,国外应用较多的是聚酯树脂和聚氨酯树脂,一般来说,醇酸树脂的性能不及聚酯树脂和聚氨酯树脂。国内使用较多的是溶剂性涂料,国外已开始研究生产水性涂料。

软质铝管俗称软管,经过软化处理,可用于半固体制剂(软膏剂、乳膏剂、糊剂、凝胶剂等)或油性制剂的包装。国内开发的尖头软管可以用于眼膏剂的包装。硬质铝管是未经软化处理的硬管或硬罐。这两类包材的容器是纯铝,因此其成本较高。由于铝的来源广泛,并且易于回收利用,加上优良的密封性可满足某些药品或制剂的特殊要求且不会造成环境污染,所以有不错的前景。

第一代软质铝管含铅,已被淘汰;第二代软质铝管无内壁涂层、无尾涂层,密封性差,正逐渐被淘汰。目前国内迅速发展的软质铝管属于第三代产品,它增加了薄顶封膜和尾部密封涂层,密封性好,确保不会出现泄漏或干涸。与塑料软管、复合软管相比,软质铝管不会在使用时出现回弹、回吸现象,易于控制给药量,也可避免回吸空气造成二次污染。

软质铝管尾涂层材料由聚丙烯酸酯共聚物加入少量填料和着色剂组成,形成的涂层要有一定的柔韧性。尾涂料一般多用水性,必须保证混合均匀和避免气泡、颗粒的存在。

硬质铝管的气密性、防潮性和遮光性都远胜玻璃或塑料,在国外使用比较广泛。硬质铝管尤其适用于泡腾片,也可用于喷雾剂包装,随着泡腾片制剂,尤其是保健药品泡腾制剂的增多和国内医药市场的蓬勃发展,硬质铝管在国内应用的前景非常乐观。

2. 铝瓶　在原料药制造行业中,药用铝瓶广泛地用于抗生素原料包装,常用规格有 3 L 和 5 L 两种。药用铝瓶的综合性能优良,它不仅重量轻,还具有良好的耐腐蚀性,能减少细菌的生长繁殖。

铝瓶内、外表面经过阳极氧化处理形成一层致密的氧化铝薄膜,性质稳定,密封性好,耐酸、碱。该氧化膜对于铝瓶有重要作用,不但可使膜内部不再被进一步氧化,性质更加稳定,耐腐蚀性更强,还具有较高的机械强度,防止在长途运输过程中因冲击力而破碎。铝对于大气的腐蚀性有较高的耐受力,甚至在工业大气中也是如此。除了抗冲击、耐腐蚀外,药用铝瓶还具有易于加工成型、可蒸汽清洗、无毒、无吸附、对热和光有较高的反射性等优良性能。不过碱能破坏这层氧化膜,因而对铝有腐蚀作用,虽然加入抑制剂后能有所改善,但是还应避免与碱性物质的直接接触。

3. 气雾剂容器　气雾剂容器的材质可以用铝或马口铁,其工艺包含铝的冲挤、马口铁的组合或拉伸,以及壁打薄等。组合的马口铁容器价格较低,而铝制气雾剂容器则价格较高。铝制容器可由单片组成,容器没有侧缝,底部也没有凸边,包装呈现出一体化的特征,但是由于经济原因,主要在小型气雾剂容器中单独使用铝。大型容器一般由两片组成,即连续的侧壁和接缝连接的底部。如果侧壁和底部采用不同的金属,例如马口铁底配铝罐身,就有电解腐蚀的可能,因此必须进行产品相容性检查。选择适当的涂层也能达到防腐蚀作用,例如采用涂环氧 – 苯酚醛漆以防止容器和药品之间的作用。

(三) 瓶盖

瓶盖通常由塑料或金属(铝、马口铁)制成。玻璃瓶大多用金属盖、塑料盖封口,塑料瓶则主要用塑料盖封口包装。药用瓶盖的要求:① 安全无毒,瓶盖及密封垫不能与药物发生化学作用;② 良好的密封性,既不能让内装物泄漏,又要保证外界物质不能进入包装容器;③ 使用方便,瓶盖易于开启,多剂量包装瓶盖应做到可反复封缄;④ 能防止盗换,若瓶盖被开启应留下明显的开启痕迹,具有防盗换功能;⑤ 便于装饰,促进销售。瓶盖的阻隔性与密封性不但与其材质有关,在很大程度上也取决于瓶口与瓶盖的配合是否紧密。塑料瓶盖一般为螺旋瓶盖,适用于螺纹瓶口;金属瓶盖除螺旋瓶盖外,还有轧口瓶盖,适用于非螺纹瓶口。瓶盖虽小,却有很多材料、款式,功能也多种多样,关于瓶盖的发明专利或实用新型专利数量很多。

1. 铝盖　铝盖的基材有纯铝和铝合金,由于纯铝的抗拉强度低,会导致包装密封性不合格,所以将被淘汰。铝盖的表面经过无毒环氧树脂涂覆处理后,外观、强度和耐腐蚀性都大大地改善。铝盖有多种类型,按结构形式分为六种。

(1) 开花铝盖:结构简单,分为二开花和三开花,用镊子将铝盖的开花翘起处掀开,露出中心针刺部位即可使用,整体的外观粗糙,也容易造成胶塞污染。

(2) 插型铝盖:通常用于小剂量口服溶液瓶,盖顶中心部位制成直径 2~3 mm 的薄顶,便于吸管插入,内配 PVC 胶垫或橡胶垫用于密封,使用时存在随吸管插入带进污染物的可能。

(3) 拉环式铝盖:将铝拉环与铝盖顶面一部分铝铆合,使用时用力拉扯拉环将事先已刻痕好的铝片撕开而开启,若拉环开启力不稳定,有时会出现铝拉环已拉断,铝盖却还未掀开的问题,使用可靠性差。

(4) 撕拉型铝盖:此种铝盖的撕拉方式有上撕拉型和侧撕拉型之分,以铝材刻痕的深度来决定撕开力的大小。由于对铝材的厚度和加工设备的精度都有较高要求，所以生产成本较高。铝盖是全撕开型的，仅用于口服液瓶的包装。

(5) 扭断式防盗螺旋铝盖：又称防盗盖。它的结构是在铝盖周围做上 6~8 个等分的连接点，其宽度约 0.8 mm，通过瓶口封盖机将铝盖封上并形成螺纹。使用时沿逆时针方向拧铝盖，盖的上部分沿着螺纹旋转，下口部分的几个连接点扭断，从而开启瓶盖。此种铝盖对铝材质、图案印刷的对中性以及涂层的牢固度都有较高的要求。

(6) 两件套组合型铝盖：由两个铝盖组成，外盖通常是撕拉型的铝盖，内盖主要起保护作用，它们可被完全撕开从而取出胶塞，这种铝盖很上档次，但是成本较高。

2. 铝塑组合盖　铝塑组合盖外形美观，开启方便，是目前普遍使用的铝盖，广泛地用于抗生素瓶、输液瓶和口服液瓶的包装封口，瓶盖外面的塑料多选用聚丙烯树脂，有多种颜色可选择，瓶盖上可以印各种图案作为产品标记和防伪手段。常用种类有如下几种。

(1) 普通铝塑组合盖(半开式)：有断点式和翻边式两种结构。断点式铝塑组合盖一般连接点为 6~8 个，宽度为 0.3~0.5 mm，把铝盖中心孔的连接点处热压铆合塑料盖，开启时向上掀起塑料盖，将铝盖的连接点撕断，此种方式开启力较稳定，容易控制。但是开启之后用棉球消毒时，撕开点可能刮花棉球，并且塑料盖上带有铝环，不易回收。翻边式铝塑组合盖是把塑料盖的翻边部位通过热压使其变形与铝盖组合在一起，其开启力由翻边材料厚度、塑盖翻边的宽度和翻边形状(环状或齿状)共同决定，开启时通过塑料盖的弹性变形完成开启功能，它的优点是制造容易，撕开后开口处光滑，塑料盖和铝盖开启后便于回收，但开启力不容易控制。

(2) 撕拉型铝塑组合盖：又称为刻痕式铝塑组合盖，为全撕开型，它依靠刻痕深度来控制开启力大小，撕拉方式为上撕拉型，不会出现断裂或撕不开现象。此种组合盖的密封性能好，但是塑料盖撕拉开后带有铝环，不易进一步回收利用，刻痕的加工难度大，如果精度达不到要求，开启力便难以控制，故其加工成本比普通铝塑组合盖要高。

(3) 三件套铝塑组合盖：由两件铝盖和一件塑料盖组合在一起，两件铝盖其结构和作用与两件套组合型铝盖基本相同，配上塑料盖后使其既能向里注射药液，又能将铝盖全部撕开口服或倒出液体，多在医用造影剂的瓶口使用。

3. 马口铁螺旋盖　马口铁螺旋盖通常与盛装固体制剂或液体制剂的玻璃药瓶配合使用。它的基材是马口铁板，有镀锡和镀铬两种，厚度一般为 0.18~0.4 mm。由于材质较坚硬，不像铝盖那样可以在封盖机上与瓶子一起封口成型，故一般由瓶盖的加工单位事先把螺纹和卷边口加工好，再作为成品出售给用户，因此对螺纹的螺距，螺纹的内外径与瓶口尺寸匹配度有较高要求。铁盖冲压之前要先印刷涂油墨并烘干，然后才能冲压、卷边、压螺纹。该种产品对印刷要求较高，尤其是在凹凸图案处及卷边口处，不能出现墨层脱落或开裂问题，如果需要高温灭菌，还要注意马口铁的耐高温要求。

岗 位 对 接

◆ 药品包装实例分析

阿莫西林克拉维酸钾分散片(7∶1)

剂型:片剂。

规格:0.228 5 g(阿莫西林 0.2 g 与克拉维酸 0.028 5 g)。

包装:双铝泡罩包装。

内包装材料:铝箔、聚酰胺/铝/聚氯乙烯冷冲压成型固体药用复合硬片。

主要包装设备:双铝包装机。

主要包装设备操作过程:按工艺要求装好模具。用75%乙醇擦拭双铝机料斗、下片槽、安装铝箔的滚动轴、输送带、模具及直接接触药片的有关器具。自中间站领取需进行双铝包装的阿莫西林克拉维酸钾分散片及铝箔、冷成型铝,核对品名、规格、批号、数量,检查其外观,准备包装。接通电源,加热一段时间,预热包装机到 180℃。两种铝材分别安装在各自支撑轴上,检查钢字批号。向料斗中加入待包装的中间体,开始包装。冷成型铝在模具上被压出一定形状的凹陷,机器自动填入片子,最后两层铝材被热封、冲裁得成品。

分析:阿莫西林克拉维酸钾分散片的有效成分对水分比较敏感,储存过程中要严格防止空气中水蒸气的影响,因此选用对水、气阻隔性都很好的铝箔作为内包材。由于采用冷压成型技术,包装机的上下加热板无须开启加热。

第五节　塑料药包材

塑料为可塑性高分子材料的简称,是近几十年发展起来的新兴包装材料。随着原材料、生产设备和工艺技术的发展,塑料包装在各个领域得到了广泛应用。与玻璃材料相比,塑料具有质轻不易碎、易于制造封口和成本低廉等特点。塑料在药品包装中使用日益增多,发展迅速,逐步形成以塑料代玻璃的趋势,目前塑料已经成为一种主要的药品包装材料。

一、塑料药包材的特点

塑料药包材的特点:① 密度小,重量轻,便于运输携带;② 阻隔性良好,耐水、耐油;③ 化学性质比较稳定,耐腐蚀;④ 可做成透明或不透明形式;⑤ 有适当的机械强度,韧性强,结实耐用;⑥ 加工成型方便,易热封和复合;⑦ 价格较便宜。但塑料药包材耐热性差,在高温下易变形,阻隔性比玻璃或金属稍差。材质脆弱,容易磨损。药包材的废弃物难以分解或处理,造成环境污染。

二、塑料药包材的主要检查项目

检查项目主要包括药包材的外观、鉴别(红外光谱鉴别和密度测定)、理化性质(密封性试验、水蒸气渗透、炽灼残渣、溶出物检查、穿刺力、透光率、金属元素)和生物学性质(微生物限度、异常毒性、细胞内毒素、细胞毒性)。不同塑料药包材的检测项目不尽相同,具体可参阅国家药品监督管理局有关药包材的标准。

三、塑料药包材常见材料种类

塑料的主要成分是树脂和添加剂。树脂为大分子聚合物,由许多重复单元或链节组成,它决定塑料的类型、性能和用途,添加剂可以改善塑料的性质。一般根据树脂的类型对塑料药包材进行分类,如聚乙烯(PE)塑料、聚丙烯(PP)塑料、聚氯乙烯(PVC)塑料、聚酯塑料等。根据热性能又可分为热塑性塑料和热固性塑料,前者为链状线型结构,成型后可被熔化、再成型;后者为立体网状结构,成型后不可通过压力或加热使之再成型。大多数塑料药包材属于热塑性塑料。

1. 聚乙烯(PE)　PE由乙烯单体聚合而成,是应用最广泛、用量最多的塑料。PE的化学性能稳定,耐大多数酸碱化学品侵蚀,具有良好的抗潮性、耐低温性、耐磨性。PE的缺点是透明性较差;对氧和二氧化碳的阻隔性差,不适用于易氧化药物的包装;阻味性、耐油性较差,不适用于挥发性或油脂性药物;油墨难以黏附,制品印刷性较差。PE强度不高,耐热性较差,容易受光和热作用而降解,通常可加入双月桂酸硫代二丙酸酯或丁基羟基甲苯作抗氧剂。

常用的有高密度聚乙烯(HDPE,密度为 0.935~0.965 g/cm^3),低密度聚乙烯(LDPE,密度为 0.910~0.935 g/cm^3)以及线型低密度聚乙烯(LLDPE)等。HDPE刚性和阻透性好;LDPE则柔软、透明,热封性能好;LLDPE的韧度、断裂伸长率和阻透性优于 LDPE,可制成更薄和更坚韧的薄膜,但其热封温度比 LDPE 更高,若使用 LLDPE 与 LDPE 的共混物,可使其既保持 LDPE 的热封性能又具有 LLDPE 的韧性和阻透性。

2. 聚丙烯(PP)　PP由丙烯单体聚合而成,属于热塑性树脂,无毒、无色、无味,是塑料中最轻的一种(未填充或未增强时密度为 0.900~0.915 g/cm^3),其使用量仅次于PE。PP比 PE 更加坚韧,其气密性、蒸汽阻透性也不逊于 PE。PP 的硬度、抗张强度、弹性率和抗应力破裂性也比 PE 更加优良。熔点为 175℃,耐热性好,可作为需高温消毒灭菌的包装材料。化学性能稳定,除了热的芳香族或卤化物溶剂外,耐化学品侵蚀,不受酸碱和大多数溶剂的影响。具有优良的耐弯曲疲劳强度,可耐折数十万次,用于生产掀顶型瓶盖。PP 的缺点是透明度差,耐寒性差,低温时很脆,为降低脆性可加入一定比例量的 PE。PP比 PE 更易氧化、老化,可在造粒过程中加入抗氧剂或紫外线吸收剂等加以克服。PP薄膜主要包括普通包装薄膜、双向拉伸聚丙烯(BOPP)薄膜、流延聚丙烯(CPP)薄膜等。目前多数液体剂型的塑料包装材料都是 PP。

3. 聚氯乙烯(PVC)　PVC由氯乙烯单体聚合而成,在许多行业都有广泛的使用。

PVC 透明、坚硬,但热稳定性差、抗冲击力不佳。虽然 PVC 无毒,但单体氯乙烯有致肝癌作用,其含量应低于 1 mg/kg。为了改善 PVC 的性能,常加入各种塑料助剂,包括热稳定剂、增塑剂、冲击改性与加工助剂等以降低加工温度与调整 PVC 的软硬程度。PVC 的增塑剂己二酸二(2- 乙基己)酯(DEHA)可能会迁移至药物中引起内分泌紊乱,严重危害使用者的健康。PVC 在焚烧时会释放二噁英造成环境污染。

知识拓展

增塑剂的那些事

增塑剂是一种加入诸如塑料这样的高分子聚合体系中,能增加它们的可塑性、柔韧性或膨胀性的物质。它是化工中使用量最大的一类助剂,其用量的 80%~85% 用于 PVC 塑料的增塑,其余用于纤维素树脂的增塑。增塑剂都是有机物,并且具有一定的毒性,没有加入增塑剂的 PVC 又硬又脆,没有弹性,不能制成任何形状的产品。增塑剂的加入量和产品的柔软度有关,添加量小的可以制成杯子和 PVC 管,添加量多的可以制成更柔软的塑料薄膜,如保鲜膜和塑料袋。PVC 塑料的蓬勃发展离不开增塑剂的广泛使用。

增塑剂有液体和固体,其沸点通常较高,约 300℃,不易挥发。按照其化学结构不同可分成九大类,其中环氧化物类、柠檬酸酯类基本无毒,其余几类毒性大小不一,第一大类邻苯二甲酸酯类因性价比较高,是用量最大的一类。现在通常提到的增塑剂,基本是指邻苯二甲酸酯类,其中使用最广的是邻苯二甲酸二辛酯(DOP),其次是邻苯二甲酸二丁酯(DBP)。

4. 聚酯 聚酯是一种分子主链上含有酯键的聚合物,最常用的聚酯为聚对苯二甲酸乙二醇酯(PET)。PET 耐水、耐油,也耐稀酸、稀碱以及大多数溶剂,但不耐浓酸和浓碱。与 PP 相比,PET 对氧气和水蒸气的阻隔性有很大提高,可作为多种复合膜(如PET/PE 复合膜)的阻隔层。同时,PET 具有非常优良的力学性能,韧性大,抗张强度与铝相似,冲击强度为一般薄膜的 3~5 倍,不论硬度、耐磨性还是耐折性,PET 都十分优良。PET 有很好的耐热性与耐寒性(–70 ~150℃),甚至可在 120℃下长期使用。和PE、PP 相比,PET 的添加剂用量更少,可迁移成分少,使用更加安全。PET 具有较高的透明度,光泽性好,且对紫外线有较好的遮蔽性。作为包装材料时,PET 既可制成双向拉伸包装膜用于中药饮片的包装,又可由非晶态瓶坯得到高强度、高透明的拉伸吹塑瓶,还可直接挤出或吹塑成非拉伸中空容器,PET 的优良性质使其在容器市场上发展迅速,PET 瓶无论外观、光泽,还是理化性能在质量上都是一个飞跃。PET 的缺点是在热水中煮沸易降解,且易带静电,不能热封。

5. 聚碳酸酯(PC) 目前最常用的是双酚 A 型,由双酚 A 和光气(碳酰氯)反应生成。PC 的冲击强度最为突出,是热塑性塑料中冲击强度最好的品种之一,其硬度可与玻璃媲美。PC 有和玻璃一样的透明度、绝缘、无毒、无臭、无味,对于酸性化学品、油类有一定的耐侵蚀性,但对碱的化学稳定性较差。PC 具有良好的耐热和耐寒性。因其抗碰撞强度为其他一般塑料的 5 倍,可设计成薄壁瓶以相应降低成本,将来有可能代替部分玻璃小瓶和注射器使用。PC 的缺点是对水蒸气和空气的阻隔性一般,如果涂膜处理可以提高阻隔性。PC 的成本较高,通常用于生产特殊容器。

6. 聚偏二氯乙烯(PVDC)　PVDC 由偏二氯乙烯(VDC)和氯乙烯(VC)聚合而成。PVDC 耐蒸煮,透明度高,易于印刷,具有良好的展示功能,热封性能好。PVDC 最主要的优势是其具有优良的阻隔性,不论是水分、氧气、香气,PVDC 都表现出很好的阻隔性。在欧美国家和日本等国家,PVDC 在食品包装中的使用率达到 80% 以上。在药品包装中 PVDC 通常用于复合材料,增强阻隔性能。如防潮玻璃纸、复合聚氯乙烯硬片(PVC/PDVC 硬片),也可涂覆在 PE、PP 的药用塑料瓶内壁,大大地改善其防潮性和密封性。由于 PVDC 含有机氯,所以也可能对环境产生不良影响,某些限制 PVC 使用的建议性法规也适用于 PVDC。PVDC 的缺点有耐老化性差,容易受热、紫外线影响而分解出氯化氢,其单体有毒,价格比较高。

7. 聚苯乙烯(PS)　PS 为单体苯乙烯聚合而成,无色透明、高光泽;易于加工和着色,其刚性和电绝缘性良好;吸水率低,具有良好的尺寸稳定性。它的缺点在于质脆易裂,无延展性,耐冲击强度低,防潮性和耐热性差。PS 主要用于药品的小型包装。

8. 聚萘二甲酸乙二醇酯(PEN)　PEN 的力学性能优良,透明性好,有较强的耐紫外线照射特性,阻隔性优良。它的玻璃转化温度为 121℃,结晶速度较慢,容易制成透明厚壁耐热瓶。PEN 的价格较高,如果把 PET 和其共混使用,可以获得与玻璃成本相当的材料,而且其密封性和保质期与玻璃相同。加上其对紫外线的屏蔽作用,可使内装药物不受光线影响,可把它用于口服、糖浆剂的热封装,它是市场上唯一能代替玻璃采用工业蒸煮消毒的刚性包装材料。

9. 聚酰胺(PA)　聚酰胺俗称尼龙,在用作纤维时称为锦纶。它是高分子链上具有酰胺基重复结构单元的聚合物。结构中存在极性基团,可形成氢键,分子间作用力大,分子链排列规整,所以机械性能优良,坚硬且有韧性,抗冲击性能好。耐低温性能好,无毒,无臭。化学稳定性好,耐一般有机溶剂,耐油但不耐酸。加工性能优良,可采用一般热塑性塑料的成型方法制成各种成品。在药包材中主要用于复合膜材料中,例如,聚酰胺 / 铝 / 聚酰胺 / 聚氯乙烯冷冲压成型固体药用复合硬片、聚酯 / 铝 / 聚酰胺 / 流延聚丙烯药用复合膜(袋)等。

10. 其他塑料　在药包材中使用的塑料还有聚氨酯(PUR)、聚氟乙烯(PVF)、乙烯 – 醋酸乙烯酯共聚物(EVA)、乙烯 – 乙烯醇共聚物(EVOH)和 ABS(丙烯腈、丁二烯、苯乙烯三种单体的三元共聚物)等。

四、塑料药包材的应用

(一) 塑料薄膜与塑料硬片

塑料薄膜主要用于生产塑料袋和贴体包装等。常用的薄膜材质有 PE(LDPE 和 LLDPE)、PP(BOPP 和 CPP)、PET、PC,还有药品包装用复合膜、非 PVC 多层共挤输液薄膜等。

塑料硬片主要用于铝塑泡罩包装。泡罩包装为塑料硬片和铝箔共同组成的固体制剂包装形式。常用的材质有药用 PVC 硬片,它易于成型,透明性好,但阻隔水蒸气能力较差,因此又有 PP 硬片、PET 硬片以及 PVC/PE/PVDC、PVC/PVDC 等多种药用复合硬片。

(二) 塑料容器

塑料容器包括塑料瓶、塑料软管等,常用材料有 PE、PP、PVC、PET 等。其中 PE、PP 和 PET 所占比例最大,PVC 的用量逐渐减少。

塑料容器根据盛装药瓶剂型可分为固体用、液体用、软膏用药用塑料瓶(袋、管);根据制剂的用药途径可分为口服、外用、眼用、输液用等。我国对塑料容器的分类是把剂型、用药途径和包装材料结合在一起来命名,如口服液体药用 PP 瓶、口服固体药用高密度 PE 瓶、口服固体药 PET 瓶、PP 输液瓶、PP 药用滴眼剂瓶等。药物剂型、用药途径和包装材料不同,其药包材标准不一样。

1. 塑料瓶　虽然塑料瓶用于药品包装历史不长,但发展很快,几乎取代了玻璃药瓶。药用塑料瓶的材质通常为 PP、HDPE 或 LDPE,可加入着色剂钛白粉使成呈乳白色,还能起到避光、防紫外线的作用。也可用 PET 等制成无色或棕色透明塑料瓶,液体药用塑料瓶容器上还刻有刻度并附带计量杯。

2. 塑料输液瓶　塑料输液瓶材质多采用 PP、PET 等,具有质轻、抗冲击力强、使用方便、易于成型工艺等优点。同时,该类材质具有稳定性好,无脱落物,口部密封性好,胶塞不与药液接触等特点。传统塑料输液瓶的最大缺陷在于采取半开放输液方式,在输液过程中仍需插入空气针建立空气通路,才能使内部液体顺利滴入体内,药液易受到二次污染。目前,有厂家研发的直立式 PP 输液袋综合了 PP 塑料输液瓶和非 PVC 输液软袋的优点,可实现全封闭输液自排液要求,同时可直立摆放,克服了输液软袋配液时操作不便等缺点,提高了护理工作的效率,临床应用更加广泛,适用性更强。

3. PVC 输液软袋　PVC 是最早用于输液软包装的塑料,PVC 输液软袋适宜于全封闭式输液方式,利用输液软袋具有的自收缩性,输液时不必导入空气建立空气通路,从而避免使用环节的二次污染。由于增塑剂和未经聚合的氯乙烯单体存在安全性问题以及对环境有影响,PVC 在输液包装方面的应用受到了很大限制,我国已不再审批新的 PVC 输液软袋项目,输液袋包装全部采用非 PVC 材质。

4. 非 PVC 输液软袋　近年来,非 PVC 输液软袋发展迅速,它是由多层共挤膜通过热合方式生产的输液袋,多层共挤膜是采用共挤出工艺制得的产品,不使用黏合剂和增塑剂。外表层主要提供印刷性能、耐磨性和耐热性,中间层主要提供柔软性和阻隔性,而内表层主要提供膜的热封性和安全性。有三层和五层构造两种类型。共挤膜袋阻隔氧气和水蒸气的能力很强,透水、透气性仅为 PVC 材料的 1%~10%;具有很好的药物相容性,适合绝大多数药物的包装;耐热性能好,121℃湿热灭菌 15 min 后,仍能保持良好的温度适应性和抗跌落性;密封性、机械强度、环保指标明显优于 PVC

输液软袋。多层共挤非 PVC 输液软袋是当今输液体系中比较理想的输液包装形式，被称为 21 世纪环保型包装材料。

5. 塑料软管　塑料软管有 PE 软管和 PP 软管，曾用于半固体制剂的包装。塑料软管具有一定的缺陷，比如弹性大，对水和气体有一定的透过性，易老化。目前国内以复合软管为主，包括全塑复合软管和铝塑复合软管。复合材料的应用详见第六节复合药包材。

(三) 塑料瓶盖

药用塑料盖材质大多是 PE、PP 等高分子聚合物，最常用的品种是普通螺纹盖，它通过瓶盖内螺纹与瓶颈上螺纹相啮合实现密闭的功能。

防盗保险盖(扭断式)也比较常用。它在普通螺纹盖的盖底周边增加一圈裙边，并以多点连接，当扭转瓶盖时波形翻边棘齿锁紧于瓶口下端的箍轮上。使用时反转瓶盖，裙边锁圈脱落。如发现锁圈不完好，表明瓶盖已经被打开过。

完全组合盖，又称为儿童阻开盖，采用按压式设计，盖子需要用力下压后才能拧开。它由内盖和外盖组成，内盖多采用 PP 做成半透明的螺纹盖，外盖多采用 PE 材料。内盖是真正的盖子，外盖利用下沿扣住内盖，再用上面的齿轮与内盖的齿轮咬合。平时两个齿轮不接触，不论怎么旋转盖子，动的都是外盖，而内盖不动，对瓶盖的开关没有任何影响。下压后，两个齿轮咬合，反向旋转外盖，内盖也跟着转动，就可打开瓶子。

(四) 其他应用

塑料药包材还可用于：① 接口，如输液袋用 PP 接口、多层共挤膜输液袋用接管；② 带状材料，包括打包带、扎线带、撕裂膜、胶黏带、绳索等，如 PP 捆扎带、聚酯捆扎带；③ 密封材料，包括密封剂和瓶盖衬、垫片等；④ 防震缓冲包装材料等，如低密度 PE、PS、PVC 制成的泡沫塑料等。

(五) 塑料药包材的使用注意

1. 塑料的安全性　药品包装常用塑料本身无毒，但未聚合的单体和添加剂一般是有毒的，例如氯乙烯、苯乙烯、偏二氯乙烯等均有一定的毒性，因此各国均制定了严格的单体含量。另外，添加剂包括增塑剂、稳定剂、着色剂、润滑剂等，PVC 的增塑剂问题提醒人们添加剂的安全性应引起足够的重视。

2. 药品与塑料间相互作用　药品与塑料间的关系包括溶出、吸附、反应、变性等方面。

许多塑料包装容器在加工中都使用了添加剂，如增塑剂、稳定剂、着色剂等，这些添加剂可能从包装中溶解进入药物制剂而严重影响药品质量。药品中的有效成分或添加的防腐剂等也可能被包装材料吸附，从而引起主药成分的损失或对药品质量产生不良影响。塑料配方中所用的某些组分可能与药物制剂中的一些成分发生化学反应而影响药品质量。药品同样可能使塑料发生物理或化学变化，这将导致塑料发生变性，例如塑料的变形、降解、脆化等。如油类对 PE 的软化作用，增塑剂被溶解导致

PVC 变硬等。

3. 塑料的再利用　　由于塑料的广泛应用,每年产生了大量的废旧垃圾塑料,不但造成资源浪费,还会引起环境污染。按规定分类回收废塑料并重新利用是解决这种污染的根本途径。我国制定的塑料包装制品回收标志由等边三角形图形、图形中央塑料代码与图形下方对应的塑料缩写代号组成,塑料包装制品回收标志示例见图 10-3,塑料缩写代号见表 10-5。

图 10-3　塑料包装制品回收标志示例(聚丙烯)

表 10-5　塑料名称、代码与对应的缩写代号

项目	聚酯	高密度聚乙烯	聚氯乙烯	低密度聚乙烯	聚丙烯	聚苯乙烯	其他塑料代码
塑料代码	01	02	03	04	05	06	07
塑料缩写代号	PET	HDPE	PVC	LDPE	PP	PS	others

岗 位 对 接

◆ 药品包装实例分析

氯化钠注射液

剂型:输液剂。

规格:250 ml:2.25 g。

包装:聚丙烯输液瓶装。

主要包装材料:聚丙烯。

主要包装设备:洗灌封联动机组。

主要包装设备操作过程:输液剂的洗灌封操作应达到 C 级环境下的局部 A 级。进行洗灌封操作前,聚丙烯塑料粒应先进行注塑、吹瓶操作形成塑料输液瓶,随后打开洗灌封联动机组电源和层流罩,将压缩空气洗瓶压力调节至 0.8~1.0 MPa,冷却水压力调至 0.3~0.6 MPa。开启封口机加热板电源,预热 3 min 使加热温度均匀,于振荡器内加入聚丙烯组合盖。调试洗瓶压缩空气压力符合要求后上瓶、洗瓶。药液经 0.22 μm 滤器过滤后灌装,设定灌装速度在每分钟 150~200 瓶,启动灌装机,检查药液可见异物和装量,合格后开始生产。每批药液稀配结束至灌封结束操作时间不超过 4 h。

分析:目前,输液剂的包装可采用玻璃瓶、塑料瓶、软袋三种形式,尤以软袋、塑料瓶居多。塑料输液瓶通常采用机器吹塑成型的方式与药液同步制备,即将塑料颗粒挤料塑化成坯,然后直接通入洁净压缩空气吹制成瓶,而后进行气水洗瓶、灌封操作。由于塑料输液瓶卫生条件严格,制瓶用材不能混同于食品饮料瓶的用材,目前国内主要使用聚丙烯材料。

第六节 复合药包材

复合药包材是把两种或两种以上的材料,经过一次或多次复合工艺组合在一起,从而具有多项功能的复合型药品包装材料。此类材料类型多样,但是结构上有共同之处,通常可分成基层、功能层和热封层。基层的作用在于美观、利于印刷、阻湿等;功能层的作用主要在于阻隔、避光;热封层与药品直接接触,具有适应性、稳定性和良好的热封性能。复合药包材使用广泛,在各种剂型的包装中都能见到它的身影。

在所有的复合药包材中,复合膜的比重最大。复合膜是指将塑料、纸、金属或其他材料通过层合挤出、共挤塑等工艺技术将基材结合在一起而形成的多层结构膜。复合用基材是决定复合膜性质的主要因素,各基材之间优势互补呈现出色的综合性能,材料的复合化是必然趋势。例如,金属内涂层,玻璃瓶外涂膜,纸上涂蜡,或将塑料薄膜与铝箔、纸、玻璃纸以及其他具有特殊性能的材料复合在一起,以改进包装材料的耐水性、耐油性、耐药品性,增强对光、气体、水分的阻隔性,增强机械强度和缓冲性,改进儿童用药安全,方便开启,改善耐热、耐寒性能,改善加工适应性和印刷装潢性等。

一、复合膜的特点与组成

复合膜最突出的优点是可以通过改变基材的种类和层合的数量来调节复合材料的性能,满足药品包装所需的各种要求和功能,综合性能优良且价格低廉,是目前常用的药包材。

1. 复合膜的主要特点 优点:① 力学性能优良,阻隔性好,保护性强。可以根据药品包装的实际需求,制造出具有相应性能的复合材料。② 机械包装适应性好。复合材料易成型、易热封,封口牢固,尺寸稳定,规格多样,可用于大批量生产。③ 使用方便。复合材料易开启,运输体积小,重量轻,易于携带。④ 促进药品销售。复合材料易印刷、造型,可以增加花色品种,提高商品的陈列效应。⑤ 成本低廉。利用资源广泛,通过选择各种不同结构,可节省材料,降低能耗和成本。缺点:某些复合膜难以回收,易造成环境污染。

药用复合膜通常由基材、胶黏剂、阻隔材料、热封材料、印刷墨层与保护层涂料组成。复合用基材是决定复合膜性质的主要因素。基材的选择取决于包装物的要求、复合材料的用途、单层薄膜的性质以及成本。在复合膜构成中基材通常由双向拉伸聚酯薄膜(BOPET)、玻璃纸(PT)、双向拉聚丙烯膜(BOPP)、双向拉伸尼龙膜(BOPA)、铝(Al)、纸、镀铝聚丙烯膜(VMCPP)、镀铝聚酯膜(VMPET)等构成。复合膜复合类型有纸/塑复合、塑/塑复合、铝/塑复合等。复合的基材层数可以是 2~5 层,甚至更多,典型结构为表层/黏合层 1/中间阻隔层/黏合层 2/内层(热封层)。常见复合材料组合分类见表 10-6。

表 10-6　复合材料组合分类

种类	材质	典型示例
I	塑料	BOPET 或 BOPP、BOPA/ 黏合层 /PE 或 EVA、CPP
II	纸、塑料	纸或 PT/ 黏合层 /PE 或 EVA、CPP
III	塑料、镀铝膜	BOPET 或 BOPP/ 黏合层 / 镀铝 CPP BOPET 或 BOPP/ 黏合层 / 镀铝 BOPET/ 黏合层 /PE 或 EVA、CPP、EMA、EAA、离子型聚合物
IV	纸、铝箔、塑料	纸或 PT/ 黏合层 / 铝箔 / 黏合层 /PE 或 EVA、CPP、EMA、EAA、离子型聚合物 涂层 / 铝箔 / 黏合层 /PE 或 EVA、CPP、EMA、EAA、离子型聚合物
V	塑料(非单层)、铝箔	BOPET 或 BOPP、BOPA/ 黏合层 / 铝箔 / 黏合层 /PE 或 EVA、CPP、EMA、EAA、离子型聚合物

注：① EAA：乙烯与丙烯酸共聚物；EMA：乙烯与甲基丙烯酸共聚物。② 复合时可用干法复合或无溶剂复合，这时黏合层为一般的黏合剂。若采用挤出复合法，黏合层为 PE 或 EVA、EMA 或 EAA 等树脂。

2. 复合膜的组成

(1) 表层的特点和常用材料

1) 特点：① 有良好的透明性(里印材料)或不透明；② 有优良的印刷装潢性；③ 较强的耐热性、耐摩擦、耐穿刺；④ 能对中间层起保护作用。

2) 常用材料：PET、BOPP、PT、纸、BOPA 等。

(2) 中间阻隔层的特点和常用材料

1) 特点：① 能很好地阻止内外气体或液体的渗透；② 避光性好(透明包装除外)；③ 阻隔层应尽量靠近被包装物。

2) 常用材料：铝或铝膜、BOPA、EVOH、PVDC 等。

(3) 内层(热封层)的特点和常用材料

1) 特点：① 安全无毒，符合国际规范；② 具有化学性，不与包装物发生作用而产生腐蚀或渗透；③ 具有良好的热封性，良好的机械强度，耐穿刺、耐撕裂、耐冲击、耐压；④ 符合要求的内表面爽滑。

2) 常用材料：PE、PP、EVA 等。

(4) 胶黏剂：胶黏剂涂布于两层材料之间，借助表面黏结力和本身的强度，将相邻的两种材料黏结在一起。

(5) 印刷方式和涂布保护性涂料：复合膜的印刷方式以凹印为主，目前柔性版印刷薄膜的发展也很快。保护性涂料通常是在表印之后的印刷层表面再涂布一层无色透明的上光油，其干燥后起到保护印品和增加印刷光泽度的作用。

课堂讨论

生活中常见的复合膜包装有哪些？

知识拓展 //

镀　铝　膜

　　镀铝膜也是一种复合膜,是真空状态下铝的沉淀堆积到各种基膜上的一种薄膜,镀铝膜非常薄,厚度一般为 $0.4×10^{-12}$ ~ $0.7×10^{-12}$ m。除了原有基膜的特性外,还具有漂亮的装饰性和更好的阻隔性能,尤其是各种基材经镀铝后,透光率、透氧率和透水蒸气率降低几十倍或上百倍,可作为很好的材料应用于药品包装,耐刺扎性能优良,是今后重点发展的优良材料之一。目前广泛使用的有 PET、CPP、PT、PVC、OPP、PE、纸等多种类型的真空镀铝膜,其中用得最多的是 PET 和 CPP 真空镀铝膜,即 VMCPP 和 VMPET。

二、复合膜的检查项目

　　复合包装用复合膜或袋的主要检查项目有外观、鉴别(红外光谱)、阻隔性能(水蒸气透过量、氧气透过量)、机械性能(剥离强度等)、热合强度、溶出物试验、溶剂残留量、袋的抗跌落性、袋的耐压性能、微生物限度、异常毒性等。与普通复合膜相比,药品包装用复合膜增加了微生物限度和异常毒性的检查项目,其他卫生、安全性指标与食品包装相比都有较大提高。

三、复合膜常见材料种类

　　复合膜的种类繁多,新材料层出不穷,有许多种不同的包装分类办法,如阻隔性包装、耐热性包装、选择渗透性包装、保鲜性包装、导电性包装、分解性包装等。按照功能可将药用包装复合膜分为以下五种。

　　1. 普通复合膜　典型结构为 PET/DL/Al/DL/PE 或 PET/AD/PE/Al/DL/PE(DL 为干法复合缩写,AD 为胶黏剂)。一般采用干法复合或先挤后干法复合工艺。

　　特点:① 具有良好的印刷适应性,有利于提高产品的档次;② 良好的气体、水分阻隔性。

　　2. 药用条状易撕包装材料　典型结构为 PT/AD/PE/Al/AD/PE。一般采用挤出复合工艺。

　　特点:① 具有良好的易撕性,方便消费者取用产品;② 良好的气体、水分阻隔性,保证内容物较长的保质期;③ 良好的降解性,有利于环保;④ 适用于泡腾剂、涂料、胶囊等药品的包装。

　　3. 纸铝塑复合膜　典型结构为纸/PE/Al/AD/PE。一般采用挤出复合工艺。

　　特点:① 具有良好的印刷性,有利于提高产品的档次;② 具有较好的挺度,保证了产品良好的成型性;③ 对气体或水分具有良好的阻隔性,可以保证内容物有较长的保质期;④ 良好的降解性,有利于环保。

4. 高温蒸煮膜　典型结构为：① 透明结构,BOPA/CPP 或 PET/CPP；② 不透明结构,PET/Al/CPP 或 PET/Al/NY(尼龙)/CPP。一般采用干法复合工艺。

特点：① 基本能杀死包装内所有微生物；② 可常温放置,无须冷藏；③ 有良好的水分、气体阻隔性；④ 耐高温蒸煮,高温蒸煮膜可以里印,具有良好的印刷性,高温蒸煮袋又名软罐头。

5. 多层共挤复合膜　此种复合膜采用多层共挤技术生产而成。多层共挤技术是采用三种以上的塑料粒子(或塑料粉末),将其通过几台挤出机分别使每种塑料熔融塑化后,进入同一口模中,经进一步加工处理,制成的多层复合膜的技术。此种复合膜制造技术出现在 20 世纪 60 年代,我国在 20 世纪 80 年代从德国引进此种技术,目前我国能生产 7 层共挤膜,而国外已经出现 12 层共挤膜。

多层共挤复合膜的典型结构为外层/阻隔层/内层。外层一般为有较好的力学强度和印刷性能的材料,如 PET、PP 等；阻隔层具有较好的对气体、水蒸气等的阻隔性,如 EVOH、PA、PVDC 等通过阻隔层来防止水分、气体的进入,阻止药品有效成分流失和药品的分解；内层具有耐药性好、耐化学性高、热封性能较好的特点,如聚烯烃类。

多层共挤膜的特点主要有：① 其工艺采用一步挤出制成,不需要传统复合及涂覆等后续处理工序,生产成本大幅降低。② 采用了多种不同性质的材料,改善了薄膜后加工的性能。例如,采用 EVA 或 LLDPE 作为复合膜的表面,其热封性能会大大地改善。③ 共挤出工艺可以改进薄膜的质量。例如采用 EVOH 等高阻隔性材料做中间层可以改善其阻隔气体的性能。

四、复合药包材的应用

复合药包材常用于固体制剂的多剂量袋形包装、单剂量条形包装、泡罩包装等,在输液包装中有聚烯烃多层共挤输液袋,半固体包装中常用复合软管等。

1. 复合膜制袋　复合膜制袋(图 10-4)代替纸袋、塑料袋在药品包装中广泛地应用于中医药颗粒剂、散剂或片剂、胶囊剂等固体药物以及膏体的包装,一般是三边或四边热压密封的平面小袋,可以单剂量,也可以多剂量。塑料复合膜制袋包括普通封口包装、抽真空包装和充气包装等。

图 10-4　复合膜制袋

2. SP包装　SP包装(图10-5)又称条形包装,是一种用条状SP膜两层中间置片剂、胶囊或栓剂,在药剂周边的两层SP膜内侧热合封闭,压上齿痕,形成单位包装。使用时依齿痕逐步撕开使用。SP包装所用的包装材料是各种复合膜。条形包装的优点是使用方便,缺点是必须在专用的SP包装机上操作,一般还需用纸盒做中包装。

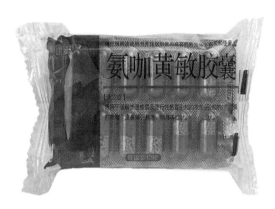

图10-5　SP包装

3. 双铝包装(铝铝包装)　双铝包装(图10-6)与条形包装相似,是采用两层涂覆铝箔将药品夹在中间,然后热合密封、冲裁成一定板块的包装形式。由于涂覆铝箔具有优良的气密性、防潮性和遮光性,使药品保质期延长,对要求密封或避光的片剂、胶囊、丸剂等的包装具有很大的优越性。双铝包装是化学稳定性差的药品的最佳包装材料和包装形式的选择。

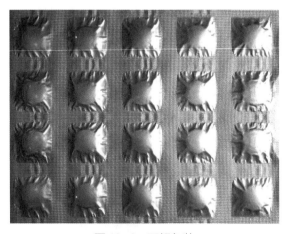

图10-6　双铝包装

4. 泡罩包装　涂有黏合剂的药用铝箔在一定的温度、压力条件下与塑料片进行热封,从而形成泡罩包装(图10-7)。目前,药品泡罩包装已成为我国片剂、胶囊、丸剂等固体制剂包装的主要包装形式。

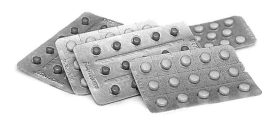

图 10-7　泡罩包装

5. 聚烯烃多层共挤输液袋　如前塑料药包材所述,最常用的非 PVC 输液袋——聚烯烃多层共挤输液袋(图 10-8)已成为当今输液体系中最理想的输液包装形式。

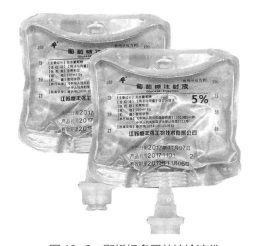

图 10-8　聚烯烃多层共挤输液袋

6. 复合软管　复合软管(图 10-9)包括全塑复合软管和铝塑复合软管。铝塑复合软管是将具有高阻隔性的铝箔与具有柔韧性和耐药性的塑料经挤出复合成片材,然后经制管机加工而成。软膏类药物的包装将彻底淘汰铅锡管和低质塑料制品,发展为内喷涂的铝管,在兼顾环保和药用要求的前提下支持高水平铝塑复合软管的研究。

图 10-9　复合软管

7. 其他应用　复合药包材在药品包装中还用于制备瓶盖用封口膜、铝纸复合密封整片、铝塑复合密封垫片等。

知识拓展

复合材料部分检测指标介绍

复合材料中各层之间黏合力的强弱用剥离强度来进行评估,剥离强度是复合材料的最重要质量指标之一。剥离试验时剥离的角度、速度以及环境的温度都将影响试验的结果。一般有 T 形剥离(90°)和180° 剥离两种,复合软包装材料一般用 T 形剥离。透油性测定一定条件下油透过材料所需的时间,是用来评价隔油性的包装材料的阻油性能。耐油性测定一定条件下包装材料在油中浸泡前后的拉伸强度和断裂伸长率的变化或溶胀吸油量的变化,评价包装材料在油制品的作用下产生溶胀和使包装材料的机械强度降低的程度。

第七节　其他包装材料

一、陶瓷药包材

陶瓷(主要由 Al_2O_3 和 SiO_2 组成)作为一种传统材料具有如下特点:① 耐热性,陶瓷热稳定性比玻璃好,在 250~300℃也不开裂,并耐温度剧变;② 高化学稳定性,耐酸碱,耐腐蚀;③ 高硬度和良好的抗压能力,质硬耐磨;④ 良好的阻隔能力,遮光,具气密性;⑤ 便于装饰,在造型、色彩上有独特风采,可提高产品的档次。

陶瓷在我国古代就作为传统的包装材料得到广泛应用,尤其用于名贵药品、易吸潮变质的药品。陶瓷的缺点是质重、受震动或冲击易破碎,不利储存运输。

常用的药用瓷瓶有药用口服固体陶瓷瓶,一般用于传统药制剂的包装,具有独特的陶瓷艺术与中药文化相结合的新颖特点,如速效救心丸、清咽滴丸、西黄丸等产品的包装。

二、橡胶药包材

(一) 橡胶药包材的来源和特点

根据橡胶的来源,橡胶可分为天然橡胶和合成橡胶。天然橡胶是从巴西橡胶树割出来的胶乳经过滤、凝固、压片、压炼、造粒、烘干、分级包装而加工得到的。它的生物安全性差,化学性质活泼,气密性差,使用工艺复杂,从 2006 年 1 月 1 日起所有药品一律禁止使用普通天然橡胶塞。合成橡胶具有适宜的弹性,在药品包装中主要以胶塞、密封垫片形式做密封件应用。

橡胶类药包材的优点：① 弹性好，能起到密封作用；② 能耐受高温灭菌。但是它也存在一系列缺点：① 在针头穿刺橡胶塞时会产生橡胶屑或异物；② 吸附性较强，易吸附主药和防腐剂等，导致含量降低，疗效下降；③ 橡胶的浸出物或其他不溶性成分可能迁移至药液中污染药液。

（二）常用橡胶药包材

根据橡胶的组成，合成橡胶可分为异戊橡胶、硅橡胶、丁基橡胶、卤化丁基橡胶等。主要应用的橡胶药包材有异戊橡胶、卤化丁基橡胶等。

1. 异戊橡胶 异戊橡胶的分子结构与天然橡胶相同，是按照天然橡胶结构合成而又进行改良的橡胶材料。它是由异戊二烯单体在催化剂的作用下，进行加成反应制得，故又称为合成天然橡胶。异戊橡胶具有某些优于天然橡胶的特性，但结晶性能低于天然橡胶，老化性能比天然橡胶差，硫黄硫化易对药品产生污染，更重要的是其透气、透湿性较强，易导致药品变质。

2. 丁基橡胶（IIR） 丁基橡胶是由异丁烯单体与少量异戊二烯共聚合而成。丁基橡胶低温下有适当的屈挠性，透气性在烃类橡胶中最低，具有高度阻隔性，优良的化学稳定性、耐氧化性和耐热性，其短时间最高使用温度可达到200℃完全满足药品高温灭菌的需要。

3. 卤化丁基橡胶（XIIR） 卤化丁基橡胶是丁基橡胶的改性产品，常用的有氧化丁基橡胶（chlorobutyl rubber）和化工基胶（bromobutyl rubber）两类。卤化丁基橡胶在丁基橡胶分子结构中引入了活泼的卤素（氯、溴）原子，同时保存了异戊二烯双键，使其不仅具备丁基像胶的优良性能，还减少了抗氧剂的污染，提高了纯度，加快了硫化速度，更可实现无硫硫化、无锌硫化，大大地减少了有害物质对药物的污染和不良反应。卤化丁基橡胶具有优良的抗臭氧、抗老化和耐水性，一般不加防老化剂。卤化丁基橡胶作为直接接触药品的首选封装密封材料，广泛地用于药品密封包装。

（三）橡胶药包材的应用

1. 卤化丁基橡胶瓶塞 采用卤化丁基橡胶生产的新型药用瓶塞，具备诸多优异的物理和化学性能：① 低透气性，低吸水性；② 易针刺，不掉屑；③ 色泽稳定；④ 优良的密封性和再密封性；⑤ 优良的消毒性能；⑥ 低的萃取性，无活性物质析出，无毒等。

根据主要材质的不同，卤化丁基橡胶瓶塞（图10-10）分为溴化丁基橡胶瓶塞和氯化丁基橡胶瓶塞。根据所封装药品的不同，卤化丁基橡胶瓶塞分为采血器试管塞、输液瓶塞、注射瓶塞（抗生素胶塞）、冷冻干燥输液瓶塞、冷冻干燥注射瓶塞（根据颈部结构的不同分为单叉、双叉、三叉和四叉四种规格）等，每类产品按尺寸不同分为A型、B型等不同规格。

图 10-10　卤化丁基橡胶塞

2. 镀膜胶塞和涂膜胶塞　是在胶塞表面或与药液接触面采用不同的工艺涂覆一层聚四氟乙烯、聚乙烯或聚丙烯等材料膜(如 Teflon 复膜胶塞),隔离瓶塞与药品的相互接触。与药物的相容性或适用性试验证明胶塞与药品的相互反应几乎降低到了最低限度,具有优异的耐药品性。截至目前,复膜胶塞是隔离传统的弹性体包装材料与药物的唯一理想产品,是解决瓶塞与药品相容性问题最有效的方法,但由于该类胶塞制造成本较高,所以应用范围还相当有限。

3. 超洁净胶塞　它是采用新型胶塞或新型硫化体系生产的满足某些特殊敏感药品要求的胶塞。如头孢菌素类分装粉针剂或酸碱性较强的大输液剂以及成分比较复杂的中药制剂对胶塞的要求较高,主要体现在:胶塞具有低萃取性,有利于药品的相容性;低硫化剂含量;无硫和无锌硫化体系。尽量取出丁基胶塞中的生胶及部分辅料,因为它们都是脂溶性物质,而且其中还可能存在低分子物质,如果上述物质进入药品就可能导致物理吸附,引起水溶性药物的溶解性下降,药品的澄清度下降,可见异物和不溶性微粒检查就可能不合格。

4. 低微粒硅油或无硅油丁基橡胶塞　硅油容易造成橡胶塞检测时微粒超标,胶塞表面硅油更是影响药品稳定性的重要因素,硅油在和某些头孢菌素类抗生素药粉接触时很容易被吸附,从而使药粉的溶解受到影响,出现浑浊现象。不用或少用硅油可以明显改变胶塞的性能,通过合理设计橡胶塞模具的表面,可以减少或消除胶塞清洗和灭菌过程中的发黏问题。

5. 垫片　常用的有口服液用氯化丁基橡胶垫片、口服液用溴化丁基橡胶垫、口服液用易刺型溴化丁基橡胶垫片、药用合成聚异戊二烯垫片、溴化丁基橡胶密封圈等。

三、泡罩包装材料

从泡罩包装的结构来看,它主要由热塑性的塑料薄片和衬底组成,有的还用到黏合胶或其他辅助材料。

1. 塑料薄片　能用于泡罩包装的塑料薄片有许多种类,其中每种除了其主要材料本身所有的特征和性能外,还由于制造工艺和所用添加剂的不同,又赋予塑料薄片其他一些特征,如厚度、抗拉强度、延伸率、光线透过率、透湿度、老化、带静电、热封性、易切断性等。同时,被包装物品的大小、重量价值和抗冲击性以及被包装物品的形态,如有无尖和棱角等都会影响泡罩包装的效果。因此,在选用泡罩包装的材料时就要考虑塑料薄片和被包装物品的适应性,即选用材料不仅要达到泡罩包装的技术要求,还应尽量降低成本。通常,泡罩包装用的硬质塑料片材有纤维素、苯乙烯和乙烯树脂三类。

2. 衬底　衬底也是泡罩包装的主要组成部分,同塑料薄片一样,在选用时必须考虑被包装物品的大小、形状和重量。

衬底主要有白纸板、B 型和 E 型涂布(主要是涂布热封涂层)瓦楞纸板、带涂层铝箔和多种复合材料等,其中药品包装中最常用的是铝箔。

自　测　题

简答题

1. 什么是复合药包材? 有哪些特点?

2. 常见瓶盖的材料、种类有哪些?

在线测试

第十一章
药品包装与材料的筛选

思维导图

学习目标

- 掌握药品包装材料的选用原则;药品包装材料与药物相容性试验条件和不同药品包装材料的重点考察项目。
- 熟悉药品包装材料的重要性;药品包装材料的选择程序;药品包装材料与药物相容性试验原则;不同的包装容器、不同的剂型重点考察项目。
- 了解药品包装材料的基本要求;药品包装材料与药物相容性试验目的。

第一节　选用药品包装与材料的要求

药品包装对保障药品质量有着至关重要的作用,因此《中华人民共和国药品管理法》对药品包装作出了明确规定。选用药品包装材料进行包装时,要严格执行我国药品包装管理的相关规定,同时要结合药品包装的作用,充分考虑药品包装的基本要求。

知识拓展 //

《中华人民共和国药品管理法》中对药品包装管理的规定

(1) 直接接触药品的包装材料和容器,必须符合药用要求,符合保障人体健康、安全的标准,并由药品监督管理部门在审批药品时一并审批。

(2) 药品生产企业不得使用未经批准的直接接触药品的包装材料和容器。

(3) 对不合格的直接接触药品的包装材料和容器,由药品监督管理部门责令停止使用。

(4) 药品包装必须适合药品质量的要求,方便储存、运输和医疗使用。

(5) 发运中药材必须有包装。在每件包装上,必须注明品名、产地、日期、调出单位,并附有质量合格的标志。

(6) 药品包装必须按照规定印有或者贴有标签并附有说明书。标签或说明书上必须注明药品的通用名称、成分、规格、生产企业、批准文号、产品批号、生产日期、有效期、适应证或功能主治、用法、用量、禁忌、不良反应和注意事项。

(7) 麻醉药品、精神药品、医疗用毒性药品、放射性药品、外用药品和非处方药的标签,必须印有规定的标志。

一、选用药品包装的基本要求

(一) 药品包装应适应不同流通条件的需要

由于药品在流通领域中可受到运输装卸条件、储存时间、气候变化等情况的影响,所以药品的包装应与这些条件相适应。如怕冷冻药品发往寒冷地区时,要加防寒包装;药品包装措施应按相对湿度最大的地区考虑等。同样,在对出口药品进行包装时应充分考虑出口国的具体情况,将因包装而影响药品质量的可能性降低到最低限度。

(二) 药品包装应和内容物相适应

包装应结合所盛装药品的理化性质和剂型特点,分别采取不同的措施。如遇光易变质,露置于空气中易氧化的药品,应采用遮光容器;瓶装的液体药品应采取防震、防压措施等。

(三) 药品包装应符合标准化要求

符合标准化要求的包装有利于保证药品质量,便于药品运输、装卸及储存;便于识别与计量,有利于现代化的机械化装卸;有利于降低包装、运输、储存费用。

二、选用药品包装材料的基本要求

药品包装对药品的稳定性影响极大,生产企业在药物制剂研发的各阶段,就需要用预定的包装材料、容器在室温下进行长期的稳定性试验,以确认最终的包装材料及容器。直接接触药品的包装材料和容器必须符合国家的有关标准,在选用时必须遵守如下原则和要求。

(1) 要根据药品的性能来选择不同材料制作的包装容器。例如,液体和胶质药品宜选用不渗漏的包装材料制作包装容器;芳香型药品宜选用阻隔性好的包装材料制作包装容器。

(2) 选用的包装材料要有足够的强度,以保证容器在储运和销售过程中不致损坏。

(3) 选择包装材料时,除注意材料的种类外,还应注意同种材料的不同规格。

(4) 包装材料的选择要注意成本核算。在不影响药品包装质量的前提下,应选用价格便宜的材料。在满足强度要求的前提下,选用重量轻的材料,并注意节省材料和成本等。

（5）药品包装容器和密封件应该不与被包装药品反应，不吸附药品，不能有包装材料进入药品，而且不致改变药品的性能，如安全性、均一性、有药效、质量或纯度。

（6）药品包装容器和密封件应该是洁净的，而且要按药品性质的需要，经灭菌加工处理以除去热原，达到预期目的。药品包装容器和密封件应该对在储存或使用时能损坏或污染药品的可预见性外界因素，具有足够的保护作用。

（7）所选用的包装材料应能抗外界气候、抗微生物、抗物理化学等作用的影响，同时应密封、防篡改、防替换、防儿童误服等。

为合理选择药品包装材料及容器，必须充分了解药物制剂的物理特性、化学特性、生物特性和变化规律，充分研究有无气体、水分的渗入和细菌、微生物的侵入污染，以及包装材料与容器有无潜在危害等。

三、药品包装材料的选择程序

（1）根据药品的性质及保质期要求选择包装材料，具体可咨询药品包装材料生产企业技术专家，或者根据相关要求进行材料选择试验，要充分考虑包装的合法性、设备的通用性、外观设计的新颖性、使用的经济适宜性。

（2）按照国家相关法律法规要求，做好稳定性、相容性试验。因为各种药品性质不同，所以要求每种药品都必须严格完成药品包装材料与药物的相容性试验。

（3）到药品包装材料生产企业进行环境、设备、工艺、质量等相关管理内容的审核，与药品包装生产企业确定药品包装材料的原料、配方和材料的结构以及包装材料的产品标准，并最终签订协定。

药品包装自药品生产出厂、储存、运输，到药品使用完毕，在药品有效期内，发挥着保护药品质量、方便医疗使用等功能。因此，选择药品包装，必须根据药品的特性要求和包装材料的材质、配方及生产工艺，选择对光、热、冻、放射、氧、水蒸气等因素屏蔽阻隔性能优良，自身稳定性好，不与药品发生作用或互相迁移的包装材料和容器。目前，各国对药品包装都是以安全、有效为重，同时兼顾药品的保护功能和携带、使用的便利性，以及对产品的宣传等。随着科学技术的发展及新型包装材料的不断研发和应用，药品包装已经不再是单纯的盛装药品的附属工序和辅助项目，而是成为方便临床使用的重要形式。

> **课堂讨论**
> 　　根据所学知识，谈谈你对药品包装材料的认识。我国对药品包装材料的管理规范有哪些？

第二节　药品包装材料选用原则

使用药品包装材料或容器包装药品必须保证最后一次剂量用完之前,药物的成分不致有任何变化,因此要选择适当的药品包装材料和形式,只要稍有差错,便会造成严重的后果。

药品包装材料生产企业必须证明所生产的包装容器制品的安全性和有效性,在使用包装材料包装任何药物之前必须获得批准。在为特定的药物选择包装材料、容器、包装形式之前,必须充分评价这些包装材料对其所包装的药物稳定性的影响,以及评定在长期的储存过程中,在不同的环境条件下,包装容器对药物的保护效果。只有经过充分地证明确实是安全、有效并有优良保护功能的药品包装材料才可以选择。此外,在具体选用时应该结合药物剂型、用途、理化性质、流通途径、流通区域、使用对象等因素充分考虑并遵循以下五个原则,即对等性、适应性、相容性、协调性、美观和无污染的原则。

一、对等性

在选择药品包装材料时,除了必须考虑保证药品的质量外,还应考虑药品的品性和相应的价值。对于贵重药品或附加值高的药品,应选用价格性能比较高的药品包装材料;对于价格适中的常用药品,除考虑美观外,应更多地考虑经济性,其所用的药品包装材料应与之对等;对于价格较低的普通药品,在确保其具有安全性,能发挥保护功能的同时,应注重经济适用性,选用价格较低的药品包装材料。

二、适应性

药品包装材料的选用应与流通条件、临床使用等相适应。药品生产企业所生产的药品,必须通过流通领域才能到达使用者手中。不同生产企业由于所处地理位置不同、消费者分布不同等,其生产的各种药品的流通条件也不相同。如气候条件、运输方式、流通对象与流通周期等。气候条件是指温度、湿度、温差等。对于气候条件恶劣的环境,药品包装材料的选择更需加倍注意。运输方式包括公路运输(汽车)、铁路运输(高铁)、水路运输(船)、空中运输(飞机)等,选择不同的运输方式,对药品包装材料的性能要求各不相同。如震动程度不同,对药品包装材料具有抗震性、防跌落等的要求亦不相同。流通对象是指药品的接受者。由于国家、地区、民族等的差异,对药品包装材料的规格、包装形式会有不同的要求,必须与之相适应。流通周期是指药品到达消费者或使用者手中的预定周期。为保障用药的安全有效,任何药品都有明确的有效期,所选用的药品包装材料应能满足药品在规定的有效期内质量稳定,不影响其临床使用。

三、相容性

(一) 药品包装材料与药物相容性的定义

药品包装材料与药物的相容性,是指药品包装材料与药物间的相互影响或迁移,包括物理相容性、化学相容性和生物相容性。选用对药物无影响、对人体无伤害的药品包装材料,必须建立在大量的试验基础之上。

常用的药品包装材料有塑料、玻璃、金属、橡胶等。由于药品包装材料的种类、组成、配方、生产工艺等的不同,其物理、化学性能差异也较大,用其包装药品后产生的影响也不尽相同。因此,在对不同的药品包装材料进行药物相容性试验时所考察的项目、采用的方法以及结果评价也不相同。

(二) 药品包装材料与药物相容性试验和药物稳定性试验的区别

药品包装材料与药物相容性试验和药物稳定性试验是不同的概念。药品包装材料与药物的相容性试验重点是考察药品包装材料及容器与药物间是否发生迁移或吸附等现象,进而观察这些现象是否对药物制剂质量产生影响。简单来说,就是通过相容性试验观察药品包装与所包装的药物之间是否发生变化,进而对包装材料和容器进行筛选,最终确定最适宜的包装材料和容器。药物制剂的稳定性试验是考察药物本身在不同条件下所发生的变化及变化规律,通过大量试验,找到有利于药物制剂稳定的条件和措施。

(三) 不同的药品包装材料与药物相容性的关系

1. 塑料包装材料与药物相容性关系　塑料是目前应用最广泛的包装材料,药品与塑料的相容性关系可以分为五个方面,即渗透、溶出、吸附、化学反应、塑料或制品的理化性质的改变。

(1) 渗透:气体、水蒸气或液体对塑料包装材料的渗透通常会对药品的储存期产生不良影响。水蒸气和氧气透过塑料壁进入药品,会给易发生水解和氧化作用的药品带来质量问题。温度和湿度是影响氧和水分透过塑料的重要因素,升高温度将使气体的渗透性增加。研究结果表明,处方组成中如含有挥发性药品,储存在塑料容器中可能发生不良变化,其中一种或几种有效成分会通过容器壁而损失。通常药品味道的改变,也与这个因素有关。

塑料容器会对药物制剂的物理性质产生影响,如某些油包水型(W/O 型)的乳剂,不能储存在疏水性的塑料瓶中,因为油具有迁移及渗入塑料的倾向。

(2) 溶出:塑料包装材料成分较复杂,在塑料成型过程中,为了增加稳定性或可塑性等,往往需要加入许多添加剂。塑料包装容器与药品长时间接触后,会有添加成分自塑料容器溶出,造成药品污染或变质。

(3) 吸附:药品中的某些成分向包装材料转移称为吸附,吸附会导致某些主要成分含量下降而影响疗效。

(4) 化学反应:塑料中某些组分与药物制剂中的成分起化学反应而严重影响制剂质量。

(5) 塑料或制品的理化性质改变:由于药物的影响而导致塑料容器的理化性质改变,往往导致塑料容器变形。例如,聚乙烯容器的变形,常由周围环境的气体及水蒸气渗透或所含物质通过容器壁失去而引起;溶剂系统可使塑料的力学性能发生很大的改变,如油类对聚乙烯有软化作用,氟化烃类能侵蚀聚乙烯或聚氯乙烯;一些表面活性剂也能使聚乙烯发生变化;药物溶液也可能浸提出包装容器中的增塑剂、抗氧剂、稳定剂等,从而改变包装材料的柔韧性。一旦塑料发生物理或化学性质改变,就会严重影响其包装功能,从而影响药效。

在考察药品包装材料与药物相容性时,必须通过大量的试验验证,确保药品包装材料能在整个使用期内保持药品的疗效、纯度、一致性、浓度和质量等。

2. 玻璃包装材料与药物相容性关系　玻璃是传统的包装材料,虽然具有很多优点,但它也存在着两个主要缺点:即在使用过程中会释放出碱性物质和不溶性的薄片脱落至容器中,这是困扰玻璃制品质量的主要环节。

一般来说,玻璃的抗碱性能力约是抗酸性能力的 1/10。因为碱可以与玻璃组成中的酸性成分发生反应。因此,玻璃长期与碱液接触会逐渐被腐蚀,并且随温度的升高,腐蚀作用加剧。某些碱性强的药物如枸橼酸钠、磺胺嘧啶钠、苯妥英钠、葡萄糖酸钙等,因其制剂的 pH 较高,特别容易使玻璃容器产生脱片现象,影响使用的安全性。

玻璃抗腐蚀性能的强弱对药物制剂稳定性关系很大,可直接影响药液的 pH 和澄明度。此外,很多药物制剂由于受光辐射能的影响,也会出现多种物理或化学的变化。光辐射可以引起玻璃颜色加深或减退,促进氧化还原反应的发生,结果导致药物降解以及油性制剂的腐败等。针对这种情况,可以采用特种玻璃容器而得以适当保护。

3. 橡胶包装材料与药物相容性关系　橡胶包装材料在药品包装中主要用于封口,在与药品接触时,常存在以下两方面问题。

(1) 吸附的问题:被包装的药物与胶塞之间存在着交互作用,这种作用通常是药物先被吸附于橡胶塞的表面,然后是药物在橡胶塞的基体内扩散。尽管这种扩散可能是极度轻微的,有时甚至是无法测定的,但这种交互作用终究是在缓缓地进行,时间长了就会使得某些成分含量下降。如蛋白质被吸附就是一个较大的难题,许多由生物技术制备的含蛋白质的药物制剂,由于储存过程中蛋白质被橡胶塞大量吸附而导致药物迅速失效。

(2) 浸出物问题:尽管丁基橡胶塞的化学稳定性很好,且配方中所用的材料也很精细,但是在制备过程中毕竟加入了许多其他的材料,由于浓度梯度的影响,这些添加的物质也在缓缓地向外渗出,最终污染或破坏被包装药物,引起质量改变而影响临床使用。

橡胶塞与注射液接触时,可能会出现橡胶塞吸收注射液中的有效成分、抗氧剂、防腐剂或其他物质的现象。橡胶塞中的一种或多种成分也可能被浸出至注射液中。这些浸出物可能干扰有效成分的化学分析,使注射液产生毒性或热原,或者导致抗氧剂、防腐剂失效,影响制剂的理化性质,结果在溶液中出现变色、浑浊等。因此,探讨橡胶包装材料与药物之间的相容性、选择合理的胶塞,对保证药品的质量至关重要。

四、协调性

药品包装应与该包装所承担的功能、与所包装药品的特性和剂型等相协调。不同的剂型对外界因素如光线、氧气、水分、温度等的稳定性不同。如颗粒剂、散剂容易吸潮而变质,需选用防潮性能好的包装材料。液体制剂易受光线影响,所选包装材料应具有遮光性。药品包装材料、容器必须与药物制剂相容,并能抗外界气候、抗微生物、抗物理化学等作用的影响,同时应密封,防篡改,防替换,防儿童误服用等。

(一)固体制剂的包装

1. 可根据药品单剂量和多剂量的使用方式加以分类选择　单剂量药品常采用泡罩包装(图11-1)。药品泡罩包装亦称水泡眼包装,适用于片剂、胶囊剂、丸剂、栓剂等固体制剂药品的机械化包装,它较之于铝箔袋包装有其独到之处,即单剂量独立包装,使每个泡罩内的药品能处于一个受控的密闭环境中,免受铝箔袋开启后密封性下降带来的不良影响。

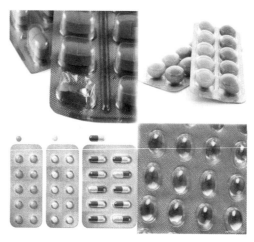

图11-1　单剂量泡罩包装

固体制剂多剂量药品常采用瓶包装(图11-2),为防止儿童误服药品,有的药品包装瓶专门设计为防儿童开启类型(图11-3)。

各种材料的质量控制除应符合标准的要求外,还应参照多剂量药品的使用方式,进行防渗透试验,确保密封性,必要时,应进行避光试验和耐化学性能试验。目前,药用瓶子灌装药品后,在瓶口封上一层封口垫片,虽然在一定程度上确保了瓶子的密封性。但是,一旦开启封口垫片后,气密性的问题就会显现。因而,在选择瓶包装时,设计药品的稳定性试验方案时,要考虑保证药物最后一次剂量用完之前,药物成分的有效性。

图 11-2　固体制剂多剂量包装瓶

图 11-3　防儿童开启多剂量包装瓶

2. 根据固体药品的剂型和稳定性选择不同的包装　如粉状药品大多数采用纸、铝箔、塑料薄膜、塑料瓶、玻璃瓶、复合材料等进行包装。片剂、胶囊剂除了使用传统的玻璃瓶进行包装外,大多数已使用铝塑泡罩、双铝箔、冷冲压成型、复合材料、薄膜袋、塑料瓶进行包装。一般来说,用量大的散剂固体药品可采用玻璃瓶、罐、塑料容器、金属罐、组合罐、复合膜等进行包装。有的根据需要加聚乙烯薄膜衬垫,以提高包装的防潮性能。另外,固体制剂也大量采用单剂量包装、条形包装等。这些包装不但使用方便,而且卫生安全。

(1) 散剂包装:散剂药物由于粉质的不同,包装方法也不同,但大部分采用单剂量包装袋。如采用自动充填包装机作业,可用纸、铝箔、切料薄膜、塑料瓶、玻璃瓶以及适合药物理化性能保护要求的各种复合材料来进行包装(图 11-4、图 11-5)。

图 11-4　散剂纸袋包装(单剂量)

图 11-5　散剂玻璃瓶包装(多剂量)

(2) 颗粒剂包装:颗粒剂对水汽非常敏感,故包装容器必须防潮。常采用合适的塑料薄膜袋或复合膜袋包装(图 11-6)。

图 11-6　颗粒剂复合膜袋包装

（3）片剂包装：除了使用传统的玻璃瓶包装外，大多数采用泡罩包装、双铝箔包装、冷冲压成型包装、塑料瓶包装（图 11-7、图 11-8）。

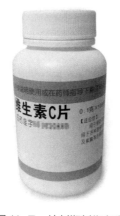

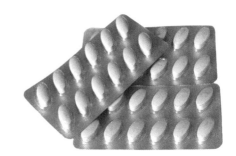

图 11-7　片剂塑料瓶包装　　　　图 11-8　片剂泡罩包装

（4）胶囊剂包装：胶囊剂分为硬胶囊和软胶囊两种，其包装材料和容器一般和片剂类似，常采用塑料瓶（袋）或泡罩包装（图 11-9、图 11-10）。但两种胶囊均需考虑防机械冲击，特别是软胶囊采用大量包装时，在运输中易变形。因此，为防止在运输过程中的摩擦和破裂，在包装中使用垫料。软胶囊在低温条件下不必保护，但在高温、高湿条件下，因霉菌极易生长，故仍需防潮包装。

（5）栓剂的包装：栓剂包装形式多样，一般采用防油脂纸盒，内装的每个药栓采用铝箔包装（图 11-11），也可选用塑料泡罩包装、塑料包装，顶、底两端热封，将药栓固定在窝腔中，防止外界污染，以保护其性能。由于此类制剂要求熔点略高于室温，故必须考虑防热保护，可采取隔热包装或冷藏。常将栓剂逐个嵌入无毒塑料硬片的凹槽中，再将另一张配对的硬片盖上，然后热合。亦有将栓剂制成后置于小纸盒内，内衬蜡纸，并进行间隔，以免接触粘连，或栓剂分别用蜡纸或锡箔包裹后放于纸盒内，注意免受挤压。栓剂灌封设备将栓剂直接密封在玻璃纸或塑料泡眼中。

　　除另有规定外,栓剂应在30℃以下密闭保存,防止因受热或受潮而变形、发霉和变质等。油脂性基质的栓剂最好在冰箱中保存;甘油明胶类水溶性基质,还要避免干燥失水、变硬或收缩,应密闭、低温储存。

图 11-9　硬胶囊剂复合膜袋包装

图 11-10　软胶囊玻璃瓶包装

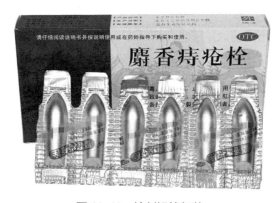

图 11-11　栓剂铝箔包装

知识拓展

药品泡罩包装材料的发展

　　药品泡罩包装材料主要包括两部分,即成泡基材和覆盖材料(也称封口材料)。泡罩包装成泡基材最常见的是以聚氯乙烯硬片为基材,涂覆或复合其他功能性高分子材料或金属材料而成的系列复合片。目前,成泡基材正向高阻隔、无毒、环保、抗菌等方向发展,如聚偏二氯乙烯、聚乙烯、聚丙烯、聚酯、三氟氯乙烯均聚物及其复合材料等。

　　药品泡罩包装的覆盖材料(也称封口材料)基本都是铝箔,即 PTP 铝箔,要求具有无毒、耐腐蚀、不渗透、阻热、防潮、阻光及可高温灭菌的性能。目前,泡罩包装的覆盖材料正向使用多元化、功能多样化、环保、特殊防护及防伪等方向发展。

(二) 液体制剂的包装

　　液体制剂包装必须考虑包装材料的成分、药品的特性以及使用方式等,从而选择适当的包装材料和容器。液体制剂根据具体的剂型和用途,多采用瓶装。主要包装材料最初是使用玻璃瓶。随着科学技术的发展,塑料作为包装材料的优势越来越明显。由于塑料瓶具有重量轻、不易破裂等特点,近年来塑料瓶的使用越来越多。如糖浆剂多采用多剂量玻璃瓶或塑料瓶包装;滴眼剂由最早的玻璃瓶包装,发展到至今则主要采用塑料滴眼剂瓶包装;口服液多采用玻璃瓶单剂量包装;如输液剂的包装,由原来单一的玻璃瓶包装,发展为 PP 瓶或 PE 瓶或 PVC 软袋包装并存的格局。目前,随着更多的药品包装材料生产厂家和药品生产企业逐步引进国外先进的技术工艺,开发了复合材料共挤输液软袋。

知识拓展

输液剂包装的历史沿革

　　输液剂按照其临床用途大致可分为基础性输液、营养性输液和治疗性输液。输液的方式经过了从开放式、半开放式到全封闭式的发展过程。输液容器也由玻璃瓶,到 PVC 软袋,到 PP/PE 硬塑料瓶,直至目前较为环保的非 PVC 复合膜软袋。近期我国又自主研制出新一代输液产品——直立式软袋输液,并已投放市场。其中直立式 PP 输液袋是继玻璃瓶、PP 塑料瓶、非 PVC 多层共挤膜软袋之后国家药品监督管理局批准的第四类全新的输液包装材料和容器。其能够满足安全性、功能性、无菌和易处理的药包材基本条件,且具有易用性和经济性的特点。这种软袋使用生物可降解型材料,用后焚毁或掩埋均不污染环境。

1. 含水液体制剂的包装

（1）口服液体制剂的包装：这类剂型如糖浆剂、口服液等，多采用棕色玻璃瓶或塑料瓶包装（图 11-12、图 11-13）。

图 11-12　棕色口服液玻璃瓶　　　　　　　　图 11-13　糖浆塑料瓶

（2）非口服液体制剂的包装：这类剂型如洗剂、搽剂等，多采用玻璃瓶或塑料瓶包装，但瓶形态、大小等应与使用途径相适应。

（3）乳剂的包装：这类剂型具有一定的黏稠度，因而一般采用广口玻璃瓶或广口塑料瓶包装（图 11-14）。

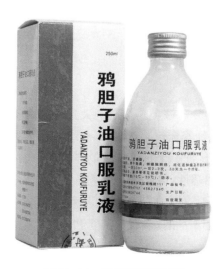

图 11-14　乳剂玻璃瓶包装

（4）注射剂的包装：目前，小容量注射剂大多采用玻璃安瓿包装（图 11-15）；大容量注射剂可采用玻璃输液瓶、塑料输液瓶、PVC 输液袋、PP 输液瓶或袋等包装（图 11-16~ 图 11-18）。

图 11-15　安瓿

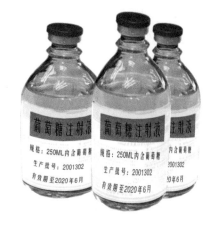

图 11-16　玻璃输液瓶

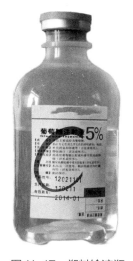

图 11-17　塑料输液瓶

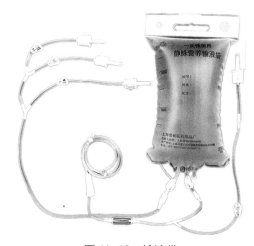

图 11-18　输液袋

2. 无水液体制剂的包装　该类药物制剂大致分为两类：无水乙醇类和油类。乙醇一般用塑料容器即可达到安全包装，但如果包装用于芳香剂、赋形剂及天然活性物质时，必须选用能保持赋形剂特性的材料作包装容器。如碘酊不能使用塑料容器包装，因为塑料具有一定的渗透性，可导致碘渗透损失。

植物油作为药物溶剂时，使用玻璃、金属、塑料等包装材料存在某些安全性问题。例如，PVC 塑料必须注意增塑剂的影响，低密度 PE 必须注意薄壁透油问题。

（三）半固体制剂的包装

半固体制剂主要有软膏剂、乳膏剂和凝胶剂。这类药品与固体、液体药品不同，所采用的包装材料一般为玻璃、金属、塑料容器等，传统包装多采用塑料软膏盒（图 11-19），少部分仍然采用铁盒、铝管包装。随着复合软管的出现，半固体制剂逐渐采用复合软管包装（图 11-20）。

图 11-19　塑料软膏盒

图 11-20　复合软管

五、美观和无污染

　　药品包装是否符合美学要求,一定程度上会左右一种药品的命运。从药品包装材料的选用来看,主要考虑药品包装材料的颜色、透明度、硬挺度、种类等。如口服液、注射剂的包装,若选用透明包装材料,则药物制剂的色泽、性状等一目了然,便于观察控制液体制剂的外观质量。因此,在选用药品包装材料时,也要运用美学,使药品包装发挥其应有的作用。

　　在广泛使用的药品包装材料中,虽然总体上都能达到保护药物的功能,但是也存在着一定的问题。例如,PVC 塑料在制备过程中,为了提高其耐热性、抗压性、阻隔性等,需要加入许多辅助剂如铅、镉等,这些辅助剂往往会影响其使用的安全性,使用后的 PVC 若焚烧处理,则所产生的气体会污染环境。因此,在选用包装材料时,不仅要求其具有优良的物理机械性能、化学惰性、无生物意义上的毒性,还应考虑其在使用后的处理与回收利用问题,以免包装材料对环境产生污染。

课堂讨论

结合自己的认识,谈谈塑料的类型和用途有哪些? 作为药品包装材料有什么要求?

知识拓展

聚氯乙烯塑料包装材料的发展

　　聚氯乙烯(PVC)是氯乙烯单体(VCM)在过氧化物、偶氮化合物等引发剂或光、热作用下,按自由基聚合反应机制聚合而成的聚合物。氯乙烯均聚物和氯乙烯共聚物统称为氯乙烯树脂。PVC 是世界上产量最大的塑料产品之一,价格便宜,应用广泛。根据不同的用途可以加入不同的添加剂,使其呈现不同的物理性能和力学性能。如在聚氯乙烯树脂中加入适量的增塑剂,可制成多种硬质、软质和透明制品。

PVC 作为包装材料已有多年历史,因其具有抗化学腐蚀性,对氧化剂、还原剂以及强酸均有很强的抵抗力,且具有耐磨、易于生产、使用安全、生产成本低等特点,被广泛地用于食品、药品、化妆品包装中。

PVC 包装材料与静脉注射液和血液之间有良好的相容性,因而得到广泛的应用,如各种医用软管、血液存储装置、透析附件、外科手套等。PVC 作为医用材料,不仅需要符合材料学要求,还需满足生物学要求:① 所使用的增塑剂、稳定剂等添加剂无毒,且不易从 PVC 材料中渗出;② 有良好的生物相容性,不致畸致癌,不引起过敏反应;③ 有良好的血液相容性,溶血性低,抗凝血性好。

第三节　药品包装材料与药物相容性试验

一、药品包装材料与药物相容性试验目的

药品包装材料对保证药品的稳定性起着重要作用,因而药品包装材料将直接影响用药的安全性。直接接触药品的包装材料、容器是药品的一部分,尤其是药物制剂中,一些剂型本身就是依附包装而存在的(如气雾剂),故在选用包装材料时,必须按要求完成相容性试验。相容性试验主要目的:① 检验证实所选包装材料、容器是否适用于预期用途。② 评价包装材料、容器对药物稳定性的影响。③ 评定其在长期的储存过程中,在不同环境条件下(如温度、湿度、光线等)对药物的保护效果。④ 评价包装材料、容器在运输使用过程中的物理、化学、生物稳定性(如与药物接触反应、对药物的吸附等)。⑤ 评价其在使用过程中的安全性。

由于药品包装材料组成的配方、所选择的原辅料及生产工艺的不同,导致不恰当的材料引起活性成分的迁移,吸附药物,甚至发生化学反应,使药物失效,有的还会产生严重的不良反应。为此,原国家食品药品监督管理局发布了《药品包装用材料、容器管理办法》(暂行)和《药品说明书和标签管理规定》等相关规定,以切实从根本上保证用药的安全性、有效性和均一性。

二、药品包装材料与药物相容性试验原则

药品包装材料与药物相容性试验提供的是一种试验方法,是一种试验信息的反映,不作为试验结果的评判,它对于选择适宜的包装材料、容器、包装形式起指导作用。

(1) 在选择药品包装材料、容器时,应首先考虑其保护功能,然后考虑材料、容器的特点和性能,包括化学、物理学、生物学、形态学等性能。

（2）药品包装材料应具有良好的化学稳定性、较低的迁移性，能有效地阻隔氧气、水分的穿透，且具有抗冲击、防震等作用。其应无生物学意义上的活性，微生物数量在规定限度内，与其他包装材料有良好的配合性，适合于自动化包装设备、技术等。

（3）在评价之前，药品包装材料与药物首先应分别符合相应质量标准。

（4）药品包装材料与药物相容性试验应考虑以下几个方面因素：① 形成包装单元时，各包装物应有良好的配合性；② 药品包装材料根据生产工艺要求具有能耐受特殊处理的能力（如热压灭菌等）；③ 同一包装单元中，能保证首次使用至末次使用期间药物质量的一致性；④ 具有抵抗恶劣气候、运输和储存环境的能力。

（5）所有选用的试验样品均为上市包装（对临床试验阶段的药品可采用拟上市包装）。

（6）所有试验均应至少取三个不同的批号。考察包装材料时，应选用三批包装材料制成的容器对拟包装的一批药物进行相容性试验；考察药物时，应选用三批药物用拟上市的一批包装材料或容器包装后进行相容性试验。

三、药品包装材料与药物相容性试验设计要求

药品包装材料与药物的相容性试验是在一个具有可控的环境内，选择一个实验模型，使药品包装材料与药物互相接触或彼此接近地持续一定的时间周期，考察药品包装材料与药物是否会引起相互的或单方面的迁移、变质等，从而证实在整个使用有效期内，药物能否保持其稳定性、有效性、均一性，是否能使药物的纯度、含量持续受到控制。

药品包装材料生产企业必须充分保证所提供产品的安全性、有效性，既要充分地考虑到体现药品包装材料的保护功能，也要兼顾药品包装材料与药物的相容性。当出现以下情况时，应进行药品包装材料与药物相容性试验：① 药品的包装、药物的来源改变或变更时；② 药品的包装、生产技术条件、生产工艺改变时；③ 药品包装材料的配方、生产工艺、原料变动有可能影响药物的功能时；④ 在药品的有效期内，有现象表明药品的性状发生变化时；⑤ 药物的用途增加或改变时；⑥ 药品包装材料与新药一并审批时；⑦ 国家药品监督管理局提出要求时；⑧ 经长期使用发现药品包装材料对特定药品产生不良影响时。

药品包装材料与药物相容性试验的基本内容应包含以下三个部分：影响因素试验、试验条件和试验项目。

（一）影响因素试验

影响因素试验是在比加速试验更激烈的条件下进行，以探讨药物固有的稳定性、了解影响其稳定性的因素及可能的降解途径与降解产物或发生物质迁移的途径与迁移物质，为药物生产工艺、包装材料的选择以及建立降解产物分析方法提供科学的依据。

影响因素试验适用于药品包装材料生产企业对药品包装材料、容器进行必要的考察,选用 1 个批次的某种药物,3 个批次的药品包装材料和容器,进行因素试验及加速试验。

1. 高温试验　将供试品于 40℃下放置 10 天,于第 5 天和第 10 天取样,按本试验所设计的药品及药品包装材料相应的考察项目进行检测。若供试品有明显变化,则宜在 25℃条件下用同法进行试验。若 40℃无明显变化,可以不再进行 25℃试验。已知对温度特别敏感的药物,可在 4~8℃条件下,用同法进行试验。

2. 湿度试验　将供试品置于恒湿密闭容器中,在 25℃ ±2℃、相对湿度 90% ±5%的条件下,放置 10 天,于第 5 天和第 10 天取样,按本试验所设计的药品及药品包装材料相应的考察项目进行检测,同时准确称量试验前后供试品的质量,以考察供试品的吸湿、潮解性能。必要时,可在 25℃ ±2℃、相对湿度 20% ±2%的条件下,用同法进行试验。

3. 强光照射试验　将供试品置于装有日光灯的光照箱或其他适宜的光照装置内,于照度为 4 500 lx ± 500 lx 条件下放置 10 天,于第 5 天和第 10 天取样,按本试验所设计的药品及药品包装材料相应的考察项目进行检测,特别要注意供试品外观变化。

以上试验均应于药品在同等试验条件稳定的前提下进行,否则应予以说明。

(二) 试验条件

1. 光照试验　采用避光或遮光包装材料或容器包装的药品,应进行强光照射试验。将供试品置于装有日光灯的光照箱或其他适宜的光照装置内,放置 10 天,照度条件为:4 500 lx ± 500 lx。于第 5 天和第 10 天取样,按重点考察项目,进行检测。

2. 加速试验　将供试品置于温度 40℃ ±2℃、相对湿度为 90% ±10%或 20% ±5%的恒温恒湿箱内,放置 6 个月,分别于 0、1、2、3、6 个月取出,进行检测。对温度敏感的药物,可在 25℃ ±2℃、相对湿度为 60% ±10%条件下,放置 6 个月后,进行检测。用以预测包装对药物保护的有效性,推测药物的有效期。

3. 长期试验　将供试品置于温度 25℃ ±2℃、相对湿度为 60% ±10%的恒温恒湿箱内,放置 12 个月,分别于 0、3、6、9、12 个月取出,进行检测。12 个月以后,仍需按有关规定继续考察,分别于 18、24、36 个月取出,进行检测,以确定包装对药物有效期的影响。对温度敏感的药物,可在 6℃ ±2℃条件下放置。

4. 特别要求　将供试品置于温度 25℃ ±2℃、相对湿度为 20% ±5%或温度 25℃ ±2℃、相对湿度 90% ±10%的条件下,放置 1、2、3、6 个月。本试验主要对象为塑料容器包装的滴眼液、注射剂、混悬液等液体制剂及铝塑泡罩包装的固体制剂等,以考察水分是否会逸出或渗入包装容器。

5. 过程要求　在整个试验过程中,药物与药品包装容器应充分接触,并模拟实际使用状况。如考察注射剂、软膏剂、口服溶液剂时,包装容器应倒置、侧放;多剂量包装应进行多次开启。

6. 其他　针对有些药品包装材料,必要时应考察使用过程的相容性。

(三) 试验项目

1. 包装材料重点考察项目　取经过上述试验条件放置后的装有药物的三批包装材料或容器,去除药物,测试包装材料或容器中有无药物溶入、添加剂释出及包装材料是否变形、失去光泽等。

(1) 玻璃:玻璃容器常用于注射剂、片剂、口服溶液剂等剂型包装。应重点考察玻璃中碱性离子的释放对药液 pH 的影响;有害金属元素的释放;不同温度(尤其冷冻干燥时)、不同酸碱度条件下玻璃的脱片;含有着色剂的避光玻璃被某些波长的光线透过,使药物分解;玻璃对药物的吸附以及玻璃容器的针孔、瓶口歪斜等问题。

(2) 金属:常用于软膏剂、气雾剂、片剂等剂型包装。应重点考察药物对金属的腐蚀;金属离子对药物稳定性的影响;金属上保护膜试验前后的完整性等。

(3) 塑料:塑料常用于片剂、胶囊剂、注射剂、滴眼剂等剂型包装。按材质可分为高、低密度聚乙烯,聚丙烯,聚对苯二甲酸乙二醇酯、聚氯乙烯等。应重点考察水蒸气、氧气的渗入;水分、挥发性药物的透出;脂溶性药物、抑菌剂向塑料的转移;塑料对药物的吸附;溶剂与塑料的作用;塑料中添加剂、加工时分解产物对药物的影响,以及微粒、密封性等问题。

(4) 橡胶:通常作为容器的塞、垫圈。按材质可分为异戊二烯、卤代丁基橡胶。鉴于橡胶配方的复杂性,应重点考察其中各种添加物的溶出对药物的作用;橡胶对药物的吸附以及填充材料在溶液中的脱落。在进行注射剂、粉针、口服溶液剂等试验时,瓶子应倒置、侧放,使药液能充分与橡胶塞接触。

2. 原料药及药物制剂相容性重点考察项目　取经过上述试验条件放置后带包装容器的三批药物,取出药物,按表 11-1 考察药物的相容性,并观察包装容器。

表 11-1　原料药及药物制剂相容性重点考察项目

类型	相容性重点考察项目
原料药	性状、熔点、含量、有关物质、水分
片剂	性状、含量、有关物质、崩解时限或溶出度、脆碎度、水分、颜色
胶囊剂	外观、内容物色泽、含量、有关物质、崩解时限或溶出度、水分(含囊材)、粘连
散剂	性状、含量、粒度、有关物质、外观均匀度、水分、包装物吸附量
颗粒剂	性状、含量、粒度、有关物质、溶化性、水分、包装物吸附量
丸剂	性状、含量、色泽、有关物质、溶散时限、水分
注射剂	外观色泽、含量、pH、澄明度、有关物质、不溶性微粒、紫外吸收、胶塞的外观
滴眼剂	性状、澄明度、含量、pH、有关物质、失重、紫外吸收、渗透压
软膏剂	性状、结皮、失重、水分、均匀性、含量、有关物质(乳膏还应检查有无分层现象)、膏体易氧化值、碘值、酸败、包装物内表面性状

续表

类型	相容性重点考察项目
眼膏剂	性状、结皮、均匀性、含量、粒度、有关物质、膏体易氧化值、碘值、酸败、包装物内表面性状
口服溶液剂、糖浆剂	性状、含量、澄清度、相对密度、有关物质、失重、pH、紫外吸收、包装物内表面性状
口服乳剂	性状、含量、色泽、有关物质
吸入气(粉)雾剂	容器严密性、含量、有关物质、每揿(吸)主药含量、有效部位药物沉积量、包装物内表面性状
透皮贴剂	性状、含量、释放度、黏着性、包装物内表面颜色及吸附量
搽剂、洗剂	性状、含量、有关物质、包装物内表面颜色

注:表中未列出的剂型,可参照要求制定项目。

3. 不同包装容器重点考察项目　如表 11-2。

表 11-2　不同包装容器重点考察项目

包装容器	重点考察项目
瓶	密封性、避光性、化学反应性、吸附性
袋	密封性、避光性、化学反应性、吸附性、微粒(输液适用)、拉伸强度试验(输液适用)
泡罩	密封性、避光性、化学反应性
管	密封性、避光性、可卷折性、化学反应性(含涂层的惰性)、反弹力(复合管适用)

　　由于药品包装和药品的多样性,对任何一种包装材料而言,所确定的各种试验项目并非都是必须或可行的,应根据实际情况考虑应做的试验。上述未提到的其他试验项目也可能是必须做的。有些药品的包装还应该考虑同一包装单元中首次至末次使用药物的一致性。

岗 位 对 接

◆ 药品包装实例分析

案例 1　5% 葡萄糖注射液

剂型:输液剂。

规格:250 ml : 12.5 g。

包装:聚丙烯输液瓶装。

主要包装材料:聚丙烯(PP)。

主要包装设备:洗灌封联动机组。

主要包装设备操作过程:输液剂的洗灌封操作应达到C级环境下的局部A级。进行洗灌封操作前,PP塑料粒应先进行注塑、吹瓶操作形成塑料输液瓶,随后打开洗灌封联动机组电源和层流罩,将压缩空气洗瓶压力调节至0.8~1.0 MPa,冷却水压力调至0.3~0.6 MPa。开启封口机加热板电源,预热3 min使加热温度均匀,于振荡器内加入PP组合盖。调试洗瓶压缩空气压力符合要求后上瓶、洗瓶。药液经0.22 μm滤器过滤后灌装,设定灌装速度在每分钟150~200瓶,启动灌装机,检查药液可见异物和装量,合格后开始生产。每批药液稀配结束至灌封结束操作时间不超过4 h。

分析:该注射液选用了塑料输液瓶包装。由于塑料输液瓶卫生条件严格,制瓶用材不能混同于食品饮料瓶的用材,所以目前国内主要采用PP材料。PP是一种优质高性能塑料,具有良好的力学性能与较高的耐热性,且化学性能好,与大多数化学药品不反应,适用于输液剂的包装。

案例2　蒲地蓝消炎片

剂型:片剂。

规格:0.24 g/片。

包装:泡罩包装(PTP)。

主要包装材料:PVC硬片、PTP铝箔。

主要包装设备:自动化泡罩包装生产线[DPK-260 H2快速铝塑(铝铝)泡罩包装机]

主要包装设备操作过程:按照GMP规定,片剂的泡罩包装操作应在D级环境下进行。将卷筒塑料薄片展开向前输送;薄片加热软化,在模具内压塑(用压缩空气)或吸塑(用抽真空)制成泡罩;用自动上料机充填产品;检测泡罩成型质量和充填是否合格;在自动生产线上,常采用光电探测器,发现不合格产品时,将废品信号送至记忆装置,待冲切工序完成后,将废品自动剔除;卷筒衬底材料覆盖在已充填好的泡罩上;用板式或辊式热封器将泡罩与衬底封合在一起;在衬底背面打印批号和日期等;冲切成单个包装单元;剔除废品装置在冲切工序完成后,根据记忆装置储存的信号剔除废品;装说明书、装盒,成为销售包装件。

分析:泡罩包装是应用广泛、发展迅速的软包装形式之一,主要包装对象是固体药品。泡罩包装成泡基材最常见的是以PVC硬片为基材,涂覆或复合其他功能性高分子材料或金属材料而成的系列复合片。目前,成泡基材正向高阻隔、无毒、环保、抗菌等方向发展,如PVDC、PE、PP、PET、三氟氯乙烯均聚物(ACLAR)及其复合材料等。

泡罩包装的覆盖材料(也称封口材料)基本都是铝箔(称为药品泡罩包装用铝箔,亦称为PTP铝箔)。目前,泡罩包装的覆盖材料正向使用多元化、功能多样化、环保、特殊防护及防伪等方向发展。

自　测　题

在线测试

简答题

1. 为什么要进行药品包装材料与药物相容性试验？

2. 药品包装材料与药物的相容性试验中，对玻璃、塑料、金属包装材料的重点考察项目有哪些？

附录

药物制剂辅料与包装材料教学大纲

（供药学类专业用）

一、课程任务

　　"药物制剂辅料与包装材料"是高等职业教育药学类专业一门重要专业课程。课程包含药物制剂辅料与包装材料两部分，涉及表面活性剂、液体制剂、固体制剂、无菌制剂、气体分散制剂、生物制剂等常见辅料品种的特点，性质与应用，以及常用药品包装材料特点与筛选等知识，使学生在学习了药剂学等相关课程的基础上，进一步掌握药物制剂常用辅料与包装材料的正确选用，为今后在药品生产、流通领域从事相关岗位工作奠定良好的基础。

二、课程目标

（一）总目标

　　通过本课程的教与学，力求使理论与实践相结合，培养学生制剂处方设计、制备及质量控制等方面的基本理论与技术，同时培养学生独立分析问题、解决问题的能力和严谨的科学作风，以胜任药物制剂相关岗位工作，保证用药安全、有效、稳定，研究探讨药物新剂型和新技术等。

（二）分目标

　　1. 知识目标　掌握药用辅料在制剂制备中的重要作用；掌握常用药用辅料与包装材料的类型、具体品种和选用原则；掌握药物制剂辅料对药品的质量稳定性、安全性、有效性的影响。熟悉常见药用辅料品种的配伍禁忌；熟悉常用药品包装技术；熟悉药用辅料与包装的管理。了解药物制剂的辅料与包装材料国内外的最新进展。

　　2. 专业能力目标

　　（1）具有继续学习和适应职业变化的能力，以及具有一定的创新能力。

　　（2）具有团队协作精神、良好的人际交往与沟通能力。

　　（3）初步具有各种药用辅料与包装材料、技术选用的能力。

　　（4）具有较熟练的计算机实际应用及借助工具书阅读本专业英文文献和相关资料的能力。

3. 素质目标

(1) 培养严谨细致、认真负责的工作态度。

(2) 养成实事求是、一丝不苟的职业习惯。

(3) 培养自主学习、团结协作和开拓创新的工作精神。

三、教学内容与学时安排

单元	具体内容	活动情景与方法	教学资源	知识要求	技能要求	学时
第一章 药物制剂辅料概论	第一节 药物制剂辅料概述 第二节 药物制剂辅料的发展状况 第三节 药物制剂辅料的管理	1. 课堂提问 2. 案例分析 3. "互联网+教学" 4. 实物展示 5. 总结归纳	1. 教材 2. 演示文稿 3. 药品实物 4. 图片资源 5. 视频资源 6. 课程教学网站	1. 掌握药用辅料、新药用辅料等概念 2. 掌握药用辅料的重要性 3. 熟悉药用辅料的分类 4. 了解新辅料的发展	能区分制剂中的药用辅料与活性成分	2
第二章 表面活性剂	第一节 表面活性剂概述 第二节 离子型表面活性剂 第三节 非离子型表面活性剂	1. 课堂提问 2. 案例分析 3. 分组讨论 4. 实物展示 5. "互联网+教学" 6. 总结归纳	1. 教材 2. 演示文稿 3. 图片资源 4. 视频资源 5. 课程教学网站	1. 掌握表面活性剂的分类、特点、应用 2. 熟悉表面活性剂的性质	能分析并合理应用表面活性剂于制剂制备中	4
第三章 液体制剂辅料	第一节 液体制剂的溶媒 第二节 防腐剂 第三节 增溶剂与助溶剂 第四节 助悬剂 第五节 乳化剂 第六节 矫味剂与着色剂	1. 课堂提问 2. 案例分析 3. 分组讨论 4. 实物展示 5. "互联网+教学" 6. 总结归纳	1. 教材 2. 演示文稿 3. 药品实物 4. 图片资源 5. 课程教学网站 6. 开展实验用材料与仪器	1. 掌握常用液体制剂辅料的选用原则 2. 熟悉常见代表品种的应用及配伍禁忌 3. 了解常见代表品种的性状	能正确应用常见液体制剂辅料品种于制剂制备中	6
第四章 无菌制剂辅料	第一节 pH调节剂 第二节 等渗调节剂 第三节 抗氧剂与抗氧增效剂 第四节 抑菌剂 第五节 其他辅料	1. 课堂提问 2. 案例分析 3. 分组讨论 4. 实物展示 5. "互联网+教学" 6. 总结归纳	1. 教材 2. 演示文稿 3. 药品实物 4. 图片资源 5. 课程教学网站 6. 开展实验用材料与仪器	1. 掌握常用无菌制剂辅料的选用原则 2. 熟悉常见代表品种的应用及配伍禁忌 3. 了解常见代表品种的性状	能对注射剂、滴眼剂处方中辅料作用进行分析	10

单元	具体内容	活动情景与方法	教学资源	知识要求	技能要求	学时
第五章 固体制剂辅料	第一节 填充剂 第二节 黏合剂与润湿剂 第三节 崩解剂 第四节 润滑剂、助流剂与抗黏着剂 第五节 包衣材料与增塑剂 第六节 成膜材料 第七节 滴丸基质与冷凝剂 第八节 栓剂基质	1. 课堂提问 2. 案例分析 3. 分组讨论 4. 实物展示 5. "互联网+教学" 6. 总结归纳	1. 教材 2. 演示文稿 3. 药品实物 4. 图片资源 5. 课程教学网站 6. 开展实验用材料与仪器	1. 掌握常用固体制剂辅料的选用原则 2. 掌握常见代表品种的应用及配伍禁忌 3. 了解常见代表品种的性状	能正确选用适宜辅料制备固体制剂,并解决制剂过程中涉及辅料的常见问题	14
第六章 半固体制剂基质	第一节 软膏基质 第二节 凝胶基质	1. 课堂提问 2. 案例分析 3. 实物展示 4. "互联网+教学" 5. 总结归纳	1. 教材 2. 演示文稿 3. 药品实物 4. 图片资源 5. 课程教学网站 6. 开展实验用材料与仪器	1. 掌握常用半固体制剂的选用原则 2. 熟悉常见代表品种的应用及配伍禁忌 3. 了解常见代表品种的性状	能正确制备软膏基质	4
第七章 新型给药系统辅料	第一节 缓控释制剂辅料 第二节 透皮给药系统辅料 第三节 固体分散体载体辅料 第四节 包合物辅料 第五节 靶向给药系统辅料	1. 课堂提问 2. 案例分析 3. 实物展示 4. "互联网+教学" 5. 总结归纳	1. 教材 2. 演示文稿 3. 药品实物 4. 图片资源 5. 课程教学网站 6. 开展实验用材料与仪器	1. 掌握缓控释制剂辅料的分类及常见代表品种 2. 熟悉其他新型给药系统辅料的分类及代表品种	能分析缓控释制剂、固体分散体、包合物处方中各辅料的作用	12
第八章 生物制品生产用辅料	第一节 生物制品生产用辅料概述 第二节 生物制品生产用辅料的分类与常见品种	1. 课堂提问 2. 案例分析 3. 实物展示 4. "互联网+教学" 5. 总结归纳	1. 教材 2. 演示文稿 3. 药品实物 4. 图片资源 5. 课程教学网站	1. 掌握生物制品用辅料的常见类型与选用原则 2. 熟悉生物制品用辅料品种的特点与应用	能正确选用生物制品用辅料	2

续表

单元	具体内容	活动情景与方法	教学资源	知识要求	技能要求	学时
第九章 药品包装概述	第一节 药品包装的定义与分类 第二节 药品包装的作用 第三节 我国药品包装的标准与法规 第四节 药品包装的发展	1. 课堂提问 2. 案例分析 3. 实物展示 4. "互联网+教学" 5. 总结归纳	1. 教材 2. 演示文稿 3. 包装实物 4. 图片资源 5. 课程教学网站	1. 掌握药包材的定义、分类及重要性 2. 熟悉药包材的性能要求 3. 熟悉药包材的相关法规	能够区分不同药包材,并熟悉其应用	2
第十章 常用药品包装材料	第一节 药品包装材料概述 第二节 纸类药包材 第三节 玻璃药包材 第四节 金属药包材 第五节 塑料药包材 第六节 复合药包材 第七节 其他包装材料	1. 课堂提问 2. 案例分析 3. 实物展示 4. "互联网+教学" 5. 总结归纳	1. 教材 2. 演示文稿 3. 包装实物 4. 图片资源 5. 课程教学网站 6. 开展实验用材料与仪器	1. 掌握各类药包材的用途 2. 掌握各类药包材的分类及特点 3. 了解药品包装技术	能熟知不同药包材在不同剂型药品包装中的用途	6
第十一章 药品包装与材料的筛选	第一节 选用药品包装与材料的要求 第二节 药品包装材料选用原则 第三节 药品包装材料与药物相容性试验	1. 课堂提问 2. 案例分析 3. 实物展示 4. "互联网+教学" 5. 总结归纳	1. 教材 2. 演示文稿 3. 包装实物 4. 图片资源 5. 课程教学网站	1. 掌握药包材的选用原则 2. 熟悉药品包装材料与药物相容性试验	能正确选用药包材	2

四、大纲说明

(一) 使用对象与参考学时

本教学大纲主要供高等职业教育药学类专业教学使用,总学时为 64 学时,其中理论学时 32 学时,实践学时 32 学时。

(二) 教学方法

1. 遵循教育教学普遍规律,体现高职教学特色,教学中要体现工学结合、能力培养的高职教育主旨,尤其要重视实验、实训、实习(实践)教学在高素质技术技能型人才培养过程中的作用,体现教学过程的职业性、实践性和开放性。本门课程实践操作能力非常强,应切实重视学生校内外学习与实际工作的一致性。

2. 教学过程中应注意因材施教,灵活运用比较恰当的教学方式,建立药品质量意识,多开展体验性学习活动,如组织参观制药企业、工艺技术性讲座和课外兴趣学习小组等,校内实训室应全天候对学生开放,有效调动学生学习的兴趣和积极性,促进学生积极主动地思考与实践,有利于学生职业能力的形成。

3. 以工学结合为切入点,积极探索教学做相结合、项目导向、任务驱动、"互联网 + 教学"、工学交替和顶岗实习等教学方式方法,促进学生能力的培养。

（三）教学考核

考评项目	比例	细化项目	分值	备注
理论成绩	50%	期末考试	50	根据内容的正确度评分
平时考评	50%	网络平台应用	30	课程教学网站平台资源学习,在线考勤、课堂互动、在线测验等
		实验实训	10	学生实验成品及实验纪律评分
		综合考评	10	团队协作、学习积极性等综合素质评分

参考文献

［1］国家药典委员会 . 中华人民共和国药典：2020 年版［M］. 北京：中国医药科技出版社，2020.

［2］尤启冬，张岫美 .2019 国家执业药师考试指南：药学专业知识(一)［M］.7 版 . 北京：中国医药科技出版社，
 2019.

［3］刘葵 . 药物制剂辅料与包装材料［M］.2 版 . 北京：人民卫生出版社，2013.

［4］程怡，傅超美 . 制药辅料与药品包装［M］. 北京：人民卫生出版社，2014.

［5］关志宇 . 药物制剂辅料与包装材料［M］. 北京：中国医药科技出版社，2017.

［6］张健温 . 药物制剂技术［M］.2 版 . 北京：人民卫生出版社，2013.

［7］崔福德 . 药剂学［M］.7 版 . 北京：人民卫生出版社，2013.

［8］罗明生，高天惠 . 辅料大全［M］.2 版 . 成都：四川科学技术出版社，2006.

［9］刘捷玮，刘吉祥 . 常用药物辅料手册［M］. 上海：第二军医大学出版社，2000.

［10］李永安 . 药品包装实用手册［M］. 北京：化学工业出版社，2003.

［11］谢水生，刘静安，王国军，等 . 铝及铝合金产品生产技术与装备［M］. 长沙：中南大学出版社，2015.

［12］马尔帕斯，班恩 . 工业聚丙烯导论［M］. 李化毅，袁炜，译 . 银川：宁夏人民教育出版社，2015.

［13］李大鹏 . 食品包装学［M］. 北京：中国纺织出版社，2014.

［14］孙怀远 . 药品包装技术与设备［M］. 北京：印刷工业出版社，2008.